日本の特設艦船

上田毅八郎・画

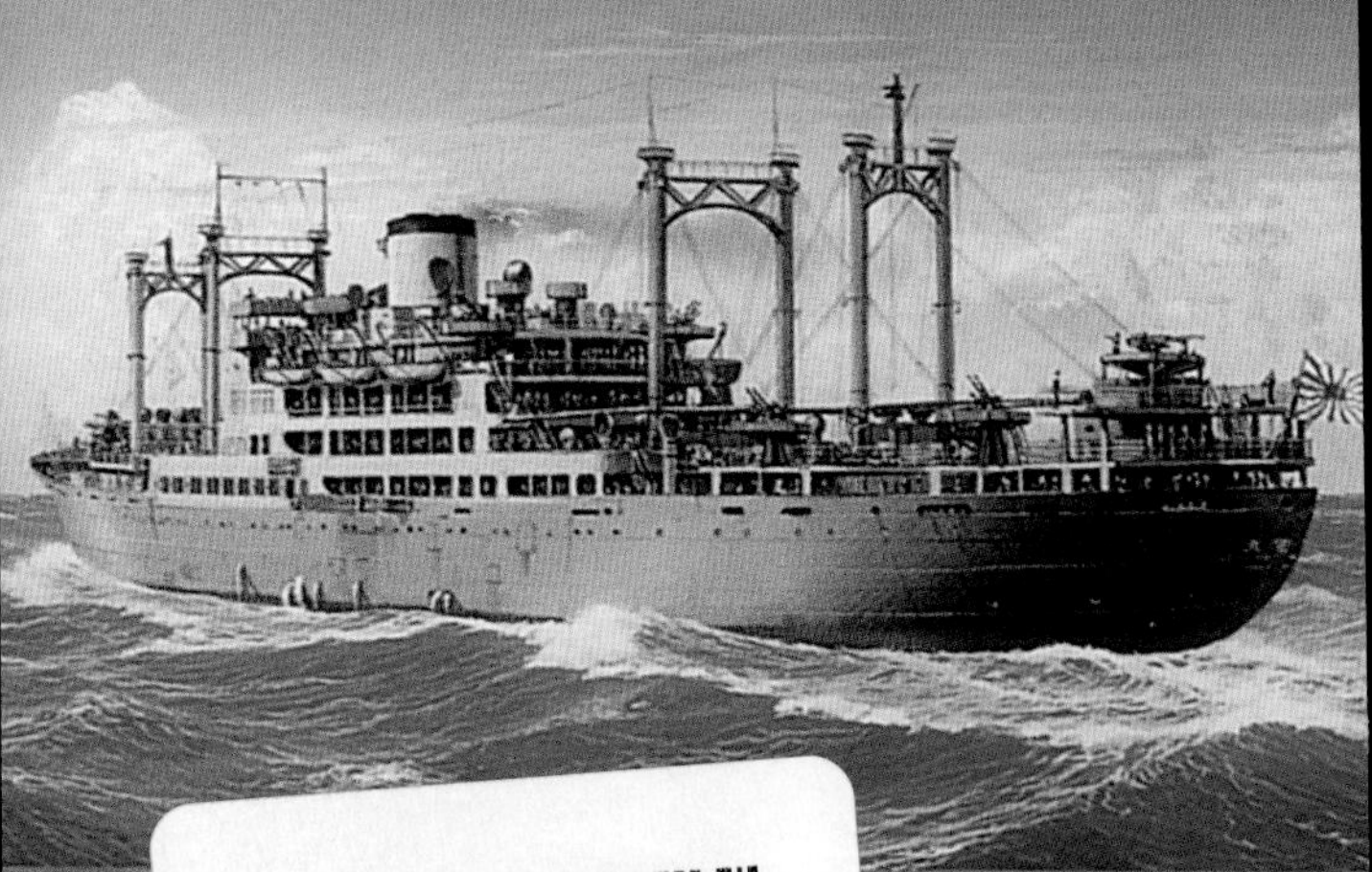

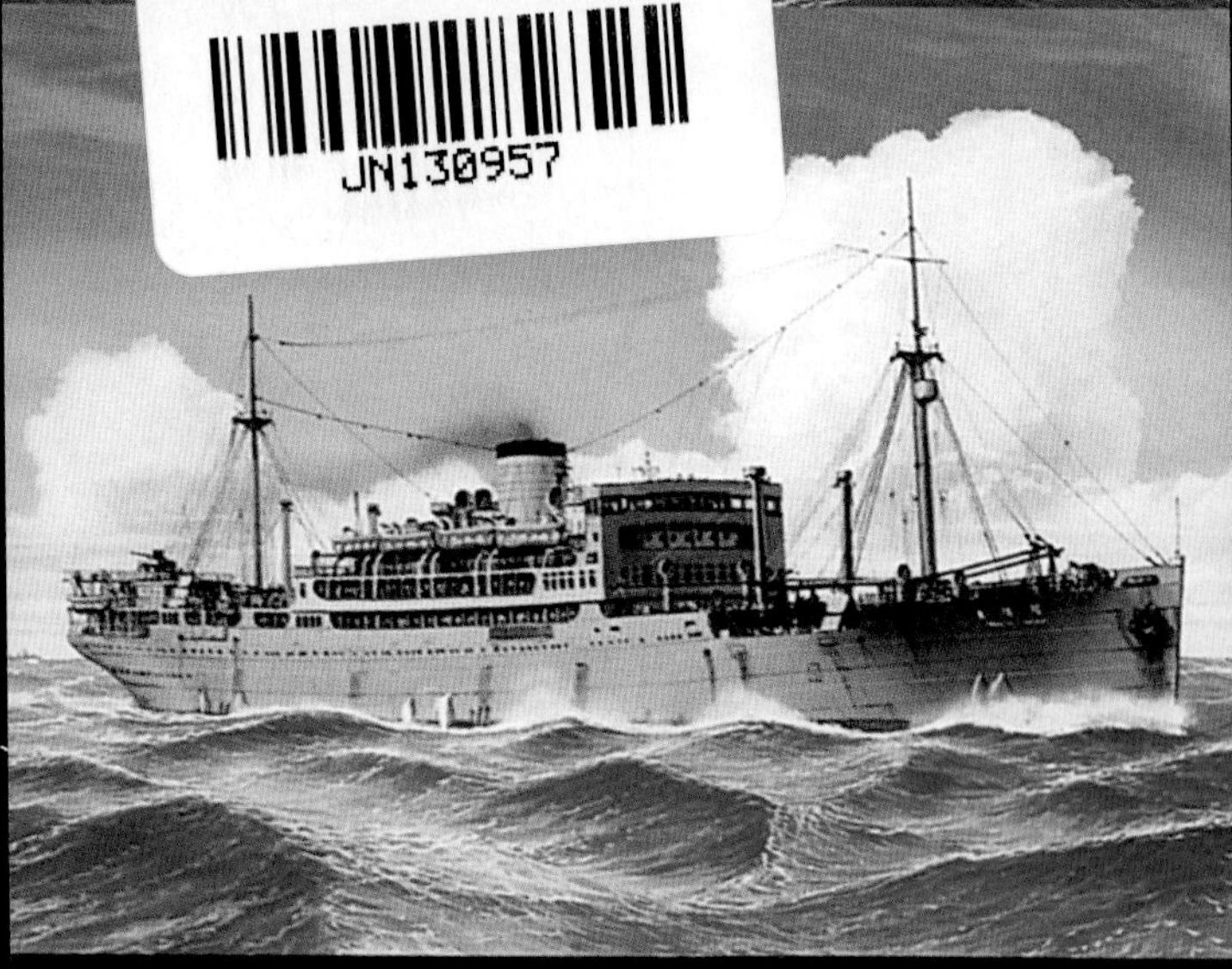

報国丸〈特設巡洋艦・大阪商船〉
靖国丸〈特設潜水母艦・日本郵船〉

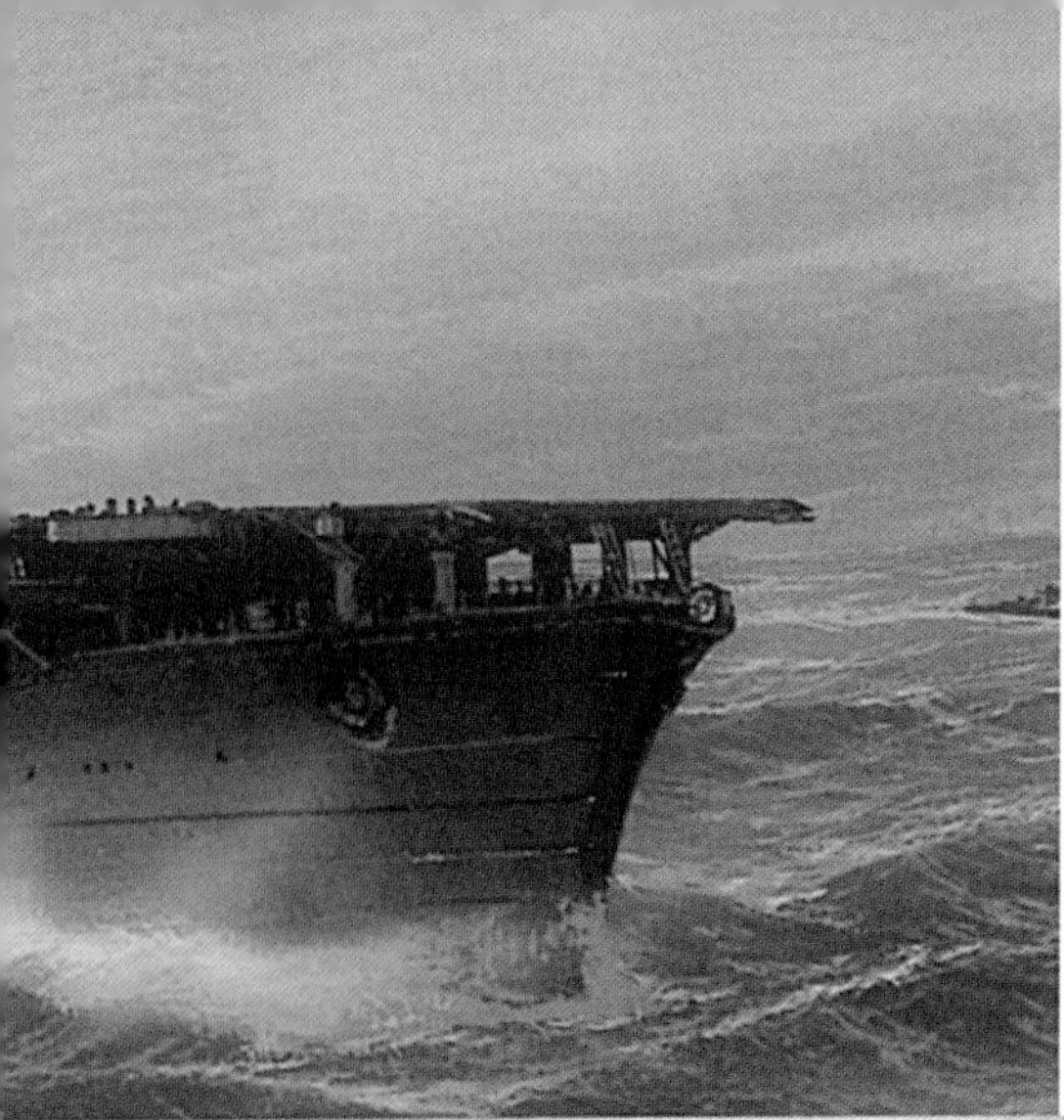

隼鷹〈特設航空母艦・橿原丸・日本郵船〉

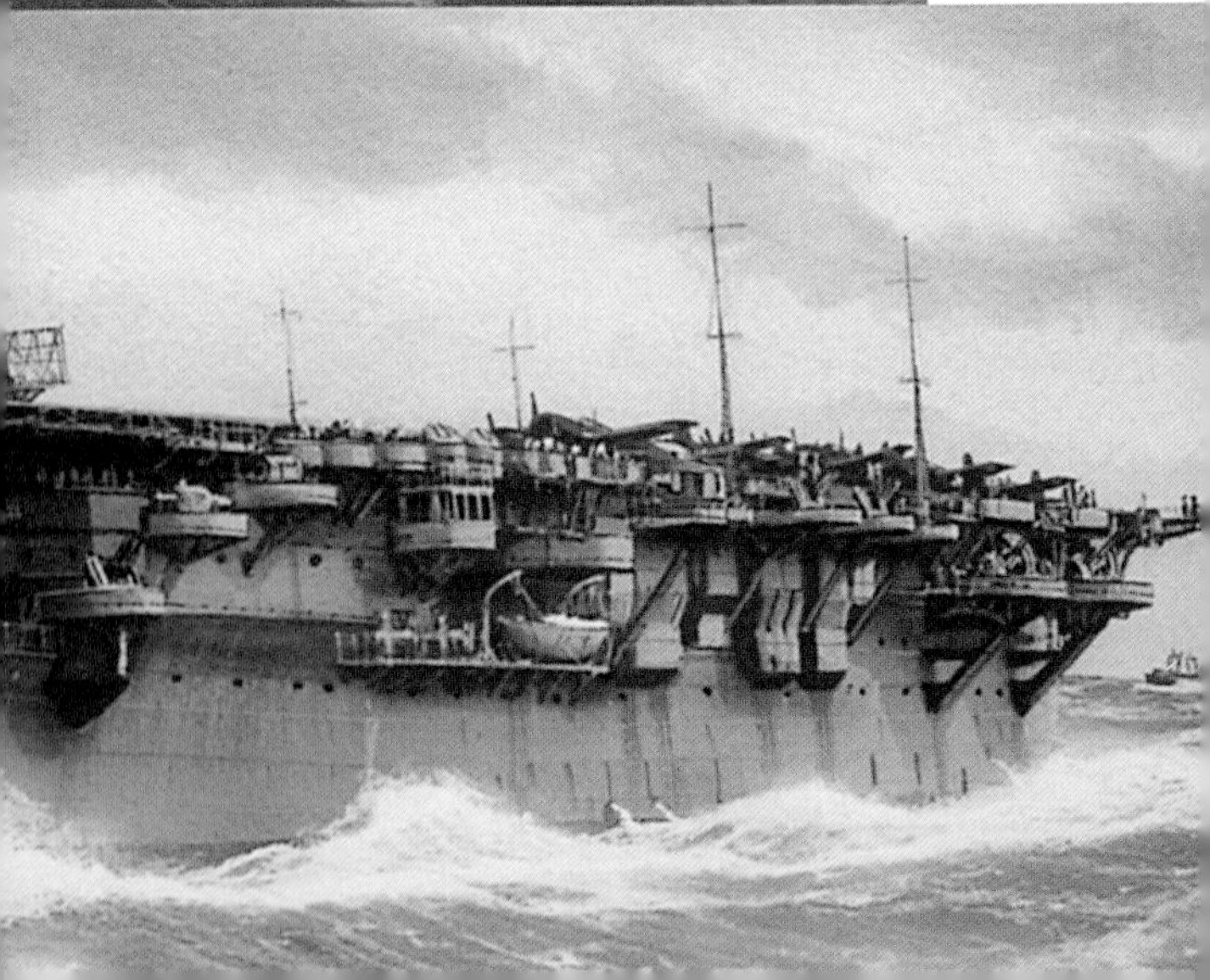

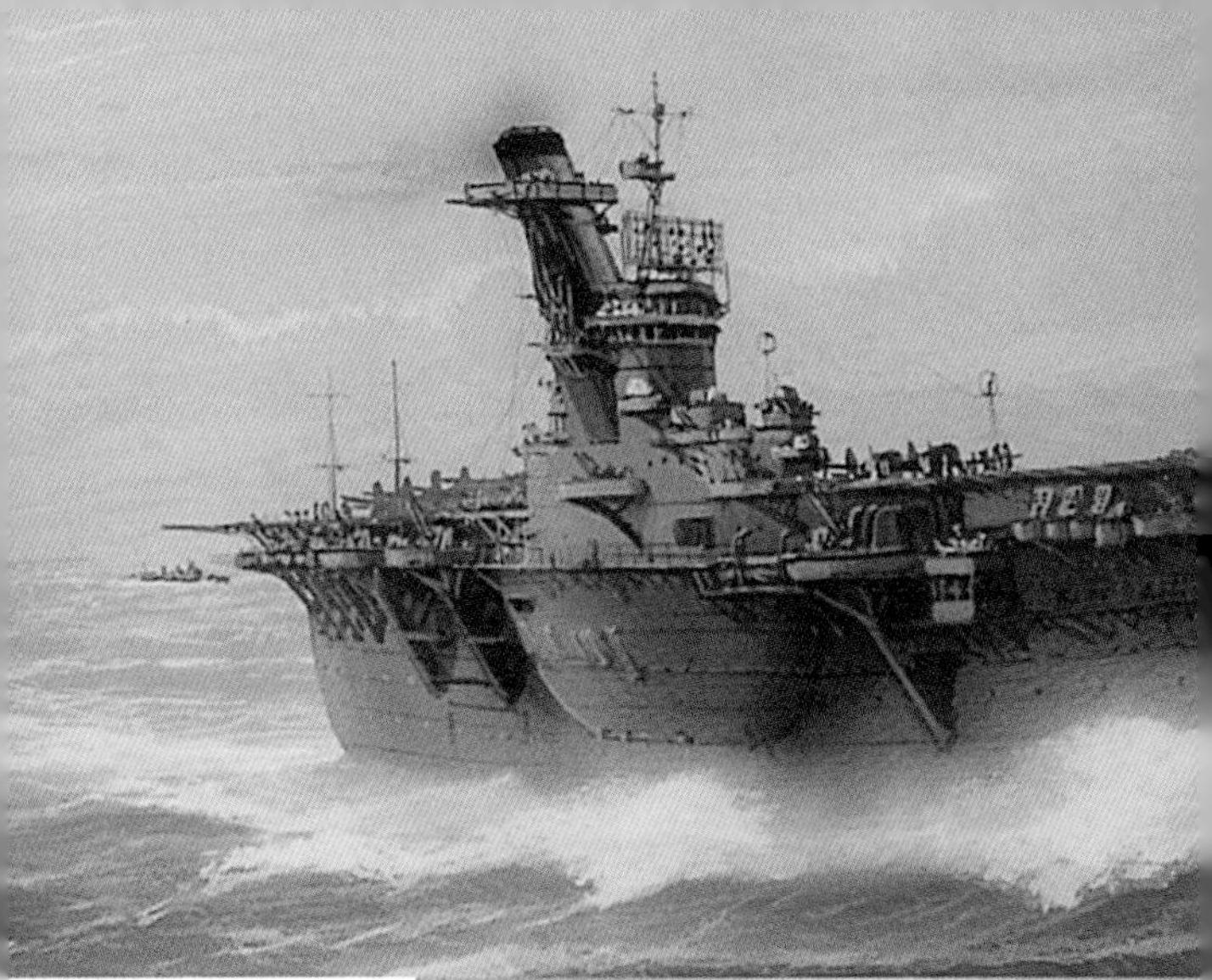

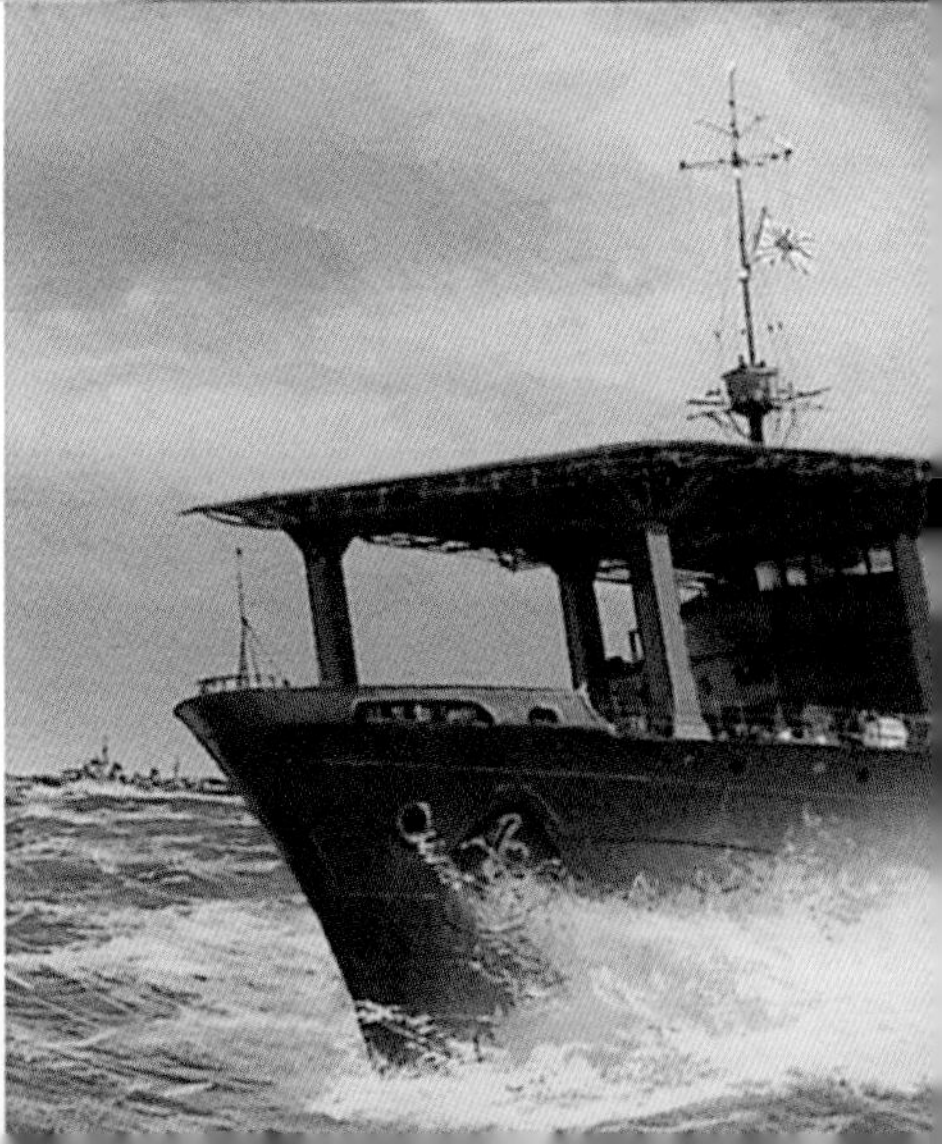

海鷹〈特設航空母艦・あるぜんちな丸・大阪商船〉

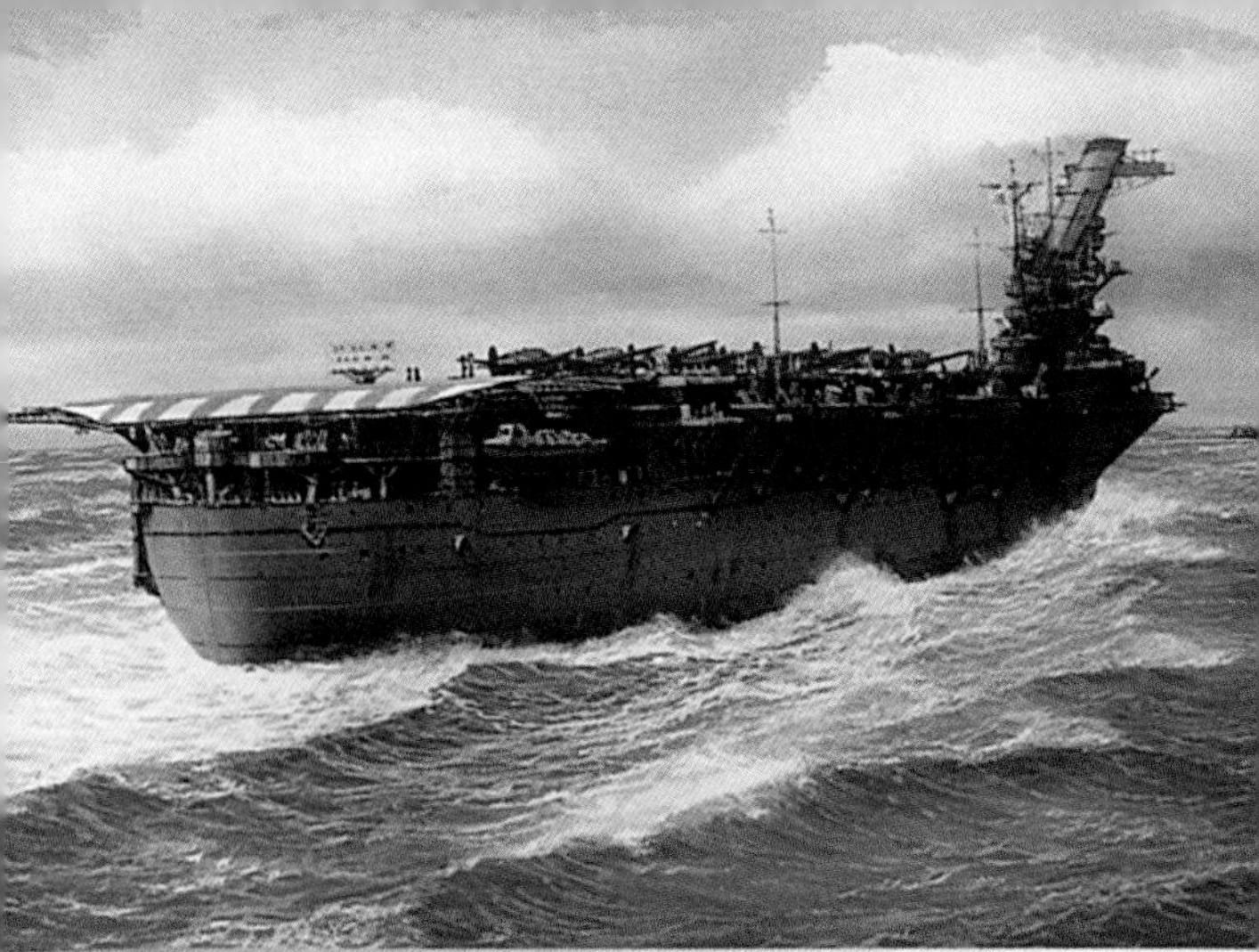

飛鷹〈特設航空母艦・出雲丸・日本郵船〉

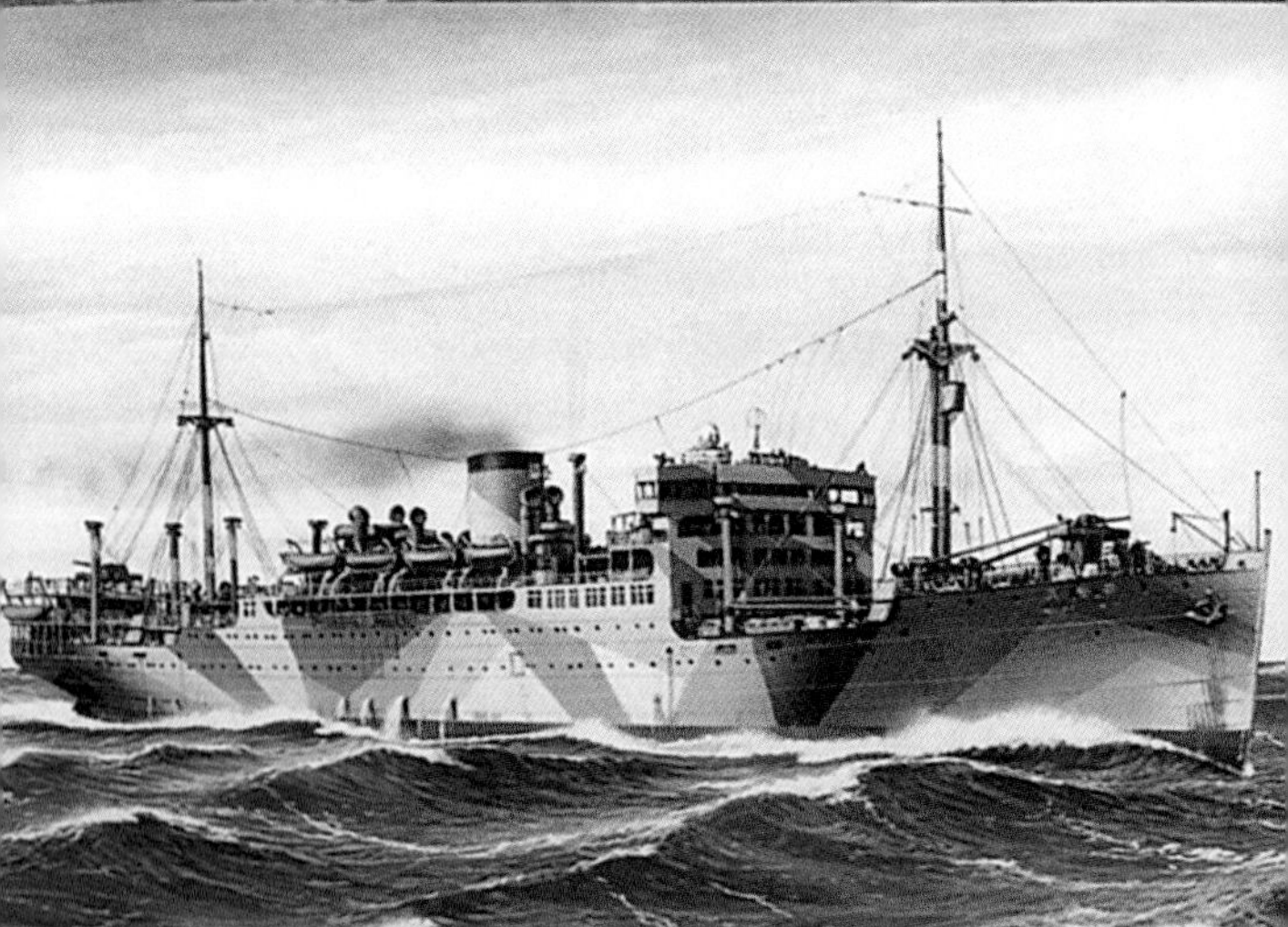

平安丸〈特設潜水母艦・日本郵船〉

NF文庫
ノンフィクション

新装版

特設艦船入門

海軍を支えた戦時改装船徹底研究

大内建二

潮書房光人新社

本書は、有事の折、海軍が民間から商船や漁船を徴用、改造して使用した艦船について綴ります。

　商船を改装した「隼鷹」「飛鷹」といった特設航空母艦や特設巡洋艦、特設病院船、漁船を徴用した特設監視艇など、様々な船を紹介します。

　その歴史から兵装、乗組員、戦いの記録、外国の特設艦船まで、多数の写真と図版によって解説しています。

まえがき

特設艦船は平時にはほとんどその姿は見られず、戦時あるいは臨戦状態の時に出現する臨時の艦船である。世界のいずれの海軍も制限ある予算の中で軍備は整えられてゆくものであり、例え大海軍国アメリカであっても、必要と思われるあらゆる種類の艦艇を平時から全て整えておくということはできるものではない。

つまり特設艦船とは次のように定義することができる臨時の艦船を指すものなのである。

「海軍が有事に際し固有の艦艇の不足を補うために、民間から商船や漁船を徴用し軍事目的のために使う場合、これらの船を総称して呼ぶもの」

つまり海軍は各種の艦船を平時においては常に必要最小限の数は常備することに努めてはいるが、いざ開戦となった場合には、その戦争の規模によってはとても平時の常備艦船の数では間に合わず、要求される性能に見合った民間の商船や漁船を掻き集め、適度な武装を施し臨時の艦艇としてこれを実戦に投入するのが一般的である。

特設艦船として世間一般に最もよく知られているものに特設巡洋艦がある。巡洋艦は適度に強力な武装を持ち高速力で行動ができるために、各国海軍では航空母艦や戦艦以上に重要な戦力として比較的多くの数を揃えている。そしてその用途は敵艦船と砲火を交える戦闘ばかりでなく、偵察、哨戒、護衛、輸送、上陸支援、防空など実に広い。

このために海軍は巡洋艦を常に多数揃えておきたいが、それも不可能である。そこで一旦臨戦状態となり、あるいは戦争が勃発した場合には海軍はその不足を補うために民間からまず高速力を持った優秀な貨物船や貨客船を徴用し、これを特設の巡洋艦に改造し、偵察や哨戒あるいは船団護衛などに投入するのである。つまり正規の巡洋艦は直接敵と砲火を交える懸念のある戦域に配置し、本来巡洋艦がその任務に当たるべきその他の任務に特設巡洋艦を配置することによって、巡洋艦の配置バランスを保とうとするのである。

イギリスもドイツも日本も、第二次大戦で特設巡洋艦を保有した国は、大型商船の中でも主要航路に配置される優秀な性能を持つ貨客船や貨物船を最優先で特設巡洋艦として徴用している。これらの船は正規の巡洋艦に及ばないものの例外なく高速力の持ち主で、しかもその航続距離は正規の巡洋艦よりも長大なのである。そして各船の大容量の貨物倉や旅客設備は様々な用途に転用でき、万能な性能を持たせることができるのである。またそれらの船が本来持っている大きな予備浮力は、強力な火砲や魚雷発射管あるいは水上偵察機の搭載も可能にしているのである。

イギリス、ドイツ、日本海軍は戦争の勃発を前にしてそれぞれ特設巡洋艦を準備していたが、これら三ヵ国では特設巡洋艦の使い方に特徴があったことに興味がもたれる。

ドイツ海軍は準備した特設巡洋艦の全てを海のゲリラ作戦ともいうべき通商破壊作戦に投入し赫々たる戦果を上げた。そしてその戦果は同じ通商破壊作戦に投入された正規の戦艦や巡洋艦が上げた戦果より多く、連合国海軍には大きな脅威となったのである。

イギリス海軍は五〇隻以上の特設巡洋艦を準備し戦場に投入したが、その任務は極めて特徴的であった。というのは戦争勃発から三年ほどは、イギリス海軍は商船を護衛する護衛艦艇に絶対的な不足を生じていた。そこでこれら特設巡洋艦を船団護衛用に使い、ドイツ海軍の通商破壊作戦用に放たれた特設巡洋艦や正規巡洋艦に対すると同時に、敵潜水艦の攻撃にも使用されたのである。またドイツ海軍の水上艦艇の探索の目として哨戒任務にも使われ、それぞれに重要な任務を果したのである。ただイギリス海軍のこれら特設巡洋艦に共通していたことは、そのほとんどが大型客船や貨客船であったことで、中には二万総トンを超える客船も使われたことである。これは戦争の勃発と共にそれまでの海外との定期航路が大幅に縮小され、そこで使われていた大型客船や貨客船が余剰になったことも理由の一つに上げられるが、これらの大型船には強力な火砲を多数搭載できる十分な余力があり、しかもいずれも高速力の持ち主であったことが、イギリスの特設巡洋艦に多数の大型客船や貨客船が利用された理由である。

一方、日本海軍では太平洋戦争中に合計一四隻の特設巡洋艦を準備し、通商破壊作戦や洋上哨戒などに運用されそこそこの効果をもたらした。しかし戦争の後半には輸送船の絶対的な不足からそれぞれが特設輸送船に用途が変更され、特設巡洋艦としての任務は中途半端に終わることになった。

特設巡洋艦ばかりでなくいずれの特設艦船においても共通し、そして特設艦船の最大の弱点となっていたことは、正規の艦艇に装備されているような強力な装甲を持っていないことである。このために直接敵と対峙した場合には多くの場合その脆さを露呈することになった。

特設艦船の中で例外的に多くの数を準備したものに特設輸送船がある。陸軍でも多数の商船を徴用し輸送船としたが、海軍はこれらの商船を独自の手で運用したことに特徴があった。作戦に際して膨大な量の武器、弾薬、糧秣、機材、燃料、そして将兵の輸送を行なわねばならないが、これらの任務に当てられたのが特設輸送船であった。勿論その中には多数の油槽船も含まれており、その中の多数は艦隊用の給油艦の任務を与えられ、重要な作戦に主力艦と共に投入された。

特設艦船の中には戦時のみに存在するものもあった。その代表的な例が特設病院船である。どの国の海軍にも常備の病院船は在籍しない。それは病院船を用意しなくとも、既存の陸上の設備が利用できるためで、あえて移動する病院設備を準備する必要がないためである。

しかし一旦戦争が勃発した場合には艦隊の行動する範囲には病院設備は皆無であり、そのためにも例え不定期でも戦場海域を巡回する設備の整った病院船の存在は必要不可欠になるのである。太平洋戦争中の日本の特設病院船氷川丸や高砂丸の存在はあまりにも有名であり、どれほど多くの重篤将兵の命が救われたか分からない。

特設艦船は何も大型の船舶ばかりが徴用の対象になるとは限らない。漁船はその優れた航洋運航性能から第二次大戦では日本でもイギリスでも実に多くの漁船が特設特務艇として徴用された。

これらの小型船舶は自国沿海や占領地域の沿海、さらには遠く遠洋まで進出し掃海、対潜、哨戒、監視の任務についた。またそればかりでなく長距離の船団護衛の任務につくものもあり、漁船を主体とするこれら徴用小型船舶は縁の下の力持ちとなり、存分の活躍をすることになった。

それだけにその徴用隻数は一般徴用商船の数を大きく上回り、日本海軍の場合には太平洋戦争中に実に合計八四一隻の漁船や小型商船が徴用され、それぞれ特務艇として運用されたが、実にその八〇パーセント近くが失われたのであった。

本書では太平洋戦争中の日本の特設艦船を中心に、その用途や活躍の姿を解説してあるが、アメリカやイギリスそしてドイツ海軍の第二次大戦中の特設艦船についても多少の解説を加えた。

本書を一読頂き、とかく陰の存在となる特設艦船について改めてその存在価値を認識していただきたく思うのであります。

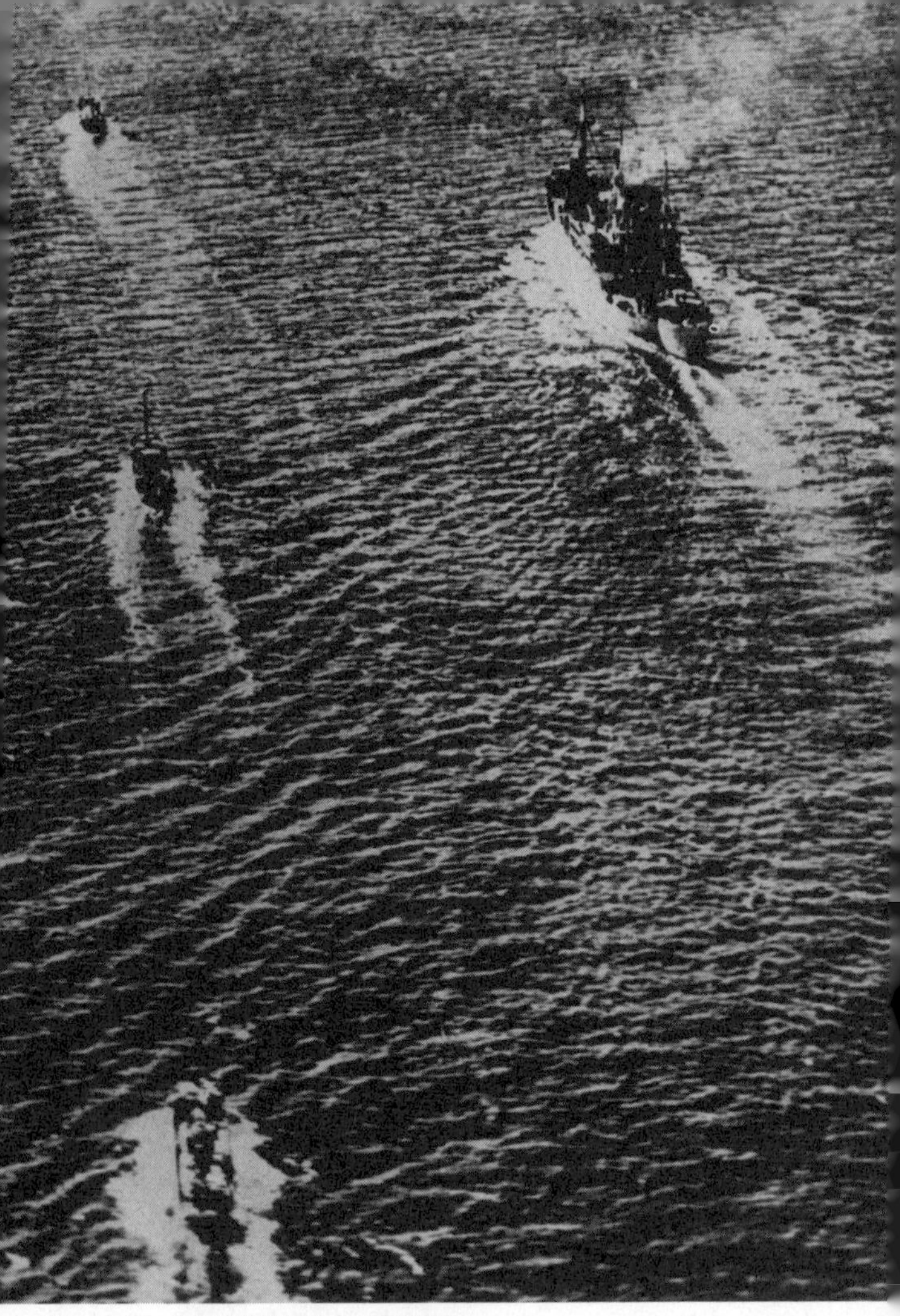

昭和 17 年、特設巡洋艦粟田丸と監視艇群

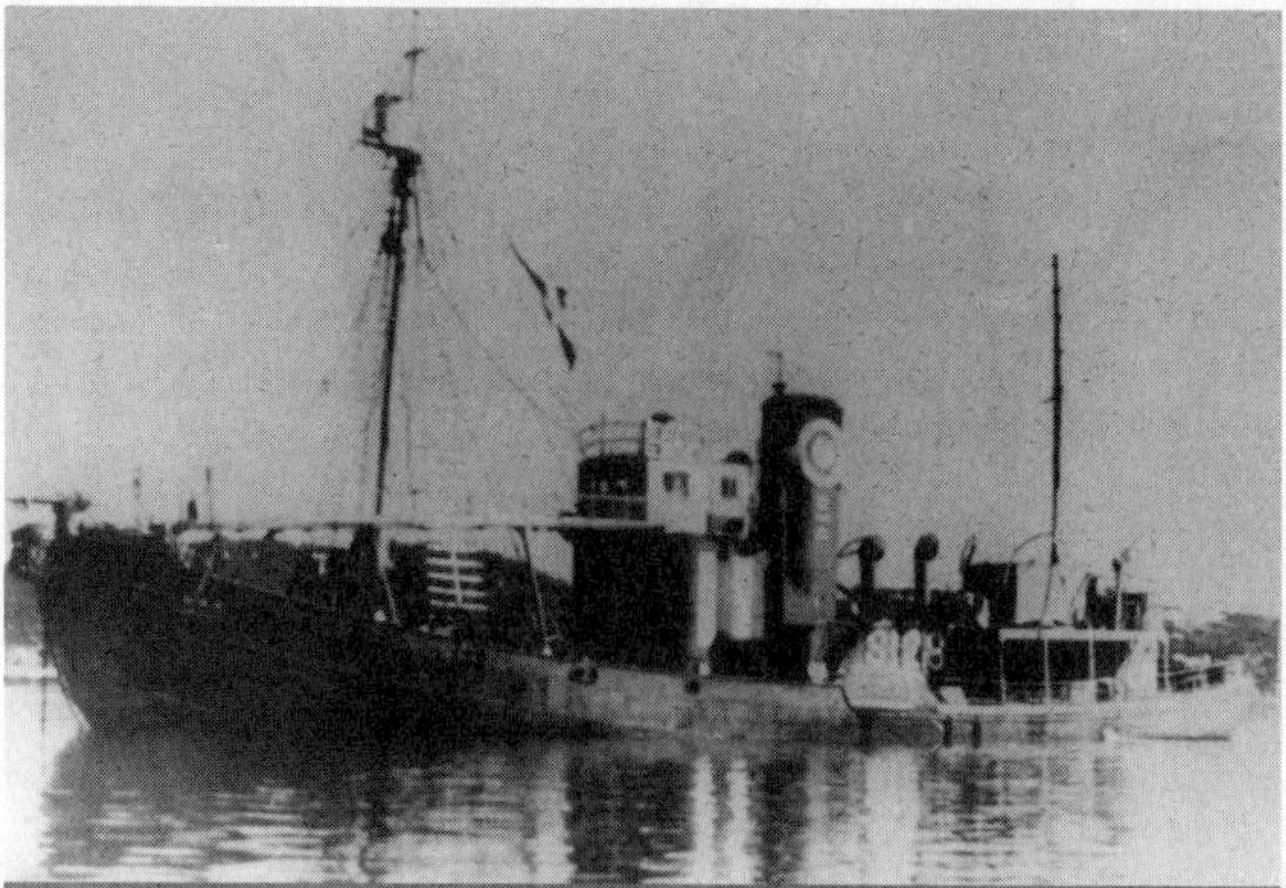
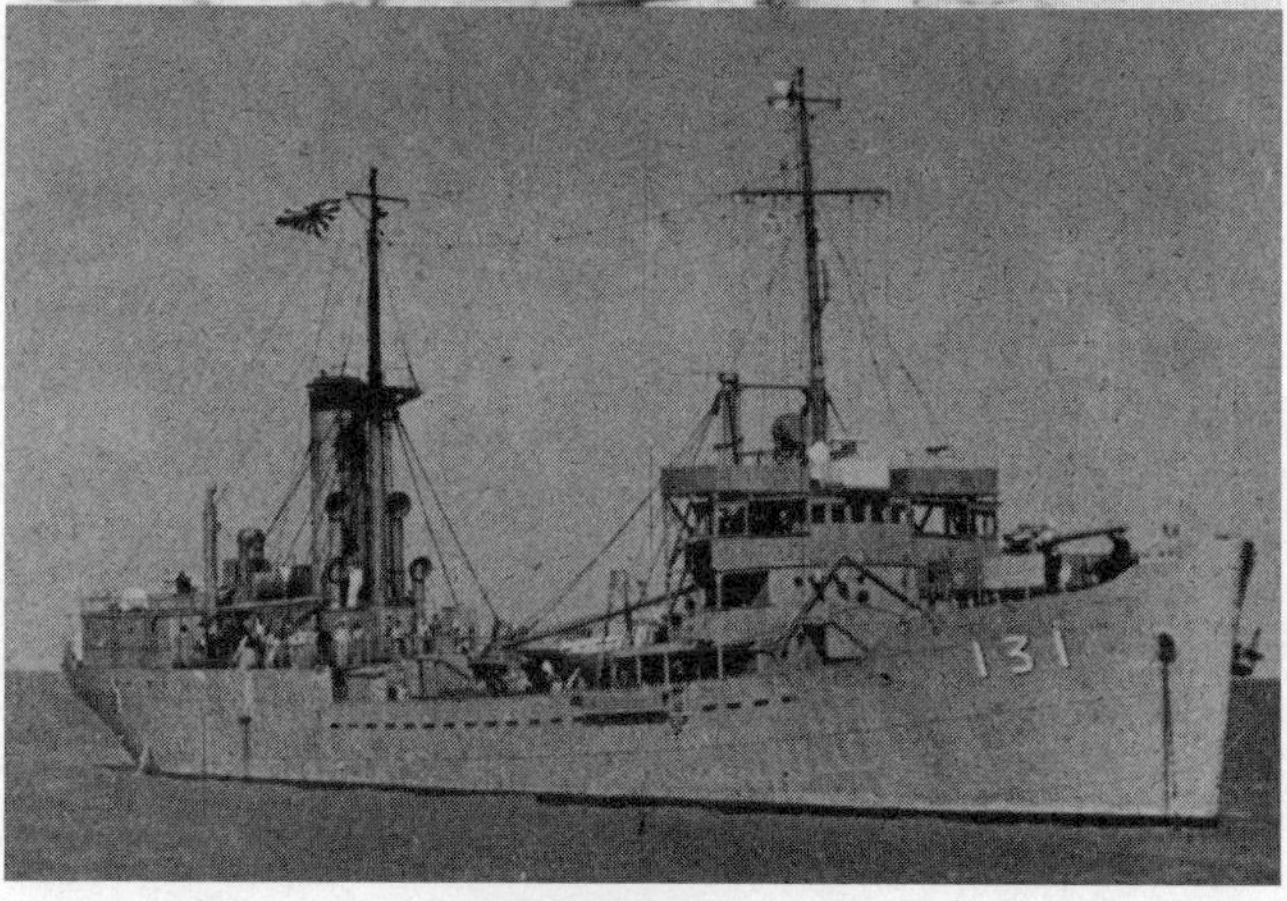

上：特設砲艦豊国丸
下：特設駆潜艇第 11 昭南丸

特設艦船入門——目次

第3章　特設艦船の戦闘

第4章　外国海軍の特設艦船

第5章　戦後に生き残った特設艦船

写真提供／著者・雑誌「丸」

特設艦船入門

海軍を支えた戦時改装船徹底研究

第1章　日本の特設艦船の誕生

日本の特設艦船の生い立ち

特設艦船について話を進める前に、特設艦船とはどのような船のことを指すのか、まず定義づけをしておきたい。

特設艦船とは次のように定義づけることができるであろう。

「海軍が有事に際し、固有の艦艇の不足を補うために民間より商船や漁船を徴用し軍事目的に使う場合、これらの船を総称して呼ぶもの」

世界の強大な海軍力を持つ国でも、あるいは弱小の海軍力を持つ国でも、有事に際しては特設艦船を準備し運用することは、近代に入ってからは一般的に行なわれていたことである。

日本でも明治維新以降に本格的な海軍力が整備されてからは、日清戦争や日露戦争でも見られるように日本海軍は多数の商船を徴用し特設の艦船として使った。例えば日清戦争の時の西京丸や日露戦争における信濃丸などはその代表例であるといえよう。西京丸は日本郵船社が一八八五

西京丸

年（明治十八年）の創立直後にイギリスに建造を依頼した二九一三総トンの貨客船で、一八九四年（明治二十七年）に勃発した日清戦争では海軍に徴用され通報艦という目的のために使われた。そして有名な黄海の海戦では海軍軍令部長やその幕僚を乗せ、後方より海戦の状況を視察するという重要な任務を果たしたのである。この時の西京丸はより正しく海戦の状況を視察するために戦闘海域深くまで入り込んでいた。このために一二発の敵弾を受け、死傷者まで出すという奮闘ぶりを示し、日本海軍最初の特設艦船の任務を果たしたのである。

日清戦争では西京丸と同じ日本郵船社の貨客船近江丸（二四七三総トン）も徴用され、特設水雷艇母艦として活躍したが、これは小型艦艇の母艦として民間船が使われた最初であった。

一九〇四年（明治三十七年）に勃発した日露戦争では、より多くの商船が海軍の特設艦船として徴用されたが、その中でも日本郵船社がシアトル航路用に建造した貨客船信濃丸（六三八八総トン）の活躍は有名である。本船は特設巡洋艦として徴用されたが、ロシアのバルチック艦隊が極東へ増援のために出撃したという情報に対し、洋上哨戒活動が唯一の敵艦隊の情報源であった当時、

信濃丸

信濃丸などが東シナ海で広範囲な索敵活動を展開することになった。

日本の連合艦隊が強力なバルチック艦隊に勝利する唯一の戦法は、この大艦隊を待ち伏せ、先制攻撃を加え戦いを有利に展開する以外になかった。それだけに索敵活動に全神経を張り巡らし、少ないながらも配置できる全ての特設巡洋艦を敵艦隊の予想航路上に配置し、敵艦隊の動静を察知するためには特設巡洋艦は極めて重要な存在として認識されたのであった。

一九〇五年（明治三十八年）五月二十七日の早暁、信濃丸は対馬海峡南方で北上するバルチック艦隊を発見、直ちに連合艦隊に対して「敵艦隊ミユ」の第一報を通報した。この発見の通報は当日対馬海峡で展開された日本とロシアの主力艦隊の激突に際し、極めて有利な戦いの戦法を連合艦隊にもたらすことになったことはあまりにも有名である。そして特設巡洋艦信濃丸の名前は日本の命運を決した武勲の艦（商船）として後世に伝えられることになった。

日露戦争では信濃丸を含めて七隻の商船が特設巡洋艦として徴用され、哨戒・索敵・連絡護衛・防備などに活躍しているが、その他にも多数の商船が徴用され給兵艦、給水艦、給炭艦、通信艦、監視船、運送船など、日清戦争では見られなかった新しい種類の用途に使われたのであった。

日清・日露の両戦争は日本海軍に特設艦船という新しいカテゴリーの艦船を誕生させたが、この二つの戦争以後は、特設艦船を必要とするような外洋での戦闘はほとんどなく、日本海軍の中にはしばらく特設艦船の空白の時代があった。

しかし一九三七年（昭和十二年）に日中戦争が勃発すると、海軍では再び積極的に特設艦船を運用するようになり、太平洋戦争勃発を前にして、それまでにない大量の規模の商船が徴用され特設艦船として運用されることになった。そしてその中には日本海軍が初めて定めた多数の艦種が現われたのである。

太平洋戦争中に特設艦船として徴用された商船や漁船は最終的には一四〇〇隻を超え、その総量は二八九万総トン以上に達した。この量は太平洋戦争中に日本海軍が保有していた全ての正規の艦艇の総量を大幅に超えるもので、特設艦船なくしては戦いを展開することができなかったといっても過言ではなかったのである。

特設艦船を運用したのは勿論、日本ばかりではない。もともとはイギリスやドイツ海軍にその起源があり、第二次大戦では、特にイギリスにおいては日本よりはるかに多くの商船や漁船を特設艦船として徴用し、さまざまな用途で使用したのであるが、外国の特設艦船については後章で述べることにする。

それでは日本海軍の特設艦船とはどのような用途のために使われたのであろうか。次に太平洋戦争中に活躍した日本の全ての特設艦船について、その種類と数及びその損害の実態について説明することにする。

特設艦船の分類とその実数

一口に特設艦船といってもその用途は多種多様であるが、実際は既存の海軍の各種艦艇の代役を務めるものであると考えると分かり易い。そこで日本の正規の各種艦艇がどのように区分、分類されていたかをあらかじめ知っておく必要があろう。

日本の艦艇は基本的に次のように区分、分類されていた。

（イ）軍艦

戦艦、巡洋艦、航空母艦、水上機母艦、潜水母艦、敷設艦、砲艦、海防艦（旧式巡洋艦）、練習戦艦、練習巡洋艦

（ロ）その他の艦艇

駆逐艦、潜水艦、水雷艇、掃海艇、敷設艇、海防艦、駆潜艇

（ハ）特務艦船

工作艦、給油艦、給炭艦、給水艦、給糧艦、測量艦、標的艦、運送船

ここで知っておかなければならないことは、艦首に燦然と輝く菊の紋章が取り付けられるのは（イ）の軍艦だけであり、その他の艦艇や特務艦艇の艦首には菊の紋章は取り付けられることはなかった。なお分類中の軍艦の中で、太平洋戦争中には練習戦艦と練習巡洋艦は実際には存在せ

ず、開戦前後に完成した練習巡洋艦（三隻）は開戦後は軽巡洋艦として位置づけられ運用された。

徴用された商船や漁船はこの三つに分類された艦艇のいずれかの補助または代役として使われるために、それぞれ特設軍艦、特設特務艦、特設特務艇のいずれかに区分されるのである。そしてその分類名称は次のようになるのである。

（イ）特設軍艦

特設巡洋艦、特設航空母艦、特設水上機母艦、特設潜水母艦、特設砲艦、特設敷設艦、特設水雷母艦、特設掃海母艦、特設急設網艦

（ロ）特設特務艦船

特設工作艦、特設運送艦（給油艦、給炭艦、給兵艦、給水艦、給糧艦）、特設病院船、特設港務船、特設測量船、特設砕氷船、特設電線敷設船、特設救難船、特設運送船（雑役）

（ハ）特設特務艇

特設掃海艇、特設駆潜艇、特設敷設艇、特設監視艇、特設防潜網艇、特設捕獲網艇

この分類にともない、民間から徴用された概略五〇〇総トン以上の商船は全て特設軍艦や特設特務艦船として使われ、概略五〇〇総トン以下の商船や漁船は概ね特設特務艇として使われていた。

太平洋戦争中に海軍に徴用された商船や漁船は、すべて上記の（イ）（ロ）（ハ）のいずれかに区分されて運用されたが、その種類別の実数と終戦時に残存したそれぞれの実数を第1表、第2

第１表　特設軍艦の種類別徴用数と終戦時の残存数

種　類	在籍数	終戦時残存数	主な船名
特設巡洋艦	１４	0	報国丸、愛国丸、護国丸、浅香丸、粟田丸、能代丸、金竜丸、盤谷丸、
特設航空母艦	7	1	出雲丸（飛鷹）、橿原丸（隼鷹）、春日丸（大鷹）、八幡丸（雲鷹）、
特設水上機母艦	7	0	聖川丸、神川丸、君川丸、国川丸、山陽丸、讃岐丸、相良丸、
特設潜水母艦	7	0	平安丸、日枝丸、靖国丸、筑紫丸、さんとす丸、りおでじゃねいろ丸、
特設砲艦	８４	0	華山丸、香港丸、白海丸、千歳丸、浮島丸、八海山丸、長沙、慶興丸、
特設敷設艦	9	2	高栄丸、辰春丸、辰宮丸、神興丸、永城丸、日祐丸、天洋丸、光隆丸、
特設航空機運搬艦	１０	2	名古屋丸、葛城丸、小牧丸、五洲丸、富士川丸、最上川丸、加茂川丸、
特設水雷母艦	4	0	神洋丸、首里丸、日本海丸、神風丸、
特設掃海母艦	3	0	射水丸、永興丸、いくしま丸、
特設急設網艦	2	0	西安丸、須磨浦丸、
合　計	１４７	5	

第２表　特設特務艦船の種類別徴用数と終戦時の残存数

種　類	在籍数	終戦時残存数	主な船名
特設運送艦	１５５	２６	
特設給油艦	(89)	(12)	東亜丸、東邦丸、久栄丸、御室山丸、音羽山丸、極東丸、玄洋丸、日章丸、
特設給炭艦	(8)	(1)	夕張丸、石狩丸、岩代丸、朝風丸、淀川丸、広隆丸、
特設給水艦	(9)	(1)	木曽川丸、日豊丸、朝山丸、五隆丸、興安丸、
特設給糧艦	(36)	(11)	長光丸、豊光丸、駿河丸、興亜丸、仙台丸、天塩丸、第三播州丸、第五播州丸、
特設給兵艦	(13)	(1)	辰神丸、西河丸、広徳丸、新玉丸、興業丸、日出丸、尾上丸、
特設工作艦	6	0	山彦丸、八海丸、山霜丸、松栄丸、
特設測量艦	2	0	第36共同丸、白沙、
特設病院船	6	4	氷川丸、高砂丸、朝日丸、牟婁丸、菊丸、
特設救難艦	8	1	浦上丸、佑捷丸、
特設電線敷設艦	3	2	山鳩丸、春島丸、王星丸、
特設運送船（雑用）	２４２	４７	南海丸、北陸丸、関東丸、霧島丸、国島丸、吾妻山丸、明石山丸、辰和丸、
合　計	４２２	８０	

表、第3表に示す。

後章で詳しく述べるが、特設航空母艦を除き特設軍艦として運用された商船のほとんどは、一九四三年以降は特設特務艦船の中の特設運送船（雑役）に用途変更されている。これは戦争の展開にともない一九四三年

第３表　特設特務艇の種類別徴用数と終戦時の残存数

種　類	在籍数	終戦時残存数	主な船名
特設駆潜艇	２６５	５０	昭南丸型キャッチャーボート（12隻）、京丸型キャッチャーボート（8隻）
特設監視艇	４０７	１００	第二十三日東丸、勝栄丸、鳥海丸、第五盛運丸、第一犬神丸、第一宝栄丸、
特設掃海艇	１１２	３０	玉丸型キャッチャーボート（6隻）、拓南丸型キャッチャーボート（4隻）、
特設敷設艇	６	３	こうせい丸（元客船屋島丸）、
特設防潜網艇	８	２	昭勢丸、下松丸、波切丸、
特設捕獲網艇	４３	６	菊丸、宇治丸
合　計	８４１	１９１	

前半から商船の損失が激増したために、これを補うために用途変更されたためである。

特設艦船の奮戦ぶりは終戦時の残存数からもその激烈さがうかがえるのである。大型商船では特設砲艦、特設輸送艦、特設運送船（雑役）の損害が特に目を引く。ただこれらの損害は本来の任務での損害よりも、特設運送船に用途変更されてからの損害が大半を示しているのである。特設運送船（雑役）に用途変更されてからは、一九四四年八月以降のフィリピン攻防戦関連の軍需品や兵力の輸送、南方の石油や各種資源の日本への輸送途中で激しい損害に遭遇しているのである。

一方、この表で目立つのは特設監視艇、特設駆潜艇、特設掃海艇の徴用の数とその損害の数である。この三種類の特設特務艇の合計は七八四隻に達し、その中の実に六〇四隻が失われており、その損害率は実に七七パーセントに達している。そして特徴的なことは、これらの特設特務艇の大半が総トン数八〇から一八〇トンまでの漁船であったということである。

結局、太平洋戦争中に日本海軍は特設艦船として民間の商船や漁船など一四一一隻を徴用したが、その中の一一三五隻、実に八〇・四パーセントが失われてしまったことになる。

勿論、日本が太平洋戦争中に失った商船は特設艦船の用途で徴用されたものばかりでない。陸軍に輸送船として徴用された大量の商船もその大半が失われ、また民間商船として運用された多数の商船も失われてしまった。

結局、日本が太平洋戦争中に失った商船は、一〇〇総トン以上の商船だけでも二四四五隻、六三九万総トンに達したのである。そしてその上に多くの漁船までもが失われてしまったのであった。

特設艦船の配置

太平洋戦争中の日本の特設艦船の配置の詳細については後章で述べるが、ここでは主な特設艦船についてその配置のされ方と運用について概略を述べることにする。

日本海軍は各種艦艇についてその戦闘単位というものが定められていた。主力艦の戦艦、航空母艦、巡洋艦は二〜四隻を一つの戦闘単位として「一個戦隊」を形成していた。駆逐艦や潜水艦は原則的には四〜六隻を一つの戦闘単位として「一個駆逐隊」あるいは「一個潜水隊」を形成していた。そして戦艦や巡洋艦の数個戦隊と一〜二個駆逐隊で「一個艦隊」を編成していた。そしてこれら複数の艦隊を戦時のために一つの戦闘単位としてまとめたものが連合艦隊なのである。ちなみに航空母艦の場合は原則として二隻で「一個航空戦隊」を形成し、航空戦隊を一つの航空作戦単位として集合させたものが「一個航空艦隊」なのである。

なお潜水艦の場合は数個潜水隊で一個潜水戦隊を編成し、数個潜水戦隊で一個艦隊を形成していた。そして一個潜水戦隊には一隻の潜水母艦が配置されることになっていた。

一方、戦隊や艦隊とは別に、各鎮守府や警備府にもそれぞれ複数の補助艦艇で編成された防備戦隊や警備隊が付属していた。また連合艦隊には連合艦隊司令部が直接その運用を管理する補給部隊（給油艦や工作艦あるいは運送船）が付属し、連合艦隊指揮下の各艦隊にもそれぞれ専用の補給部隊が付属していた。

特設艦船は各用途別に各戦隊や艦隊に配属され戦闘部隊を形成していた。例えば開戦時には北方防備を任務とする第五艦隊に、特設巡洋艦三隻で編成された第二十二戦隊が配属されていた。また内南洋防備を任務とする第三艦隊には、特設水上機母艦三隻で第十二航空戦隊を編成し配属され、まだ陸上航空基地が整備されていない南洋諸島の攻略作戦の航空作戦の要として運用されることになっていた。

前記の潜水母艦については開戦時には二隻の特設潜水母艦（客船）がその配置についており、特設病院船や特設工作艦は連合艦隊司令部の直属の配属となり、必要に応じて適宜運用されるようになっていた。また開戦時には十数隻の特設油槽艦が配置についており、ハワイ奇襲作戦の攻撃艦隊の洋上給油も全てこれら特設給油艦で行なわれたのであった。

特設特務艇も大型特務艦船と同様に重要な配置についていた。特設掃海艇や特設駆潜艇はもともと正規の掃海艇や駆潜艇の絶対数が少ないために、各防備隊や警備隊ばかりでなく、戦場が拡大するにつれて、新たに設けられた各地の海軍根拠地隊の掃海艇隊や駆潜艇隊の主力として任務についたのである。この場合、例えば特設掃海艇であれば各警備隊や防備隊に二〜四隻が配置され、これで一個掃海艇隊を編成していた。

一方、多数を占めた特設監視艇の場合は独特の配置が行なわれていた。一般的には特設監視艇四〜六隻で一個監視艇隊を編成し、これらを例えばサイパン島、パラオ島、トラック島などの根拠地隊に配置し周辺洋上の監視に当たらせていたが、日本本土への敵の接近を監視することを目的に、本州東方洋上から千島列島にかけての洋上監視を重視し、多数の特設監視艇で編成した特別の監視艇隊を編成し、第五艦隊の指揮下で配置につかせたのである。

太平洋戦争開戦当時の第五艦隊の特設監視艇の総数は実に一一六隻に達し、これで三つの監視艇隊を編成していた。つまり一個監視艇隊には四〇隻前後の特設監視艇が所属し、これらの母艦として各特設監視艇隊にはそれぞれ一隻の特設砲艦が配置されていた。そしてこの監視艇隊は前述の三隻の特設巡洋艦で編成された第二十二戦隊の指揮下に入っていたのである。

この三つの特設監視艇隊は交代で一定期間ずつ本州東方洋上から千島列島にかけての広大な洋上の指定された海域を哨戒し、敵の水上部隊の日本本土への接近の早期探知の役割を果たしていたのであった。

この第五艦隊所属の多数の特設監視艇は特設特務艇の中でももっとも激しい被害に見舞われる

ことになったが、その激務と激闘ぶりが世に知られることはほとんどなく、個々の特設監視艇は「敵発見」の無電を送ることでその任務を果たすことになるが、多くの場合はその後に送られてくる「敵ト交戦中」の無電を残して乗組員と艇は散っていったのである。

次に太平洋戦争が佳境に入った一九四三年四月現在の日本海軍の特設艦船の配置を示すが、船の大小を問わず特設艦船が全戦闘部隊に広範囲に渡って配置されていることがわかる。つまり特設艦船は日本海軍にはなくてはならない戦力となっていたことがわかるのである。

なおここでは多数になるために特設特務艇については省略してある。

第一艦隊　第十一潜水戦隊　特設潜水母艦「筑紫丸」

第四艦隊　第二海上護衛隊　特設砲艦「長運丸」

第五艦隊　第二十二戦隊　特設巡洋艦「粟田丸」「赤城丸」「浅香丸」

特設砲艦「昭典丸」「新京丸」「神津丸」

同戦隊付属　特設水上機母艦「君川丸」

第六艦隊　第一潜水戦隊　特設潜水母艦「平安丸」

第二潜水戦隊　特設潜水母艦「靖国丸」

第三潜水戦隊　特設潜水母艦「日枝丸」

南島方面艦隊　第十一航空艦隊（航空母艦及び基地航空隊で編成）

同艦隊付属　特設航空機運搬艦「慶洋丸」「五州丸」「名古屋丸」「最上川丸」「富士川丸」「りおん丸」

南西方面艦隊　第十一航空戦隊　特設水上機母艦「国川丸」「神川丸」
　第二南遣艦隊付属　特設水上機母艦「聖川丸」
　　特設砲艦「萬洋丸」「大興丸」「億洋丸」
　第三南遣艦隊付属　特設砲艦「木曾丸」「阿蘇丸」
　第一海上護衛隊　特設砲艦「華山丸」「北京丸」「長寿山丸」
　南西方面艦隊付属　特設潜水母艦「りおでじゃねいろ丸」
連合艦隊付属　特設巡洋艦「愛国丸」「護国丸」「清澄丸」
　特設病院船「氷川丸」「高砂丸」「朝日丸」「天慶丸」
　「牟婁丸」
　特設工作艦「八海丸」「山彦丸」
　特設救助船「浦上丸」
　特設電線敷設船「山鳩丸」
　特設水雷艇母艦「神風丸」
連合艦隊補給部隊　連合艦隊直率　特設輸送艦　二四隻、特設運送船（雑役）一七隻
　第四艦隊　特設輸送艦　二隻、特設運送船（雑役）七隻
　第五艦隊　特設輸送艦　二隻、特設運送船（雑役）一隻
　第八艦隊　特設輸送艦　三隻、特設運送船（雑役）七隻
　第十一航空艦隊　特設輸送艦　四隻、特設運送船（雑役）一隻

南西方面艦隊　特設輸送艦　二隻、特設運送船（雑役）一〇隻
支那方面艦隊　特設運送船（雑役）四隻
海軍省直轄　特設輸送艦三一隻、特設運送船（雑役）五七隻
各鎮守府　警備府　特設運送船（雑役）二四隻
連合艦隊各根拠地隊（合計三三根拠地）
特設砲艦　一三隻、特設敷設艦二隻、
特設掃海艇母艦一隻、特設水雷艇母艦一隻
横須賀鎮守府（横須賀防備隊）　特設砲艦「でりい丸」「笠置丸」「第二日吉丸」「吉田丸」「京津丸」
呉鎮守府（呉防備隊）　特設巡洋艦「西貢丸」「盤谷丸」
特設水上機母艦「山陽丸」
特設工作艦（艦名不承）
佐世保鎮守府（佐世保防備隊）　特設砲艦「宮津丸」「第二日正丸」
大湊警備府（大湊警備隊）　特設砲艦「千歳丸」
大阪警備府（大阪警備隊）　特設砲艦「那智丸」
鎮海警備府（鎮海警備隊）　特設砲艦「香港丸」「第十六日正丸」
高雄警備府（高雄警備隊）　特設砲艦「長白山丸」

この配置を見てもわかることは、特設砲艦が広範囲に渡って配置されていることである。特設砲艦は一〇〇〇〜三〇〇〇総トンの貨物船や貨客船に四〜六門の一二〜一四センチ単装砲を装備し、さらに機銃や爆雷、時には機雷まで装備したまさに特設の武装商船で、連合艦隊の出先機関である各根拠地や日本本土の鎮守府や警備府に漏れなく配置され、周辺海域の哨戒や特設特務艇の母艦として広く使われていたが、戦争の後半には船団の護衛も行なうという極めて便利な艦種であったのである。

特設艦船の乗組員

特設艦船は民間の商船や漁船が軍の組織の中で運用されるために、各船の乗組員は士官から一般乗組員に至るまで複雑な制度の中に置かれ、管理されていた。特に戦争の後半では軍も民間も艦船の乗組員の絶対的な不足から原則と実際とではかなりの違いが生じており、例えば特設軍艦の艦長や士官などでは、本来は正規の海軍将校がその任につくはずであるものが、予備士官の資格を持つ商船士官がその任につくこともあった。また多数を占めた特設監視艇では、本来は艇長は正規の海軍准士官がその任務につくことになっていたが、実際にはその漁船固有の船長が軍属として艇長に配置されるケースが大半を占めることになった。

このように正規の軍艦、艦艇あるいは特務艦と違い、特設艦船の場合には個々の艦船の乗組員の構成は正規の海軍軍人と予備士官の資格を持つ商船士官、軍属の資格で配乗される一般乗組員、あるいは同じ資格で乗り組む漁船乗組員など混乗状態となるために、特設艦船の乗組員の実態は単純に説明することが難しい。ただ基本的には乗組員を規定するための一定の規則はあった。

まず特設航空母艦、特設水上機母艦、特設潜水母艦などの直接戦闘に参加する主力特設艦船の場合には、艦長以下の主要士官（航海長、運用長、通信長、砲術長、飛行長等）および主要属員には正規の海軍将校や下士官・兵が配置され、艦長には海軍大佐あるいは予備役の海軍大佐が配置された。しかし海軍としての士官の絶対的な不足を補うために、航海士官や運用士官あるいは機関科士官などには、海軍で一定の基礎教練を受けた予備士官の資格を持った商船士官がその任につくことが一般的であった。

特に特設砲艦の場合は戦闘艦艇として位置づけられてはいるが、その任務上哨戒や護衛、輸送あるいは対潜行動など直接の戦闘行動が少ないため、艦長には戦闘行動には絶対的に経験の少ない商船出身の予備海軍少佐が配置される場合がほとんどであった。しかし彼らの戦闘行動に対する力量が絶対的に劣っていたという証拠は何もなく、戦争の後半では激しい戦いの場の指揮を彼らはとり、立派に任務を果たしていたのである。

特設艦船の中で独特の配置が敷かれていたのが特設運送船（雑役）である。この船の任務は海軍のあらゆる軍需物資の輸送を行なうことで、時には将兵の輸送も行なうこともあった。つまり用途的には陸軍の徴用輸送船と同じ任務をこなす艦船で、運用上は一般商船と変わらない使われ方をしていたのである。それだけに乗組員もほとんどが各商船の固有の乗組員が軍属の資格でそのまま乗り込んでいたが、各運送船には予備役の海軍大佐や中佐が監督官という立場で乗り込み、船長以下の乗組員の指導や運用の指揮をとることになっていた（監督官という名称は後に指揮官と変更されている)。

しかし戦争の激化にともない、これら指揮官の絶対数も不足し、この制度も最終的には原則として残るだけとなっていた。

特設艦船で変わった乗組員の配置としては病院船があげられる。病院船は動く病院としての機能を持っているために、その病院船の実際の指揮官(病院長)は海軍軍医大佐となっていた。しかし船そのものの操船指揮をとる権限はなく、船そのものの指揮は本来のその船の船長が行ない、乗組員も全てその船固有の乗組員で構成されていた。ただ病院関係者(各科軍医や主計科士官あるいは海軍派遣の配乗士官に限る)の食事や身の回りの整理は、本来が客船であるために全て船固有の調理員やボーイが行なうことになっていた。なお船の行動についての指揮や運用権は船長にも病院長にもなく、連合艦隊司令部の命令に従って行なわれた。

特設艦船の中で最も興味がもたれるのが特設監視艇の乗組員である。特設監視艇の乗組員には基本的には海軍の軍人(艇長や機関長、一般乗組員)が配置され、艇長には正規または予備役の海軍准士官(兵曹長)が配置されることになっていた。

しかしこれはあくまでも原則で、ごく一部の特設監視艇では原則どおりの乗組員が配置されていたが、艇の絶対数が多いこと、これをまかなうだけの正規の軍人が絶対的に少ないことから、特設監視艇の場合には乗組員の大半は、その船固有の乗組員が軍属の資格で乗船し任務についていたのである。そしてこの便宜的な方法を補正するために、もと漁船の乗組員の一部に即席の砲術訓練を実施し、搭載してある砲や機銃の操作あるいは爆雷の投下方法を多少なりとも習熟させたのであった。

また海軍側としては既存の乗組員をそのまま乗船させることにメリットもあったのである。というのは特設監視艇として徴用されたのは全て八〇〜一五〇総トン程度の小型のカツオ釣り漁船やマグロ延縄漁船であり、装備されている機関はほとんどが海軍では使用していない焼玉エンジンであったために、改めて海軍軍人にこれら機関の操作の教育を行なうよりも、これら機関に習熟した固有の乗組員を乗船させる方がはるかに効率がよかったのである。また小型船で遠洋を航行するという操船・運用技術は海軍には本来ないもので、その技術をあらためて乗艇予定の軍人に施すには相当の時間が必要であった。

つまり特設監視艇の乗組員にはそのまま固有の乗組員を軍属として乗艇させ、作戦行動を行なった方が海軍としてはメリットが大きかったのである。

特設監視艇として徴用された漁船は確認されているだけで四〇七隻に達しているが、その七五パーセントに当たる三〇七隻が人知れず大海の中で撃沈されている。そしてそこで犠牲になった漁船乗組員の数はおよそ一万人と推定されており、特設監視艇乗組員はまさに日本本土を守るための捨て駒として散華したことになるのである。

第2章　日本の特設艦船

特設巡洋艦

特設艦船の中では特設巡洋艦は最も古い歴史を持っているといえよう。十七〜十八世紀の帆船時代の商船でも、多くが二〇門以上の砲を搭載しており、砲撃戦が展開された事例は多々あるが、これはいわゆる海賊船に対処する自衛手段としての武装であり、明確に通商破壊を目的とした商船とはいいにくい。ただ十六世紀にイギリスでその最盛期を迎えた国家公認の海賊船（私掠船と呼ばれる船で、商船に重度の武装を施し、外国商船を公海上で攻撃し、財宝などを略奪する）などは、明らかに一種の通商破壊作戦であり特設巡洋艦の前身であるといえないこともない。

日本で最初の特設巡洋艦といえる船は、日清戦争（一八九四年）において貨客船を徴用した通報艦西京丸であろう。そしてより本来の目的に即して運用された特設巡洋艦が日露戦争（一九〇四年）における貨客船信濃丸など七隻の徴用商船である。

実はロシア海軍では同じ一九〇四年に商船を徴用し武装を施した特設巡洋艦数隻で編成した義

勇艦隊を日本海を中心に行動させている。

日露戦争後、日本海軍は信濃丸などの特設巡洋艦の効果を是とし、またロシアの特設巡洋艦による義勇艦隊に刺激され、帝国海事協会の音頭の下に国民に広く義援金を募集し、平時には貨客船として運用、有事に際しては直ちに巡洋艦として使える専用の商船兼軍艦を建造したが（さくら丸、梅が香丸など三隻、いずれも三二〇五総トン）、軍艦的な要素を多く持ったために商船としては運用に難点がありすぎて失敗に終わり、結局は以後は必要に応じて一般の商船を特設巡洋艦として使う方針となったのである。

その後第一次大戦においてドイツは幾隻もの特設巡洋艦を投入し、連合国側の商船に対する通商破壊作戦を展開して大きな成功を収めた。その中でも貨物船改造のメーヴェ（MEHWE）やヴォルフ（VOLF）は有名であり、ヴォルフはインド洋で日本の大型貨客船信濃丸（Ⅱ）を撃沈したことで知られている。

第二次大戦で最も特設巡洋艦を効果的に活用したのは再びドイツであった。またイギリス海軍も戦争の前半（一九四二年頃まで）までは特設巡洋艦を広く活用している。しかし両国の特設巡洋艦の使い方には基本的に違いがあった。ドイツ海軍は特設巡洋艦を通商破壊作戦のみに集中的に投入した。これに対しイギリスは洋上哨戒（偵察）や船団護衛に多用した。

しかしドイツの特設巡洋艦作戦は一九四三年までで中止となり、イギリスの特設巡洋艦も護衛艦艇の充足にしたがって次第に任務は解除され、特設巡洋艦の時代は終わるのである。

さて太平洋戦争開戦に際し日本海軍は合計一四隻の特設巡洋艦を準備しているが。その用途は

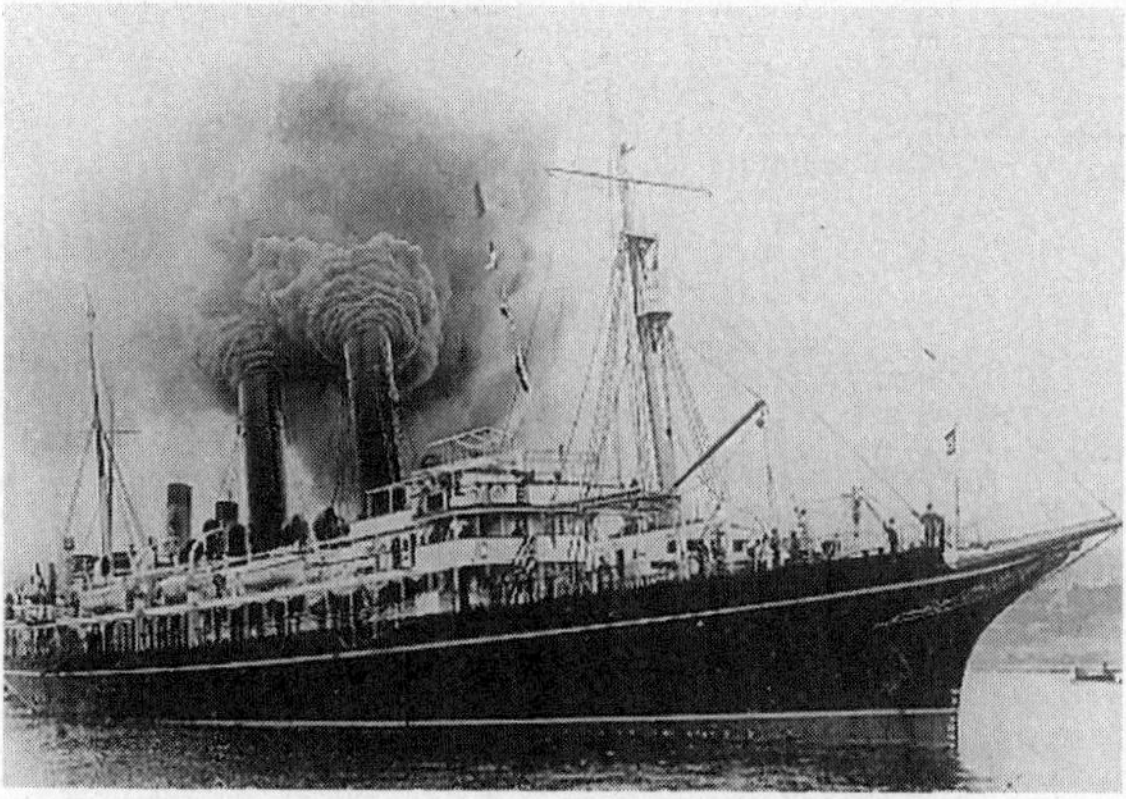

さくら丸

通商破壊作戦と洋上哨戒そして内戦部隊の旗艦や機雷敷設であった。

特設巡洋艦に求められる特性は、長い航続距離、高速力、武装の配置に適した構造と強度、高い居住性、大きな搭載力などであり、対象となる商船は四〇〇〇総トン以上の貨客船あるいは貨物船であった。

日本の特設巡洋艦の武装はその任務と用途によって違いがあり、おおよそ次のように分けることができた。

（イ）通商破壊作戦用：一四センチ単装砲×八門、一三ミリ連装機銃×二基、五三センチ連装魚雷発射管×二基、水上偵察機×二機、

（ロ）洋上哨戒作戦用：一四〜一五センチ単装砲×六〜八門、一三ミリ連装機銃×二基、五三センチ魚雷発射管×二基またはナシ、水上偵察機×一〜二機

（ハ）内戦部隊旗艦用：一四～一五センチ単装砲×四門、一三ミリ単装機銃×一～二梃、機雷×四〇〇～五〇〇個

なお（ハ）の場合は特設敷設艦を兼務する場合が多い。

日本海軍が本格的に特設巡洋艦を作戦に投入するのは太平洋戦争が初めてといえた。勿論、前述した帝国海事協会が建造した三隻の商船兼巡洋艦はれっきとした特設巡洋艦といえたが、この三隻は軍艦的要素を広範囲に取り入れた設計になって商船とはいい難い側面を持っており、ここで述べる特設巡洋艦の範疇からは外れるものということができる。ここでこの帝国海事協会が建造した三隻の特殊な巡洋艦型商船について少し述べておきたい。

いずれも三二〇〇総トン、最高速力二一・四ノットを発揮する高速船で、基本船形は貨客船として建造されているが、船首と船尾及びボートデッキ上の両舷には平時であっても八門の一四センチ単装砲と七センチ単装速射砲が配置されており、船内も軍艦的な要素が多く含まれた設計になっており、およそ商船とはいい難い船内設計になっていた。

そして結果的には同規模の貨客船に比較して収容する旅客数や搭載する貨物の量が格段に少なかった。つまり商船と軍艦の双

主要兵装	
14cm×8	53cm連装魚雷発射管×2
〃	〃
〃	〃
14cm×4	53cm連装魚雷発射管×2
〃	〃
〃	〃
〃	
15cm×4	53cm連装魚雷発射管×2
〃	〃
15cm×8	53cm連装魚雷発射管×2
12cm×4	機雷×500個
〃	〃
12cm×4	機雷×400個
15cm×4	

第4表　日本の特設巡洋艦一覧

船　名	船　主	竣　工	総トン数	主機関	最高速力（ノット）
報国丸	大阪商船	1940. 6. 22	10439	ディーゼル	21.1
愛国丸	大阪商船	1941. 8. 31	10437	ディーゼル	20.9
護国丸	大阪商船	1942. 10. 2	10439	ディーゼル	20.6
浅香丸	日本郵船	1937. 12. 2	7398	ディーゼル	18.3
粟田丸	日本郵船	1938. 1. 6	7397	ディーゼル	18.3
赤城丸	日本郵船	1936. 9. 10	7386	ディーゼル	18.3
能代丸	日本郵船	1934. 11. 30	7189	ディーゼル	18.0
金剛丸	国際汽船	1935. 3. 5	7043	ディーゼル	18.5
金龍丸	国際汽船	1938. 8. 31	9309	ディーゼル	19.3
清澄丸	国際汽船	1934. 10. 8	6983	ディーゼル	18.5
盤谷丸	大阪商船	1937. 9. 18	5350	ディーゼル	16.0
西貢丸	大阪商船	1937. 9. 30	5350	ディーゼル	16.0
金城山丸	三井船舶	1936. 9. 30	3262	レシプロ	14.5
浮島丸	大阪商船	1937. 3. 15	4730	ディーゼル	17.0

方の特徴を活かした設計には当然無理があったのである。

この三隻はしばらくの間商船として台湾航路に配船されていたが運航採算性が極めて悪く、数年後には係船され、後に中小海運会社に売却された後に貨物船に改造されてしまった。

この理想的として建造された巡洋艦型商船の反省を含め、その後はこのような二兎を追うような商船は建造されなかった。ただ海軍艦政本部は一九三二年から採用された船舶改善助成施設の適用に際しては、この助成施設を受けて建造される商船に対しては、各海運会社に対し将来的に特設巡洋艦（勿論他の艦種も）として利用できるような構造や性能を持つことを暗に指導するようになった。そして一九三九年に施行された優秀船舶建造助成施設の適用を受けて建造される商船に対しては、海軍艦政本部は将来的に特設艦船として直ちに使用できるような構造や配置にすることを、各商船の設計に際してはより強力に指導あるいは介入するようになったのである。

この二つの助成施設によって多数の大型・高速商船が建造され、結果的には太平洋戦争の勃発に際しては日本海軍は多くの特設艦船用の商船を保有することになったのである。

優秀船舶建造助成施設の適用を受けて建造された客船や貨客船あるいは貨物船では、設計段階で海軍艦政本部の指導が強力に行なわれた。

その実例としては、例えば日本郵船の北米西岸航路用の大型客船橿原丸や出雲丸、あるいは欧州航路用の新田丸級や南米航路用の大阪商船のぶらじる丸級などのように、航空母艦への改造を前提とした設計思想が船体構造や配置の随所に組み入れられ、ハッチの位置も航空母艦のエレベーターの位置に相当する配置と構造になっていた。

また三井船舶のニューヨーク航路用の高速貨物船淡路山丸級も、特設巡洋艦への改造を前提として、船首や船尾および前後甲板の両舷には、一五センチ単装砲の配置を考慮した強度支柱が最初から配置されていた。また貨物船でありながら前後中甲板の両舷に沿って多数の舷窓が当初から設置されていたのも特徴的であった。

太平洋戦争勃発を前にして、日本海軍はこれらの優秀商船（貨客船、貨物船）の中から早くも一四隻を選定して特設巡洋艦への改装の準備に入った。そして一四隻の中の一三隻は開戦時には出撃準備が整えられていたが、一隻（護国丸）は建造途中で完成は一九四二年八月の予定であっ

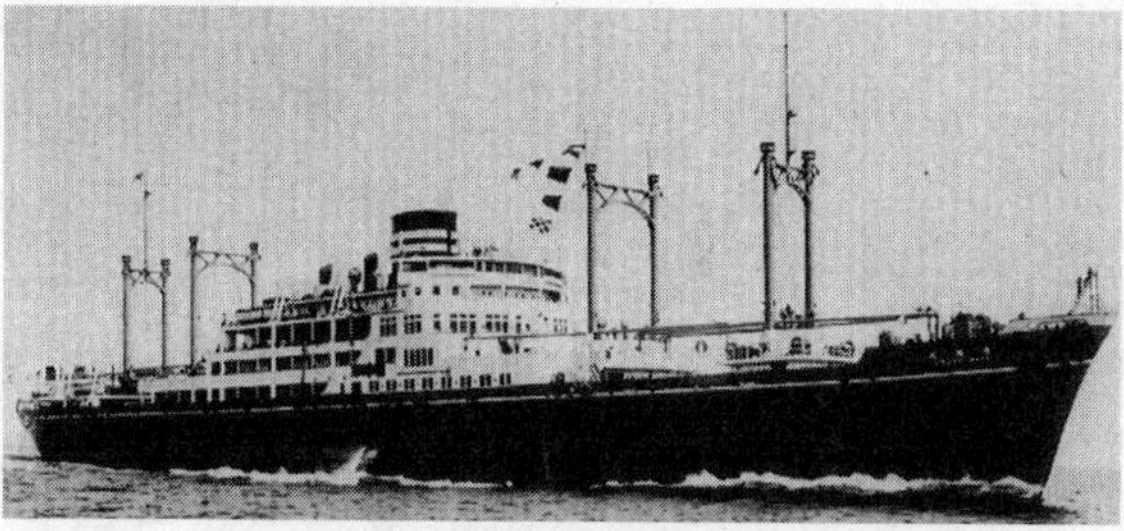
報国丸

た。

第4表にこの一四隻の特設巡洋艦の一覧を示す。

次にこれら特設巡洋艦を任務別にその改装の概要と活躍の姿を紹介しよう。

(イ)　通商破壊作戦用・報国丸、愛国丸、護国丸、清澄丸

これらの特設巡洋艦は、ドイツ海軍がすでに大西洋で展開していた通商破壊作戦とほとんど同じ戦法を、当初は太平洋を中心に展開する予定になっていた。

この中で報国丸、愛国丸、護国丸の三隻はもともとは日本と東アフリカ経由南米航路用の貨客船として建造された優秀船で、船内は定員五〇名の一等船客と定員四八名の特別三等船客が収容できる豪華な貨客船であった。

そして特別三等以外に前部中甲板には定員三〇四名の移民客(三等扱い)が収容できるように、二段式の組立式寝台が準備できるようになっていた。

この旅客設備は特設巡洋艦として運用する場合には、増加する乗組員の居住設備として十分に機能できるものであり、ドイツ海軍の貨物船を改造した特設巡洋艦に比較すれば乗組員の居住性は格段に

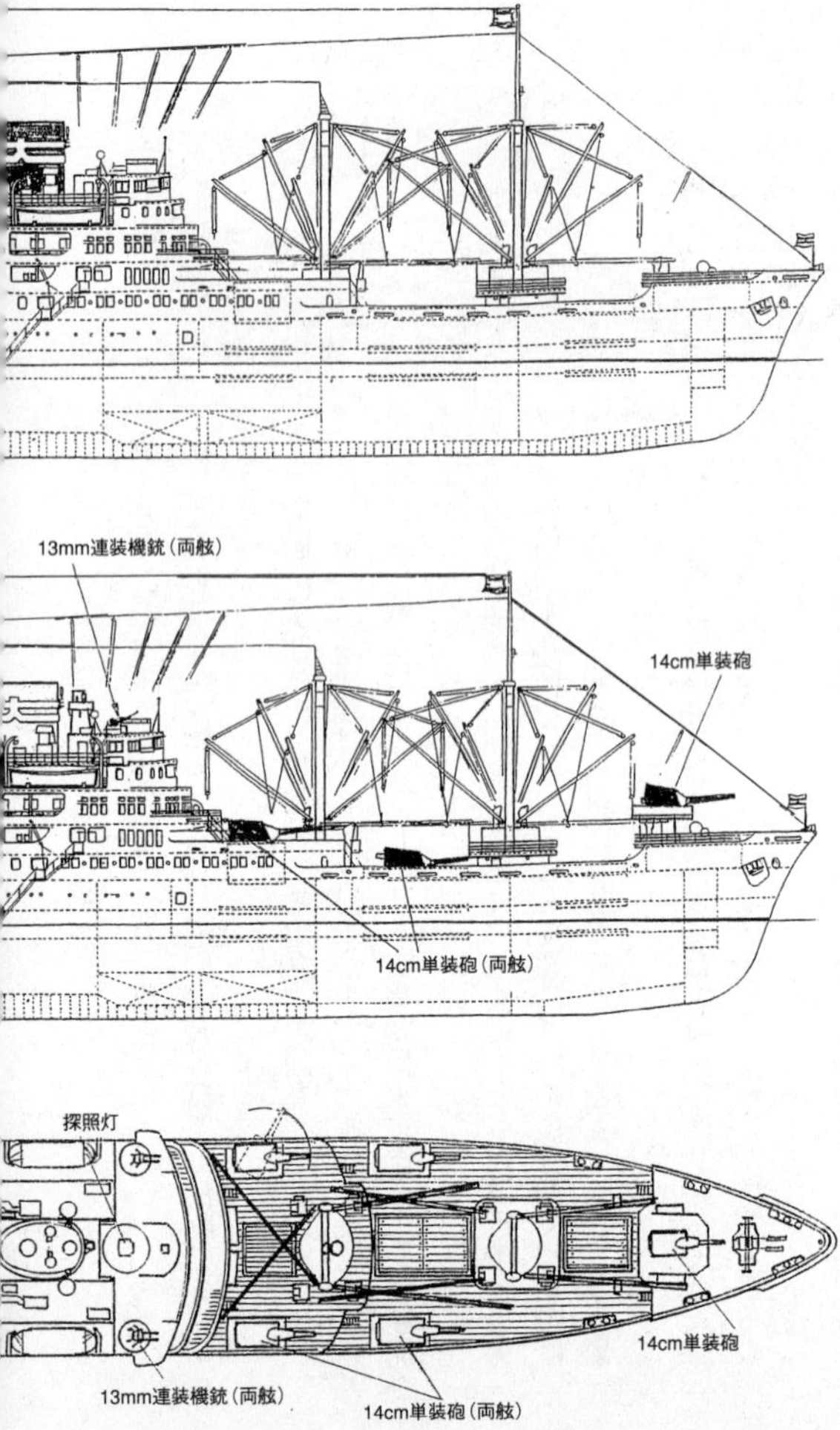
13mm連装機銃(両舷)
14cm単装砲
14cm単装砲(両舷)
探照灯
14cm単装砲
13mm連装機銃(両舷)
14cm単装砲(両舷)

第1図　特設巡洋艦報国丸外形図

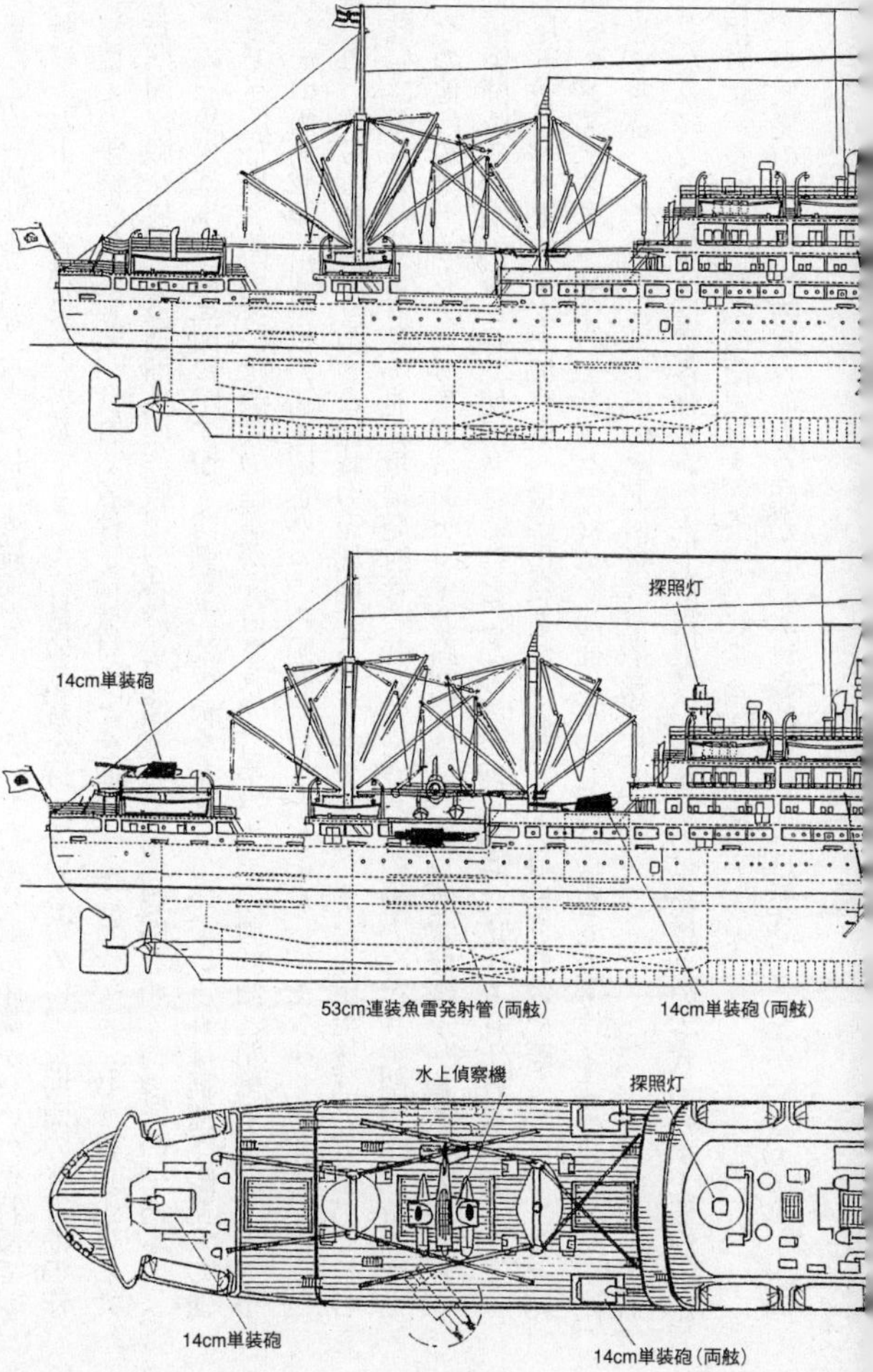

優れたものになっていた。

またこの三姉妹貨客船は本来が長距離航海が基本であったために航続距離が長いのが特徴で、同時に一万トンの各種貨物を搭載できる大容量の船倉を持っているために、長期間の無寄港の作戦に備え、予備燃料、弾薬、食料、各種予備機材などを収容することができ、数ヵ月以上にわたる長期間作戦を展開する通商破壊作戦用の特設巡洋艦としては理想的な船であったのである。

この三隻の基本武装を図に示すが、防御用の装甲板を装備していない以外は軽巡洋艦並みの強力さで、船首楼と船尾楼には架設の砲座が配置され、二番ハッチの両舷側と船橋甲板前方の三番ハッチの両側舷側、同甲板の船尾四番ハッチの両舷側にもそれぞれ一四センチ単装砲各一門が装備され、片舷五門という強力な砲戦力を展開することができた。また上甲板後部の五番ハッチの両舷にはそれぞれ五三センチ連装魚雷発射管一基が装備され、砲戦力を補う戦闘力が期待できた。

その他に船橋上部のナビゲーションデッキの両舷には一三ミリ連装機銃が一基ずつ装備され、近接戦闘時や対空火器として使用されることになっていた。さらに広大な洋上作戦の目として、船尾五番ハッチ上には水上偵察機一機が搭載されており、その発進と収容に際しては、三番と四番のキングポストの既存のデリックで機体を海面に下ろしたり収容したりするようになっていた。そして四番ハッチの上には予備の水上偵察機が搭載されていた。

ちなみにこの三隻に搭載されていた水上偵察機は、最新鋭の単発単葉の零式三座水上偵察機が採用され、長距離の洋上索敵には大きな戦力になる予定であった。

この三隻の大きな貨物収容能力を活かし潜水母艦的な機能も持たせることができ、事実、報国丸と愛国丸は船尾の船倉に潜水艦の洋上補給用の魚雷を搭載し、予備の燃料タンクを備えて潜水艦に対する燃料補給や清水の補給、糧食の補給ができるようになっていた。

結果としてこの三隻の特設巡洋艦は性能や機能の面では、ドイツ海軍の特設巡洋艦より格段に優れたものになっていたと評価することができたのである。

しかしこの三隻と三隻の支援用として準備された清澄丸の四隻は、結果的には日本海軍の首脳部が期待した戦果を挙げることはできなかった。報国丸と愛国丸は常に二隻で作戦行動を展開したが、戦果は南太平洋とインド洋で挙げた撃沈三隻と拿捕二隻の合計三万一三〇〇トンだけで、護国丸も清澄丸も一隻の戦果を挙げることはなかった。しかも報国丸は一九四二年十一月にインド洋で作戦中に、拿捕した商船が装備していた一五センチ砲の返り討ちを浴び、不運にも航空機用ガソリンに引火し、さらに搭載していた魚雷が誘爆し沈没してしまうという悲劇を味わっている。

その後残された愛国丸、護国丸、清澄丸の三隻は通商破壊作戦の任務につくことはなく、苛烈を極めるソロモン方面の戦線へ高速輸送船として投入され、一九四三年十月には改めて特設巡洋艦の任務を解かれ、特設運送船（雑用）として使用されたが、いずれも敵潜水艦の雷撃で撃沈されてしまった。

報国丸級三隻の特設巡洋艦は、ドイツ海軍の特設巡洋艦による通商破壊作戦に刺激されて大活躍が期待されたが、その期待は全く果たされなかったのである。日本の特設巡洋艦の通商破壊作戦が全く期待に反した結果に終わったのには幾つかの理由が考えられる。それは、

（1）攻撃対象となる敵商船の数が絶対的に少なかったこと。

大西洋全域には主に孤立したイギリス本国の救援のために、国民のための大量の生活物資や兵器、武器、弾薬が間断なく送り込まれていた。そしてこれらの物資は自国イギリスの商船ばかりでなく無数の連合国商船によって運ばれていたために、大西洋全域の船舶の密度は太平洋やインド洋に比べ絶対的に高かった。また大西洋の面積は太平洋に比べ小さく、それだけに船舶の航行密度は余計に高く、一隻の単独航行のドイツ特設巡洋艦が獲物に会敵する機会は太平洋に比べ格段に高く、攻撃の機会は多くなり戦果も挙げやすかった。

（2）ドイツの特設巡洋艦の主な活動期間は、戦争の勃発した一九三九年九月から一九四二年九月頃までの三年間で、この間の一九四一年十二月頃まではイギリス海軍では、船団に随伴させる護衛艦艇に絶対的な不足があり、ましてや単独航行の商船に護衛艦艇を随伴させることなどよほどの例外を除いて全く不可能で、ドイツ海軍は敵の商船狩りを比較的容易に行なえる環境にあった。しかし日本が通商破壊作戦を開始した頃には、その反省から様々な警戒の手段が講じられ、作戦し難い環境ができつつあった。

（3）ドイツ海軍は特設巡洋艦を一〇隻も用意し、これを一定の作戦期間の間に集中的に大西洋やインド洋方面に出撃させた。そして各艦の作戦期間は九ヵ月から一二ヵ月という長期間に渡り、執拗な哨戒攻撃作戦を展開していた。一方、日本の場合は南太平洋においてもインド洋においても実質の投入艦は二隻のみで、しかも作戦期間はわずかに一〜二ヵ月という短期間で終了したために、投入効果を判断できる状態ではなかった。つまりドイツの特設巡洋艦一〇隻（実際に戦闘に参加したのは九隻）が挙げた戦果一四〇隻、八六万三九二七総トンに対し、日本の特設巡洋艦が挙げた戦果五隻、三万一三〇〇総トンという貧弱に過ぎる戦果は、むしろ日本海軍の通商破壊作戦に対する認識不足と、準備不足、さらには作戦時期や作戦海域に対する判断の誤りなど、中途半端な作戦を展開させた当然の結果であったと考えることができるのである。

（ロ）洋上哨戒作戦用：浅香丸、粟田丸、赤城丸、金龍丸、金剛丸

日本の特設巡洋艦の中で最も活躍したといえるのが外洋哨戒の任務を帯びて活躍したこのグループである。このグループの基本的な任務は広大な太平洋の哨戒活動であるが、これを完全に実施するには天文学的な数の特設巡洋艦が必要である。そこで日本海軍はこの哨戒活動を効率良くしかも効果的に実行するために特定の哨戒海域を特定した。そして各特設巡洋艦の哨戒活動を援護するために多数の特設砲艦や特設監視艇を準備し、定められた哨戒海域の哨戒を展開したのである。

日本海軍が洋上哨戒に最も力を注いだ海域は、千島列島から本州東方洋上に至る海域と、日本の委任統治領となっていたカロリン諸島などのいわゆる内南洋海域とその東方の広大な海域であった。これらの海域には活動拠点とすべき広い陸地が存在せず、敵の侵攻に対しては全くの無防備地域であるわけで、それだけに最寄りの拠点を核として多数の特設監視艇を常にこれら洋上に網の目のように配置し、敵の侵入をいち早く察知するシステムを構成し、その母艦あるいは攻撃艦とし特設巡洋艦の配置が必要であったのである。

この網の目の特設哨戒艇の配置を実行した部隊が第四艦隊と第五艦隊であった。第五艦隊の場合の哨戒海域は図のように、カムチャッカ半島の東南端から東に五〇〇キロの位置より南に三〇〇キロの間、東京起点七〇〇キロから二四〇〇キロの範囲の広大な海域で、この海域は日本の北東および東から日本本土に敵海上部隊が侵攻してくる危険性の高いところで、敵の侵入のいち早い探知がどうしても必要な海域であった。

海軍はこの海域を碁盤の目のように区分し、図のように特設哨戒艇が常時哨戒する海域を定めた。そして配置された一隻の特設哨戒艇は、定められた哨戒海域を連日のように南北三〇〇〜四〇〇キロの範囲を移動して哨戒監視活動を展開したのであった。

太平洋戦争勃発当時にこの哨戒海域に配置されていた第五艦隊の特設哨戒艇は合計一一六隻で、これを三つの隊に分け、いずれかの隊が交代で配置につき哨戒監視活動を展開した。

第四艦隊でも第五艦隊でもこの特設監視艇隊の指揮にあたり、そして特設監視艇の母艦として、また自らも哨戒活動を展開したのが前記の五隻の特設巡洋艦であった。

第五艦隊に例をとると、ニューヨーク航路用に一九三六年から一九三九年にかけて建造された三隻の高速貨物船を特設巡洋艦とし第二十二戦隊を編成した。この三隻は浅香丸、粟田丸、赤城丸の姉妹船で、その規模や武装を浅香丸に例をとると次のようになっていた。

総トン数七四〇〇トン、最高速力一八・三ノットの船体には、船首楼と船尾には特設の砲座が設けられ、一四センチ単装砲が各一門装備され、さらに前部甲板の二番船倉ハッチの後方の両舷に同じく一四センチ単装砲が各一門装備されていた。さらに後部甲板の五番船倉ハッチの両舷には五三センチ魚雷発射管が各一基ずつ配置され、船橋上部のナビゲーションデッキには一三ミリ連装機銃が二基配置された。そして報国丸級と同じく船橋の背後と煙突の直後に探照灯の台座が新設され、各一基ずつの大型探照灯が設置されて夜間作戦や捜索に活用されるようになっていた。

第2図　第5艦隊特設監視艇の配置図

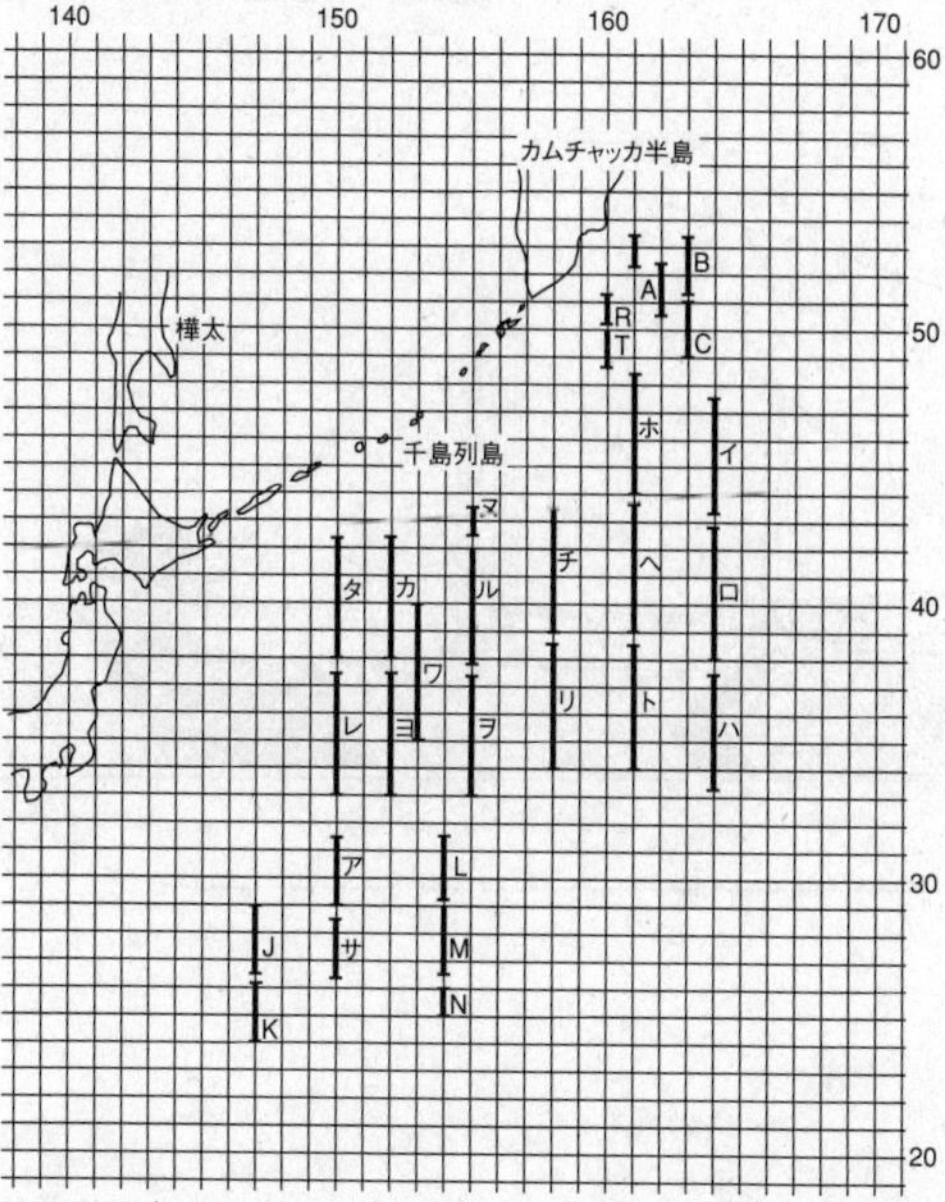

なお索敵用の水上偵察機は赤城丸だけに搭載されており、船尾の四番と五番船倉のハッチ上に搭載され、発進と収容は既存のデリックで洋上への昇降で行なうようになっていた。

しかしこの第五艦隊の三隻の特設巡洋艦も、第四艦隊の二隻の特設巡洋艦（金剛丸、金龍丸）も全て一九四三年十月には、海軍輸送船の絶対的不足を補うために特設運送船（雑役）に編入され、この時点で日本海

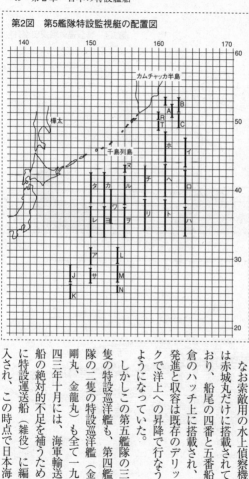

第3図　特設巡洋艦粟田丸外形図

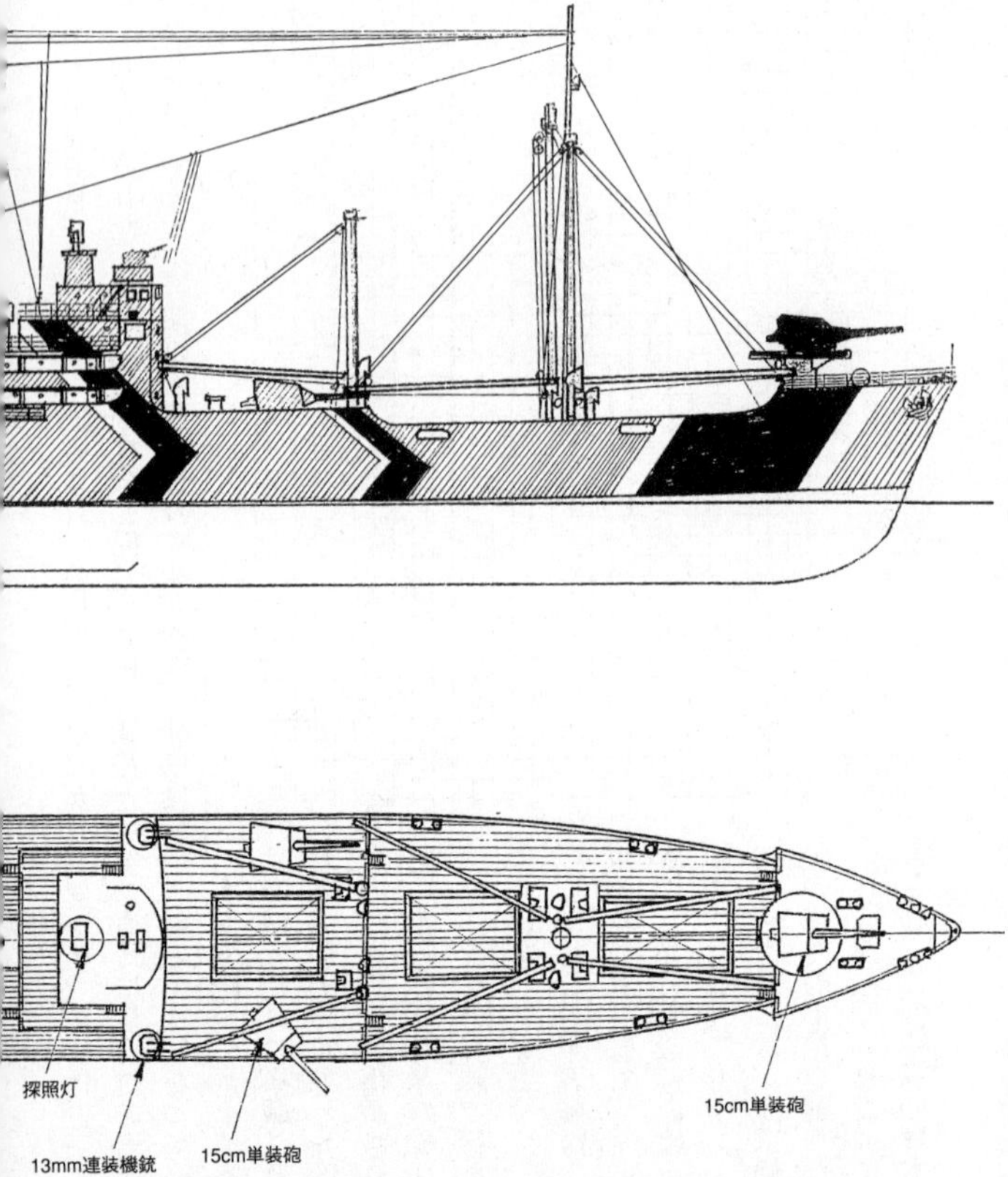

総トン数	7387t
全　　長	140m
全　　幅	19m
主 機 関	ディーゼル
最大出力	8000馬力
最高速力	18.98kn

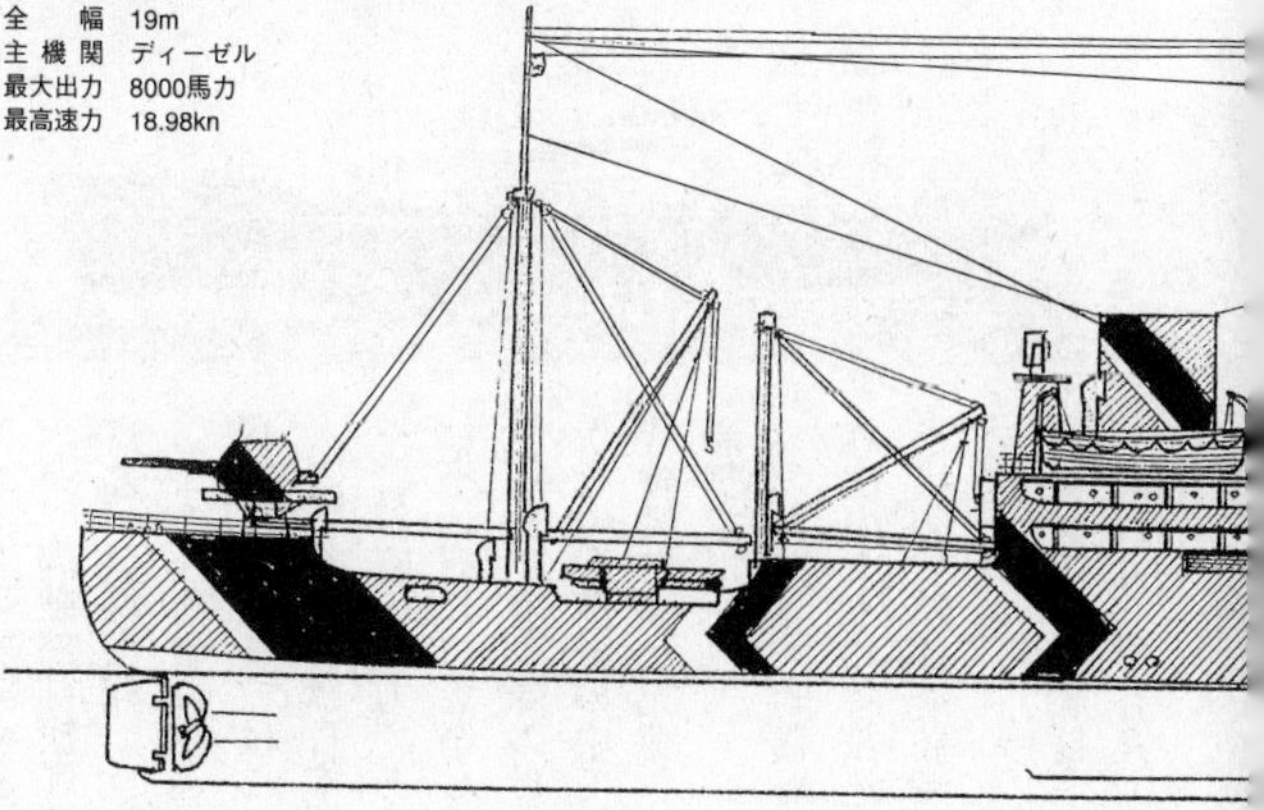

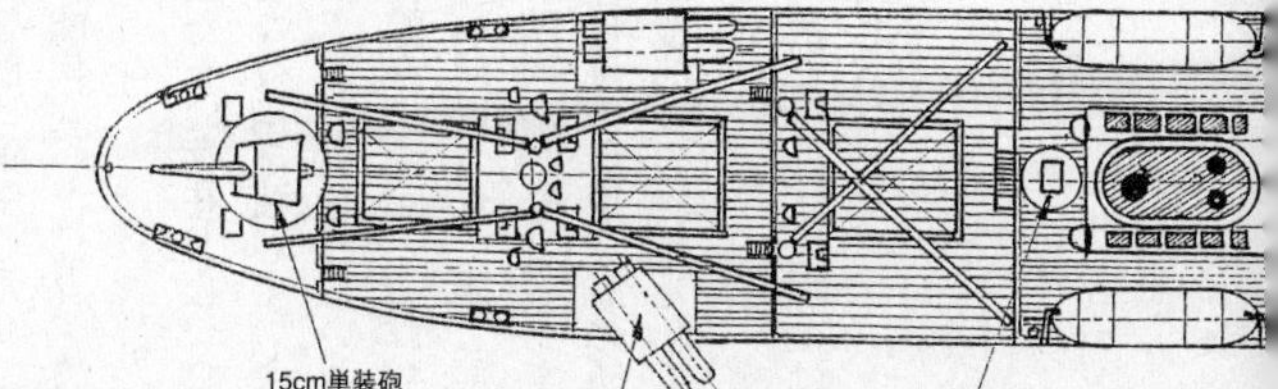

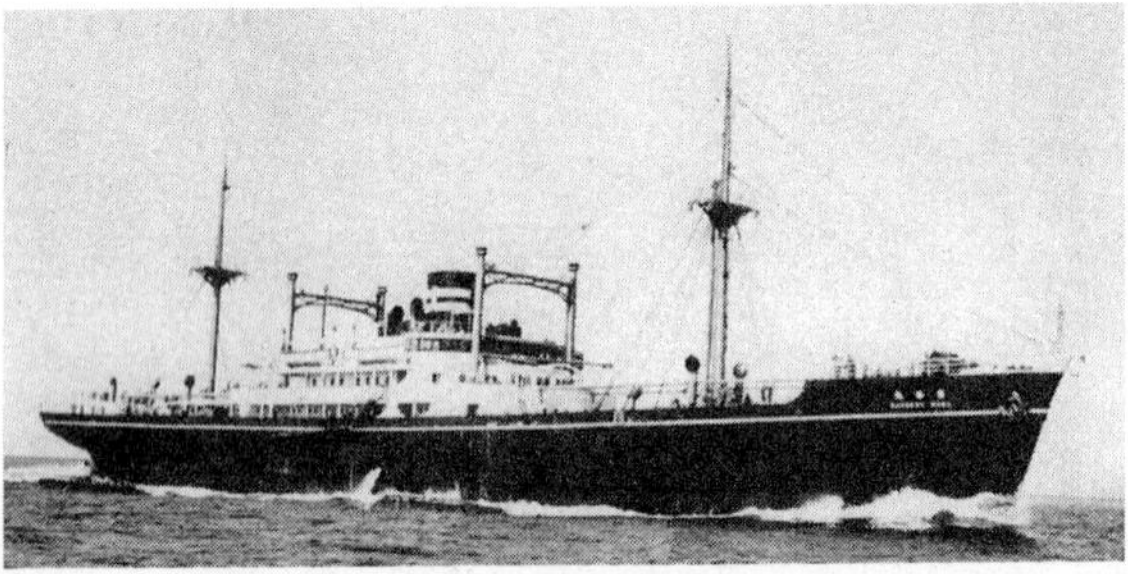

盤谷丸

軍からは特設巡洋艦という艦種が実質的に消滅した。
（ハ）内戦部隊旗艦兼特設敷設艦：能代丸、浮島丸、盤谷丸、西貢丸、金城山丸
この任務の特設巡洋艦は最も目立たない存在となった。しかし戦争中盤頃まではこれら五隻は重要な役割を演じていた。
内戦部隊とは日本国内と日本の領土に配置されている各鎮守府や警備府の戦力である防備隊や警備隊を指すが、これらの部隊にはそれぞれ一隻から四隻の特設砲艦が配置され、同じ部隊の掃海艇隊や駆潜艇隊の母艦や周辺海域の哨戒活動を展開している。しかし内戦部隊の中で横須賀、呉、佐世保の各鎮守府の防備隊には特設巡洋艦が配備され、この重要内戦部隊の旗艦としての任務を帯びていた。
太平洋戦争開戦当時、この三つの鎮守府の防備隊には、それぞれ次のように特設巡洋艦が配置されていた。
横須賀鎮守府防備隊
能代丸
呉鎮守府防備隊
西貢丸、盤谷丸、金城山丸

浮島丸

佐世保鎮守府防備隊

浮島丸

この中で能代丸は第二十二戦隊の三隻の浅香丸級特設巡洋艦の準姉妹船に相当し、この三隻の二年前に完成した日本郵船のニューヨーク航路用の大型高速貨物船である。また西貢丸と盤谷丸は大阪商船が一九三七年に仏印のサイゴンやバンコック方面の航路用に建造した、五三五〇総トン、最高速力一六ノットの中型貨客船である。そして金城山丸は三井船舶が一九三六年に建造した近海航路用の中型貨物船、そして浮島丸は大阪商船が一九三七年に沖縄航路の船質改善のために建造した四七三〇総トンの中型貨客船で、いずれも建造後四〜五年の新鋭の貨物船や貨客船であった。

これら五隻は敵艦艇との直接の戦闘の機会がほとんどないと想定されていたために、遠洋を哨戒の対象としていた能代丸を除き、武装は他の特設巡洋艦に比べ比較的軽度であった。

能代丸は赤城丸と同じ一五センチ単装砲四門に水上偵察機二機を装備していたが、浮島丸は一五センチ単装砲四門のみ、西貢丸、盤谷丸、金城山丸は一二センチ単装砲四門のみという砲戦力であった。ただしこの三隻は特設敷設艦の任務も兼ねていたために、後部船倉には機雷四〇〇〜五〇〇個が収容され、船尾の両舷側には機雷投下用の投下口が新たに設けられていた。

西貢丸、盤谷丸、金城山丸は旗艦としての任務を帯びてはいたが、敷設艦や敷設艇が外地に出払った後は、西日本を中心に主要港湾や海峡への機雷敷設に多忙を極める状態であった。

機雷の敷設は基地周辺海域への敵艦艇（主に敵潜水艦）の侵入を抑止するために重要な任務であったが、敷設艦や敷設艇の絶対的な不足から日本海軍はこの三隻の特設巡洋艦ばかりでなく、多数の特設砲艦にも機雷敷設の機能を持たせていた。

この五隻の特設巡洋艦の中で浮島丸は、一九四二年四月から連合艦隊の南遣艦隊の中に組織されていた第一海上護衛隊の旗艦の任務を帯び、佐世保を離れシンガポールに移動し護衛艦艇の指揮をとることになった。

日本海軍の一九四三年十月までの船団護衛など海上護衛戦力は極めて弱体で、護衛任務を専門とする部隊は南遣艦隊の中に組織された第一海上護衛隊と、第四艦隊（内南洋艦隊）の中に組織された第二海上護衛隊だけで、その戦力は両護衛隊を合わせても旧式駆逐艦、水雷艇など三〇隻にも満たない微弱な戦力であった。この状況は一九四二年以降の急激な輸送船の被害をもたらすことになり、一九四三年十一月になってやっと連合艦隊とは独立組織である、護衛専門の海上護衛総司令部（別称海上護衛総隊）を組織している。

浮島丸はシンガポールに拠点を置き、一時的に第一海上護衛隊の旗艦の位置づけで、主に日本とシンガポール間の石油や鉱物資源の輸送を行なう輸送船の護衛艦艇の指揮をとっていた。しかし一九四二年十月には再び佐世保に戻り本来の佐世保防備隊の旗艦としての任務についた。浮島丸、西貢丸、盤谷丸の三隻は本来が貨客船であるために充実した旅客設備を備えており、旗艦としての司令部施設は十分に整えていた。

浮島丸については第一海上護衛隊の旗艦としてシンガポールにあった時には、大容量の船倉を活用して指揮下の護衛艦艇への各種補給も行なうことができた。

この五隻の中で金城山丸は、一九四二年五月にトラック島北方で敵潜水艦の雷撃を受け撃沈され、一四隻の特設巡洋艦の中では最初の犠牲となった。

残された四隻は浮島丸が一九四五年一月まで特設巡洋艦の任務についていた以外は、全て一九四三年中に特設運送船（雑役）に用途変更されている。

結局太平洋戦争中における日本の特設巡洋艦は、期待を持って配置についたものの大半がその任務を十分に遂行することなく、撃沈されるか用途変更され中途半端な存在で終わってしまったのである。

特設航空母艦

太平洋戦争中に就役した日本の特設軍艦の中でも、成功と失敗にその評価が完全に二分されたのは特設航空母艦であろう。

太平洋戦争中に当初の計画に基づいて客船から特設航空母艦に改造されたものは七隻（但しこの中の一隻は当初予定の客船が沈没したために、その代替として新たに選定した客船を改造したものである）であった。この七隻のうち二万七〇〇〇総トンの大型客船を改造して完成させた二隻の特設航空母艦（隼鷹、飛鷹）については、完全とはいえぬまでも性能や運用の面ではいずれも正規の航空母艦に近い実績を示し、ほぼ正規航空母艦の代役を努めたと評価できた。

しかし残る五隻（雲鷹、大鷹、冲鷹、海鷹、神鷹：いずれも一万二〇〇〇〜一万八〇〇〇総トンの客船を改造）は、完成はしたものの使用結果は当初の計画どおりの運用ができず、とても実戦向きの航空母艦とはいい難い艦でしかないことがわかった。つまり海軍が当初これらの航空母艦に期待した結果を見出すことはできず、むしろ失敗作の航空母艦といえた。

空母として竣工	空母艦名	用途
1942. 7. 31	飛鷹	太平洋航路用客船
1942. 5. 3	隼鷹	〃
1942. 11. 25	冲鷹	欧州航路用客船
1942. 5. 31	雲鷹	〃
1941. 9. 5	大鷹	〃
1943. 11. 23	海鷹	南米航路用客船
1943. 12. 15	神鷹	ドイツ極東航路用客船

一九二二年に締結されたワシントン海軍軍縮会議の結果、日本の航空母艦の保有量は基準排水量総量八万一〇〇〇トンと制限され、一三万五〇〇〇トンのアメリカとイギリスに対して大幅な削減となった。

この差を埋めるための一つの手段として、日本海軍は有事に際して短期間で航空母艦に改造できる構造を持った水上機母艦や潜水母艦の建造を開始した。そしてその一方で有事に際して航空母艦に改造できるような大型客船の建造を、国家の資金補助の中で展開することになったのである。

この航空母艦への改造を念頭に置いた客船建造の第一歩となっ

第5表　日本の特設航空母艦一覧

船　名	船　主	造船所	竣工（客船として）	総トン数
出雲丸	日本郵船	三菱長崎	建造途中で改造	27700予定
橿原丸	日本郵船	三菱長崎	建造途中で改造	27700予定
新田丸	日本郵船	三菱長崎	1940. 3. 23	17150
八幡丸	日本郵船	三菱長崎	1940. 7. 31	17128
春日丸	日本郵船	三菱長崎	建造途中で改造	17200予定
あるぜんちな丸	大阪商船	三菱長崎	1939. 5. 31	12755
シャルンホルスト	ドイツ国	ドイツ国	1935. 4. 30	18184

たのは、一九二九年から一九三〇年にかけて日本郵船が北米西岸航路として完成させた、一万七〇〇〇総トン級の三隻の客船浅間丸、龍田丸、鎌倉丸であったが、結果的には航空母艦向きの船ではなかった。

その後一九三七年に新造船に対する国家補助制度を強化した、優秀船舶建造助成施設の施行により、有事に際して航空母艦への改造を念頭に置いた、海軍艦政本部が設計に関与する形での大型客船の建造が続々と開始された。

別表に航空母艦に改造予定の、そして改造された大型客船の一覧を示すが、当初改造が計画された七隻の客船については、その内の一隻が改造直前に敵潜水艦の雷撃で失われ、その代替として余剰の客船一隻が航空母艦に改造される結果となった。

日本以外で商船を改造した航空母艦を保有した国はアメリカ、イギリス、イタリアの三ヵ国であるが、イタリアは航空母艦が完成する直前に戦争が終結している。その一方でアメリカとイギリスは商船改造の航空母艦を効果的に運用したが、その運用の方法や航空母艦の実際の性能や機能は日本のそれとは大きく違っていた。それはアメリカとイギリスは商船改造の航空母艦の建造の目的が当初から日本とは全く違っていたためであった。

つまり日本は客船改造の航空母艦を特設航空母艦とはいいながら、これを正規の航空母艦と同じ目的で使うために完璧な航空母艦として完成させようとしたのである。しかしアメリカやイギリスは商船改造の航空母艦はあくまでも簡易的な航空母艦であって、その性能に合わせ新たな機能を見出して実戦に投入したのである。つまり限界を知った中での活用であったためにその使用実績は目的に完全に合致したものとなった。

本来特設艦船とは海軍の正規の艦艇の不足を補うことを目的とし、民間の商船を徴用し目的に合わせて簡単な改造を施し運用するもので、あくまでも「本格的な艦艇の仲間入りをするための改造は不要」なはずである。また徴用ということからその改造も戦時限定の一時的な改造で、平時になれば直ちに元の船主に返還する必要があるために、大規模な改造は行なう必要はなかった。

しかし日本の全ての特設艦船の中で、特設航空母艦に改造された客船はこの範疇から大きく逸脱していた。つまり日本海軍が特設航空母艦に求めたものは、「正規の航空母艦の不足を補うことを第一と考え、徹底的な改造を行ない完全な姿の航空母艦を完成させること」であった。そのために徴用の対象となった大型客船は全て海軍が買収し、平時になって仮に元の姿に復元するとしても、それは事実上不可能になっていた。

一九四〇年十一月に日本海軍は優秀船舶建造助成施設の適用を受けて建造中の、二隻の二万七〇〇〇総トン級の大型客船を建造途中の姿で徴用し、当初から予定されていた航空母艦への改造を開始した。しかしこの客船に徹底的な改造を加え航空母艦として改造する必要性から、海軍は改造工事途中で船主の日本郵船からこの二隻を買収したのであった。

つまりこの時点でこの二隻は特設航空母艦ではなく、改造航空母艦ではあるが正規の航空母艦としての位置づけで工事を進めることが決まったのである。

この二隻に続いて同じく優秀船建造助成施設の適用を受けて建造中であった、日本郵船の欧州航路用の一万七二〇〇総トンの客船一隻を当初は徴用、後に買収の形をとって海軍は入手し、同じく本格的な航空母艦としての徹底的な改造が開始された。この客船は三隻の姉妹客船の三番船で建造途中にあったもので、一番船と二番船はすでに完成し商業航路に就役していた。しかし太平洋戦争勃発直前に、完成していた二隻も航空母艦へ改造するために当初は徴用、後に買収され、開戦時にはすでに航空母艦として完成していた三番船と同じ本格的航空母艦としての改造を受けることになった。

戦争が勃発してしばらくすると、同じく優秀船舶建造助成施設の適用を受けて建造され、すでに商業航路に就航していた大阪商船の二隻の一万二八〇〇トン総トンの客船も、予定どおり航空母艦に改造されることになった。しかし改造工事が始まる直前に二隻の内の一隻が敵潜水艦の雷撃で撃沈されてしまった。

結局航空母艦への改造が予定されていた七隻の客船のうち六隻が予定どおり航空母艦としての改造が実施されたのであったが、一隻でも多くの航空母艦の急速建造を予定していた海軍は、不足分の一隻に見合う対象客船として、一九三九年九月以来、神戸港内に係留され、本国への帰還のめども立たないままになっていた一万八二〇〇総トンのドイツ客船シャルンホルストをドイツより購入し、これを航空母艦に改造することを始めたのである。

このように日本海軍は特設航空母艦七隻を建造したことになったが、これら七隻は全て本来考えられているような特設航空母艦ではなく、正規の航空母艦に準じた構造と仕様で完成したのである。ただこれらの航空母艦は全て正規の航空母艦のような装甲などの装備がなく、二万七〇〇〇トン級の二隻を除くいずれもが外形は完全な航空母艦でありながら、機関出力が商船のままであったために速力は遅く、また飛行甲板も本来の船体の長さが短いために全長が短く、新鋭の機体を運用するには使用し難い中途半端な航空母艦となってしまったのである。

それでは次にこの七隻の特設航空母艦について解説することにしよう。

（イ）「飛鷹」「隼鷹」

この二隻の航空母艦はすでに述べたとおり、日本郵船が一九三八年度の優秀船舶建造助成施設を適用し、北米西岸航路用に建造を開始した総トン数二万七七〇〇トン、最高速力二五・五ノットの大型客船で、完成すれば日本最大の商船になるはずであった。

そしてその一隻は出雲丸の船名が予定されて川崎重工神戸造船所で起工された。またもう一隻は橿原丸の船名が予定されて三菱重工長崎造船所で起工された。しかし船台上で基本船体が完成した一九四〇年十一月時点で二隻は揃って海軍に徴用され、三ヵ月後の一九四一年二月には海軍に買収された。この時点で二隻は本格的な航空母艦として完成する道が敷かれたのである。

二隻の内の橿原丸は太平洋戦争勃発後の一九四二年五月に航空母艦「隼鷹」として完成、出雲丸は一九四二年七月に航空母艦「飛鷹」として完成し、両艦とも直ちに海軍籍に編入されたのである。

両艦共に基準排水量二万四一四〇トンという正規航空母艦「飛龍」や「蒼龍」に優るとも劣らない堂々たる航空母艦に変身したのである。

客船橿原丸と出雲丸の航空母艦への改造はとても特設航空母艦と思えぬほどの徹底した改造が施され、両艦の外観でかつて客船であったことを証明するものは、艦首と艦尾周辺にわずかに見出せる客船らしい曲線くらいであった。

飛行甲板は本来のプロムナードデッキ（一等公室甲板）の位置に設けられ、飛行甲板中央やや前方右舷には煙突と一体化した比較的大型の艦橋が配置され、高角砲や機銃の台座や四本の起倒式マストやクレーンなどが飛行甲板の両舷下のスポンソンに配置された。

飛行機格納庫は二段式で、飛行甲板とは前後二基のエレベーターで連絡されていた。飛行機は戦闘機、艦上爆撃機、艦上攻撃機を合計四八機（他に補用機五機＝分解されて格納され、必要時には短時間で組み立て使用できる）を搭載できた。

主機関は客船用に用意されていた最大出力五万六六〇〇馬力の蒸気タービン機関二基がそのまま使用され、最高速力二五・五ノットが確保されていた。

「飛鷹」も「隼鷹」も艦隊に編入されると機動部隊の主力としてよくその任務を果たし、最初に完成した「隼鷹」は完成直後の一九四二年六月には、ミッドウェー作戦の陽動作戦として行なわれたアラスカのダッチハーバー基地の襲撃作戦に、小型航空母艦「龍驤」と共に参加しその優れた性能と機能性を証明した。そしてその後はガダルカナル島を巡る攻防戦で同島の航空基地攻撃

出雲丸

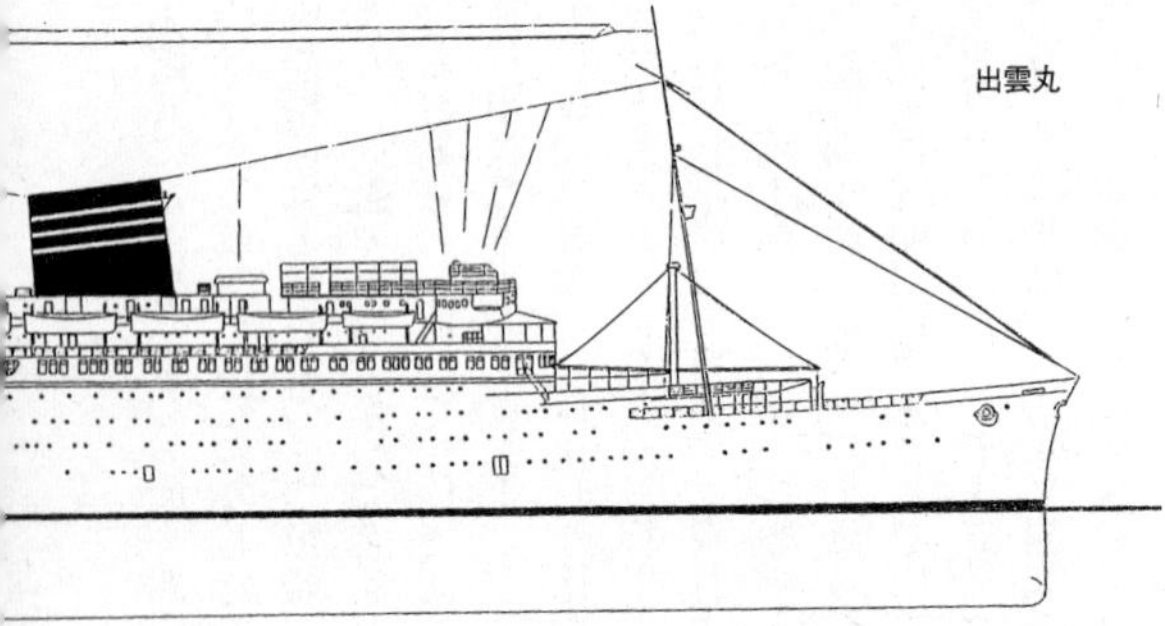

飛鷹

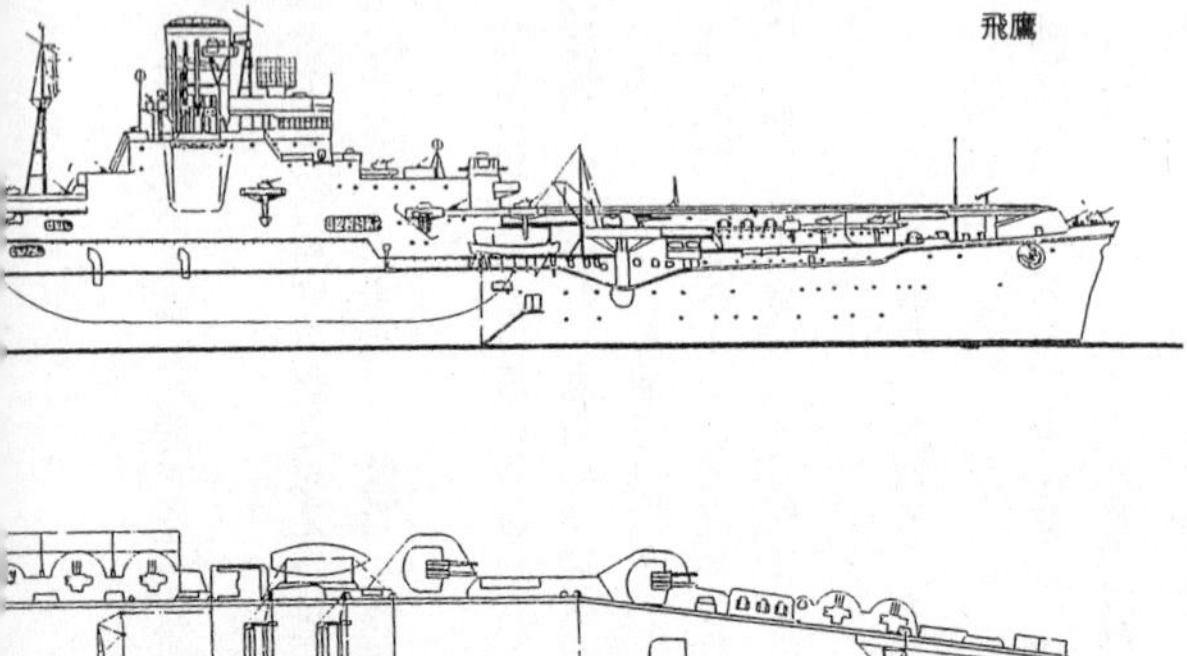

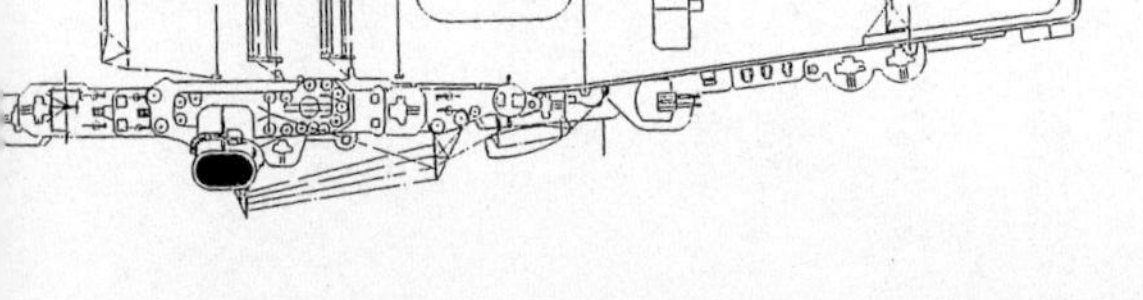

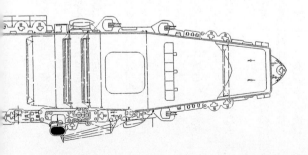

第4図　客船出雲丸／特設航空母艦飛鷹外形図

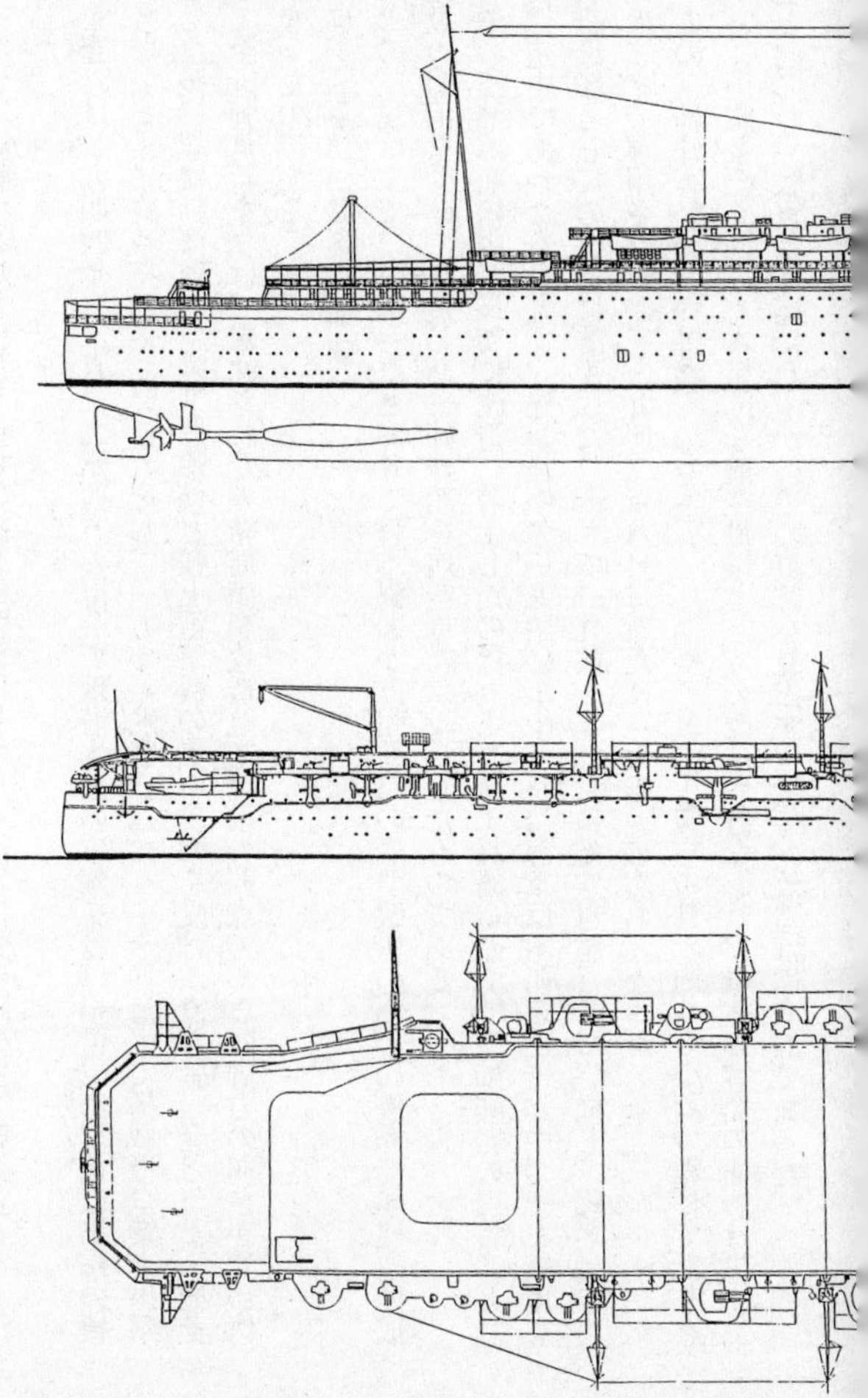

に参加したり、南太平洋開戦で敵航空母艦（ホーネット）を共同撃沈する武勲を立てた。さらにマリアナ沖海戦でも生き残り、正規の航空母艦に伍して日本海軍機動部隊の主力戦力となって活躍した。

「隼鷹」は一九四四年十二月に九州西方の海上で敵潜水艦の雷撃を受け損傷、修理後は出撃の機会もないままに終戦を迎えている。そして一方の「飛鷹」はマリアナ沖海戦で搭載機全機を出撃させた後、敵機動部隊の急降下爆撃機と艦上雷撃機の集中攻撃を受け、直撃弾一発と魚雷一発そして至近弾無数を受けて撃沈された。結局商船改造航空母艦の弱点である防御力の弱さが致命傷になったのである。

（ロ）「大鷹」「雲鷹」「冲鷹」

この三隻はすでに説明したとおり、日本郵船が欧州航路の船質改善のために優秀船舶建造助成施設の適用を受けて建造した三姉妹船を航空母艦に改造したものである。

この三姉妹船の中で最初に改造に着手したのは、三菱重工長崎造船所で三姉妹船の三番船として建造中であった春日丸で、建造途中の一九四〇年十一月に海軍は本船を建造途中のまま徴用し航空母艦としての改造に着手した。そして一九四一年九月に航空母艦として完成し、艦名は春日丸のままで運用されたが、一九四二年八月に新たに「大鷹」の艦名となった。

この三姉妹客船の航空母艦への改造も、「飛鷹」や「隼鷹」より一回りも小型の艦体でありながら、両艦と全く同じく本格的な航空母艦としての改造が行なわれ、母体の客船の面影は先の二隻と同じく、艦首と艦尾にわずかにその痕跡を見出す程度で、改造は徹底的であった。

新田丸

三隻共に外観は航空母艦として完全な姿に仕上がっていたが、問題はその内容であった。まず正規航空母艦のような防御構造にはなく、燃料槽や爆弾庫周辺に対する防御や防弾甲板の配置などは最小限度の対策にとどまり、航空母艦としては全く弱体な構造であった。

主機関はいずれも客船用に準備されていた最高出力二万五二〇〇馬力の蒸気タービン機関二基で最高速力は二一ノットと、客船時代と同じ速力であった。

飛行甲板は船体の全長一八〇メートルに対して一七〇メートルという長さであったが、この長さの飛行甲板でも二一ノットの速力があれば、航空母艦への改造が検討されていた一九三七年当時の複葉で鋼管羽布張りの旧式な機体であれば、離着艦は十分に可能であった。

しかし計画どおり航空母艦として完成はしたものの、計画から五年後の一九四二年当時に実戦に投入されていた艦上機は、全て全金属性で全備重量も一九三七年当時の飛行機の二倍にも達するという急激な進化ぶりで、この程度の飛行甲板と速力の航空母艦では、搭載した多数の新型の航空機を同時に離発着艦させる実戦運用はほとんど不可能であった。

春日丸

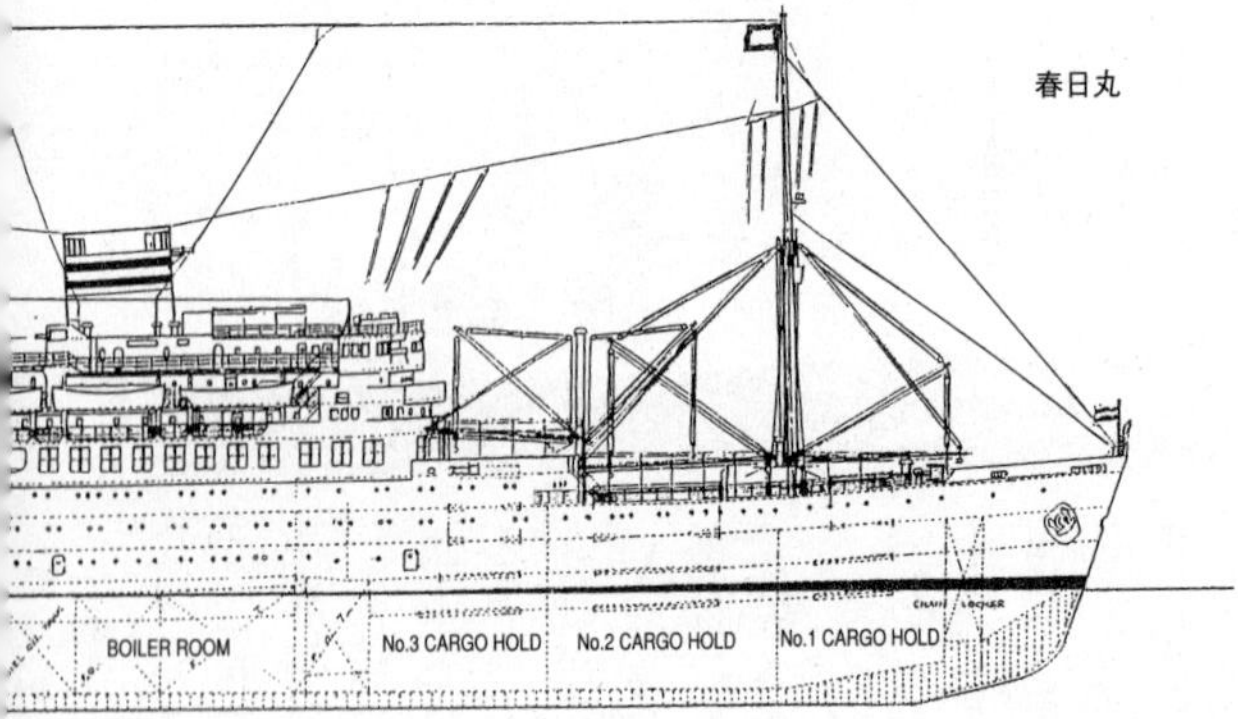

大鷹

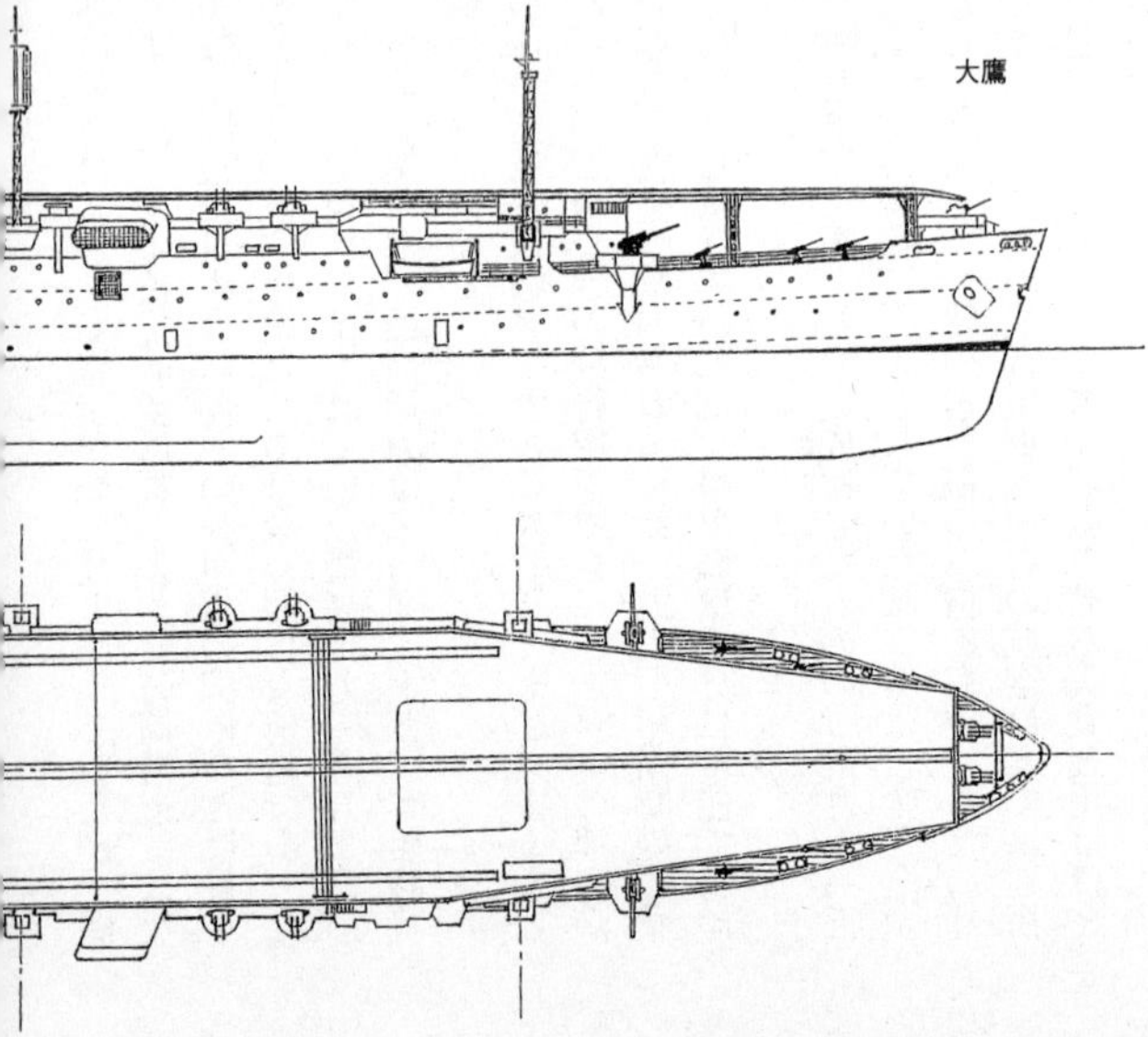

第5図　春日丸／大鷹外形図

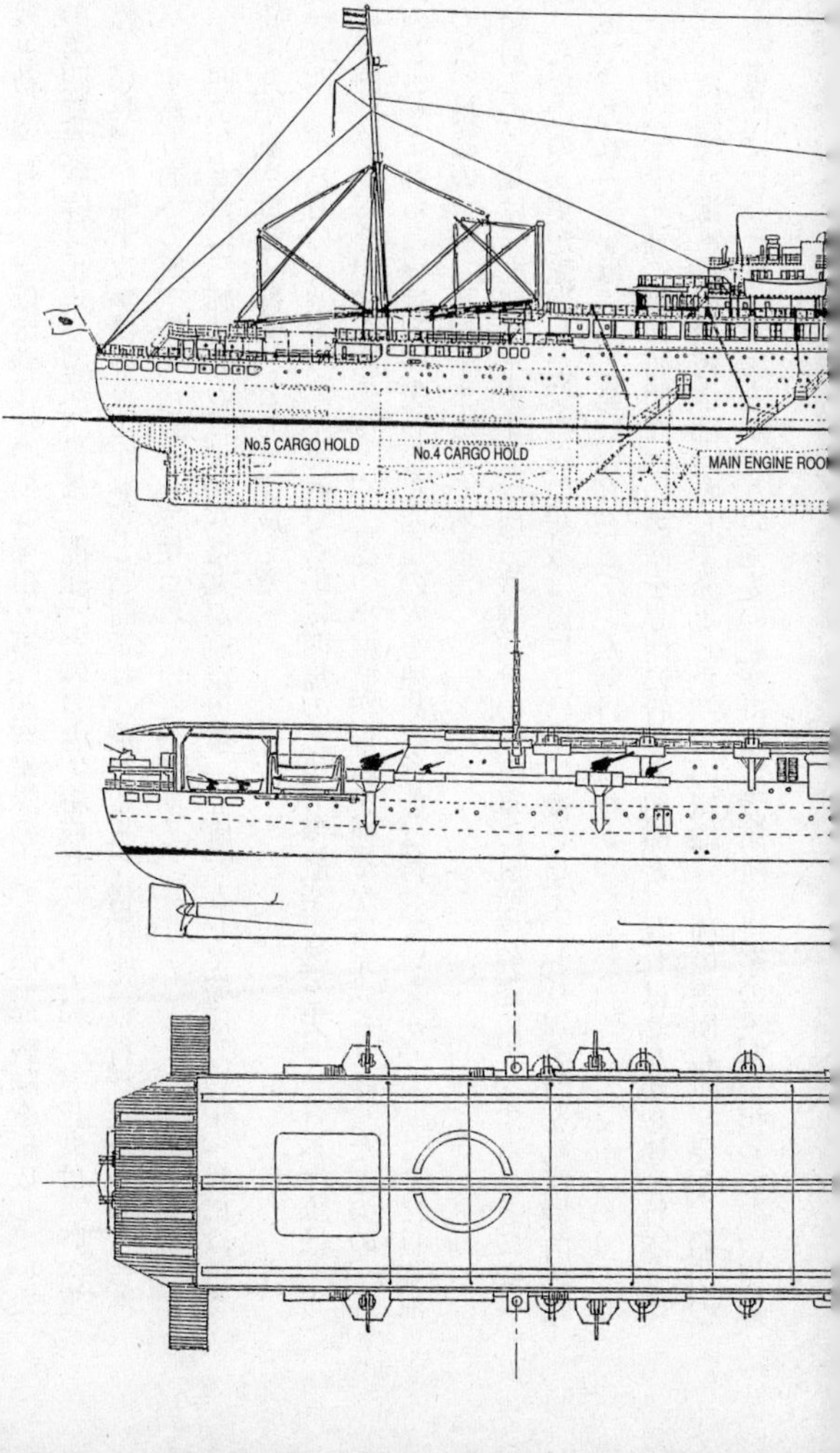

つまり完成はしたものの、当初の思惑どおり第一線用の航空母艦の一翼を担うことはできなかったのである。事実この三隻の航空母艦の中で最初に完成した春日丸（後の「大鷹」）は、太平洋戦争勃発当時は、空母機動部隊の根幹を担う第一航空艦隊の中で第四航空戦隊を編成していた。この第四航空戦隊は正規小型航空母艦「龍驤」と春日丸で編成されていたが、春日丸は当時の実用艦上爆撃機や艦上攻撃機の運用が無理と判断され、飛行甲板や格納庫に飛行機を搭載して台湾やパラオ島方面への航空機輸送艦として使われていたのである。

一九四二年五月に三姉妹船の二番船八幡丸が航空母艦「雲鷹」として完成し、十一月には一番船新田丸が航空母艦「冲鷹」として完成した。

一九四二年六月にミッドウェー海戦で一挙に四隻の正規大型航空母艦を失った日本海軍は、当初の計画に沿ってその穴を埋めるべく三隻の小型航空母艦を速やかに完成させはしたものの、前記のとおりこれら三隻は到底失われた四隻の穴を埋める性能は持っていなかった。ここに日本海軍の航空母艦の苦悩の時が始まるのである。

結局この三隻は一九四三年末までは南方戦線向けの陸海軍の航空機輸送に専念することになった。ただこの三隻が輸送した航空機の総数は優に二〇〇〇機を超えており、激烈な航空機消耗戦の中で、これら三隻は決して無駄に存在していたわけではなかった。

一九四三年十一月に輸送船団などの護衛を専門に行なう組織が、遅ればせながら連合艦隊とは独立した組織「海上護衛総司令部」として発足した。この組織は各種の護衛艦艇を要し、船団の護衛を専門に行なうものであるが、この三隻の航空母艦も護衛航空母艦の役割を担って順次組織に組み入れられ、他の小型護衛艦艇と共に大規模あるいは重要船団の護衛に随伴することになった。

船団の護衛に護衛空母を随伴させることは、敵潜水艦の攻撃に対して極めて有効であることはすでに米英海軍が大西洋で証明済みで、一九四三年十一月現在では大西洋では三〇隻以上の商船改造の特設航空母艦が護衛空母として活動していた。勿論、日本海軍がこの状況を十分に認識していたとは俄《にわか》には思われないが、少なくとも船団護衛に専用の航空母艦を随伴させることが有効であることは認識していたことになる。しかしあまりにもその数が少な過ぎた。

これら三隻の航空母艦の航空機の設計搭載量は常用二三機、補用四機の合計二七機であるが、船団護衛に際しては記録によると、主に旧式化した九七式艦上攻撃機一二～一七機程度を搭載していたようで、各機が爆雷二発程度を搭載し、二～四機が日の出から日没まで常時船団上空を哨戒飛行していた模様である。

護衛用の航空母艦が随伴した船団の記録を眺めると、確かに日中の船団の敵潜水艦による被害は、随伴していない船団に比較して明らかに少ないことがわかり、船団護衛への航空母艦の随伴の有効性が証明されるのである。

しかしこの三隻の航空母艦も結局は敵潜水艦の雷撃の犠牲になった。一九四三年十二月には「冲鷹」、一九四四年八月には「大鷹」が失われ、九月には「雲鷹」が失われ、この三隻の特設航空母艦は全滅してしまった。

（八）「海鷹」

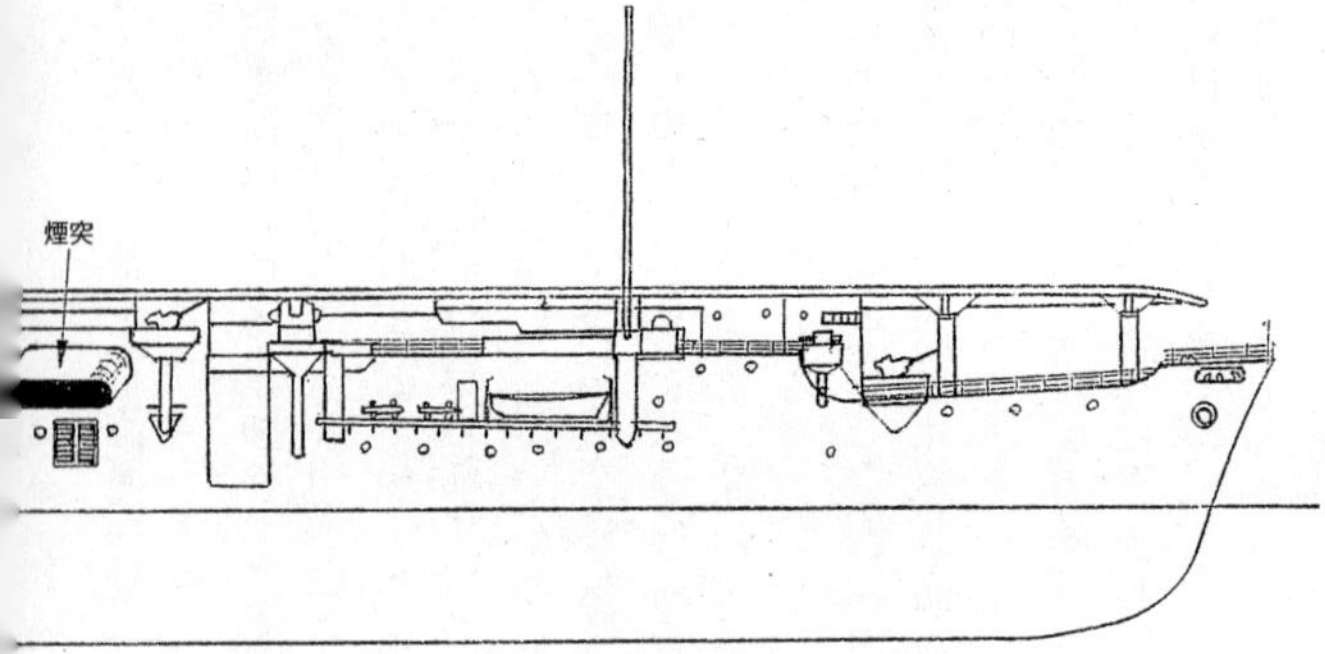

煙突

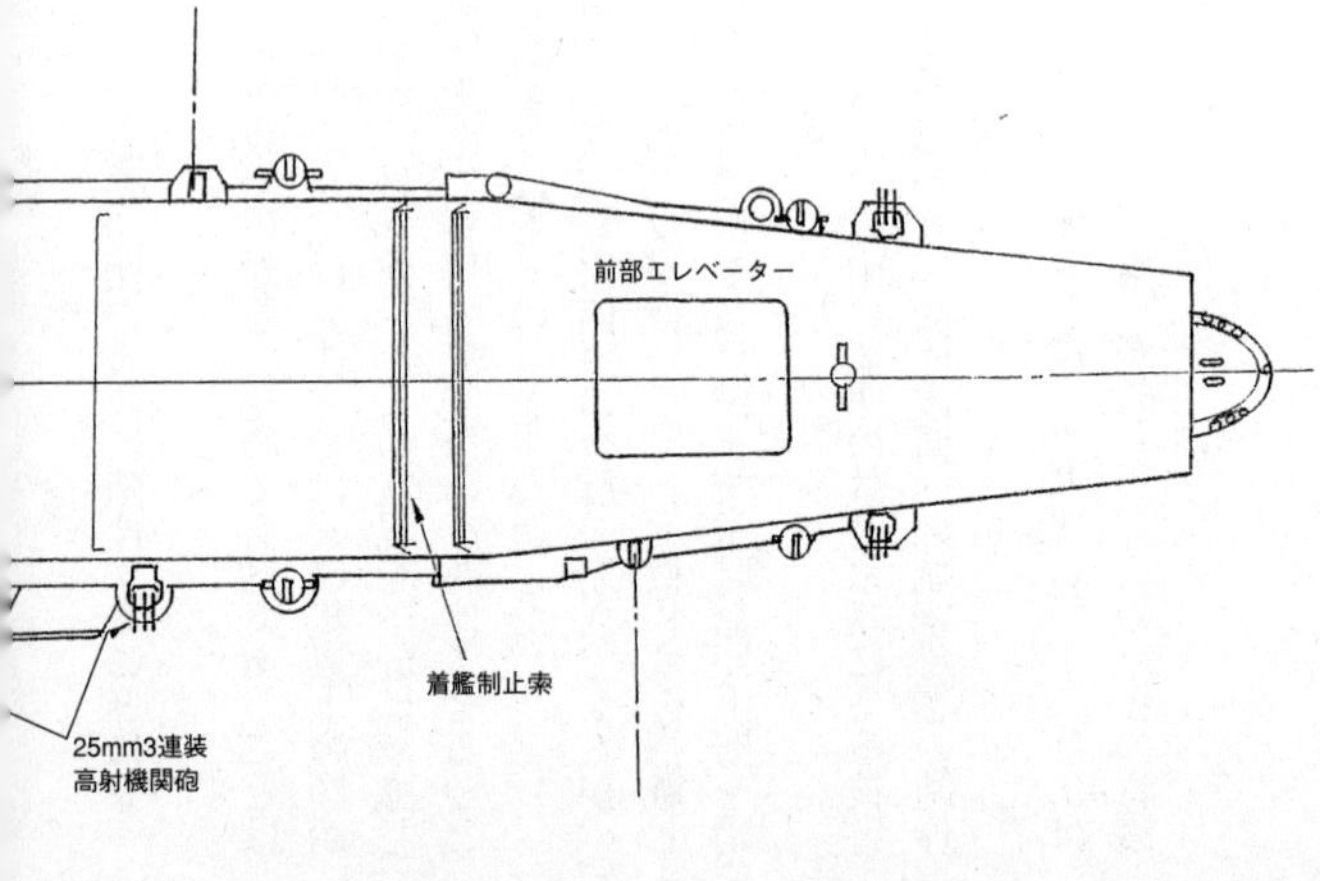

前部エレベーター
着艦制止索
25mm3連装
高射機関砲

第6図　特設航空母艦海鷹外形図

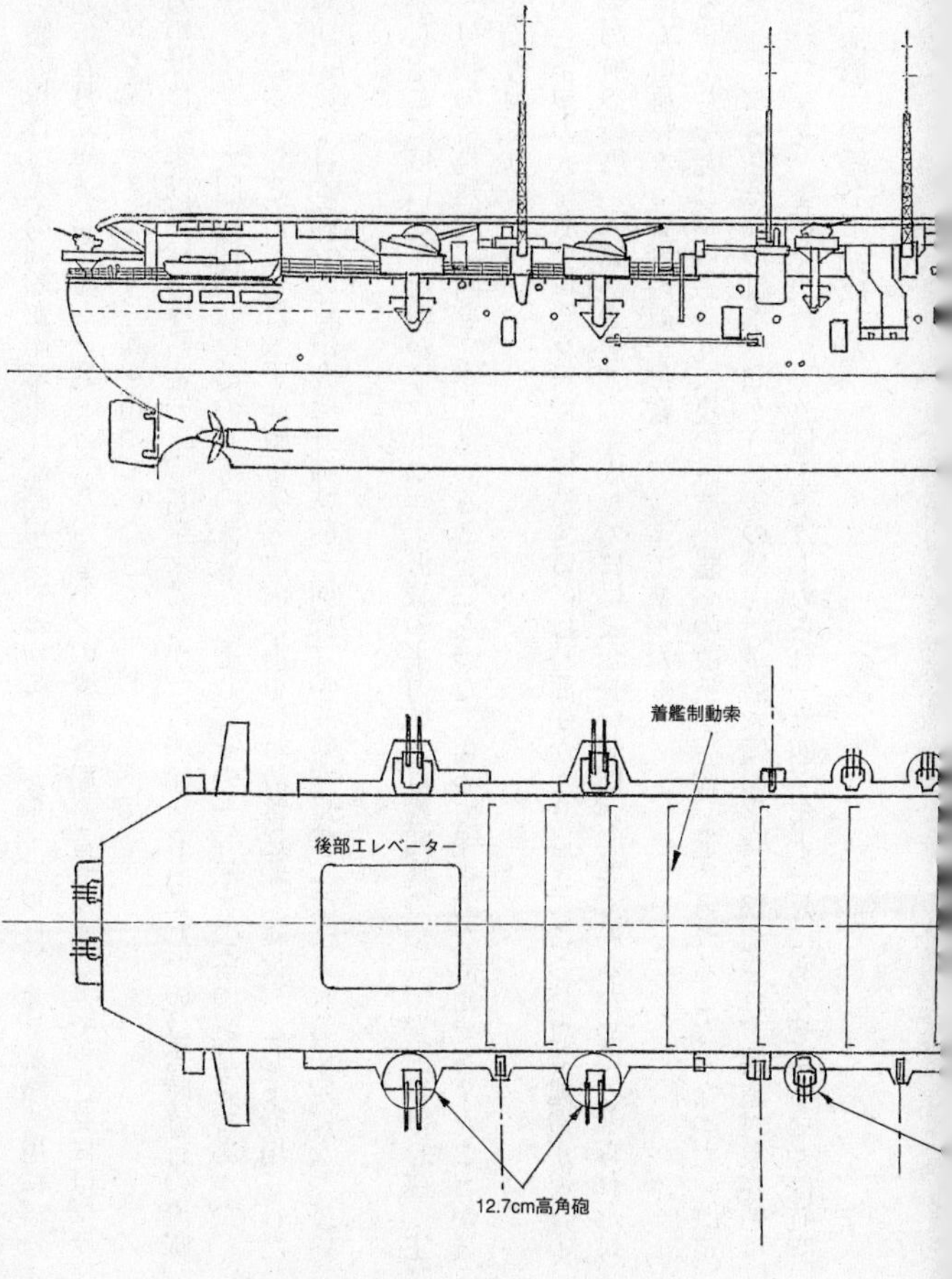

この艦の母体は大阪商船が南米東岸航路用（いわゆるブラジル・アルゼンチン航路）用に、一九三九年五月に建造した総トン数一万二八〇〇トンの豪華客船あるぜんちな丸で、往路にはブラジル移民を輸送するという任務を担っていた。

この船は移民客以外に一等船客一二〇名を乗せたが、この船を有名にしたのは当時流行の流線形のデザインを大胆に採用したその外形の流麗さ、そしてその一等旅客公室の豪華さであった。姉妹船のぶらじる丸と共に太平洋戦争突入直前に海軍に特設輸送船（雑役）として徴用されたが、時期を見て日本郵船の新田丸級三姉妹船と同様に特設航空母艦に改造される予定になっていた。

しかしそこに俄に起きたのがミッドウェー海戦の主力航空母艦四隻の損失で、海軍は急遽、主力航空母艦の新規建造計画を立案し進めることになった（極めて泥縄的な計画であったことが後に大きく批判されている）。

しかし正規の大型航空母艦を新たに建造するには時間がかかり過ぎ、この時点で建造が進行中の二隻の航空母艦（大鳳、雲龍）の完成までにはまだ長い時間が必要であるために、とられた対策が既存計画にある客船の航空母艦への改造であった。

あるぜんちな丸とぶらじる丸二隻の航空母艦への改造が急遽、進められることになった。改造を前にしてぶらじる丸が日本へ向かう最後の航海で敵潜水艦の雷撃で撃沈され、改造対象客船はあるぜんちな丸一隻となったが、改造工事は進められ一九四三年十一月にあるぜんちな丸は航空母艦「海鷹」の艦名で完成した。

あるぜんちな丸

本艦は母体のあるぜんちな丸の主機がディーゼル機関で、最高速力二一ノットが限界であり、航空母艦に改造した場合には重量の増加などで馬力不足が懸念され、改造の際に主機を艦本式の最大出力五万二〇〇〇馬力の蒸気タービン機関に換装された。このために最高速力は二三ノットを出すことができた。

しかし本艦は母体となった船体が新田丸級より幾分小型であるために、完成した飛行甲板も新田丸級（大鷹、雲鷹、冲鷹）の全長一七二メートルより短い一六〇メートルを確保するのがやっとであった。つまり「海鷹」は七隻の客船改造航空母艦の中では最も小型の艦であり、現用艦上機を運用して航空作戦に参加することは、「大鷹」級以上に困難なことになった。

このために完成後「海鷹」は航空機運搬艦として南方方面への陸海軍航空機の輸送にもっぱら使われていた。そして一九四四年三月からは正式に海上護衛総司令部に所属し、船団護衛に使われるようになった。

「海鷹」の航空機搭載数は最大二四機（補用機ナシ）で、船団護衛に際しては旧式艦上攻撃機の九七式艦上攻撃機を一二～一四機程度搭載し、対潜哨戒飛行を行なっている。

本艦も決して無事ではなく、一九四五年一月以降は護衛すべき船団もないまま瀬戸内で特攻機の標的訓練艦などを務めていた。しかし七月に九州の別府湾で米軍艦載機の攻撃を受け損傷し、沈没を防ぐために近くの海岸に擱座し、そのまま終戦を迎えている。

（二）「神鷹」

本艦は日本が太平洋戦争中に完成させた最後の客船改造の航空母艦である。本艦の母体はドイツの北ドイツ・ロイト社が極東航路用に一九三五年に完成させた総トン数一万八二〇〇トンの客船シャルンホルストである。シャルンホルストは姉妹船のグナイゼナウと共にスエズ運河経由のドイツと日本間の航路に就航したが、欧州航路の日本の旅客輸送事業をなかば独占していた日本郵船にとってはこの二隻の就航は脅威であった。

当時日本郵船が欧州航路に配船していた主力客船は、一九三〇年に完成した一万二〇〇〇総トン級の靖国丸と照国丸であったが、最新鋭の設備と装備を施したより近代的な設計のドイツ客船の出現は、日本の二隻の客船を一気に陳腐化させてしまった。

日本郵船は直ちにシャルンホルストとグナイゼナウの二隻の客船に対抗すべく、最新設計の客船を三隻を建造すること決定した。日本郵船が建造を計画した三隻の客船こそ、総トン数もライバルのドイツ客船とほとんど同じ一万七二〇〇トン、最高速力も同じ二一ノットの新田丸級客船であったのである。

しかし日本郵船はこの三隻を建造するに際し、ライバルのドイツの二隻の客船に対して何らかの大きな格差をつける必要があった。その格差こそどこの国の客船でも当時採用されていなかっ

シャルンホルスト

た船内の空調化であった。つまり新田丸級では一等船客用の公室や船室さらに二等船客用の公室を完全冷房化したのであった。

それまではどの国の客船であっても、熱帯海域を航行する時の耐え難い暑さに対する対処方法は換気装置を作動させ、いわば熱風をかきまぜる方法以外には特別の対策はとられていなかった。しかしこれに対して限定された等級と設備ではあるが、冷房装置が完備されるということは、客船界にとってはまさにエポックメイキングな出来事であった。

しかしこの画期的な客船の第一船新田丸が竣工したのは一九四〇年三月で、すでに第二次大戦は勃発していた。つまり日独客船のライバルの競争は実現しなかったのである。しかしその直後に不思議な縁でこのライバル同士はともに日本海軍の特設航空母艦として運用されることになったのである。

このシャルンホルスト（姉妹船グナイゼナウ）という客船は、設計上で当時の日本の技術ではまだ到達できなかった様々な新しい技術を採用した船として知られていた。その最たるものが主機関の高温高圧のワグナー式ボイラーとターボエレクトリック推進機関であった。

このワグナー式ボイラーは常用発生蒸気圧が一平方センチメートルあたり五〇キロで、蒸気温度は四七〇度という強力な潜在蒸気エネルギーを保有していた。しかしこれに対し当時の日本の代表的ボイラーであった海軍の艦本式ロ号ボイラーは、常用発生蒸気圧四〇キロ、蒸気温度四〇〇度が限界で、ワグナー式ボイラーの性能は圧倒的に日本のボイラー能力を凌駕していたのであった。

シャルンホルストは一九三九年八月十八日に神戸港を出港して母国のハンブルグに向かった。そして八月二十八日にマニラに入港したが、この時シャルンホルストの無電室には本国からの緊急電が飛び込んだ。これは世界中の港に在泊したり航行中のドイツ船に対して打電された緊急電と同じで、内容は「至急ドイツ本国に帰還するかあるいは安全な中立国の港に至急入港せよ」というものであった。

シャルンホルストの船長は給油をすませると、直ちに船を出港したばかりの朋友国日本の神戸港に向かった。そして、イギリスとフランスがドイツに対して宣戦を布告した九月三日に神戸港に入港したのである。そしてドイツ本国の訓令により乗組員はシベリア鉄道経由で本国に帰還はしたが、船はそのまま神戸港内に係留されたままになったのである。そして一九四二年に日本は錆だらけの状態になって放置されていたシャルンホルストを購入し、特設航空母艦に改造することになったのである。

客船シャルンホルストの航空母艦への改造は一九四二年九月から呉海軍工廠で始まった。当初日本海軍は優秀なワグナー式ボイラーをそのまま使う予定であったが、結局は海軍の機関科乗組員はこの複雑な高温高圧のボイラーを使い切ることができず、航空母艦として完成した後にボイラーを艦本式ロ号ボイラーに換装するという二度手間をかける結果となったのである（ちなみにターボエレクトリック機関はそのまま使われた）。そして最終的に航空母艦「神鷹」として完成したのは一九四四年七月にずれ込んでしまった。

本艦は母体の船体が新田丸級やあるぜんちな丸にくらべてやや大型であったために、飛行甲板は「大鷹」級の全長一七二メートル、全幅二三・七メートルにくらべて若干大きく、全長一八〇メートル、全幅二四・五メートルと、正規小型航空母艦の「龍鳳」や「瑞鳳」などとほぼ同一であった。しかしこの大きさの飛行甲板を持っていても、最高速力二一ノットという低速の「神鷹」では現用の日本海軍の新鋭艦載機を一度に多数取り扱うことは困難であったのである。

ではなぜ「大鷹」級や「海鷹」級よりも小型で低速のアメリカやイギリスの護衛航空母艦から、当時の最重量級の艦上攻撃機を爆弾や魚雷搭載の状態で自由に発艦させ運用できたのであろうか。それはアメリカが一九四〇年には航空母艦の飛行甲板に装備できる、簡易な油圧式カタパルトを開発していたからに過ぎなかったためである。アメリカ海軍は貨物船を母体にして建造した大量の特設航空母艦（いわゆる護衛空母）の飛行甲板の先端にこのカタパルトを一基または二基装備し、たとえ滑走離艦できないほど飛行甲板一杯に飛行機を並べていても、機銃弾や爆弾や魚雷を搭載した艦上戦闘機や艦上攻撃機を、次々とこのカタパルトから撃ち出して出撃させることができたのである。つまり「もし」という言葉が許されるのであれば、日本でも同じ性能のカタパルトが実用化されていれば、「大鷹」級、「海鷹」「神鷹」の五隻の航空母艦は、海軍が本来これら航空母艦に期待していたとおり航空艦隊の作戦で十分に活用できたはずなのであった。「神鷹」も完成後は海上護衛総司令部に配属され、船団護衛に使われることになったが、一時的にシンガポール方面向けの航空機の輸送に使われた。

「神鷹」の航空機搭載数は三三機で、五隻の商船改造航空母艦の中では最大であった。しかし船団護衛に際しては「大鷹」級などと同じく、対潜哨戒用に旧式化した九七式艦上攻撃機を一四機程度搭載していた模様である。

しかし「神鷹」の船団護衛の活躍は短く、一九四四年十一月に重要船団を護衛中に敵潜水艦の雷撃で撃沈されてしまった。この時の「神鷹」の乗組員の犠牲は甚大で、乗組員や便乗者合計一一六〇名中救助されたのはわずかに六〇名に過ぎなかった。

結局日本海軍が特設航空母艦の名称で建造した商船改造の航空母艦の中で、「大鷹」級、「海鷹」「神鷹」の五隻は、本来の発想と現実とが時代の進展とともに急速に食い違いを始めたこと、また海軍の直接担当当局がそのギャップを認識しないまま、また認識したとしても抜本的改良を行なわないままに当初計画を進めてしまった結果、有効に活用できない極めて中途半端な航空母艦を造ってしまったことになったのである。

（ホ）特設航空母艦しまね丸

日本海軍は太平洋戦争の末期に本来の意味の特設航空母艦といえる艦を一隻建造している。イギリス海軍は世界最初の商船改造の特設航空母艦オーダシティーを完成させ、船団護衛用として一九四一年六月から実用化した。そしてそれから間もなく特設航空母艦の有効性を実戦で証明す

しまね丸

ることになったのである。そしてこの実績から、イギリス海軍はアメリカから供与された多数の商船改造の護衛空母や、自国で独自に改造を施した五隻の商船改造の護衛空母以外に、より簡易改造で完成させた特設航空母艦を実戦に投入し、その有効性をまたもや証明したのであった。

　その簡易式改造の特設航空母艦とは、油槽船や穀物運搬船などの比較的大型の商船の船体の上に支柱を立てて簡易式の飛行甲板を設けるだけの航空母艦で、格納庫もカタパルトもエレベーターも持たず対空火器も最小限の装備とし、船体は本来の油槽船あるいは穀物運搬船として使うものであった。つまりこの特設航空母艦は輸送船団の一員として輸送任務にたずさわるが、その一方で対潜哨戒用の飛行機数機を搭載し、船団を守ろうという実に単純明快な発想から生まれた航空母艦なのである。

　この超簡易式航空母艦はＭＡＣシップ（Merchant Aircraft Carrier）と呼ばれたが、日本海軍はこのＭＡＣシップと全く同じ発想の特設航空母艦の建造を一九四四年に開始した。

　この発想は日本海軍独自のものであるのか、イギリスのＭＡＣシップの情報を入手して実現を計画したのかは定かではない

第7図　特設航空母しまね丸外形図

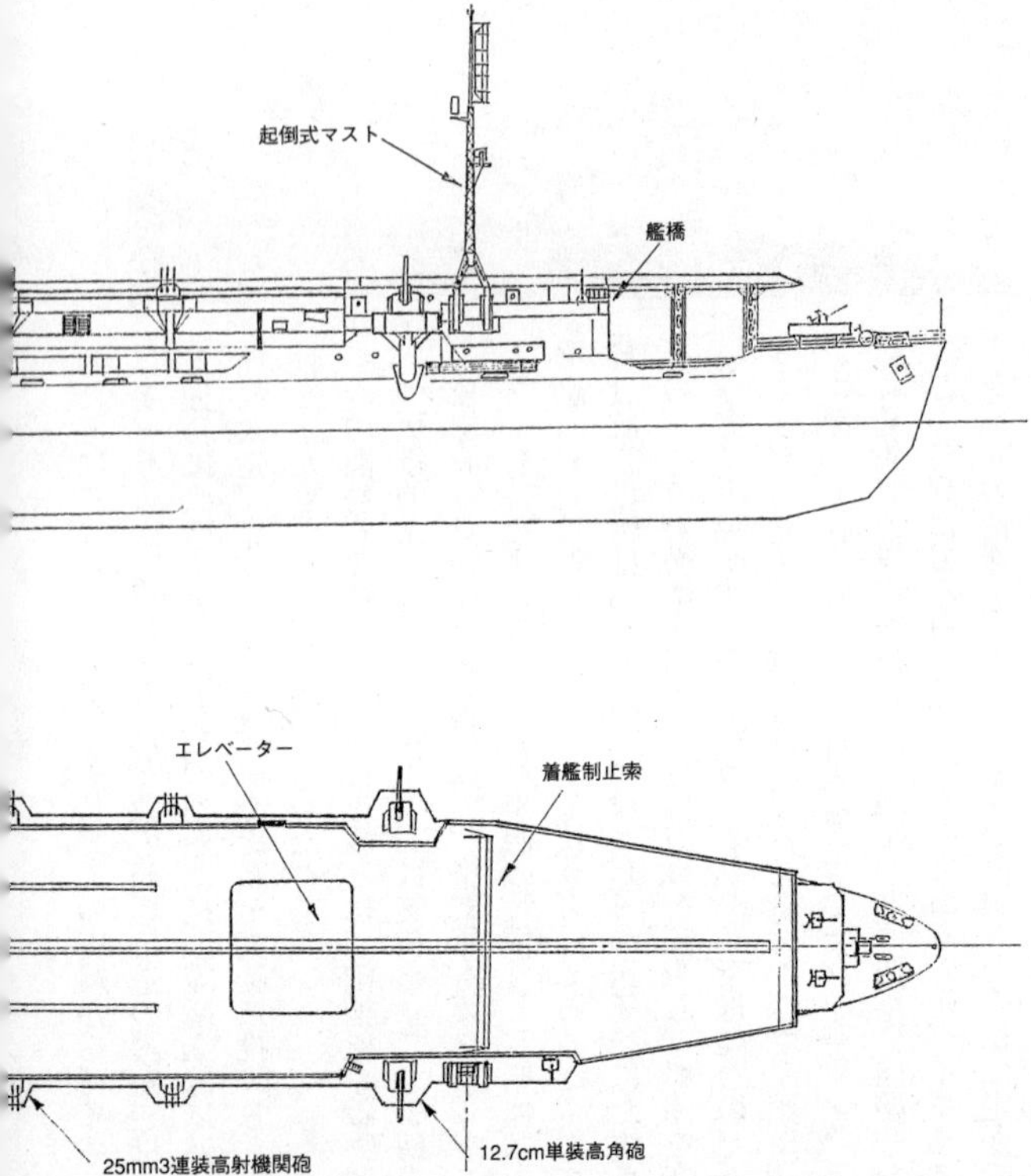

基準排水量	20469t
全　　長	160.5m
全　　幅	20.0m
主 機 関	蒸気タービン(1基)、8600馬力
軸　　数	1軸
最高速力	18.5kn
兵　　装	12cm(単装)高角砲×2門、 25mm(3連装)機関砲×9基、 同(単装)×25門
搭載機数	12機(93式中間練習機を予定)

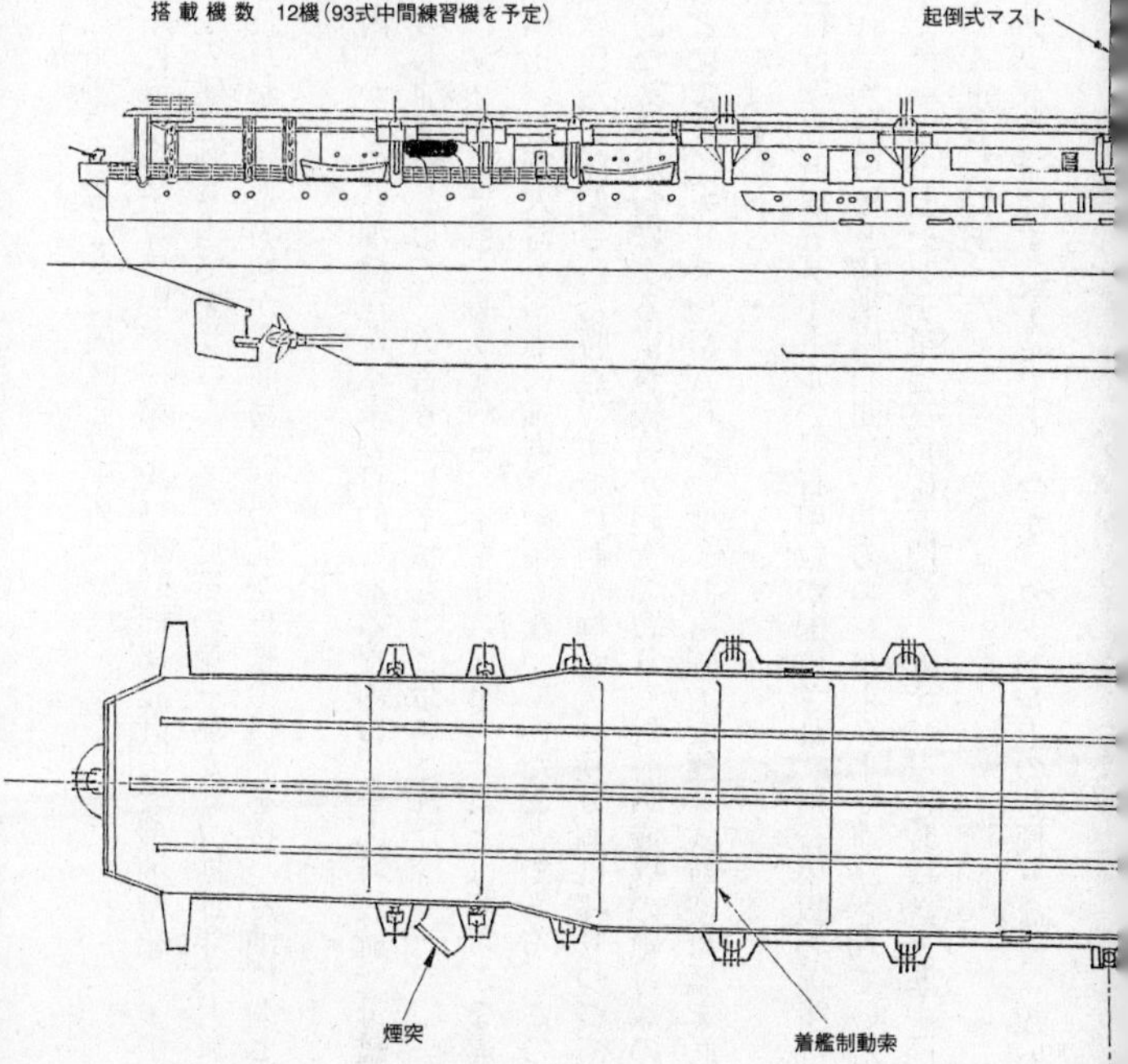

が、いずれにしても同じ発想であることに興味を覚える。

日本海軍は一九四四年に海軍の予算の中で、第一次型戦時標準設計の大型油槽船（1TL型油槽船：一万総トン）二隻の建造割り当てを受けた。そしてその第一船が一九四四年六月に川崎重工神戸造船所で起工されたが、建造当初から簡易式特設航空母艦の機能を持った油槽船としての工事が始められた。

本船は海軍のための南方からの石油輸送が本来の目的であるために、一応特設航空母艦の範疇には入るもののあくまでも油槽船として、船名も「しまね丸」と命名された。

しまね丸は同じMACシップの発想にありながら、イギリス海軍のそれとは明らかな違いがあった。それは格納庫を備え、対空火器も相当に強力な配備となっていたことである。この違いは、この船が航行する海域は建造が開始された時点ですでに制空権がアメリカ側に移りつつあったこと、航行海域では集中的な敵潜水艦による雷撃被害が起きており、対潜哨戒機の絶対数の確保が必要であったこと、などによりイギリス型MACシップよりも強力な簡易式航空母艦を必要としていたことに原因があったはずである。

しまね丸の船体の上には全長一五五メートルの飛行甲板が配置され、飛行甲板の前半部分の真下には格納庫が設けられ、飛行甲板と格納庫の間は一基のエレベーターで連絡されていた。そして飛行甲板の両舷直下には一二・七センチ単装高角砲二門、二五ミリ三連装機銃九基、同単装機銃九門が配置されるという重武装であった。

最高速力は一八・五ノットを発揮する予定であったが、カタパルトの装備もなく、短い飛行甲板と低速力では例え旧式機とはいえ「大鷹」級航空母艦と同じように九七式艦上攻撃機を運用することもできず、苦肉の策として複葉で鋼管羽布張りの九三式中間練習機（通称アカトンボ）を一二機搭載する予定であった。

この機体は軽量な練習機ではあっても、六〇キロ爆雷を最大二発まで搭載することが可能で、対潜哨戒機として船団周辺の海域の哨戒を行なうには一応十分な能力を備えていたのである。

そしてしまね丸は基本設計に則って一万五〇〇〇トンの石油を運ぶことが可能であり、これが本業であったのである。

しかし特設航空母艦としてほぼ完成に近い状態になった一九四五年二月、しまね丸のそれ以上の工事は中止され船体は四国の高松近傍の志度湾に曳航され秘匿係留されてしまった。すでにこの頃には日本からシンガポール方面に石油引き取りに向かうことは、敵の絶対的な制海権と制空権の中よほどの奇跡でもない限り不可能な状態になっており、海軍はこのような船を完成させること自体無意味と判断したためであった。

結局しまね丸は一九四五年七月の英海軍機動部隊の瀬戸内海東部方面に攻撃の際、艦上攻撃機や爆撃機に発見され集中攻撃を受け、飛行甲板に数発の直撃弾を受けて浅海に着底状態となりそのまま終戦を迎えることになった。

特設水上機母艦

太平洋戦争中に日本海軍が採用した特設軍艦の中で、最も活躍した艦は特設水上機母艦であったといえよう。日本の水上機母艦の歴史は、一九一三年（大正二年）の秋季に行なわれた海軍大演習の際に、海軍の運送船若宮丸に水上機三機を搭載し臨時の水上機母艦にしたことに始まる。

以後日本海軍の水上機の発達は目覚ましく、一九三五年頃には、水上機の揺籃の時代には機体の開発や運用面で教師役を務めていたイギリス海軍を大きく引き離し、水上機大国の片鱗を見せ始め、太平洋戦争突入当時は水上偵察機、水上観測機、飛行艇のいずれの分野でも、日本は完全に世界のトップレベルに立っていたのである。

それだけに海軍は各種の水上機の運用に様々な構想やアイディアを持ち、基地部隊とは別に機動性を持った水上基地としての水上機母艦の整備に極めて積極的であった。

第二次大戦中のアメリカ、イギリス、ドイツ、イタリアなど各国海軍の水上機の運用の主体は、戦艦や巡洋艦に搭載して短距離の偵察や弾着観測を行なうことにあった。このためにこれらの国国の水上機は、航続距離や運動性能あるいは武装などの面で、その任務が遂行できる最低限の性能を満足するものではあったが、より多用途に運用するという発想には欠けるきらいがあった。

これに反し日本の水上機は様々な特性を兼ね備えていたのが特徴であった。例えば九五式水上偵察機は偵察、弾着観測、急降下爆撃そして空戦もこなすことができた。また零式水上観測機は弾着観測が本来の任務でありながら、偵察、急降下爆撃そして空戦までこなす万能選手の水上機であったのである。そして日本海軍は水上戦闘機まで開発し、戦争の中期頃までは陸上基地を持たない最前線戦域での防空戦闘、時には制空任務までこなしたのである。

太平洋戦争の開戦を前にして日本海軍は正規の水上機母艦以外に、六隻の特設水上機母艦を配置につけていたのである。これらの特設水上機母艦は各艦隊の付属として配置され、各艦隊が侵攻作戦を展開した時にはその先兵として上陸地点や占領地域に出撃し、搭載された水上機は航空部隊が到着するまでの間、艦隊周辺海域の哨戒、来襲する敵機の迎撃、敵地上施設に対する爆撃など、それこそ八面六臂の活躍をした。

マレー、ジャワ、ボルネオに対する侵攻作戦、ニューギニア東部侵攻作戦、中部太平洋島嶼に対する上陸作戦、ソロモン侵攻作戦そしてアリューシャン列島のアッツ・キスカ両島上陸作戦とその後の防備には、全てこの六隻（一九四二年七月からはさらに一隻追加）が陰の活躍をしたのであった。つまり一九四二年一杯までは、正規の水上機母艦とこれら七隻の水上機母艦はまさに席の温まる暇がなかったほどの活躍をしたのである。

しかし水上機母艦の活躍も一九四三年九月頃までで、敵側が続々と新鋭機を送り出しさらに敵側の制空権が強化され出すと、例え運動性が優れた水上機であっても、低速でしかもフロートを装備するというハンデの大きさは、高性能の敵戦闘機の前にはかなう手段がなかった。それにともない最前線の水上機基地は次々と撤収され、特設水上機母艦の活躍する範囲は急速に狭まり、生き残った特設水上機母艦も一九四三年十月までには全て特設運送船（雑役）に艦種が変更され、特設水上機母艦は消滅したのであった。

海軍は特設水上機母艦の運用については、一九三二年の上海事変で実戦に投入された給油艦改装の二隻の水上機母艦「神威」と「能登呂」の実績を踏まえ、特設水上機母艦の構想を本格的に始めている。

最高速力（ノット）	特設水上機母艦編入年月	その後の動き
20. 2	1941. 10. 5	1942.12 特設運送船
20. 3	1939. 11. 15	1943.5 雷撃撃沈
20. 1	1941. 7. 25	1943.10 特設運送船
20. 2	1942. 7. 14	1943.10 特設運送船
18. 5	1941. 8. 15	1943.10 特設運送船
19. 8	1941. 9. 5	1942.10 特設運送船
19. 6	1941. 9. 20	1942.12 特設運送船

海軍は一九三二年以降続々と完成し始めたニューヨーク航路用の大型高速貨物船に注目の目を向けた。そして有事に際してはこれらの幾隻かを特設水上機母艦に仕立てるために徴用する計画を立案し、具体的な改装と運用の計画を進めていた。そして一九三七年七月に日中戦争が勃発すると、海軍特別陸戦隊の上陸支援はもとより、長い中国沿岸に点在する敵拠点に対する偵察や攻撃に、水上機を積極的に活用し作戦を有利に展開するための具体策として、高速貨物船の特設水上機母艦化とその整備を急速に進めたのである。

海軍はその具体策としてニューヨーク航路用の高速貨物船香久丸（国際汽船・八四一七総トン、一九ノット）、衣笠丸（国際汽船・八〇四七総トン、一九ノット）、神川丸（川崎汽船・六八五三総トン、一九・五ノット）の三隻を特設水上機母艦に改装し、直ちに実戦に投入した。

改装工事は二〇日間で行なわれたが、内容はその後の特設水上機母艦に行なわれた工事と全く同じであった。つまり後部甲板全面をハッチコーミングの高さまでの水平な木甲板に改装し、船尾四番、五番船倉用のデリックポストを撤去し、完成した広い水平な木甲板上に一〇機（複座水上偵察機四機、三座水上偵察機六

第6表　日本の特設水上機母艦一覧

船　名	船　主	造船所	竣工	総トン数
聖川丸	川崎汽船	川崎重工神戸	1937. 5. 15	6862
神川丸	川崎汽船	〃	1937. 3. 15	6853
君川丸	川崎汽船	〃	1937. 7. 15	6863
国川丸	川崎汽船	〃	1937. 12. 1	6863
山陽丸	大阪商船	三菱重工長崎	1930. 10. 30	8360
讃岐丸	日本郵船	〃	1939. 5. 1	7158
相良丸	日本郵船	三菱重工横浜	1940. 11. 12	7189

機）を搭載し、水上機の海面への昇降は残された五番、六番船倉用のデリックで行なうようになっていた。そして船首と船尾には一四センチ単装砲を装備し、ボートデッキ上の前後には夜間作業用の探照灯が搭載された。

飛行機の搭載は原則的には船尾甲板のみであるが、船首側甲板にも搭載する場合があり、この場合は複座または三座水上偵察機を四～六機搭載した。

この三隻の特設水上機母艦の使用実績は海軍の満足するものとなり、その後の特設水上機母艦は全てこの三隻が基本となって改装されることになった。

海軍が特設水上機母艦として採用した香久丸や神川丸には共通した特徴があった。勿論、大型で高速であることは条件であるが、その最大の特徴は船型が平甲板型であるということであった。つまりこの時代の世界的な貨物船の一つの標準スタイルとなっていた三島型（船首楼甲板、船尾楼甲板そして中央部に凸型のブリッジデッキを持つスタイル）は、船首から船尾まで平滑な甲板になっていないために、飛行機の取り扱いが不便になるという水上機母艦にとっては決定的な欠点があったためである。

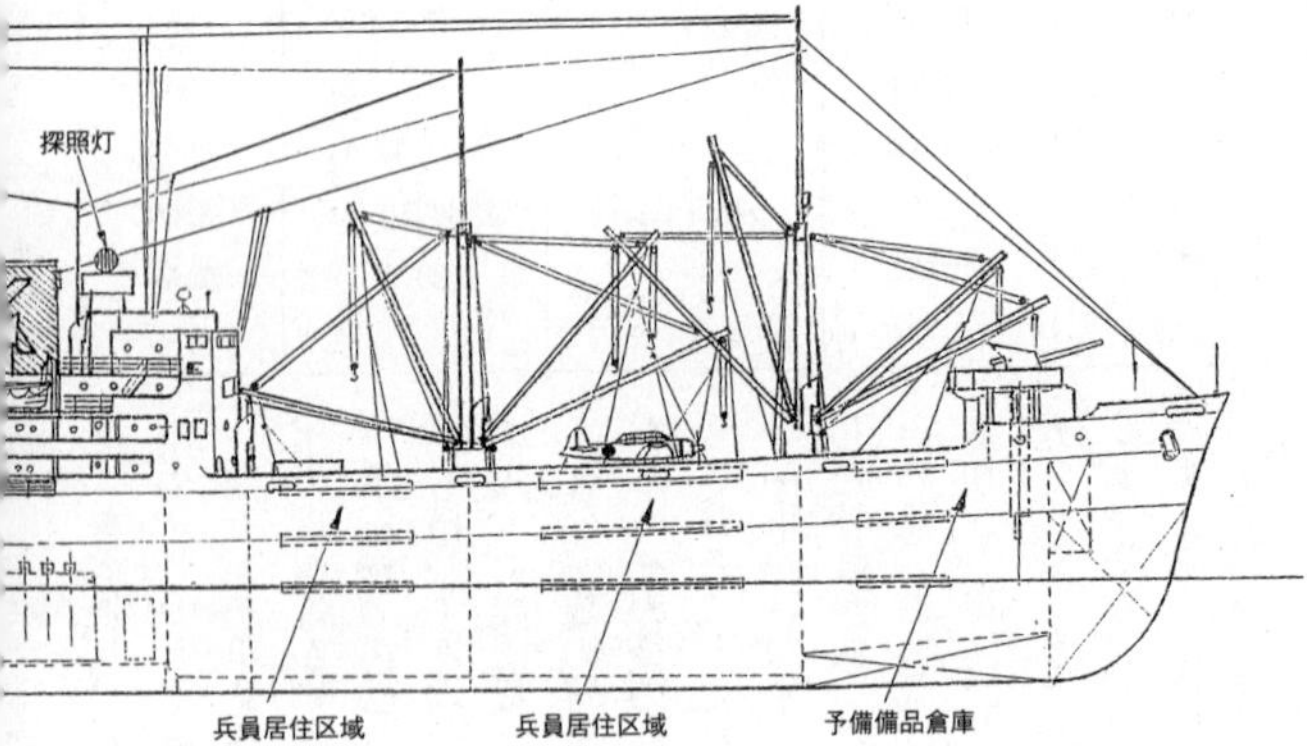
探照灯
兵員居住区域
兵員居住区域
予備備品倉庫

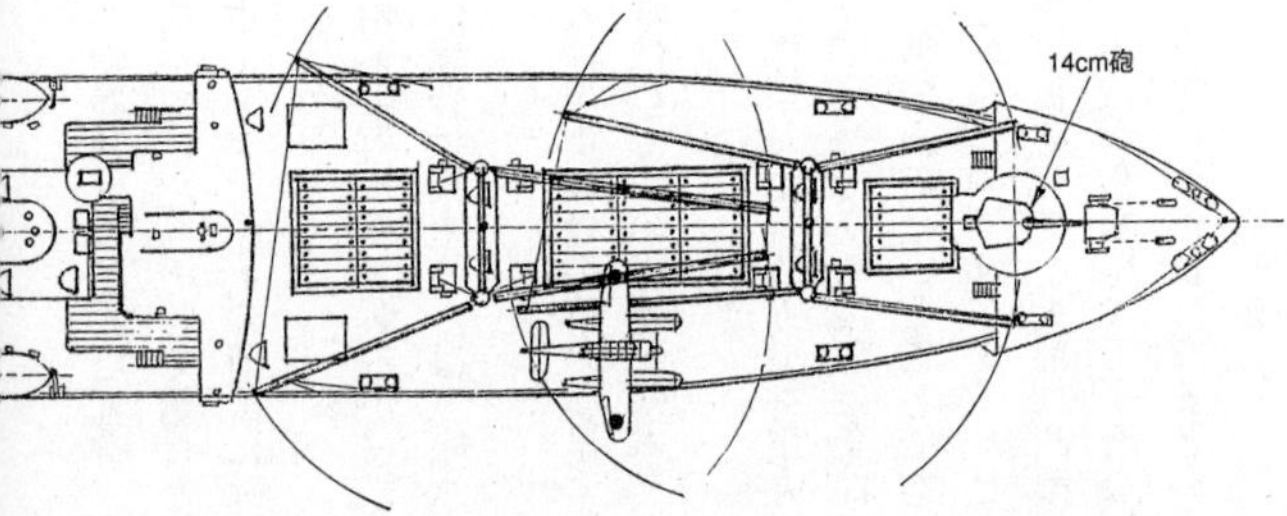
14cm砲

第8図　特設水上機母艦聖川丸外形図

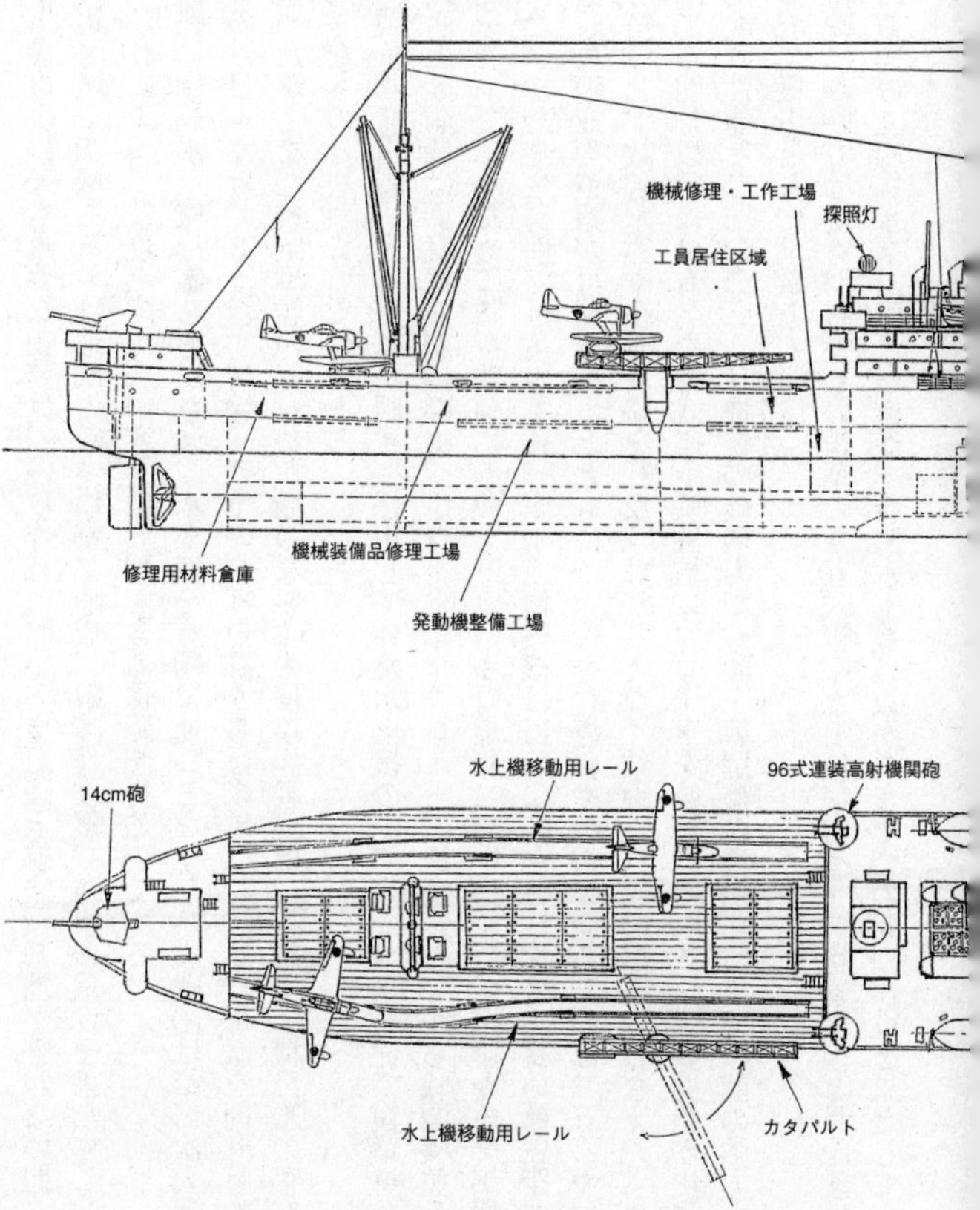

特設水上機母艦の最も重要な任務は、侵攻作戦においてまだ陸上航空機基地が整わない間、上陸地点周辺海域や空域あるいは地域の敵情偵察、哨戒、敵陣地攻撃、防空の重責を果たすことにあった。これによって侵攻上陸作戦が容易に展開できる保障を得るのである。

侵攻作戦に特設水上機母艦を進出させ、水上機を有効に使いこなすという戦法は第二次大戦で実行したのは日本だけであった。勿論、戦争の中期以降からは米軍は特設航空母艦を同じ目的で有効に使ったが、まだ航空母艦の絶対数が揃わない頃の侵攻作戦では、特設水上機母艦の存在は極めて大きなものとなっていたのである。

太平洋戦争勃発当時、日本海軍が制式に採用していた水上機の中でも、全金属性で複葉単発複座の零式水上観測機は操縦性能が抜群で、フロート（単フロート）を装備しながら戦闘機並みの空戦性能を持っていたために防空戦闘にも使え、六〇キロ爆弾二発を搭載して正確な急降下爆撃も行なえた。また全金属性で単葉の零式三座水上偵察機は三〇〇〇キロに達する長い航続距離を持ち、長距離哨戒や偵察が可能であるとともに、六〇キロ爆弾や爆雷二発あるいは二五〇キロ爆弾一発を搭載し、敵潜水艦や艦艇攻撃を行なうばかりでなく敵地上施設の爆撃も行なえた。さらに一九四二年四月以降には有名な零式艦上戦闘機にフロートを装備した二式水上戦闘機が出現し、卓越した空戦性能と二門の二〇ミリ機銃の破壊力で、陸上戦闘機が進出するまでの間の強力な防空戦闘の立て役者として活躍した。

また緒戦においては鋼管羽布張りの複葉の九五式複座水上偵察機や、飛行安定性と長距離性能が抜群の複葉の九四式水上三座偵察機が、新鋭水上機の数が揃うまでの間の代役を果たしていた。

君川丸

つまり日本の特設水上機母艦の活躍は、これらの世界第一級の優れた水上機が揃っていたためにできたといっても過言ではあるまい。

海軍が特設水上機母艦の対象として最終的に選んだのは、一九三七年から一九四〇年にかけて建造されたニューヨーク航路用の平甲板型の高速貨物船であった。日本海軍が太平洋戦争中に特設航空母艦として徴用した商船は別表のとおりである。

この中で神川丸は日中戦争最中の一九三九年十一月に徴用されているが、神川丸を加えた六隻が一九四一年七月から順次徴用され、特設水上機母艦として準備が進められていたのである。なお日中戦争中に特設水上機母艦として徴用された香久丸と衣笠丸は太平洋戦争勃発前に徴用解除を受けている。

準備された六隻の中で聖川丸、神川丸、国川丸は川崎汽船の姉妹高速貨物船で、もう一隻の君川丸は一九四二年に入り同じく特設水上機母艦として徴用されたが、これで四隻の姉妹貨物船全てが同一目的の特設艦船に指定されたことになった。この四隻の姉妹船は、その船名の「聖神君国」という文字からも時期に即した縁起の良い名前として有名であった。

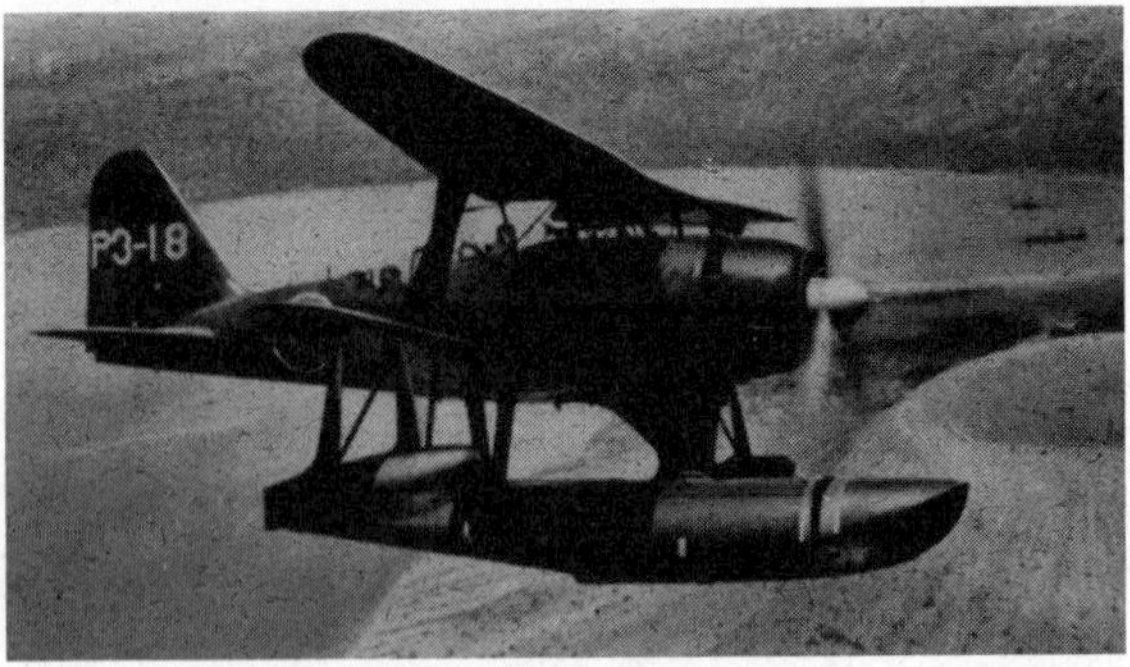
零式水上観測機

その他の三隻も讃岐丸と相良丸は日本郵船の姉妹高速貨物船で、山陽丸は大阪商船の高速貨物船であった。六隻中五隻までが姉妹貨物船であるが、これは性能や構造が同一であり、改装工事が同一仕様と準備の中で行なえるという利点があったからである。

特設水上機母艦への改造は六隻（後に一隻追加）全てほぼ同じ仕様と内容で行なわれている。まず常用の飛行甲板は後部甲板と決められていた。これは前部飛行甲板は航行中に船首で切り裂く波の飛散の影響を受けやすく、搭載する飛行機が破損する危険性があり輸送など一度に多数の機体を輸送する場合などに限定されて使われ、戦闘作戦中は飛行機を搭載しない場合がほとんどであった。そして後部甲板の三番デリックポストは、飛行機の格納スペースの確保のために撤去され、甲板には図に示すように四番、五番、六番船倉のハッチコーミングの高さに木甲板を張り巡らし、飛行機の取り扱いが容易なように水平の甲板とした。そしてその両舷に沿って飛行機の移動用の運搬台車を動かすレールが配置された。

また飛行甲板の前方右舷には戦艦や巡洋艦に搭載されるも

零式三座水上偵察機

のと同じカタパルト一基が設置され、艦上からの水上機の発進を可能にした。そして着水した飛行機は残された四番デリックポストのデリックブームを使って甲板上に飛行機を吊り上げた。

水上機の搭載数は戦闘作戦時には後部飛行甲板に一〇機または一二機で、内訳はその時々の作戦と任務に即したものとなり様々であったが、一つの例として一九四二年前半頃までは、零式水上観測機四～六機と零式三座席水上偵察機四～六機の組み合わせ、その後二式水上戦闘機が実戦に投入されると零式三座水上偵察機六機と二式水上戦闘機六機の組み合わせが多く見られた。また一九四二年四月頃までは生産される機体の数が揃うまで、零式水上観測機の代わりに旧式ではあるが運動性能が抜群の九五式水上偵察機が搭載される場合もあった。

特設水上機母艦は侵攻作戦においては、水上機の出撃や収容は常に艦上から行なうわけではなく、上陸目的地点近くの海岸に搭載して来た機体を全て下ろし、作戦は海岸から行なうという方法をとっていた。この場合母艦は付近の海上に停泊するか移動しながら、搭載している高角砲や機銃で基地防空の役目を果たし、また水上機部隊の機材、燃料、爆弾や弾薬、あるいは隊員の食料の補給、そして時には機体の修理工場の役割も果たした。

特設水上機母艦の武装はこのような作戦を行なうために、艦首と艦尾にそれぞれ一四センチ単装砲を装備し、前部甲板の両舷には八センチ高角砲が装備されていた。また近接戦闘用に当初は艦橋上のナビゲーションデッキの両舷に一三ミリ連装機銃が装備されていたが、戦訓により後には前部甲板やボートデッキおよび艦尾に、二五ミリ連装あるいは三連装の機銃が増備され火力の強化が図られている。

当然のことではあるが外部ばかりでなく船体の内部も水上機母艦に必要な改装が行なわれ機能が持たされている。船体前後の二層の中甲板（下部船倉と上甲板の間に設けられた強度甲板で、ここは二層または一層に仕切られ、中甲板の名称で貨物倉として使われる）は、上部中甲板は搭乗員、整備員、運用科要員、砲術科要員など各乗組員の居住区域にあてられ、下部中甲板は補助発動機格納庫、機体の各種予備材料（予備フロートや予備主翼や尾翼など）の格納庫、発動機の修理工場や調整室、機体修理工場などに使われた。また前部船倉は航空機燃料（ドラム缶）や発動機潤滑油、

第9図　特設水上機母艦の飛行甲板断面図

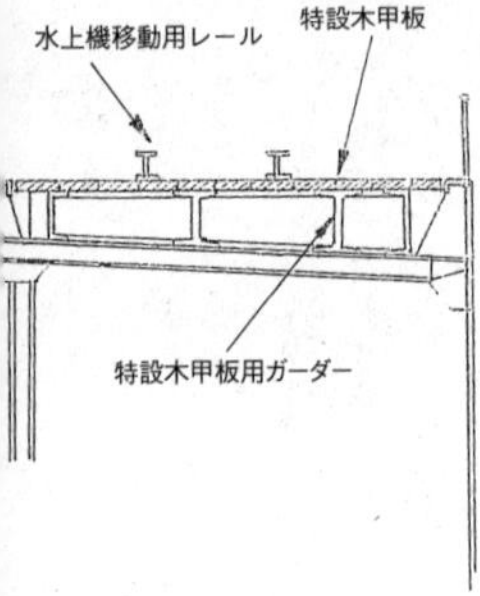

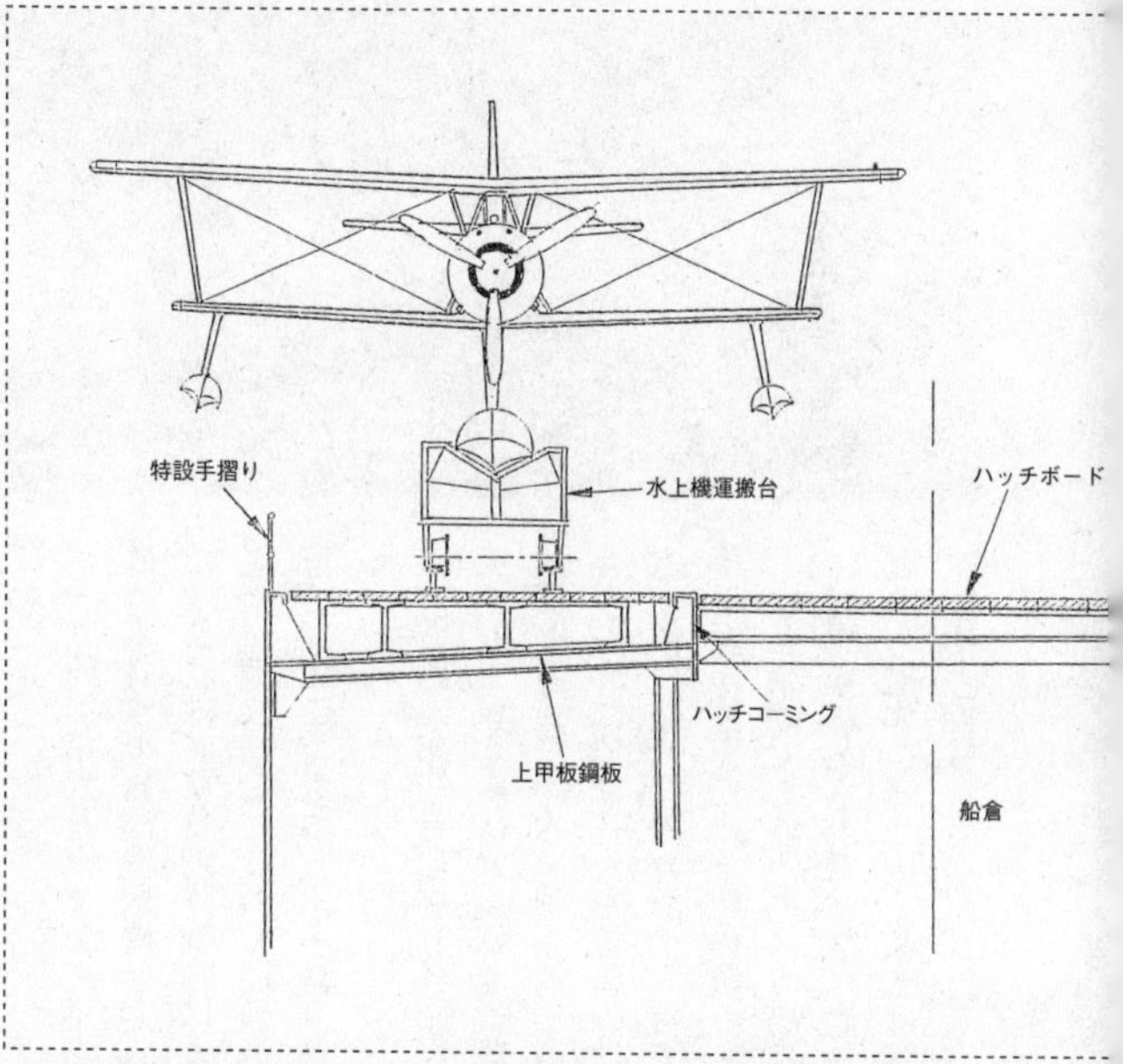

食料庫、清水タンク、各種資材庫として使われ、後部の船倉は航空機の機銃弾や爆弾庫、各備砲の弾薬庫、各種補給品用倉庫などとして準備されていた。

特設水上機母艦が搭載していた標準的な機体の搭載数についてはすでに述べたが、主な戦域での各艦別の機体の搭載数の実際について補足説明しておきたい。

開戦劈頭のフィリピンのリンガエン湾上陸作戦では山陽丸が投入されたが、この時の搭載機は零式水上観測機が八機、零式三座水上偵察機が三機であった。これは陸上航空基地がまだ開設されていないために、防空戦闘機の代役として零式水上観測機が多く搭載されていた。

一九四二年六月にマレー半島西北部方面に基地を置いた相良丸は、零式水上観測機八機と零式三座水上偵察機四機を搭載していた。これは海軍特別陸戦隊によるアンダマン諸島やニコバル諸島攻略作戦に際し、この方面の海軍航空部隊の希薄を補うための配置で、ここでも零式水上観測機が戦闘機の代役として使われている。

一九四二年二月にアリューシャン列島のキスカ島に配置された第五四二航空隊は水上機で編成されており、君川丸が二式水上戦闘機と零式三座水上偵察機を数回に分けて運び込んでいる。君川丸が一度に運び込んだ機体の数は二式水上戦闘機八機と零式三座水上偵察機八機の合計一六機であった。そしてこの数は特設水上機母艦が運んだ水上機の数としてはほぼ限界の数であった。

なお余談であるがキスカ島に運び込まれた多くの機体は、海岸に展開された水上機基地に置かれていたが、打ち寄せる荒波や強風から機体を守り抜くことは容易なことではなく、多くの機体が航空作戦ではなく海岸に打ち寄せる激浪によって破壊されてしまった。

衣笠丸

二式水上戦闘機

特設水上機母艦は戦争の前半は海軍の局地航空作戦の重要な拠点の役割を果たし、まさに東奔西走の活躍をしたがそれも一九四三年前半までで、陸上機に比べ絶対的な性能に劣る水上機は多数の強力な敵戦闘機の出撃する空域で作戦することが次第に困難となり、残された水上機基地の活動は水上機母艦の活動の場としてではなく、海軍航空隊独自の運用の中に置かれ水上機母艦は瞬く間にその存在意義が失われてしまった。そして一九四三年十月の聖川丸と君川丸の任務を最後に、日本海軍からは特設水上機母艦は消え去った。そして任務を終えた元水上機母艦は従来の貨物船の姿に戻され、その高速を活かして次々と特設運送艦（雑役）に編入されていったが、それも次々と敵の攻撃で撃沈され、終戦時に残存した元特設水上機母艦は聖川丸一隻のみであった。

特設潜水母艦

太平洋戦争勃発当時の日本海軍は七個の潜水艦戦隊を保有し、そこに配置された潜水艦の数は五八隻（内四隻は機雷敷設潜水艦）であった。そして七個潜水艦戦隊のうち三個潜水艦戦隊の母艦には既存の潜水母艦である「大鯨」「長鯨」「迅鯨」が配置されていたが、四個潜水艦戦隊の母艦には特設潜水母艦が配置されていた（但し、開戦直後に「大鯨」が軽航空母艦「龍鳳」に改造するために除籍され、新たに特設潜水母艦一隻が追加されることになった）。

最高速力（ノット）	特設艦船編入年月	その後の動き
18.4	1941.10.15	1944.2.17 空爆撃沈
18.7	1942.2.15	1943.10.1 特設運送船
18.0	1940.12.16	1944.1.31 被雷沈没
16.5	1941.3.1	1944.1.1 被雷沈没
16.4	1941.3.1	1943.3.25 特設運送船
17.1	1941.3.25	1943.9.15 特設運送船
17.5	1943.3.25	1945.1.20 特設運送船

潜水艦戦隊が遠洋での長期洋上作戦を展開する際には、燃料、魚雷、飲料水、糧食などの補給ばかりでなく医療活動も必要となり、また乗組員の長期の狭い潜水艦内での勤務から一時的にも解放し、休養を与えることも必要になってくる。この任務のために造られたのが潜水母艦である。

日本海軍は潜水艦の発達とともに、一九二三年から一九二四年にかけて基準排水量五一六〇トンの二隻の潜水母艦（迅鯨、長鯨）を建造した。

しかしその後の潜水艦の大型化や増備に対して、この程度の数と規模の潜水母艦では能力が不足になってきた。もともと潜水母艦は最前線に進出する必要はなく、強力な武装や防御能力を持つ必要はないが、十分な各種物資搭載能力と人員の収容能力さらには旗艦としての諸設備を設ける必要もあり、船内には客船のような大きな収容容積が必要であった。

海軍がこの目的に適う船船として真っ先に白羽の矢を立てたのは、大型客船であり貨客船であった。

第７表　日本の特設潜水母艦一覧

船　名	船　主	造船所	竣工年月	総トン数
平安丸	日本郵船	日立造船桜島	1930. 11. 24	11616
日枝丸	日本郵船	三菱重工横浜	1930. 7. 14	11621
靖国丸	日本郵船	三菱重工長崎	1930. 8. 31	11933
名古屋丸	南洋海運	三菱重工長崎	1932. 8. 5	6071
さんとす丸	大阪商船	三菱重工長崎	1925. 12. 10	7266
りおでじゃねいろ丸	大阪商船	三菱重工長崎	1930. 5. 15	9626
筑紫丸	大阪商船	川崎重工神戸	1943. 3. 25	8135

日本海軍は太平洋戦争の勃発までに、一九四〇年十二月から一九四一年十月までに六隻の客船や貨客船を特設潜水母艦として徴用した。日本海軍が太平洋戦争中に特設潜水母艦として徴用した船舶は別表のとおりであるが、この中の貨客船名古屋丸は他の六隻に対して船容が一回り小型であるために、使用結果は母艦としての能力が不十分であるとして、開戦二ヵ月後の一九四二年二月に除籍され、新たに客船日枝丸がその任務についた。

特設潜水母艦となったこれらの客船は決して最大級とはいえないが、いずれも北米航路や南米航路あるいは欧州航路で活躍した船で、多くの広い公室や上質な船室、さらには大きな貨物倉や多数の船客のために長期間を賄うための食料庫や清水タンクを備えていた。そのためにこれらの設備を潜水艦戦隊の旗艦施設や乗組員の休養施設として使うことは、海軍としてもまさに願ったり適ったりであったのである

大容量の船倉は適宜区分して補給用の燃料槽や清水タンクに改造でき、潜水艦の破損箇所を修理する設備も設けられ、また船倉は魚雷や砲弾、糧食、各種消耗品の倉庫に利用でき、その一部には補給する魚雷の調整や潜望鏡などの潜水艦独特の各種装備の修

理設備も設けることができた。また広大なプロムナードデッキを区画したり一部の公室などを活用して潜水艦戦隊司令部としての通信施設や作戦司令室を設けることもできた。

つまり潜水艦は日本の基地に戻らなくとも、出先の基地に待機するこれら潜水母艦に戻れば、消耗品の補給はおろか大規模な船体修理以外は全て母艦で行なうことができたのである。

また乗組員も長期間の遠洋作戦行動からこの母艦に帰投すれば、士官や下士官兵を問わず、狭い艦内の居住から解放され、母艦に用意された広々とした設備の中で休養をとることができたのである。そして缶詰食から、新鮮な食材で料理された食事を広い食堂でとることもできたのであった。客船を使用した特設潜水母艦は潜水艦乗組員にとってはまさに理想的な休養の場所となったのである。

欧州航路用の靖国丸（総トン数：一万一九三三トン）に例をとれば、既設の豪華な一等特別船室は戦隊司令官の居室として使われ、一等ラウンジはそのまま士官用のラウンジとして使われた。また一等喫煙室は戦隊の作戦司令部の作戦室などとして使われ、一等図書室は作戦会議室と資料室として使われた。また一等船室は一部は戦隊司令部要員の士官室や暗号室として使われ、体育室は戦隊通信室として使われた。また大半の一等船室は潜水艦士官乗組員のための休養室となり、二等船室は潜水艦乗り組み士官と准士官のための休養室に使われた。そして一等と二等食堂は司令部や潜水艦乗り組みの士官・准士官用食堂として使われた。

潜水艦乗り組みの下士官兵用の休養室としては、既設の三等船室（四〜八人部屋）と前部中甲板に新たに設けられた簡易式ベッドが用意された居住区が使われた。また食堂には既設の三等食

靖国丸

堂と中甲板に新たに設けられた食堂が使われ娯楽室も兼用した。
一九四二年二月現在の特設潜水母艦の配置は次のようになっていた。
第六艦隊（潜水艦のみで編成された艦隊）
　第一潜水艦戦隊（潜水艦一三隻）潜水母艦平安丸（元シアトル航路用客船）
　第二潜水艦戦隊（潜水艦八隻）潜水母艦さんとす丸（元南米東岸航路用客船）
　第三潜水艦戦隊（潜水艦九隻）潜水母艦靖国丸（元欧州航路用客船）
第三艦隊（敷設艦隊）
　第六潜水艦戦隊（潜水艦四隻）潜水母艦「長鯨」
第四艦隊（内南洋艦隊）
　第七潜水艦戦隊（潜水艦九隻）潜水母艦「迅鯨」
連合艦隊直率
　第四潜水艦戦隊（潜水艦八隻）潜水母艦日枝丸（元シアトル航路用客船）
　第五潜水艦戦隊（潜水艦七隻）潜水母艦りおでじゃねいろ丸（元南米東岸航路用客船）

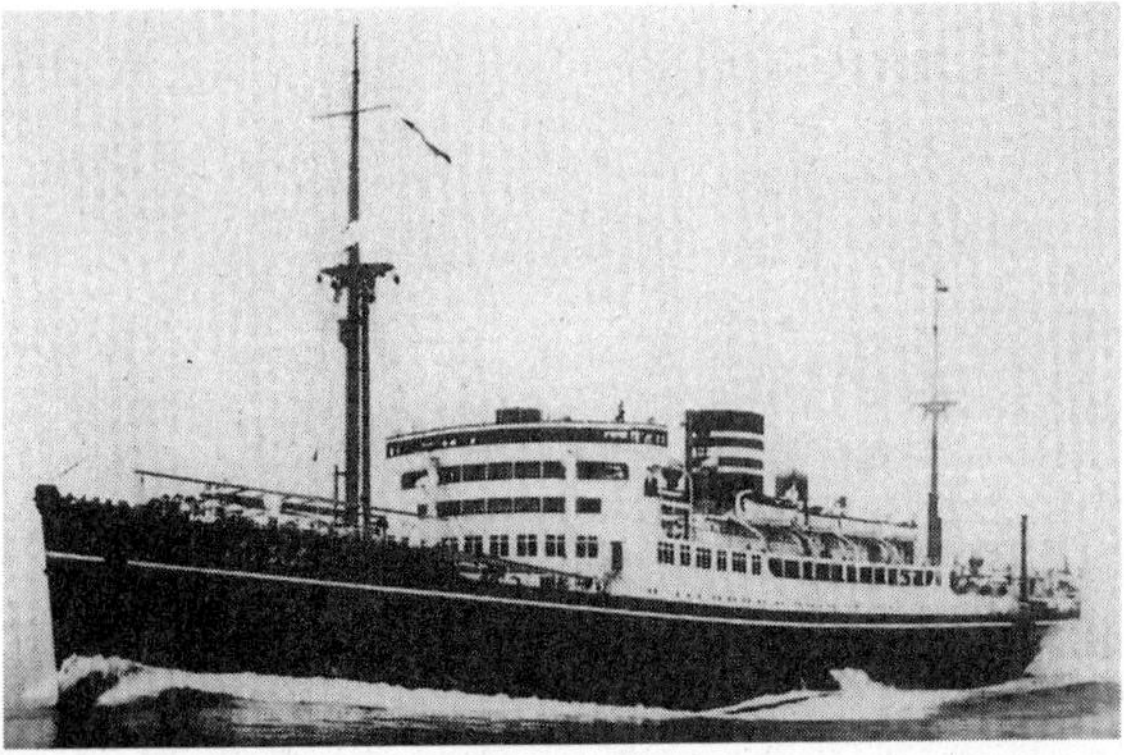
平安丸

日本海軍によって最後に徴用された潜水母艦は、筑紫丸（総トン数：八一三五トン）であった。この船は大阪商船が大連航路用の最新鋭客船として建造していた船で、開戦後も工事が続けられていたが、一九四三年に入る頃には、朝鮮半島西岸沖を航行するこの航路の旅客輸送は実質上休止状態になり、建造中の筑紫丸は途中より特設潜水母艦としての工事が開始され一九四三年三月に完成している。しかし船体の外観は間違いなく客船であるが内容は完全な特設潜水母艦として完成していた。そして新たに編成された第八潜水艦戦隊の母艦として就役することになった。

この第八潜水艦戦隊は新しい任務の戦隊で、続々と完成する潜水艦の訓練・錬成専門の戦隊で、瀬戸内海をその訓練海域としており、したがって母艦の筑紫丸は瀬戸内海からは一歩も外海に出撃することはなかった。

特設潜水母艦のうち平安丸、日枝丸、靖国丸、さんとす丸、りおでじゃねいろ丸は、一九四三年に入る頃から拠点基地が次第に陸上基地にシフトされたこと、また作戦海域の縮小などから逐次除籍され、特設運送船（雑役）に用途変更されていった。そして最後に残った特設潜水母艦は筑紫丸であったが、本船も一九四四年十二月に潜水母艦から除籍され、船内が改造された上で北九州と阪神間の石炭輸送に使われ終戦時に残存したが、他の特設潜水母艦籍の船は全て特設運送船として活動中に敵潜水艦の雷撃で撃沈されてしまった。

特設潜水母艦は最前線に出撃することがなかったが、武装は特設巡洋艦か特設砲艦並みの強力なものとなっていた。いずれも艦首と艦尾の架設台座の上にそれぞれ一五センチ単装砲一門、前部甲板または後部甲板の両舷に同じく一五センチ単装砲が各一門装備され、一三ミリ連装機銃あるいは二五ミリ連装または三連装機銃が二～四基装備されていた。またボートデッキの前後には夜間作業用に探照灯が配置されていた。

特設砲艦

特設砲艦は日本海軍の特設軍艦の中では群を抜いて数が揃えられた艦種で、その数は実に八四隻に達した。つまり日本海軍はこの艦種をそれだけ重要視し、各方面での活躍を期待していたことになるのだ。

特設砲艦として徴用された商船は、七〇〇総トンから三〇〇〇総トンまでの中・小型の貨客船や貨物船が中心で、もともと中国航路や台湾あるいは樺太航路など日本の近海の航路に就航していた船が多く、世間にもよくその船名の知られた貨客船や貨物船が多く含まれていた。樺太航路の千歳丸や白海丸、中国沿岸航路の香港丸や北京丸などはその名のよく知られた貨客船であった。

船　名	船　種	総トン数	備　考	船　名	船　種	総トン数	備　考
千歳丸	貨客船	2668	特設砕氷艦兼務終戦時残存	瑞興丸	貨物船	2577	特設敷設艦兼務
浮島丸	貨客船	4730	特設巡洋艦より編入	妙見丸	貨物船	4124	特設敷設艦兼務
正生丸	貨物船	993		寿山丸	貨物船	4000	特設敷設艦兼務
百福丸	貨物船	986		両徳丸	貨物船	3483	特設敷設艦兼務
第一号 新興丸	貨物船	934		慶興丸	貨物船	2922	特設敷設艦兼務
第七大源丸	貨物船	1289		千洋丸	貨物船	2904	特設敷設艦兼務
東昭丸	貨物船	1289		山東丸	貨物船	3266	特設敷設艦兼務
第十二日正丸	貨物船	1199		吉田丸	貨物船	2900	特設敷設艦兼務
豊国丸	貨物船	1274		光島丸	貨物船	3110	特設敷設艦兼務
第十雲海丸	貨物船	855		豊津丸	貨物船	2930	特設敷設艦兼務
南浦丸	貨物船	1206		第二号 新興丸	貨物船	2577	特設敷設艦兼務
木曾丸	貨物船	703		河北丸	貨物船	3310	特設敷設艦兼務
阿蘇丸	貨物船	703		長白山丸	貨物船	2131	特設敷設艦兼務
西京丸	貨物船	1292		大興丸	貨物船	2984	特設敷設艦兼務
江戸丸	貨物船	1299		億洋丸	貨物船	2904	特設敷設艦兼務
第五信洋丸	貨物船	1488					
江祥丸	貨物船	1300					

合計８４隻　終戦時残存は二隻（華山丸・千歳丸）のみ。浮島丸も終戦時残存したが数日後に謎の爆沈

第8表　日本の特設砲艦一覧

船　名	船　種	総トン数	備　考	船　名	船　種	総トン数	備　考
長田丸	貨物船	2969		京津丸	貨物船	1434	
生田丸	貨物船	2968		第二号 日吉丸	貨物船	1287	
長運丸	貨物船	1925		第二号 桂 丸	貨物船	1368	
日海丸	貨物船	2562		第二日正丸	貨物船	1386	
朝海丸	貨物船	2685		第十六 日正丸	貨物船	1173	
弘玉丸	貨物船	1911		興和丸	貨物船	1106	
香取丸	貨物船	1923		第十福栄丸	貨物船	847	
静海丸	貨物船	2750		第二日の丸	貨物船	998	
昭徳丸	貨物船	1964		那智丸	客船	1605	
華山丸	貨物船	2103	終戦時残存	快鳳丸	貨物船	1093	
京城丸	貨物船	2700		勝泳丸	貨物船	3583	特設敷設艦兼務
昌栄丸	貨物船	1986		福山丸	貨物船	3581	特設敷設艦兼務
第二号長安丸	貨物船	2611		成興丸	貨物船	2929	特設敷設艦兼務
第二号 長江丸	貨物船	2613		武昭丸	貨物船	2569	特設敷設艦兼務
第一号 明治丸	貨物船	1934		新京丸	貨物船	2672	特設敷設艦兼務
香港丸	貨客船	2797		大同丸	貨物船	2962	特設敷設艦兼務
平壌丸	貨客船	2627		長沙丸	貨物船	2538	特設敷設艦兼務
昭興丸	貨物船	1933		盛京丸	貨物船	2606	特設敷設艦兼務
第二号 松栄丸	貨物船	1877		富津丸	貨物船	2933	特設敷設艦兼務
安州丸	貨物船	2601		萬洋丸	貨物船	2904	特設敷設艦兼務
唐山丸	貨物船	2103		金剛山丸	貨物船	2116	特設敷設艦兼務
北京丸	貨客船	2288		神津丸	貨物船	2721	特設敷設艦兼務
でりい丸	貨物船	2182		笠置丸	貨物船	3104	特設敷設艦兼務
第一号 雲洋丸	貨物船	2038		永福丸	貨物船	3520	特設敷設艦兼務
長寿山丸	貨物船	2131		八海山丸	貨物船	3311	特設敷設艦兼務
白海丸	貨客船	2921	特設砕氷艦兼務	まがね丸	貨物船	3100	特設敷設艦兼務

特設砲艦の任務は既存の砲艦とはいささかおもむきが異なっており、配置拠点周辺の海域の哨戒、輸送、船団の護衛、小型艦艇の母艦あるいは敷設艦の任務もこなすという多用途に使われる艦であった。

日本海軍で砲艦という艦種が登場するのは一八九八年（明治三十一年）のことで、この時の砲艦は、後の水雷艇程度の小型の艇に、船体の割りには大型の砲を搭載し、乾舷が極端に低く、主に沿岸や河川を中心とした局地的な警備に従事する艦艇として区別されていた。しかしその後日本の主たる外地警備地帯が中国大陸に置かれるようになると、広大な揚子江沿岸などが警備地帯になることによって、日本海軍の砲艦はほとんどがこれら河川警備用の砲艦として開発されるようになったのである。ただその中にあって大陸沿岸も哨戒区域として活動できる砲艦も少数ではあるが出現するようになったが、少なくとも太平洋戦争に突入する頃までの日本海軍の砲艦の主体は河川用砲艦と判断されがちであった。ところが太平洋戦争開戦を前にして特設砲艦として多数の商船が徴用されるに及び、日本の砲艦に対する認識は大きく変化することになった。その認識に対する最大の違いは、砲艦が外洋を活動の対象としたということであった。

先にも述べたが、これら徴用された特設砲艦の基本的な任務は、配置基地周辺の哨戒、機雷敷設、水路の嚮導などであった。しかしこれらの基本的任務以外に、各基地に配置された特設監視艇や掃海艇あるいは駆潜艇の母艦としての任務、そして護衛艦艇の不足から船団の護衛まで狩り出される場合がしばしばという万能的な活動が要求されたのである。

特設砲艦として徴用された八四隻の商船の中で、三一隻という多数が敷設艦も兼ねていた。これは配置された根拠地などの周辺への機雷敷設が敷設艦艇の不足から進まず、配置された特設砲艦に敷設機能まで持たせたためであった。

この場合の搭載機雷は一二〇個程度で、船尾側の船倉が機雷庫として使われ、その上の上甲板には船尾に至る機雷移動用の軌条が敷かれ、船尾には機雷投下口が設けられていた。とくに二〇〇〇総トン以上の船体の場合には搭載する機雷も二〇〇個を超えるものがあり、特設砲艦兼敷設艦といえる機能を備えることになっていた。

特設砲艦に徴用された商船は基本的には船体に大きな改造を施すことはなかったが、一般的な改装としては、船首と船尾に特設の砲座が取り付けられ、総トン数二〇〇〇トン以上の船の場合はそこに一二センチ単装砲が各一門、そして前部甲板の両舷にも同じく一二センチ単装砲が配置された。そして二〇〇〇トン以下の船ではその砲が八センチ砲となるのが一般的であった。そして近接戦闘用の火器として当初は一三ミリあるいは七・七ミリ機銃が一〜二梃、ボートデッキ周辺に装備されていた。しかし一九四三年頃からは対空火器の強化が見られ、二五ミリ単装、連装、三連装などの機銃が二〜五基程度装備されるようになった。そして船尾には一〇〜二〇発程度の爆雷が搭載され、中には水中聴音器まで備えた艦も現われたが、積極的な潜水艦探知用兵器としての探信儀（ソナー）を備えるものまでは現われなかった。しかしこれらの重武装の特設砲艦はその戦力から船団護衛に狩り出されることにもなったのである。

つまり特設砲艦は特設巡洋艦を小型化したようなかなり機動性に富んだ艦として重宝されたのである。また特設砲艦の中で千歳丸（総トン数：二六六八トン）や白海丸（総トン数：二九二一トン）は本来が樺太航路用の貨客船として建造されたためにいずれも船首が砕氷型となっており、特設砲艦兼砕氷艦という特殊な任務を受け持ち、戦争の全期間を北朝鮮の羅津と大湊警備府に配属され、北部日本海からオホーツク海、そして宗谷海峡方面の北洋の哨戒活動に使われていた。

戦争が苛烈な状況に入った一九四三年四月現在の特設砲艦の配置の一部を次に示すが、これを見ると特設砲艦の任務と使われ方がよく理解できる。

第四艦隊

第二海上護衛隊（基地：横須賀）

長運丸（一九二五総トン）

指揮下の艦艇：旧式駆逐艦三隻、水雷艇四隻

第四根拠地隊（トラック）

第二号長安丸（二六一一総トン）、平壌丸（二六二二総トン）

指揮下の艦艇：特設駆潜艇（一個隊）

第五根拠地隊（サイパン）

香取丸（一九三三総トン）、光島丸（三一一〇総トン）、大同丸（二九六二総トン）

指揮下の艦艇：特設駆潜艇（二個隊）

第八根拠地隊（ラバウル）

日海丸（二九二一総トン）、静海丸（二七五〇総トン）

千歳丸

南西方面艦隊
第一南遣艦隊
第九特別根拠地隊（サバン）
永興丸（二九二九総トン）
指揮下の艦艇：特設駆潜艇（一個隊）
第十一特別根拠地隊（サイゴン）
長沙丸（二五三八総トン）
第二十特別根拠地隊（アモイ）
永福丸（三五二〇総トン）
指揮下の艦艇：特設掃海艇（一個隊）
第二南遣艦隊
第二十三特別根拠地隊（マカッサル）
新興丸（二五七七総トン）
指揮下の艦艇：特設駆潜艇（一個隊）
第二南遣艦隊付属
萬洋丸（二九〇四総トン）、大興丸（二九八四総トン）、億洋丸（二九〇四総トン）
第三南遣艦隊

第三十二特別根拠地隊（ダバオ）
武昌丸（二五六九総トン）
第三南遣艦隊付属
木曾丸（七〇三総トン）、阿蘇丸（七〇三総トン）
第一海上護衛隊
華山丸（二一〇三総トン）、北京丸（二二八八総トン）、長寿山丸（二一三一総トン）
指揮下の艦艇：旧式駆逐艦一三隻、水雷艇二隻、哨戒艇三隻
横須賀鎮守府・横須賀防備隊
笠置丸（三一四〇総トン）、吉田丸（二九〇〇総トン）、京津丸（一四三四総トン）、第
二号日吉丸（一二八七総トン）
指揮下の艦艇：特設掃海艇（二個隊）
父島特別根拠地隊
まがね丸（三一〇〇総トン）、江戸丸（一二九九総トン）
指揮下の艦艇：特設掃海艇（一個隊）
大湊警備府
千歳丸（二六六八総トン）
指揮下の艦艇：特設掃海艇（三個隊）
大阪警備府

那智丸

那智丸（一六〇五総トン）
指揮下の艦艇：特設掃海艇（一個隊）
佐世保鎮守府・佐世保防備隊
富津丸（二九三三総トン）、第二日正丸（一一九九総トン）
指揮下の艦艇：特設掃海艇（一個隊）
鎮海警備府
香港丸（二七九七総トン）、第十六日正丸（一一七三総トン）
指揮下の艦艇：特設掃海艇（三個隊）
羅津特別根拠地隊
白海丸（二九二一総トン）
高雄警備府
長白山丸（二一三一総トン）
指揮下の艦艇：特設掃海艇（一個掃海隊）

この配置の他に特設砲艦の重要な任務がある。それは本州の東方洋上からアリューシャン列島方面に至る広大な海域の防備を任

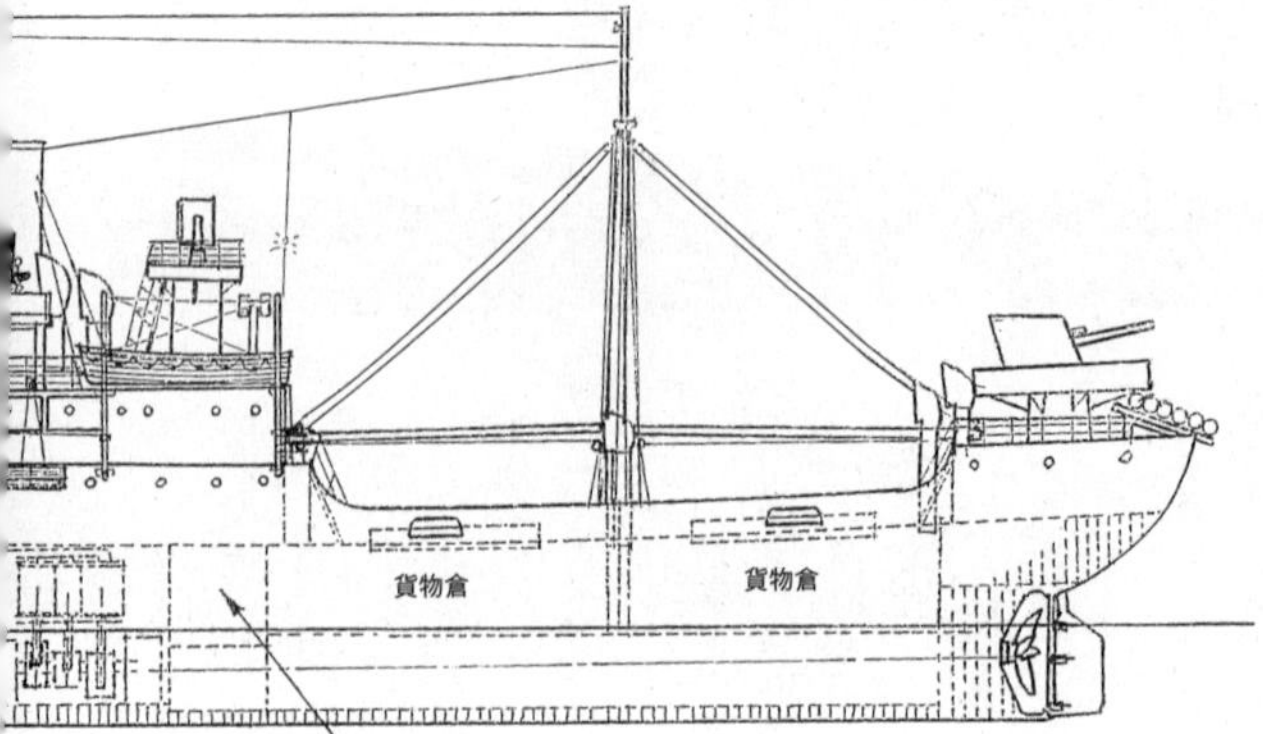
貨物倉
貨物倉
食料庫

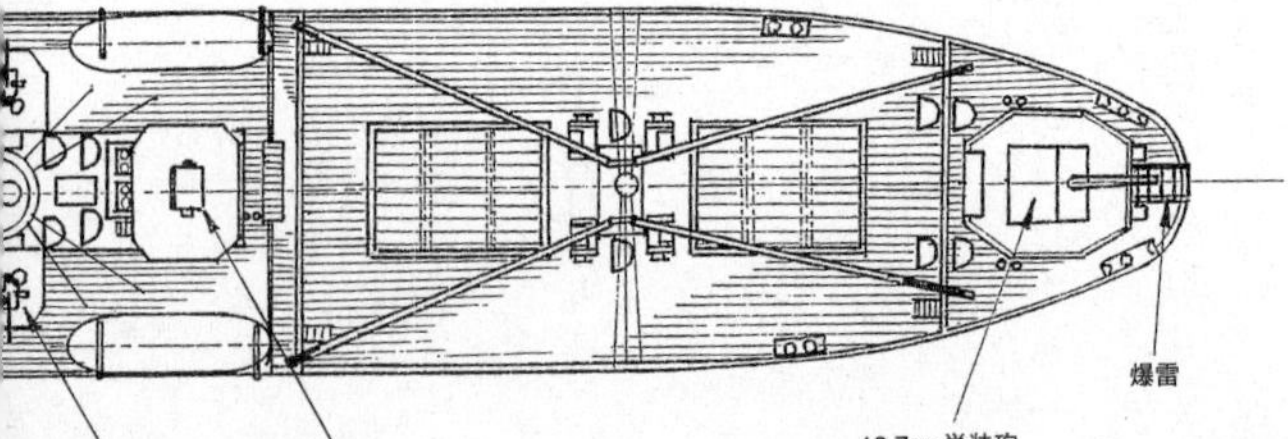
爆雷
12.7cm単装砲
25mm連装高射機関砲
探照灯

第10図　特設砲艦華山丸外形図

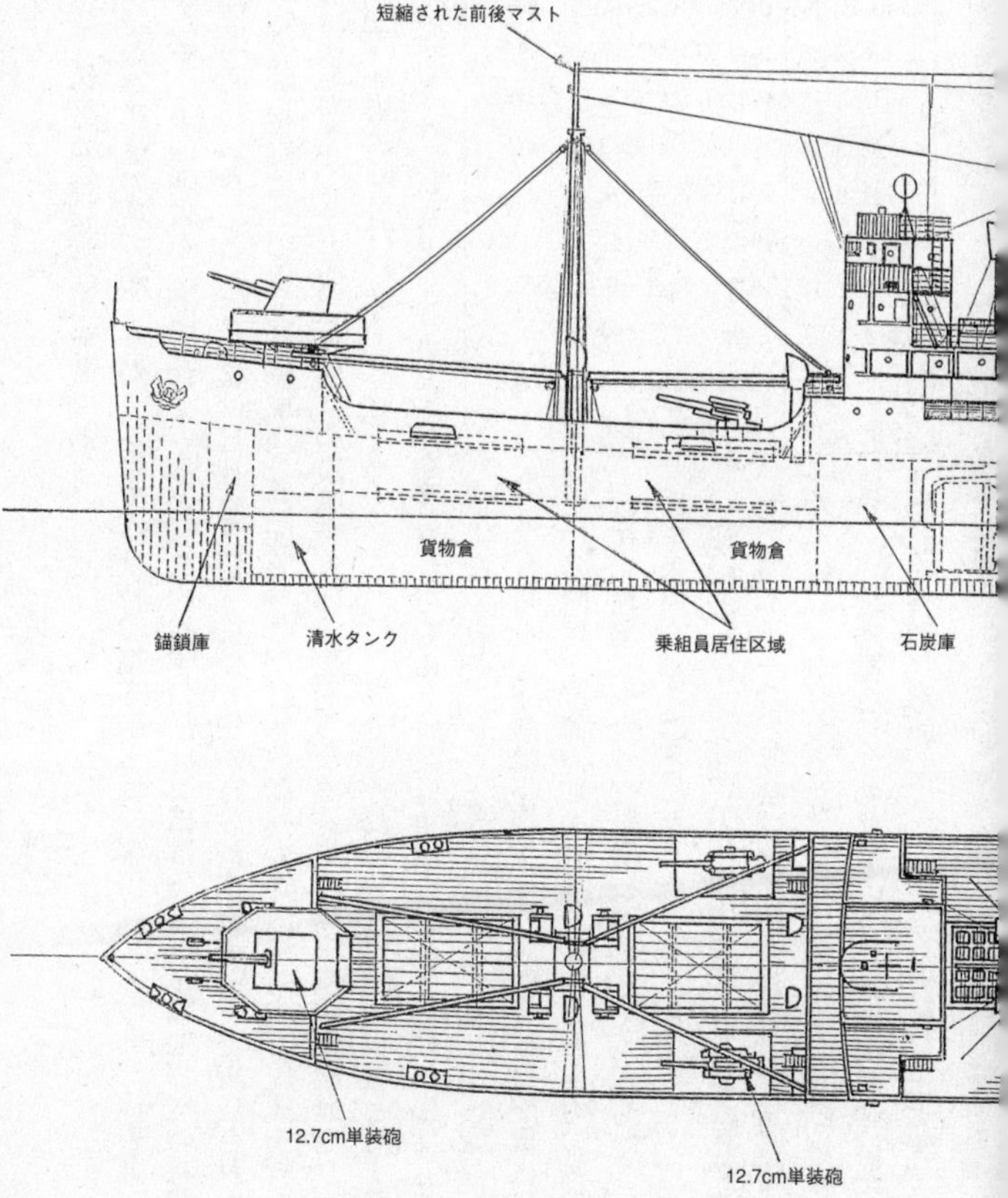

務とする第五艦隊の特設砲艦の配置である。

すでに特設巡洋艦の項で述べたが、同艦隊には特設巡洋艦三隻（粟田丸、赤城丸、浅香丸）で編成された第二十二戦隊が配置されているが、この戦隊の指揮下には一二〇～一七〇隻の特設監視艇が配置されていた。この監視艇は当初は三個、後に五個の特設監視艇隊として編成された。これらの特設監視艇はこの広大な海域に分散配置され、日夜敵艦隊の進入に対する監視を行なっているわけであるが、一九四三年四月の段階では四〇隻からなる監視艇隊三個隊が配置され、各一個隊が常に監視の配置に付くようになっている。そしてそれぞれの監視艇隊の母艦として特設砲艦三隻（昭典丸、新京丸、神津丸）が配置されていた（特設監視艇の増加と共に後には五隻配置となった）。

徴用年月	備　考
1940. 12. 16	1943. 10 特設運送船に転籍
1940. 12. 25	1942. 4 空爆で沈没
1941. 3. 1	1944. 1 特設運送船に転籍
1941. 9. 5	1944. 1 特設運送船に転籍
1941. 9. 5	1942. 3 被雷沈没
1940. 12. 16	1942. 10 被雷沈没
1940. 12. 16	1944. 1 特設運送船に転籍
1942. 2. 10	1943. 7 被雷沈没
1942. 4. 10	1944. 1 特設運送船に転籍
1942. 4. 20	1942. 9 被雷沈没

これら特設砲艦は指揮下の特設監視艇が配置に付いている時は、配置海域の哨戒を行なうとともに補給や救援の任務にあたり、特設砲艦の中でも最も厳しい勤務を強いられることになったのである。

特設砲艦は一九四三年の中頃から特設運送船（雑役）の不足から、逐次任務を解かれ特設運送艦籍に編入されるものが増えた。実際に八四隻の特設砲艦の中で、特設砲艦としての戦闘の中で失われた艦は四五隻、特設運送船に移籍してから失われた艦は三七隻で、終

第９表　日本の航空機運搬艦一覧

船　名	船　主	竣　工	総トン数	最高速力（ノット）
五洲丸	五洋汽船	1940. 2. 27	8592	17. 2
小牧丸	国際汽船	1933. 12. 15	6468	19. 3
りおん丸	日本郵船	1920. 3. 3	7017	14. 6
慶洋丸	東洋汽船	1937. 11. 18	6441	15. 1
加茂川丸	東洋海運	1938. 4. 15	6440	15. 2
葛城丸	国際汽船	1931. 10. 2	5834	17. 3
富士川丸	東洋海運	1938. 6. 1	6938	15. 0
最上川丸	東洋海運	1934. 6. 5	7496	16. 3
名古屋丸	南洋海運	1932. 8. 5	6071	16. 5
関東丸	岸本汽船	1930. 9. 15	8601	18. 2

戦時に残存した艦は華山丸と千歳丸のわずか二隻に過ぎなかった。その損失率は実に九八パーセントに達し、特設砲艦は太平洋戦争中の日本の特設艦船の中では最大の被害を出したことになる（注：損失率第二位は特設特務艦の九七パーセント、第三位は特設運送船の九二パーセント）。

特設航空機運搬艦

特設航空機運搬艦は日本の特設艦船の中では特異な存在の艦で、海軍の正規の艦艇の中にはこの艦種に相当する艦は存在しない。あくまでも特設艦船の中だけに存在した艦種なのである。そして特設航空機運搬艦の任務はその名前からも、航空機の輸送を任務とする艦と思われがちであるが、名前とは全く違った任務を持つ艦なのであった。

特設航空機運搬艦の任務とは、外戦部隊として遠隔地に派遣される海軍の戦闘機や陸上攻撃機などの、基地航空隊の基地要員や飛行場設営要員あるいは各種機材、修理材料、予備発動機、航空機用燃料、潤滑油、機銃弾や爆弾あるいは魚雷、基地や搭乗員の糧秣など各種の物資の輸送にあたり、必要に応じては分解して木枠に梱包された主翼や尾翼などの予備機材の輸送も行なうことであった。

ただ日本海軍の当初の計画としては特設航空機運搬艦には二種類を用意することを検討していた。一つは既述の基地要員や各種機材の輸送を行なう艦。もう一つは船体の上部構造物を撤去しここに特設の飛行甲板を設け、その下には格納庫を設けて飛行甲板の上と格納庫に戦闘機や陸上攻撃機などを収容し、目的地まで搭乗員や整備員と共に輸送する艦であった。

しかしこの案の中で二つ目の航空機を運送する艦については、もともと徴用されるどのような高速商船を改造しても、特設の飛行甲板に飛行機を安全に着艦させ収容したり、目的地でそれら機体を安全に離艦させることは機能的には到底無理であることが分かり、この二つ目の用途は自然消滅した（後にこの役目を一時期担ったのが客船改造の特設航空母艦であった）。そして一つ目の基地要員や機材などの輸送専門の輸送艦が採用されたのである。

太平洋戦争中に在籍した特設航空機運搬艦は別表に示す一〇隻だけで、所属は航空艦隊指揮下の各航空隊に配属され、それら各航空隊の移動に際しての関連資材や要員の輸送を専門に行ない、また各航空隊の消耗材料や予備品あるいは航空機用燃料や糧食、また基地要員などの輸送に使われた。

しかし輸送先が最前線基地である場合が多いだけに敵の攻撃による犠牲も多く、一九四三年末までに五隻が失われている。そして残る五隻も特設運送船の絶対的な不足から、逐次特設運送船

名古屋丸

（雑役）に移籍されていったが、いずれも特設運送船として撃沈され特設航空機運搬艦一〇隻の中で終戦時に残存したものは皆無であった。

特設航空機運搬艦に指定された商船は貨客船と貨物船で、船内は貨物船に例をとるとおおよそ次のように改装されていた。

前後中甲板は航空隊の基地要員（整備、信号、修理、管理、衛生など）、そして航空基地が未整備の場合には飛行場設営隊員、搭乗員用の居住区域として準備された。一つの航空隊が移動する場合には、戦闘機隊の場合は基地要員だけでも三〇〇名前後は乗船し、設営隊を必要とする場合は五〇〇名前後は乗船した。また戦闘機の場合は搭乗員だけでも八〇名以上は乗船することになった。

後部中甲板の一部は航空機用予備発動機の収容場所となり同時に発動機調整工場となった。また船倉は仕切られ航空機の各種予備機材の収容倉庫、基地装備品の収容場所、増加燃料タンクや機銃弾あるいは爆弾などの収容庫として使われた。また基地建設整備用の転圧機や各種工事機材が収容された。また多くの場合航空機用燃料を運搬するが、その場合は船倉に一〇〇〇本単位のドラム缶が収容された。そして多数の乗船者が収容される場合が多いために、後部上甲板には陸軍の兵員輸送船の場合のように特設の烹炊所や厠が設置される場合もあった。

特設航空機運搬艦は最前線に向かう場合が多いために、武装も強力で、船首と船尾に設けられた特設の砲座に一四〜一五センチの単装砲が装備され、前後の甲板には二〜四門の八センチ高角砲が配置された。そして船橋上のナビゲーションデッキやボートデッキには一三ミリ連装機銃や二五ミリ連装機銃が二基〜四基配置された。

フィリピンやジャワ方面の戦闘機（零戦）による航空作戦の最前線で華々しい戦果を挙げた台南航空隊は、ジャワ島に駐留した後一九四二年四月初めに、搭乗員や地上要員全員そして航空隊の全装備品や補給品の全量を搭載した航空機運搬艦小牧丸でラバウルに移動した。

しかしラバウルで装備品などを揚陸の最中に、小牧丸はポートモレスビーを出撃した爆撃機の攻撃を受け、爆弾数発の直撃を受けて炎上しラバウル湾に着底し船体は放棄されてしまった。小牧丸の損失は、一九四二年三月十日にジャワのロンボック海峡で雷撃撃沈された加茂川丸に続く、二隻目の航空機運搬艦の早々の損失となった。

特設敷設艦

敷設艦の本来の任務は、戦争状態に突入した場合に敵地の要港や湾あるいは海峡や水路、また自国基地周辺の海域に密かに大量の機雷を敷設することである。

多くの国の海軍には、平時から一〇〇〇〜二〇〇〇トン級の中型の敷設艦が常備されているが、戦争状態に突入した場合にはさらに多くの敷設艦が必要になる。

太平洋戦争中に日本海軍が特設敷設艦として徴用した商船は別表に示した九隻であるが、これでも不足であるために特設巡洋艦の三隻（盤谷丸、西貢丸、金城山丸）と、特設砲艦の三一隻に機雷敷設の機能を持たせ敷設艦の不足を補った。

これら敷設艦に求められる性能は、ある程度の高速性と大量の機雷を搭載できる能力である。このために特設敷設艦に徴用された商船の主体は、総トン数六〇〇〇トン級で最高速力一七ノット前後の貨物船であった。

特設敷設艦に指定された貨物船は甲板上と船倉に多少の改造が加えられた。まず船体後部船倉は機雷収容庫として使われ、その上の中甲板は機雷調整所として準備された。そして後部上甲板の両舷側に沿って機雷敷設用の軌条が船尾の機雷投下台の位置まで設置された。

上甲板下の中甲板で調整の終わった機雷は上甲板上に運び出され、この軌条の上の台車に乗せられ船尾まで運ばれ連続的に海面に投下されるのである。

平甲板型の船の場合はこの機雷移動用の軌条を船尾まで設置することは容易であるが、船尾楼甲板を持つ船の場合は船尾楼の中を軌条が貫通するための改造が必要となり、船尾舷側には機雷投下用の投下口を新たに開けなければならなかった。

機雷の搭載量は敷設艦兼務の特設砲艦や特設巡洋艦では二〇〇〜四〇〇個の範囲であるが、特設敷設艦では最大七〇〇個が搭載された。

特設敷設艦の場合は専用に設計された船ではないために、正規の敷設艦のように機雷投下軌条を四条も六条も設置することができない。そのためにどうしても機雷敷設能力は低下せざるを得ないが、前進基地である根拠地などの周辺海域や日本本土周辺の必要海域への機雷敷設は、敷設作業中に敵の攻撃を受けるという緊迫した危険性がないために、敷設効率は落ちるものの特設敷設艦での敷設に特段の問題はなく、十分に任務を遂行することができたのである。

　特設敷設艦の機雷敷設装置以外の基本的な武装は、特設砲艦程度の砲戦力を設けるくらいであった。つまり艦首と艦尾そして前部上甲板の両舷に一二センチ単装砲が四門搭載される程度で、それ以外には夜間作業を容易にするための大型探照灯二基が装備され、対空火器として一三ミリ連装機銃が一〜二基程度装備されるだけであった。

　太平洋戦争の開戦に際しては封鎖作戦を任務とする第三艦隊が準備されていたが、この艦隊には正規の敷設艦二隻（厳島、八重山）と特設敷設艦辰宮丸（六三四三総トン）で編成された第十七戦隊が配置され、開戦直前に海南島からマレー半島東方の指定海面に隠密の機雷敷設を行なっている。また内南洋の防備を任務とする第四艦隊には正規の敷設艦三隻（沖島、津軽、常磐）と特設敷設艦天洋丸（六八四三総トン）で編成された第十九戦隊が、内南洋要地への機雷の敷設を行なっている。

徴用年月	備　考
1940. 12. 16	1942. 7 特設運送船に転籍
1940. 12. 16	1944. 10 空爆で沈没
1941. 8. 15	終戦時残存
1941. 9. 5	1942. 8 特設運送船に転籍
1941. 9. 5	1942. 8 特設運送船に転籍
1941. 9. 20	1942. 3 空爆で沈没
1941. 12. 10	1942. 2 航空機運搬艦に転籍
1945. 3. 10	1945. 6 被雷で沈没
1945. 7. 5	1945. 7 空爆で沈没

第10表　日本の特設敷設艦一覧

船　名	船　主	竣　工	総トン数	最高速力（ノット）
日祐丸	日産汽船	1938. 12. 28	6818	15. 5
新興丸	新興汽船	1935. 5. 31	6179	17. 1
高栄丸	高千穂汽船	1934. 3. 31	6774	16. 2
辰春丸	辰馬汽船	1939. 4. 15	6345	17. 7
辰宮丸	辰馬汽船	1938. 11. 21	6343	17. 8
天洋丸	東洋汽船	1935. 3. 28	6848	16. 0
最上川丸	東洋海運	1934. 6. 5	7496	16. 3
永城丸	東亜海運	1944. 9. 2	2275	11. 0
光隆丸	大光商船	1944. 10. 25	873	9. 0

辰春丸と辰宮丸は終戦時残存

この他に第三艦隊指揮下の根拠地隊には、特設敷設艦新興丸（六一七九総トン）、日祐丸（六八一七総トン）が配置され、要地周辺への機雷の敷設を行なった。また第四艦隊指揮下の第四根拠地（トラック島）には特設敷設艦高栄丸が配置され、内南洋最大の前進拠点であるトラック島周辺海域への機雷敷設を行なっている。

太平洋戦争突入直前に特設敷設艦に編入された七隻の大型特設敷設艦は、主に最前線基地周辺への機雷の敷設を行なうと同時に、現地拠点への機雷の輸送にも使われていた。

当初の七隻の大型特設敷設艦は作戦行動中に二隻が撃沈されたが、当初の機雷敷設が一段落した一九四二年七月から八月にかけて三隻が特設運送船（雑役）に、そして一隻が航空機運搬艦に用途変更され、高栄丸一隻が特設敷設艦として残され、日本沿岸周辺への機雷敷設の任務にあたっていた。

しかし戦争も末期の一九四五年に入ると、敵艦隊の本土への接近や日本本土上陸作戦に備え、再び特設敷設艦

第11図　辰春丸

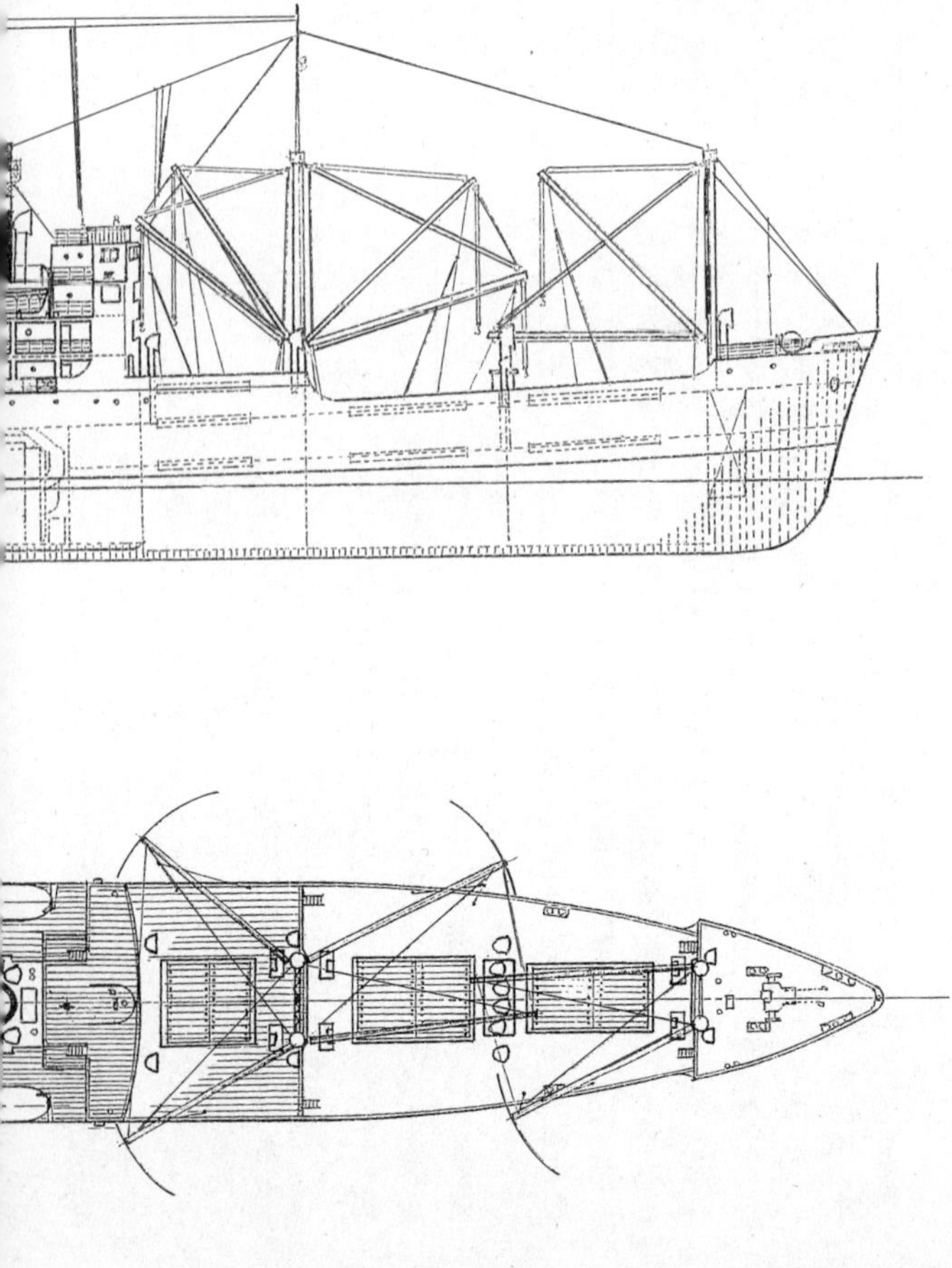

総トン数	6345t
全　長	125.3m
全　幅	17.1m
主機関	蒸気タービン
最大出力	4500馬力
最高速力	16.5kn

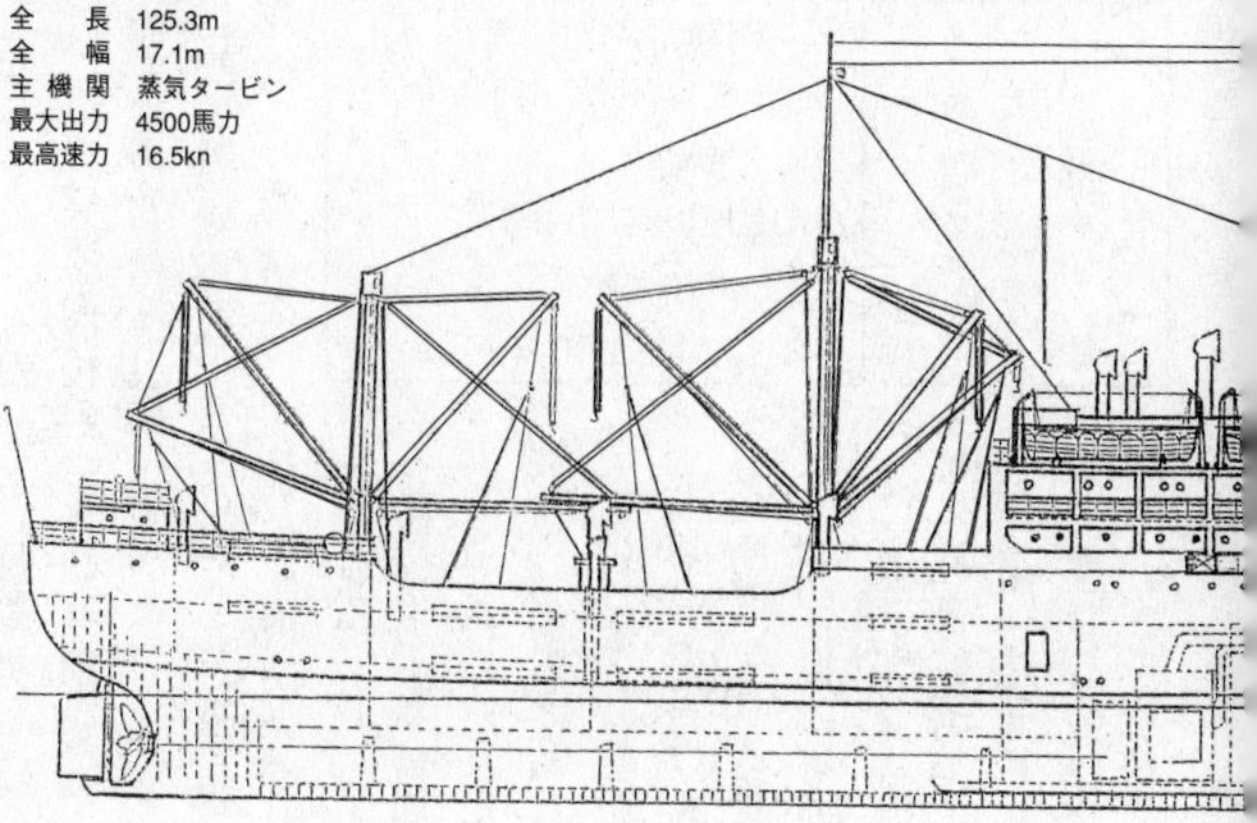

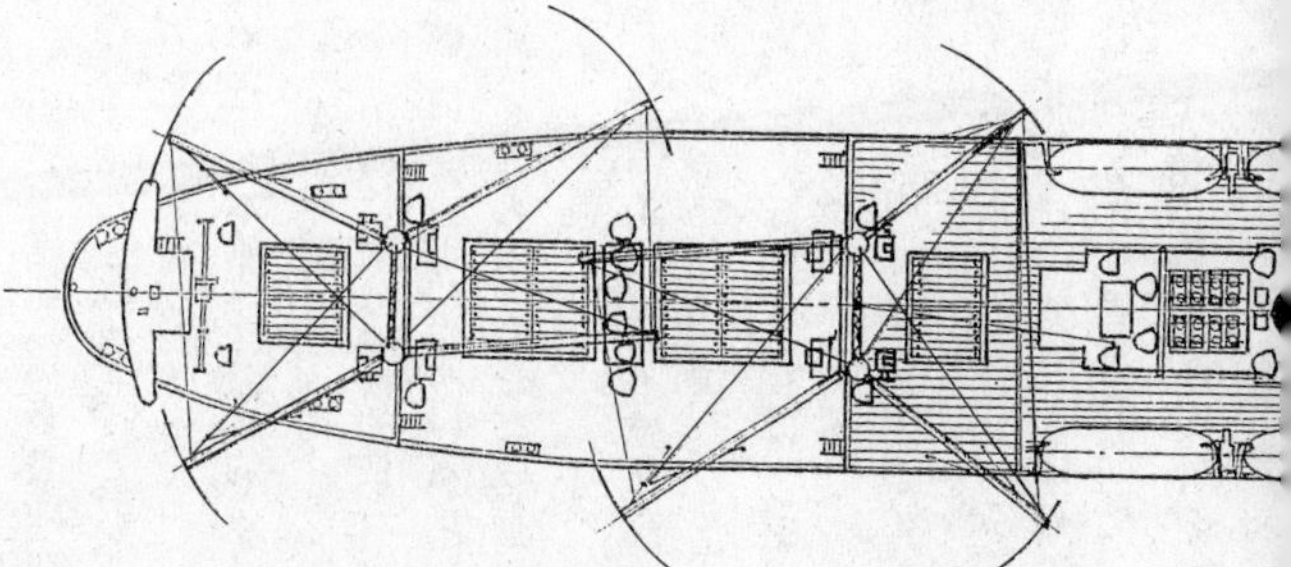

が必要となってきた。しかしこの特設敷設艦に要求される性能は正規の敷設艦並みの敷設能力が要求され、海軍は竣工直後の小型戦時標準設計型貨物船（2D及び2E型）を購入し、これをより敷設能力の高い特設敷設艦に改造した。

この二隻の特設敷設艦は正規の敷設艦に近い機能を持たせるために、基本船体に徹底的な改造が施された。この二隻はいずれも船尾機関型の貨物船であるために、船体前方に広がる上甲板の両舷に取り付けられた機雷移動（投下）用の軌条は比較的長さのある船尾楼の中を貫通させ、船尾の両舷に機雷投下口を設けるという大改造が行なわれた。そして機雷は船体前方の広い船倉に収容され機雷調整所を兼ねた。

この二隻の特設敷設艦の一方の2E型貨物船改造の永城丸（二二七五総トン）は、機雷四〇〇個の搭載が可能であった。そして今一方の小型の2D型貨物船改造の光隆丸（八七三総トン）は、機雷一二〇個の搭載が可能であった。

この頃は日本本土近海への敵機動部隊の接近もしばしばであるために武装は強力で、永城丸の場合は船首と船尾に一二センチ高角砲を各一門を装備し、船体後部船尾楼のボートデッキ上の各所に二五ミリ連装と三連装機銃を各二基、そして二五ミリ単装機銃四梃が配置されるという重武装ぶりであった。また電波探信儀（レーダー）

徴用年月	備　考
1941. 3. 1	1942. 5 被雷で沈没（ソロモン）
1941. 8. 15	1944. 1 被雷で沈没（日本近海）
1942. 7. 20	1944. 1 空爆で沈没（ラバウル）
1943. 2. 15	1944. 2 行方不明（内南洋）
1945. 7	改造工事中に終戦
1944. 5. 1	1945. 3 特設運送船に転籍

第11表　日本の特設工作艦一覧

船　名	船　主	竣　工	総トン数	最高速力（ノット）
松栄丸	松岡汽船	1938. 2. 26	5645	15. 3
山彦丸	山下汽船	1937. 12. 7	6795	17. 5
八海丸	板谷商船	1939. 2. 21	5114	17. 3
山霜丸	山下汽船	1938. 6. 9	6776	15. 0
慶昭丸	海軍省	1945. 7	5720	12. 2
白　沙	拿捕船	1914. イギリス船	3841	11. 4

や最新型の水中探信儀（ソナー）が装備されていた。

しかしこの二隻は完成後敷設任務に付くことわずかで敵潜水艦の雷撃と航空攻撃で撃沈されてしまった。

特設敷設艦に徴用された七隻の大型貨物船の内の三隻（高栄丸、辰宮丸、辰春丸）が戦争を生き延び戦後に残った。そして貴重な戦前型優秀貨物船として、戦後の一時期の日本の海運会社の柱として活躍したことは海運会ではよく知られている。

特設工作艦

日本海軍は有事に際し外戦において艦艇が損傷を受けた場合の対策として、それら損傷艦艇の応急修理を行なうための本格的な工作艦の建造の構想を早くから持っていた。そして一九三四年にやっと正規工作艦の建造が認められ、一九三七年一月より佐世保海軍工廠で建造が開始された。

本艦は特務艦明石（基準排水量：九〇〇〇トン）と命名されて一九三七年七月に完成した。本艦は海軍が従来から構想を練っていた機能を全て満たす理想的な工作艦として完成した。その修理能力は中規模の工廠と同等の能力を持つもので、搭載された各種工作機械

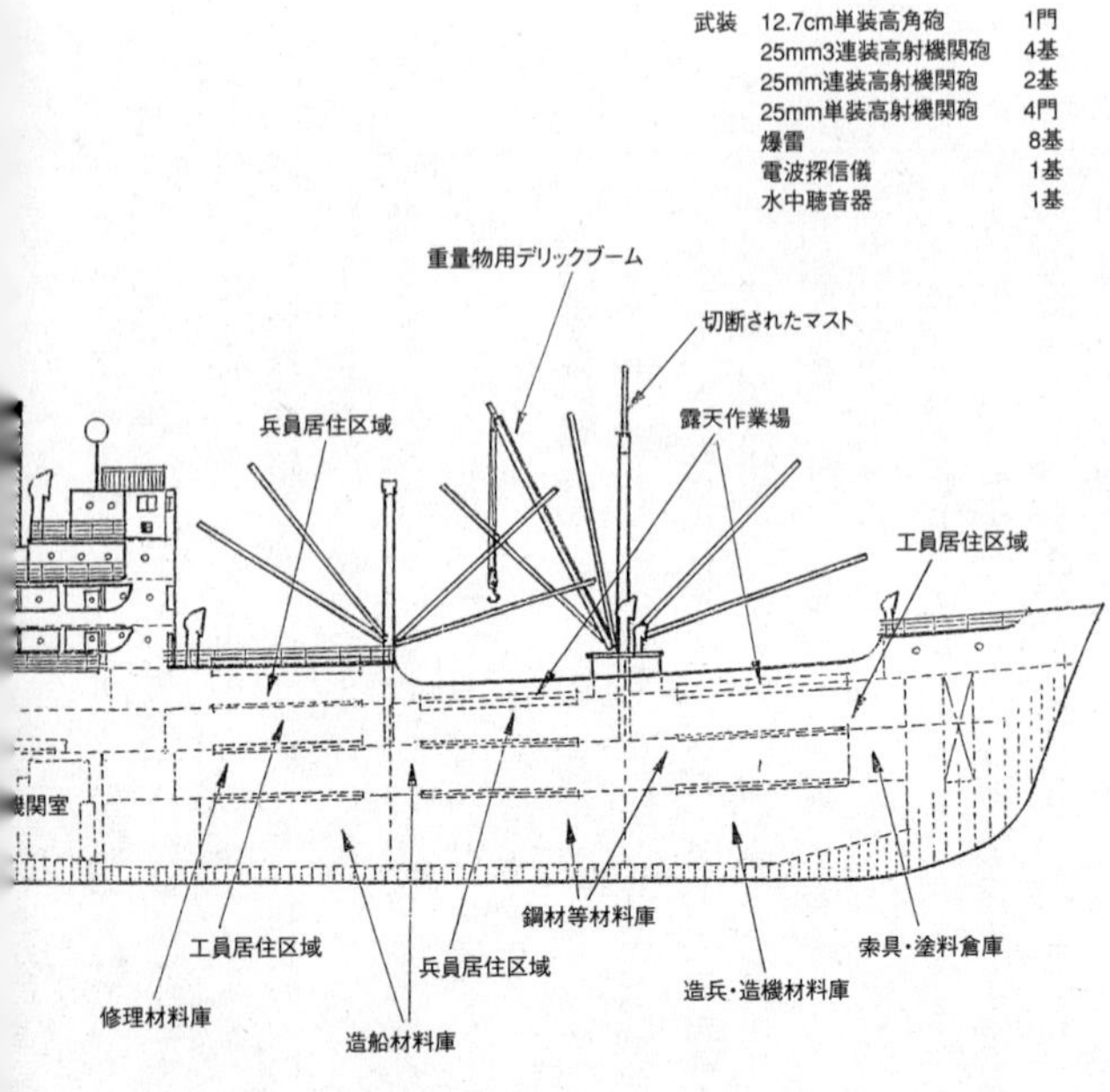
武装 12.7cm単装高角砲 1門
25mm3連装高射機関砲 4基
25mm連装高射機関砲 2基
25mm単装高射機関砲 4門
爆雷 8基
電波探信儀 1基
水中聴音器 1基
重量物用デリックブーム
切断されたマスト
兵員居住区域
露天作業場
工員居住区域
機関室
鋼材等材料庫
索具・塗料倉庫
工員居住区域
兵員居住区域
造兵・造機材料庫
修理材料庫
造船材料庫

第12図　特設工作艦山彦丸の艦内概念図

竣　　工　1937年12月7日
総トン数　6795t
主 機 関　蒸気タービン
最大出力　5585馬力
最高速力　17.02kn

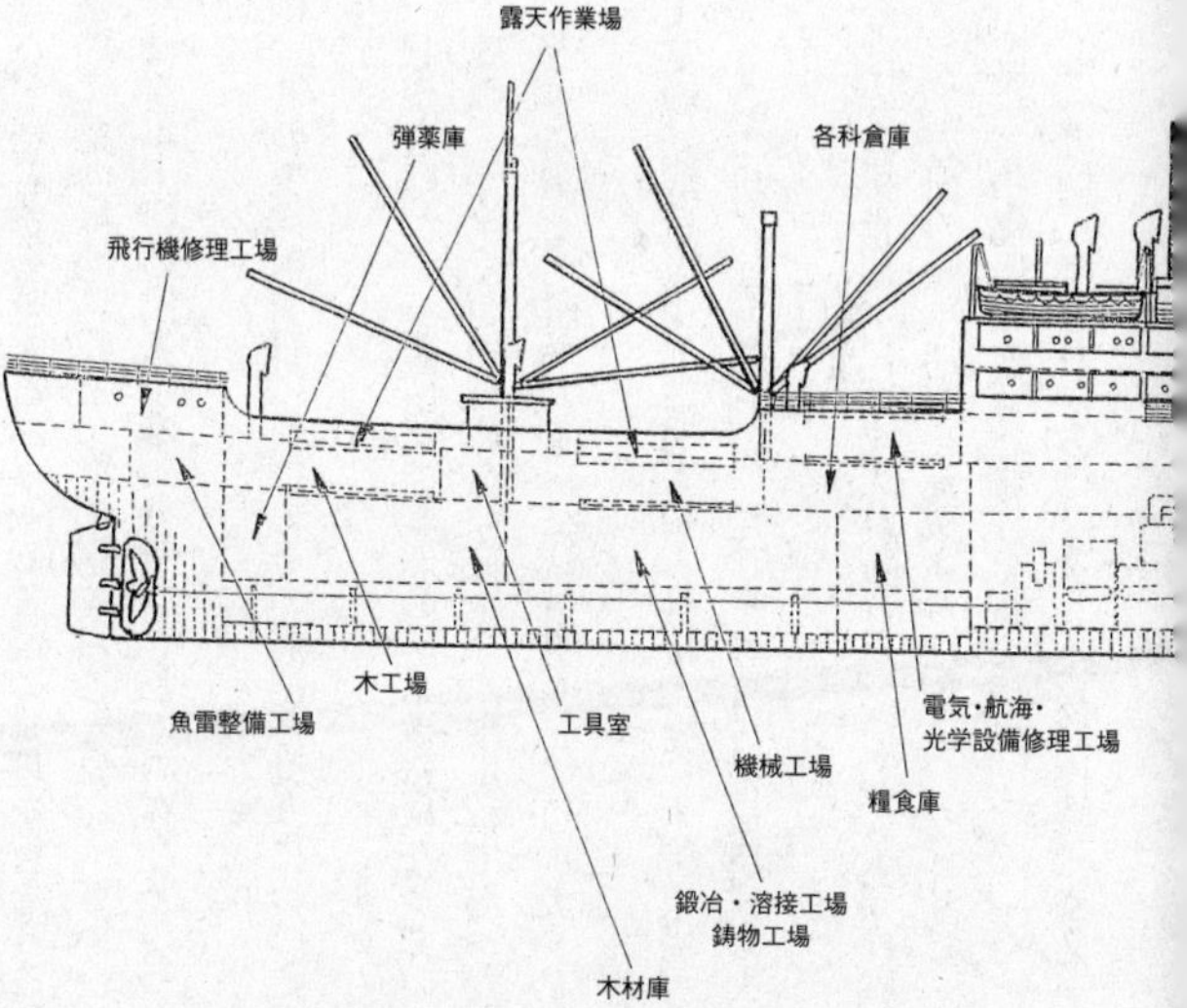

や修理用機械には最新型のドイツの機械が準備され、艦隊に随伴して前進基地で船体の損傷修理を行なうばかりでなく、機関や火器など艦艇が搭載するあらゆる装備の修理を行なうことができた。そして平時においては工廠の修理作業の補助施設として活用することになっていた。

つまり工作艦明石は戦時においては海軍工廠の出先工廠（分所）としての存在となったのである。

特設工作艦について説明する前に、この工作艦明石についてその機能と働きについて説明を多少加えておきたい。

明石の船体は完全な平甲板型で、しかも艦首から艦尾まで艦船の基本構造になっているシーア（船体に沿った緩い弓形のカーブ＝弦弧）が全くついていない完全な水平甲板であった。これは艦内の各所が工場であるために床に多少なりとも歪みの付くことを排除したかったための配慮であった。

艦内は機械工場、組立工場、焼入工場、鍛造工場、鍛冶工場、溶接工場、木工工場、兵器工場、電気工場など様々な対象物が修理できる工場に区分されていた。そして各種最新式の大型工作機械が合計一一四台も配置されていた。

本艦は完成と同時に連合艦隊司令部の直接指揮下に組み入れられた。そして太平洋戦争が勃発すると一九四二年四月までは東南アジア方面の侵攻作戦を支援するために、フィリピンのダバオやモルッカ諸島のアンボンに基地を置き、損傷艦艇の応急修理を行なった。

東南アジア侵攻作戦が一段落すると一九四二年六月からは、次なる攻略作戦に備えトラック島

明石

に進出し待機した。そして八月から始まったソロモン諸島を巡る日米艦艇同士が相争った攻防戦では、損傷艦艇の修理にまさに忙殺されることになった。この場合、中規模程度の修理は明石で工事を完了させたが、重度の損傷艦艇については内地の海軍工廠まで航行可能な状態に修理し、本格的な修理は内地の工廠で行なうことになっていたのである。

一九四四年二月に修理基地をパラオ島に移すまで一年半をトラック島で修理作業に忙殺されたが、パラオ島に移動した直後の三月に明石は敵機動部隊の航空攻撃によって撃沈されてしまった。

戦争の勃発が避けられないと判断され始めた一九四一年三月に、海軍は外戦でより多数の艦艇の損傷が懸念されると判断し、修理能力を向上させるために一般商船を工作艦に仕立てて特設工作艦とする準備を開始した。

太平洋戦争中に就役した特設工作艦は別表の五隻であるが、その中の五〇〇〇～六〇〇〇総トンの四隻の特設工作艦が明石に次ぐ主力工作艦として活躍することになった。勿論その修理能力は明石には到底及ばないが、相当規模の修理を行なう能力は持っていた。

海軍は開戦までに二隻の特設工作艦を準備しており、開戦後新たに三隻を追加した。この中で八海丸は最前線基地の一つであるラバウルに派遣され、ソロモン方面で損傷した艦船の応急修理を担当した。そして多くの駆逐艦や輸送船が危機を脱し再び戦線に戻ったり、この艦で応急修理を行ない、完全な修理を受けるためにトラック島や内地に戻って行った。

別図に特設工作艦山彦丸の工作艦としてのおおよその艦内概念図を示すが、工作艦明石までとはいわないまでも、相当規模の修理能力を備えていたことがわかる。

工作艦の乗組員の大半を占めるのが工員で、彼らは主に海軍工廠の工作部員で、技術士官の指揮下に技師、技手、工長（班長級）、一般工員などの区分の中でそれぞれの作業が進められていた。

特設工作艦八海丸の場合は正規の海軍大佐が艦長となり副長が技術中佐であった。そしてこの副長が工作艦八海丸の工場（廠）長の任にあたり、その下の約二〇〇名の工作部員が技術士官（造船・造機）の指揮の下で実務にあたっていたのである。

特設工作艦は特設艦船の中では少数派であったが、連合艦隊のあらゆる艦艇の稼動を維持した役割は計り知れないものであり、日本海軍の隠れた戦力であったことを改めて知るのである。しかし特設工作艦で終戦を無事に迎えた艦は一隻もなく全て失われた。

徴用年月	備　考
1941. 12. 1	終戦時残存 戦後シアトル航路に復帰
1941. 12. 1	終戦時残存
1937. 8. 17	1943. 11 特設運送船に転籍
1942. 12. 5	1945. 1 除籍
1945. 1. 2	終戦時残存

第12表　日本の特設病院船一覧

船　名	船　主	竣　工	総トン数	最高速力（ノット）
氷川丸	日本郵船	1930. 4. 25	11621	18. 2
高砂丸	大阪商船	1937. 8. 15	9347	20. 1
朝日丸	近海郵船	1915. 9	9326	17. 5
牟婁丸	大阪商船	1927. 2. 28	1600	14. 5
菊　丸	東海汽船	1929. 6. 25	750	13. 3

特設病院船

日本海軍には海軍の創設以来正規の病院船は存在しない。日本海軍の病院船は有事に際し常に民間の商船を徴用することで処理してきたが、海軍としては平時にはあえて病院船を必要とすることもないために、正規の病院船を建造する必要性は全くなかったのである。

病院船が他の艦艇と決定的に違うところは、病院船の行動や安全が全て国際的な条約の中で定められていることで、多少なりとも軍事的な目的で使用された場合には直ちに病院船の資格を剥奪され、敵側の攻撃あるいは拿捕の対象となってしまうことである。従って病院船の船長や病院長さらには病院船を運用する艦隊は、いかなる事由があろうとも病院船の中立性を守り抜かなければならないし、敵側も違反行為がない限り病院船を攻撃の対象にしてはならないのである。

このことが病院船を特設艦船の中でも特異な存在にしているのである。そして病院船をあえて「病院艦」と呼ばない理由でもある。

日本海軍が最初に病院船を運用したのは日清戦争の時で、日本郵船の貨客船神戸丸（二九〇一総トン）を徴用したことに始まる。その後、日露戦争では神戸丸の他に日本郵船の西京丸が徴用され、特設病院船として運用されたが、以後日本海軍には独自の病院船は存在せず、日中戦争が勃発した翌年の一九三八年十一月に、近海郵船が台湾航路用に配船していた朝日丸（八九九八総トン）が海軍に徴用され、特設病院船になった（本船は一九四三年十月に病院船から除籍）。

日米間の緊張が高まり開戦不可避の状況の中、一九四一年十月に日本郵船のシアトル航路用の大型客船氷川丸（一万一六二二総トン）と、大阪商船の大型客船高砂丸（九三一五総トン）の二隻が特設病院船として徴用され至急の改装工事が行なわれた。そして太平洋戦争開戦当時には病院船としての準備が整えられ、連合艦隊直率という指揮下に入り待機した。

その後、日本海軍は大型病院船として、開戦劈頭にインドネシア海域で拿捕したオランダの特設病院船オプテンノールを天応丸と船名を変え、一九四二年十二月から特設病院船籍に加え活動を開始させた。

日本海軍が太平洋戦争中に特設病院船として運用した船は別表の五隻、第二氷川丸を含めると六隻であるが、最前線の海域で医療活動を行なったのは氷川丸、高砂丸、朝日丸、天応丸の四隻であった。他の二隻の牟婁丸と菊丸は日本近海で病院船活動を行なったが、菊丸は総トン数七五〇総トンの伊豆大島・下田航路用の客船であったが、戦争末期の一九四五年一月に特設病院船に編入されている。本船は特異な用途の病院船で、開戦以来継続され本州東方洋上沖に広く展開させていた、多数の小型の特設監視艇の乗組員やその母艦である特設砲艦の乗組員の医療行為を専門に行なうために編入された特設病院船であった。

特設病院船は他の特設艦船と決定的に違う部分があった。それは一八六一年に制定されたジュネーブ条約が海の戦いにも適用されるという特別な条件の中で、世界共通の認識の中で運用される船であるということである。つまり病院船は戦闘海域であろうとそれ以外の海域であろうとも、安全が保証された中立の立場の船であるということであるが、もし病院船が戦争資材や戦闘のための糧食の輸送や将兵の輸送あるいは偵察行為など、戦闘行為と見なされる行動が疑われた場合には直ちに攻撃の対象や拿捕の対象となるのである。そのために病院船はその存在を敵対国に示すためにも、国際法に則った規定の標識を船体の各所に掲げなければならないのである。また病院船は非軍事用途に使われることを示すために、乗組員は全て民間の立場（船長、航海士、機関長、機関士、通信士、甲板員、機関員など）のままで船の運航にたずさわらなければならない。そして病院施設は病院長（特設病院船氷川丸であれば氷川丸病院長）以下、海軍の軍医官や医務担当下士官兵によって運営され、たとえ高級軍医であろうとも、原則として船の操船に直接関与することは一切できないのである。

病院船は陸軍と海軍両方に存在するが、海軍の病院船が六隻であるのに対し、陸軍は客船や貨客船あるいは貨物船を徴用し延べ四〇隻も保有していた。これは陸軍と海軍の病院船に対する運用の仕方が基本的に違っていたためである。

海軍の病院船は各種の医療設備と各科の専門医師（軍医）や病室を整えた、海上の動く総合病院であるのに対し、陸軍の病院船は前線から送られてきた傷病将兵を最寄りの医療施設の整った病院に移送するための患者輸送船であり、医療設備や医師（軍医）も必要最低限が乗船しているというのが実情であり、用途から多くの病院船を必要としたわけである。しかし陸軍病院船の場合も運用や運用条件は海軍の病院船と変わるところはなかった。

氷川丸

特設病院船の設備の様子を氷川丸に例をとって見てみると、船内は基本的には既設の各種公室や客室を大きく損なうような改造は行なわないが、三等船室については一部既設の仕切りを取り払って広い病室として使う改造は行なわれた。また一部の公室は内部に臨時の仕切りを設け様々な用途の部屋として使われた。

例えば特別一等船室は院長室として使われ、一等船室は病院側士官（軍医官や主計官など）の居室や士官病室として使われ、二等船室は士官病室やレントゲン室あるいは検査室や薬剤調合室などとして使われていた。また三等食堂は手術室となり、隣接する配膳室は手術準備室として使われた。

既設の一等ラウンジや一等食堂は病院側の接客室や医務官の休養室や食堂として使われ、三等ラウンジや喫煙室は病院側の下士官兵の食堂兼休憩室として使われていた。また船倉は各種予備資材や食料倉庫として使われ、船尾の既存の隔離病室などは霊安室として使われ、最上甲板の煙突後部には特設の火葬設備も準備されていた。

特設病院船で病院船の任務中に敵の誤認で攻撃され撃沈されたのは牟妻丸だけで、氷川丸、高砂丸、第二氷川丸、菊丸は全て終

特設病院船氷川丸

戦時に残存した。

これらの病院船の中で第二氷川丸（旧船名天応丸）は、特異な経緯で特設病院船になったもので戦後に至るまでその存在には紆余曲折があった。ここでその概略を説明しておきたい。

第二氷川丸の前身はオランダの客船オプテンノール（六〇七六総トン）である。オプテンノールは太平洋戦争勃発当時はオランダ領インドネシア全域に張り巡らされていた航路で他の客船と共に旅客輸送に従事していた。

しかし戦争勃発と同時に蘭領オランダ海軍の病院船として徴用された。しかし一九四二年二月二十六日（スラバヤ沖海戦が展開された前日）に、日本海軍の駆逐艦「天津風」が単独で航行中のオプテンノールを発見したのである。当時付近の海域にはジャワ島攻略のために航行中の多数の輸送船や日本の巡洋艦や駆逐艦があった。例え病院船であろうとも同船によってこの状況が発見されれ、味方に通報された場合には極めて重大な事態になることは容易に想像された。駆逐艦「天津風」艦長は事態を重視しオプテンノールに停船を命じ臨検をした。そして本来は解放すべきものをそのまま拿捕し後方基地に連行してしまったのである。

ジュネーブ協定によれば日本海軍が行なった行為は完全な協定違反行為で日本側は無条件でその非を認めなければならなかった。ただ日本側としては当時の状況から一時的であろうとも、違反行為としての拿捕はやむを得ない行為と判断したが、その後日本はオプテンノールを解放することはなかった。ここにオプテンノール事件が発生したのである。

日本側はこの行為を秘匿するためにオプテンノールの船名を天応丸と改名し、一九四二年後半から海軍病院船として運用させた。しかしこの船名「天応丸」が天皇に通じるものとしてその後第二氷川丸と船名が変わっている。そしてそれと同時にあくまでも旧船体がオプテンノールであることを隠すために、本来は一本煙突であるものを太めの二本煙突に改造したり、従来の直立した船首を鋭く尖ったクリッパー型船首に改造したり、舷側の開口部位を部分的に閉鎖したり、様様に手を加えて証拠隠滅を図った。

オプテンノールは皮肉にも戦争を無事に生き延び終戦時は舞鶴港に在泊していたが、終戦直後に海軍は証拠を隠滅するためにオプテンノール（第二氷川丸）を港外に曳き出し、爆薬を仕掛けて爆沈させてしまった。

しかし旧オプテンノールの乗組員や病院船関係者たちは生存しており、日本の違法行為についての厳然とした証拠は隠しようもなく、オランダ政府は日本に対しオプテンノールの賠償請求を行なってきたのである。そして紆余曲折の後、実に戦後三三年を経た一九七八年に至り、日本側がオランダ政府に対し相応の賠償金を払うことによってオプテンノール事件は解決したのである。

第13表　海軍型大型高速油槽船一覧

船名	船主	総トン数	最高速力(ノット)	竣工	徴用年月	備考
永洋丸	日東汽船	8674	15.2	1930.3.25	1941.12.10	1944.8 雷撃沈没
帝洋丸	日東汽船	9849	17.5	1931.4.30	1941.12.10	1944.8 雷撃沈没
日章丸	昭和タンカー	10526	19.5	1938.11.29	1942.2.25	1944.2 雷撃沈没
富士山丸	飯野海運	9526	18.8	1931.8.27	1941.12.10	1944.2 空爆沈没
あかつき丸	日本海運	10110	20.1	1938.10.30	1941.12.1	1943.5 雷撃沈没
あけぼの丸	日本海運	10121	20.1	1939.8.15	1941.12.1	1944.3 空爆沈没
黒潮丸	中外海運	10518	20.6	1939.9.7	1941.9.5	1942.5 徴用解除(後沈没)
音羽山丸	三井船舶	9205	18.8	1935.5.20	1943.9.1	1944.12 雷撃沈没
御室山丸	三井船舶	9204	18.8	1937.1.15	1943.9.1	1944.12 雷撃沈没
東亜丸	飯野海運	10052	19.4	1934.6.23	1941.9.20	1943.11 雷撃沈没
極東丸	飯野海運	10051	19.3	1934.12.15	1938.7.7	1944.9 雷撃沈没・戦後浮揚
東邦丸	飯野海運	9997	20.1	1936.12.24	1941.9.20	1943.3 雷撃沈没
建川丸	川崎汽船	10090	20.3	1935.6.30	1943.9.1	1944.5 雷撃沈没
日本丸	山下汽船	9974	19.2	1936.6.30	1941.9.20	1944.1 雷撃沈没
玄洋丸	浅野物産	10018	19.6	1938.7.20	1941.12.10	1944.6 空爆沈没
厳島丸	日本水産	10006	20.3	1937.9.4	1943.9.1	1944.10 空爆沈没
日栄丸	日東汽船	10020	20.0	1938.6.30	1941.11.10	1945.1 雷撃沈没
国洋丸	国洋汽船	10026	19.5	1939.5.16	1940.12.16	1944.7 雷撃沈没
東栄丸	日東汽船	10022	19.4	1939.2.20	1940.9.20	1943.1 雷撃沈没
神国丸	神戸桟橋	10020	19.7	1940.2.28	1941.9.5	1944.2 空爆沈没
健洋丸	国洋汽船	10024	20.2	1940.2.29	1940.9.1	1944.1 雷撃沈没

日本丸

特設給油艦（船）

日本海軍が最も重要視していた特設艦船の一つに特設給油艦がある。日本海軍が太平洋戦争勃発前に保有していた正規の給油艦は九隻で、いずれも建造以来二〇年前後という老朽艦であった。その後一九四三年から「足摺」「速吸」などの新型高速給油艦七隻を建造したが、とてもこれだけの給油艦で連合艦隊の全艦艇に対して満足な給油活動ができるわけではない。

日本海軍は有事に際しての艦隊の給油については、当初より条件に適う油槽船を民間から徴用することを基本方針としていた。それだけに海軍艦政本部は一九二八年以来、民間の大型油槽船の建造に対して積極的な指導を展開していた。そして一九二九年には民間の油槽船運航会社八社に対して大型高速油槽船の新規建造を要請した。

これは海軍があらかじめ自分の予算で、艦隊に随伴し洋上給油が可能な高速大型油槽船を一隻だけ試験的に建造し、様々な運用試験を行なった結果から海軍型油槽船の基本的仕様を決定し、海軍は油槽船を運航する海運会社八社に対し海軍独自で決定した油槽船の基本仕様を提示し、一部に各社独自の細かい規格を織り込ませた油槽船を建造させたのであった。

勿論、海軍は有事に際してはこの海軍仕様型の油槽船を徴用し、艦隊随伴型の高速油槽船として使おうとしたのである。

音羽山丸

各油槽船を運航する海運各会社は、一九三三年に施行が決まった船舶改善建造助成施設の適用を受け、この海軍仕様型油槽船の建造に入ったのであった。建造された海軍仕様型油槽船は別表にしめす一一社（実質八社。社名が変わったものも含む）合計二一隻で、最大は日章丸の一万五二六総トンで、一万総トン級が一六隻、九〇〇〇総トン級が四隻、八〇〇〇総トン級が一隻であった。

最高の速力を出したのは総トン数一万二一六総トンの黒潮丸で二〇・六九ノットで、他の船も全て一六〜二〇ノットの高速力を発揮したが、輸送船としては異例の高速であった。

戦争の勃発後には第一次型戦時標準設計の大型油槽船（1TL型）一〇隻が特設給油艦として徴用され、艦隊給油艦として運用されている。しかしこの程度の数の油槽船では連合艦隊全ての艦艇に対する円滑な給油活動が行なえるわけがなく、既存の中型油槽船や大型捕鯨母船（第二図南丸、第三図南丸、極洋丸など）までが特設給油艦として徴用された。

しかしこれでも給油艦は不足で、これを補充するために既存の中型・大型貨物船の中で比較的速力の早いものについて、船倉に油密工事を施して応急の油槽船に改造し、特設給油艦に編入させたのである。

この多数準備された給油艦は合計八九隻に達したが、この中で最終的に艦隊用給油艦として運用されたのは四六隻で、残る四三隻はシンガポールやタラカン等の石油基地から、連合艦隊の前進基地までの艦隊用燃料の輸送に使われ、一部は南方の石油基地から内地の海軍燃料工廠までの各種石油輸送に使われた。

建造された二一隻の海軍仕様型大型高速油槽船の一部（御室山丸、音羽山丸、建川丸など）についてはその後特設給油艦の任務を解かれ、シンガポールから日本までの石油環送任務の主力油槽船として活躍した。

特設油槽船は常時艦隊に随伴したり最前線艦隊基地への出入りが多いだけに損害は甚大で、海軍仕様型油槽船二一隻は全て敵潜水艦や航空攻撃で撃沈されてしまった。また戦時中に建造され特設給油艦に編入された一〇隻の戦時標準型油槽船も全て失われた。

その他の新たに特設給油艦に編入された既存の油槽船や改造型油槽船もほとんどが撃沈され、終戦時に残存していたものはわずかに一二隻に過ぎなかった。

特設給油艦に編入された油槽船の多くは艦艇に対する洋上給油が最も重要な任務であるために、徴用されると直ちに給油艦としての改装が行なわれた。油槽船の後甲板や甲板中央部前後には、給油す

徴用年月	備　考
1942. 11. 11	ノルウェー捕鯨母船を1934. 購入
1941. 11. 4	
1941. 11. 6	
1941. 11. 25	日本最初の捕鯨母船
1941. 11. 2	
1941. 11. 17	

第14表　日本の捕鯨母船一覧

船　名	船　主	竣　工	総トン数	最高速力（ノット）
図南丸	日本水産	1906	9866	
第二図南丸	日本水産	1937. 8. 31	19262	13. 3
第三図南丸	日本水産	1938. 9. 20	19209	14. 1
日新丸	大洋漁業	1936. 9. 28	16746	14. 5
第二日新丸	大洋漁業	1937. 10. 6	17533	13. 6
極洋丸	極洋捕鯨	1938. 10. 5	17548	15. 1

六隻全てが撃沈される。但し第三図南丸は戦後に浮揚改修後、図南丸として現役に復帰

べき相手の艦艇と様々な状況で併走しながら洋上給油が行なえるように、各種の給油装置が新たに設置された。

給油艦が艦艇に洋上給油する場合は双方の船が停船して行なうのではなく、航行しながら行なうのが原則で、その場合には給油を受ける艦艇が給油艦の後方に位置し、双方が同一速力で航行しながら給油を受ける方法や、給油を受ける艦艇が給油艦と接近して併走して給油を受ける場合、また給油を受ける艦艇を給油艦の両側に接近させて併走させ、一度に二隻の艦艇に給油を行なう方法がある。このために給油艦の甲板上には複雑な給油装置が新たに設置されなければならなかった。

戦前に建造された連合艦隊の主力特設給油艦になった二一隻の海軍仕様型油槽船の基本的な姿について若干の説明を行なうことにする。

図はその中の一隻である玄洋丸を示している。これらの油槽船で注目すべきところの一つが、船体の全容積の約七〇パーセントを占める油槽の構造である。それまでの油槽船の油槽は、船体中心線に沿って組み上げられた縦隔壁と、九～一三の横隔壁で一〇～一四の油槽に区分されていた。ところがこの海軍仕様型油槽船では縦隔壁

第13図　海軍型大型高速油槽船玄洋丸外形図

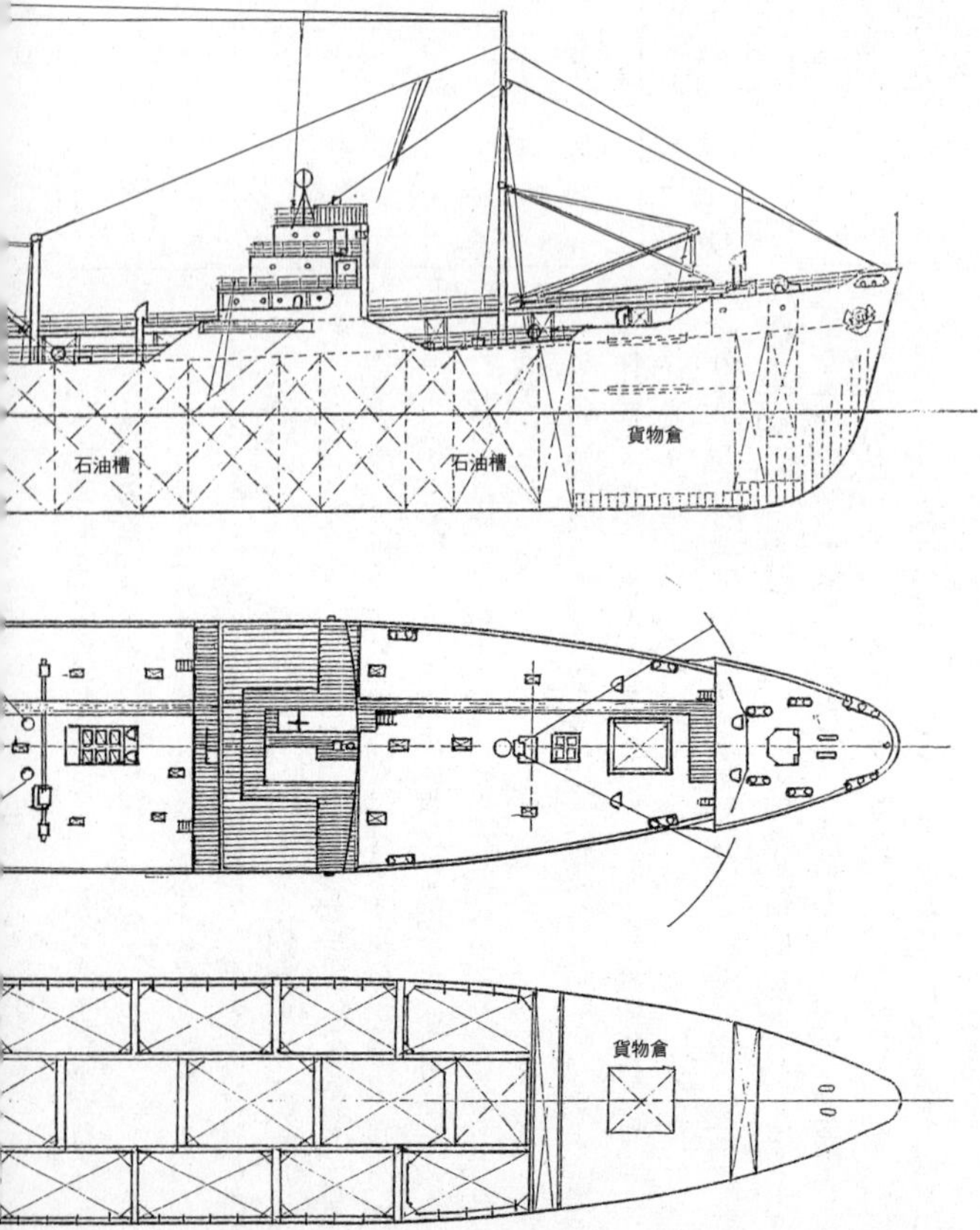

総トン数　10018t
全　　長　152.4m
全　　幅　19.8m
主 機 関　蒸気タービン機関
最大出力　11100馬力
最高速力　19.7kn

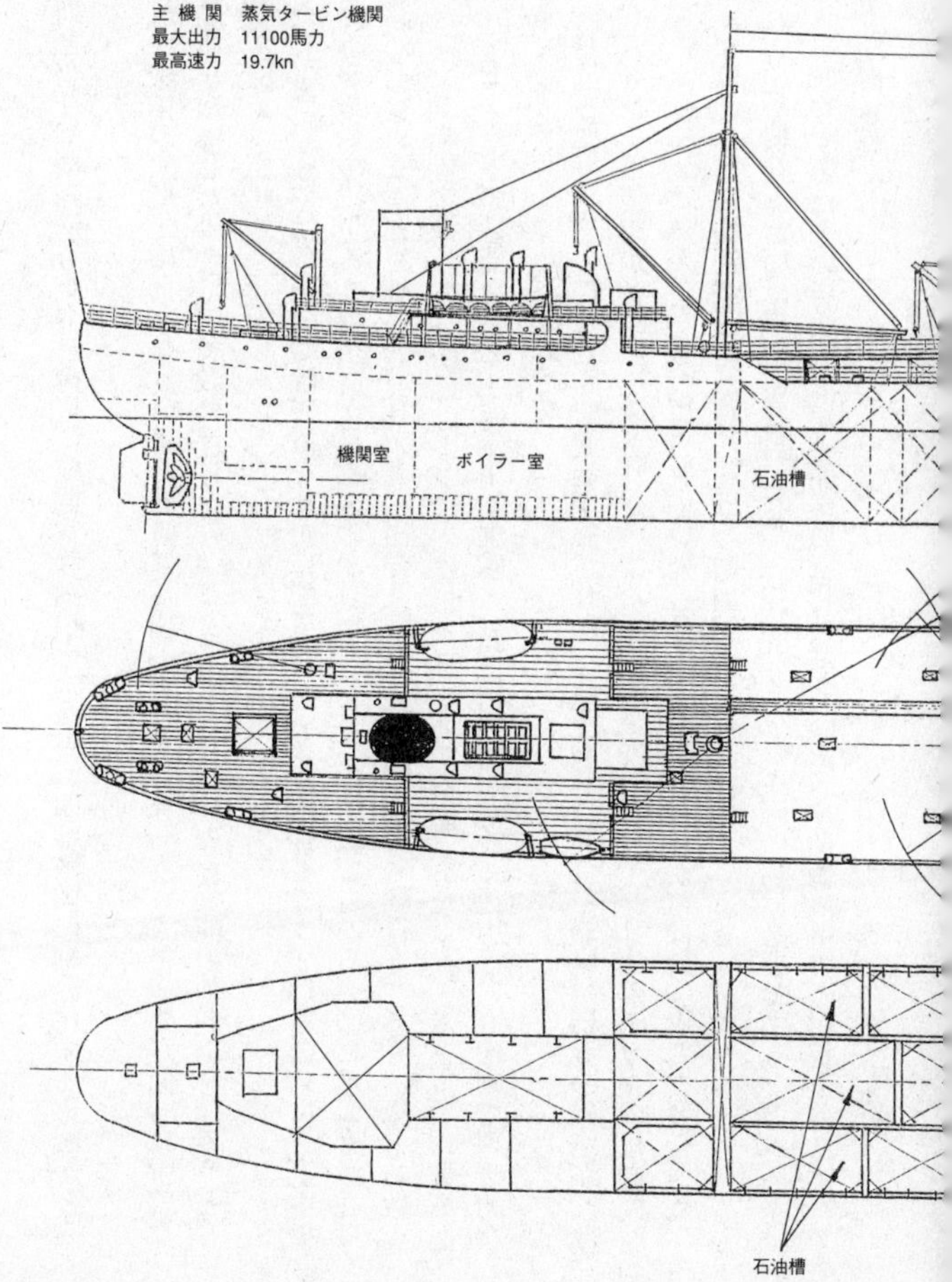

が二列となり、横隔壁もチドリ構造に配置され油槽を一八〜二四の区画に細分化する方法がとられた。

これは船体の大型化にともなう対策と同時に、給油管理が行ない易いこと、また同時に雷撃などで船体が損傷した場合に、多数の浮体を持つことによって船体の浮揚能力の向上を図ろうとした対策でもあった。

また有事に際しては各種の給油装置を新たに配置することが前提となっているために、上甲板上は船首から船尾に至るまで空所が目立つのが外型上の一つの特徴でもある。図に示す玄洋丸は同型船が七隻（玄洋丸、厳島丸、日栄丸、国洋丸、東栄丸、神国丸、健洋丸）あり、総トン数一万一八トン、載貨重量一万五四〇〇トン、主機はディーゼル機関（一万一〇〇〇馬力）、最高速力一九・七ノットの性能を持ち、艦隊用給油艦としては同型船が多く運用上にも便利で理想的な給油艦であった。

特設給油艦にも当然のこととして武装が施された。基本的には船首と船尾に特設の砲座が設けられ、八センチ単装砲が各一門配置された。また船橋直下のアッパーブリッジデッキの後端両舷には一三ミリ連装機銃が各一基配置されていた。そして戦争の後半からは対空火器が強化され、二五ミリ単装や連装機銃が四基から八基ほど増加配置されていた。

これら砲や機銃あるいは機銃の要員として一隻当たり三〇〜五〇名は必要であり、これら多数の要員を収容するための居住施設が、船尾の貨物積載スペースや船橋直下の上甲板上のスペースに適宜配置された。

この海軍仕様型の特設油槽艦は特設油槽艦の中でも連合艦隊の作戦には必要不可欠な存在で、真珠湾攻撃作戦、珊瑚海海戦、ミッドウェー海戦、南太平洋海戦、インド洋作戦、マリアナ沖海戦などの代表的な海戦には常に二〜四隻が艦隊に随伴し、途中での給油を行なっていた。

特設給油艦の中でも特異な存在であったのが捕鯨母船の第二図南丸や第三図南丸である。これら捕鯨母船は平時においても南氷洋の漁期以外には、その巨大な容量の鯨油タンクを石油槽として北米西岸からの石油輸送に使われていた。しかしこのことは一般にはあまり知られていない。しかしこれら大型捕鯨母船は連合艦隊にとっては艦隊基地での燃料備蓄タンクの代用として貴重な存在となっていたのである。

これら捕鯨母船は、例えばシンガポールやボルネオ島のタラカンの石油基地から、艦艇用の燃料油を満載（二万トン前後）してトラック基地に運び込み、ここに燃料油がなくなるまで係留され、動く備蓄タンクとして連合艦隊にとっては貴重な存在であったのである。このためにこれら捕鯨母船は特設油槽艦とは呼ばれずに特設油槽船として扱われていた。

別表に特設油槽船となった捕鯨母船の一覧を示す。

特設運送船（雑役）

日本海軍はこれまで紹介してきたいずれの艦種にも該当しない雑用を目的とした多数の徴用貨物船を保有していた。これらの貨物船は特設運送船（雑用または雑役）として一つのグループを構成し特設特務艦船の中に組み入れられた。

特設運送船の任務は海軍の作戦に関係するあらゆる物資や人員、つまり各種機材、糧秣、武器、弾薬、その他の軍需品や将兵や軍属の輸送のために使われるまさに万能の輸送船を指すもので、いわば陸軍の汎用輸送船に相当するものであった。

太平洋戦争の全期間で特設輸送船として徴用された商船は合計二四二隻（約一〇三万総トン）に達したが、この他に特設運送船の絶対的な不足から、一九四三年後半からは特設巡洋艦や特設砲艦、特設水上機母艦や特設航空機運搬艦などの様々な特設軍艦などが任務を解かれ、特設運送船に編入されている。その数は七〇隻（約三五万総トン）を優に超えていた。

太平洋戦争開戦当時に特設運送船に在籍していた船は一一一隻（五五万総トン）であったが、その後戦争の激化によって次々と特設運送船の数は増え、その大半は第一次型や第二次型の戦時標準船であった。

この特設運送船は用途的には陸軍の輸送船と大きく変わるところはないが、搭載される砲や機銃等が海軍仕様（陸軍の輸送船に搭載される砲や機関砲などは全て陸軍制式兵器である）になっており、性能や機能面で陸軍の火器よりも優れたものになっていた。

つぎにこの特設運送船についてその概要を紹介する。

（イ）特設運送船として使用された船

特設運送船として徴用された船は、当初はニューヨーク航路や欧州航路用に建造された大型高速貨物船が主体であった。例えば関東丸（八五九九総トン：大阪商船）、北海丸（八四一六総トン：大阪商船）、南海丸（八三六五総トン：大阪商船）、畿内丸（八四一六総トン）、香久丸（八

畿内丸

四一七総トン：国際汽船）、霧島丸（五九五九総トン：国際汽船）、能代丸（七一八五総トン：日本郵船）、吾妻山丸（七六二二総トン：三井船舶）などの大型高速貨物船であった。

その他大阪商船の南米航路用の客船もんてびでお丸（七二六七総トン）、特設航空母艦に改造される前の大阪商船の南米航路用の客船あるぜんちな丸やぶらじる丸も、基地建設用の各種資材や建設要員の輸送、あるいは新たに設けられた特別根拠地へ向かう海軍特別陸戦隊の将兵などの輸送に使われていた。

日本郵船の太平洋西岸航路用に就航していた有名な大型客船浅間丸（一万六九四七総トン）、鎌倉丸（一万七四九八総トン）、龍田丸（一万六九五五総トン）も、一時的に海軍の兵員や基地要員の輸送に特設運送船として使われていた。

その後戦況の進展と共に各種特設軍艦などがこの特設運送船に移籍したが、一九四三年以降は建造の進められていた多数の第一次型や第二次型の戦時標準設計型の貨物船が、次々とこのグループに編入された。

（ロ）特設運送船の装備

いずれの特設運送船にも船首と船尾に砲座が設けられ、八センチあるいは一二センチの単装砲が装備されたが、これらの砲は解体されたり改造さ

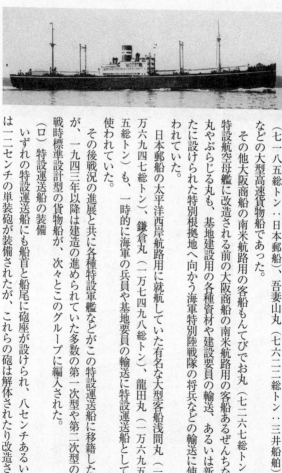

熊代丸

れた旧式艦から転用されたものや、海軍の制式高角砲を使用した場合など様々であった。

高角砲も八センチ、一〇センチ、一二センチなど様々で対艦対空両用に使われた。また対空近接火器としては一三ミリ単装または連装機銃が二基程度配置されるのが標準であったが、一九四四年頃から航空攻撃による被害が増加するにともない、船首や船尾あるいは中央上部構造物の煙突周辺やボートデッキに銃座が増設され、海軍の制式機銃である単装や連装の九六式二五ミリ機銃が配置されるようになった。

比較までに陸軍輸送船に装備された火器について説明すると、高射砲（陸軍は高角砲とは呼ばない）は大正十一年制式採用の十年式七センチ高射砲や、昭和三年制式採用の八八式七センチ高射砲が重火器の主力として使われ、小火器の主力としては陸軍独自の設計による昭和十三年制式採用の、単装や連装の九八式二〇ミリ機関砲が使われた。しかしこの陸軍の二〇ミリ機関砲については射撃機構、冷却機構、照準機構などに基本的な欠陥があり、また海軍の二五ミリ機銃に比べて射撃速度も遅いなどの様々な欠陥により、艦載近接火器として十分に機能せず、陸軍輸送船の航空攻撃に対する被害の増大を招く一因にもなったのである。

陸軍輸送船と特設運送船に共通していることは、潜水艦攻撃用に爆雷

龍田丸

を搭載していたことである。しかしこれは敵潜水艦を事前に的確に捕捉し爆雷攻撃を加えようとするものではなく、あくまでも敵潜水艦の雷撃を受けた場合に威嚇的に投下することが目的のものであった。

特設運送船の目的地での荷物や人員の揚陸はほとんどの場合、港湾設備が整ったところではなく、海岸への直接の揚陸となった。このために揚陸を効率良く行なうために、陸軍輸送船と同じく甲板のハッチ上には、陸軍が開発した大型発動機艇（通称大発：全長一四・九メートル、全幅三・六メートル、最大搭載人員七〇名、最大搭載貨物量一二トン）が搭載された。搭載隻数は船の大きさにもよるが、六〇〇〇総トン級の貨物船であれば一〇〜一二隻程度であった。

特設運送船が将兵や基地要員を輸送する場合には、上甲板下の第二甲板（別呼：中甲板）が当てられた。そしてここに陸軍と同じく特設の木製のいわゆるカイコ棚が組み上げられ休息所となったが、陸軍と違い一度に三〇〇〇〜五〇〇〇名単位の輸送ではないために、陸軍のような焦熱と人いきれの過酷な環境にはならなかったようである。

（ハ）特設運送船の運用

第15表　主な特設運送船（雑用）

船名	船主	総トン数	主機関	最高速力（ノット）	竣工	船種	備考
北海丸	大阪商船	8416	ディーゼル	18.5	1933.3.4	貨物船	終戦直後機関爆発を起し沈没
南海丸	大阪商船	8416	ディーゼル	18.5	1933.1.14	貨物船	雷撃沈没
畿内丸	大阪商船	8365	ディーゼル	18.6	1930.6.15	貨物船	雷撃沈没
北陸丸	大阪商船	8365	ディーゼル	18.4	1930.11.28	貨物船	雷撃沈没
東海丸	大阪商船	8365	ディーゼル	18.4	1930.10.15	貨物船	雷撃沈没
衣笠丸	国際汽船	8047	ディーゼル	19.0	1936.2.28	貨物船	雷撃沈没
香久丸	国際汽船	8417	ディーゼル	19.1	1936.6.30	貨物船	雷撃沈没
霧島丸	国際汽船	8120	ディーゼル	18.0	1931.7.7	貨物船	雷撃沈没
野島丸	日本郵船	7184	ディーゼル	18.6	1935.2.13	貨物船	空爆沈没
能代丸	日本郵船	7184	ディーゼル	18.5	1934.11.30	貨物船	空爆沈没
能登丸	日本郵船	7185	ディーゼル	18.8	1934.10.15	貨物船	空爆沈没
吾妻山丸	三井船舶	7622	ディーゼル	18.6	1933.7.31	貨物船	空爆沈没
天城山丸	三井船舶	7620	ディーゼル	19.9	1933.12.6	貨物船	雷撃沈没
鹿野丸	国際汽船	8572	ディーゼル	19.0	1934.8.10	貨物船	雷撃沈没
明石山丸	三井船舶	4551	ディーゼル	15.8	1935.3.2	貨物船	雷撃沈没
興津丸	日本郵船	6666	ディーゼル	14.2	1939.10.15	貨物船	雷撃沈没
千光丸	日本郵船	4472	ディーゼル	17.3	1935.7.31	貨物船	空爆沈没
高瑞丸	大同海運	7072	ディーゼル	16.8	1937.6.20	貨物船	雷撃沈没
萬光丸	国際汽船	4471	ディーゼル	17.2	1935.2.28	貨物船	雷撃沈没
榛名丸	日本郵船	10421	タービン	16.4	1922.1.31	貨客船	座礁沈没
辰神丸	辰馬汽船	7064	タービン	16.7	1939.10.31	貨物船	雷撃沈没
辰和丸	辰馬汽船	6335	タービン	16.5	1938.2.1	貨物船	被雷着底。後浮揚
鹿野丸	国際汽船	8572	ディーゼル	19.2	1934.8.10	貨物船	雷撃沈没
松本丸	日本郵船	7025	ディーゼル	13.2	1921.5.5	貨物船	雷撃沈没
南阿丸	大阪商船	6757	ディーゼル	18.4	1940.6.29	貨物船	空爆沈没
屏東丸	大阪商船	4468	タービン	16.4	1935.8.31	貨客船	空爆沈没
山霧丸	山下汽船	6439	ディーゼル	15.8	1934.2.28	貨物船	雷撃沈没
秋葉山丸	三井船舶	4603	レシプロ	14.1	1924.11.30	貨物船	艦砲沈没
山福丸	山下汽船	4929	ディーゼル	17.9	1940.7.10	貨物船	雷撃沈没
台東丸	大阪商船	4467	タービン	16.6	1935.9.30	貨物船	雷撃沈没
淀川丸	国際汽船	6451	ディーゼル	19.6	1939.4.5	貨物船	空爆沈没
広進丸	広海汽船	6057	タービン	14.1	1926.6.22	貨物船	雷撃沈没
玖馬丸	川崎汽船	5950	タービン	14.2	1926.8.25	貨物船	座礁沈没

特設輸送船は原則として海軍の艦隊組織の中に、きめ細かく配置されることになっていたが、基本的な配置は次のようになっていた。

連合艦隊直率　連合艦隊の全艦隊（根拠地隊や特別根拠地隊を含む）に対し、連合艦隊の作戦計画の中で統括的な各種輸送を行なうために配置。

各艦隊用　各艦隊が独自の行動のために運用することを目的とする。支那方面艦隊や航空艦隊を含め全艦隊は数隻（一〜五隻）の特設運送船を保有した。

海軍省直轄　常に三〇隻以上をプールし、海軍省直轄の運用に使用したり各艦隊の要請に対して派遣したりする。

各鎮守府及び警備府用：各鎮守府や警備府に一〜三隻程度配属し各種活動に使用する。

各運送船の運用はそれぞれの所属艦隊や鎮守府などの命令系統の中で行なわれることが原則であるが、戦争が熾烈の度を加えるにともない運送船の損害は激増し、損害の補充もままならず、根拠地隊など各艦隊の出先部隊との連絡も困難を極め、また給糧艦の不足も原因し食料の輸送に使うにも運送船が不足し、飢餓状態に陥った根拠地隊が各地域に続出することになった。

（二）特設運送船以外の輸送艦船

特設運送船以外に特設給兵艦、特設給水船、特設給糧艦があり、主に貨物船を徴用してその任務に使われた。これらの特設艦船は本来その絶対数が少なく、また給兵艦は特設運送船が代用されたことがあるなど、また戦争後半の戦線の縮小にともない用途も次第に少なくなった。そしてこれらの特設艦船はことごとく撃沈され、途中で艦種が消滅したものもあった。

給水船は一〇〇〇～三〇〇〇総トン級の貨物船が船倉を真水タンクに改造し、前進基地や艦隊の各艦艇への給水を行なうものであったが、戦争末期にはそのことごとくが撃沈され、実質的な消滅艦船の一つになっている。

特設給糧艦は正規の給糧艦と共に艦隊（根拠地隊を含む）に糧食を配給する必要不可欠な艦であり、太平洋戦争中に合計三六隻（合計四万六〇〇〇総トン）の主に一〇〇〇総トン級の小型貨物船が特設給糧艦として徴用されたが、その二五隻が敵の攻撃で失われた。

給糧艦の多くは船倉内に冷蔵・冷凍機械室や発電機室を設置し、船倉に大規模な冷蔵庫を装備し生鮮野菜、魚、肉類などの輸送も可能であった。ただこれらの食料品が出先艦隊や根拠地隊に定期的に送り込まれたのも一九四三年前半までで、その後は正規及び特設の給糧艦の敵潜水艦などによる損害が続出し、食料品の輸送も滞りがちとなり、さらにその代役を努めていた特設運送船も被害が続出した。特に島嶼などの遠隔地の根拠地隊への食料の輸送は一九四四年後半以降は途絶状態となり、ウエーク島、メレヨン島、パラオ島等など飢餓根拠地隊が続出することになったのである。

特設特務艇

海軍の特設艦船として徴用されたのは客船や貨物船あるいは油槽船ばかりではなかった。太平洋戦争の後半頃までには、日本中のおよそ小型の動力付の船と呼ばれる船はことごとく、それこそ根こそぎに陸海軍に徴用された。その中には三〇〇〇隻以上の機帆船も含まれ、遠隔の地での局地的な貨物や兵員の輸送のために、遠くインドネシア諸島やビルマ沿岸あるいはニューギニア沿岸やソロモン諸島方面まで進出し、そのほとんどが撃沈の悲劇を味わったのである。中にはシンガポールやボルネオ島のタラカン等の石油基地から、ガソリンや艦船用の燃料を一隻当たり二〇〇〜四〇〇本のドラム缶で輸送した記録もある。

これら多くの小型船の中で海軍が特設特務艇として大量に徴用したのが各種の漁船であった。海軍が徴用し主力特務艇として運用した各種漁船の総数は七八四隻で、この数は海軍が徴用した合計一四一一隻の過半数を占めることになった。そしてこれ以外に雑用艇として使われた小型動力付漁船は相当数に上るはずであるが、その実数は正確には不明である。

この漁船を徴用した特設特務艇は、太平洋戦争中の徴用特設艦船の中でも際だって厳しい状況の中での任務を遂行しており、その損害も甚だしいものとなった。そこでこれらの特設特務艇の中でも激しい戦闘と任務を強いられた特設監視艇、特設掃海艇、特設駆潜艇について次に説明したい。

（イ）特設監視艇

一九四二年四月十八日、日本本土はアメリカ海軍の航空母艦ホーネットを発進した、アメリカ陸軍航空隊のドーリットル中佐が率いる一六機の双発爆撃機ノースアメリカンB25の襲撃を受けた。攻撃を受けた都市は東京、横須賀、名古屋、神戸等で、合計六四発の二二五キロ爆弾が投下され、一部の機体は低空から旋回機銃による機銃掃射も行ない被害を出した。

攻撃の規模は小さかっただけに大きな被害にはならなかったが、日本側に与えた衝撃は大きく、一方でアメリカ国民の戦意高揚には絶大な効果を発揮したのであった。

この日の早朝、本州東方洋上一二九〇キロ付近を哨戒中の特設監視艇第二十三日東丸（底引き網漁船・総トン数九〇トン）が、アメリカ海軍の機動部隊の空母エンタープライズを発進した哨戒機を発見し、「敵機発見」の無電を打電した。そして続いて西進する敵機動部隊の艦艇を発見し、「敵空母一隻ミユ」の無電を打電した。そしてその後「ワレ敵ト交戦中」の無電を打電した後消息を断った。

日本海軍は太平洋戦争の開戦を前にして多数の漁船を徴用し特設監視艇として配置につけた。海軍は太平洋戦争中に合計四〇四隻の漁船を特設監視艇として徴用したが、これらの特設監視艇は日本本土周辺は勿論のこと、内南洋からソロモン諸島方面、さらに遠く東南アジアのジャワ島やスマトラ島からインド洋のアンダマン諸島方面までの、極めて広範囲な海域で海上や空の監視活動を行なったのである。しかしその中でも最大の監視部隊が活動したのが、日本本土防衛のため、敵洋上部隊の接近に対する監視の目として、カムチャッカ半島の南方から本州はるか東方洋上の、東京起点で七〇〇〜二四〇〇キロ沖合に網の目のように配置された広大な洋上監視区域に配置された特設監視艇隊である。この監視区域には最大時で、徴用された四〇四隻の特設監視艇の内の一六七隻が配置されたのであった。

特設監視艇の任務は拠点基地のはるか前方の洋上の哨戒で、敵艦隊や敵航空機の接近をいち早く発見することである。そのために、この任務はとにかく多数の特設監視艇の数を揃えることが第一で、敵との戦闘行動を展開することは基本的には考えられていなかった。つまり特設監視艇

特設監視艇第三福吉丸

は洋上の目であり敵を発見することが最大の任務であり、敵との戦闘を期待することは論外であった。つまり言い換えれば特設監視艇は敵発見のための「捨て駒」的な存在であったともいえ、つまり戦闘力を持たない特設監視艇が敵を発見し、「敵発見」の無電を発進した時はその特設監視艇の最後と考えねばならなかったのである。

特設監視艇として徴用された船は全て漁船であったが、特設監視艇としての漁船の徴用の歴史は意外にも新しく、一九四一年七月に入り時局がいよいよ緊迫の度を加え始めたとき、内南洋海域（カロリン諸島からマリアナ諸島にかけての海域）の防備を目的として、連合艦隊の中に第四艦隊が新しく編成された時に始まった。

この艦隊は軽巡洋艦二隻と敷設艦（特設敷設艦を含む）四隻、一個水雷戦隊と基地航空隊と数個の根拠地隊より編成され、広大な内南洋の防備を担当することになった。そして各根拠地隊（サイパン、トラック、パラオ等）には、特設砲艦を母艦として周辺海域の洋上哨戒の任務に当たる特設哨戒艇隊が新たに組み入れられた。当初この内南洋に配置された特設哨戒艇の数は四〇隻前後であったが、哨戒海域の広さから次第にその数は増加している。

一方、同じ七月に千島列島から日本本土東方洋上の北西太平洋の防備のために、第五艦隊が新たに編成された。この艦隊は軽巡洋艦二隻と特設水上機母艦一隻から編成された戦隊と、特設巡洋艦二隻（後に三隻）で編成された戦隊で編成されていた。この艦隊の根拠地は当初は小笠原諸島に置かれ、東京起点一〇〇〇キロの東経一五二度線上を東の限界とする哨戒を任務とすることになっていた。

そしてこの広範囲でしかも日本本土を防備するという任務上から、多数の特設監視艇を配置することになり、これらを特設巡洋艦で編成された第二十二戦隊の指揮下に入れたが、開戦当時でもその数は一一六隻に達していた。またその他にも、一九四一年十月までに各鎮守府や警備府でもそれぞれ特設監視艇隊を編成し、周辺海域の哨戒にあたることになった。このために太平洋戦争勃発当時の日本海軍の特設監視艇の総数は二〇〇隻を超えていた。

特設監視艇として徴用された漁船は当初は一〇〇トン前後のカツオ釣り漁船やマグロ延縄漁船が主体であった。その後特設監視艇の増加とともに、六〇トン前後の小型マグロ延縄漁船やカツオ釣り漁船まで徴用されることになった。

特設監視艇としてこれら漁船が集中的に徴用された理由としては、これらの漁船は本来が遠洋への漁を目的としているために、木造が主体でありながら船体が頑丈で凌波性に優れ、長期間の漁が主体であるために航続性能にも優っていたために、長期間の洋上での作戦には最適な船と判断されたためであった。

特設監視艇に徴用されたこれら漁船は特設監視艇に必要な改造が施された。まず前部甲板下の漁倉は新たに乗船する乗組員のための居住区に改造され、一部は弾薬庫や長期間の哨戒任務に必要な食料庫や清水タンク及び燃料庫に改造された。

前部甲板上の漁労用のハッチは甲板下の兵員室や新設された弾薬庫や倉庫への出入口に改造された。また既設の前部マストの上部には見張台が新設され、ここには交代で四六時中双眼鏡を手にした監視員が配置されることになっていた。

武装は戦争初期には七・七ミリ機銃一梃と歩兵銃三梃が配備されていただけであった。つまり特設監視艇の任務は「敵の発見」だけであったのである。その他無線器は漁船固有のものが使われたが、一部には海軍仕様の無線器が配備された。

一九四三年頃から敵潜水艦などとの遭遇の機会が多くなると、次第に武装の強化が図られるようになった。それは一三ミリ連装機銃が配置されたり、二五ミリ単装機銃が二～四門程度配置され、さらに船首には特設の砲座が新設され七センチ高角砲一基が装備される場合も多くなっていた。武装は船体の大きさによって千差万別であったようで、中には船尾に爆雷を三個程度搭載するものもあり、また一九四四年後半からは一部の艇には電波探信儀（レーダー）が装備され、本州南海上に配置されマリアナ基地から来襲するB29重爆撃機の早期探知用にも使われた。

第五艦隊所属の本州東方洋上の哨区に配置された特設監視艇は、一九四二年四月のドーリットル空襲の時点では合計一一六隻で、これらは三個の特設監視艇隊に分けられ、一個監視艇隊は三八～四〇隻で編成されていた。そして一個監視艇隊は一五～二〇日間を一回の哨戒任務期間として哨戒活動し、残りの二個監視艇隊は一個隊は基地で修理や乗組員の休養にあたり、一個隊は各艇の哨戒地点や基地への移動の期間に当てられ、三個隊が交代で順繰りに哨戒活動を行なってい

第14図　特設監視艇外形図

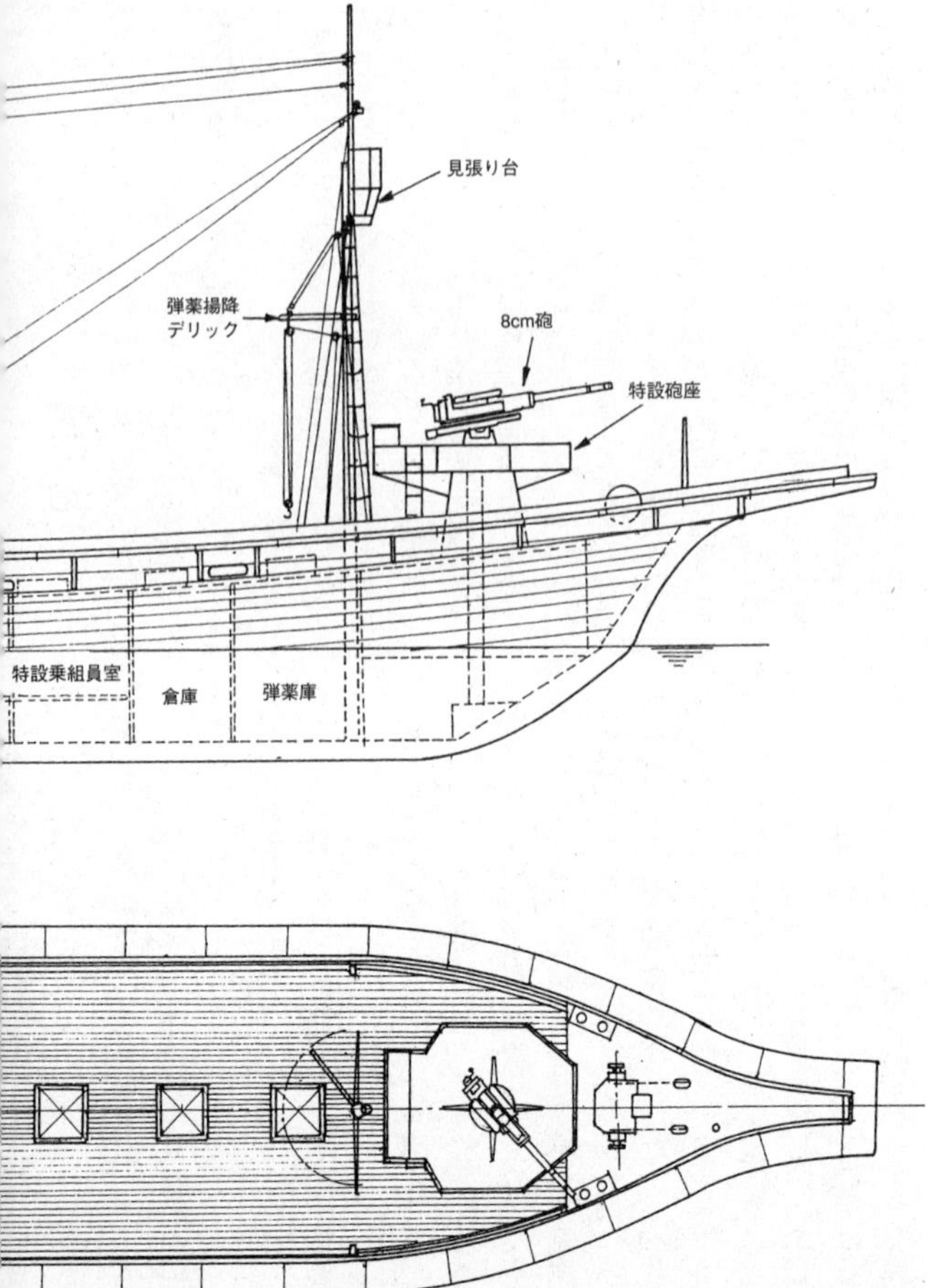

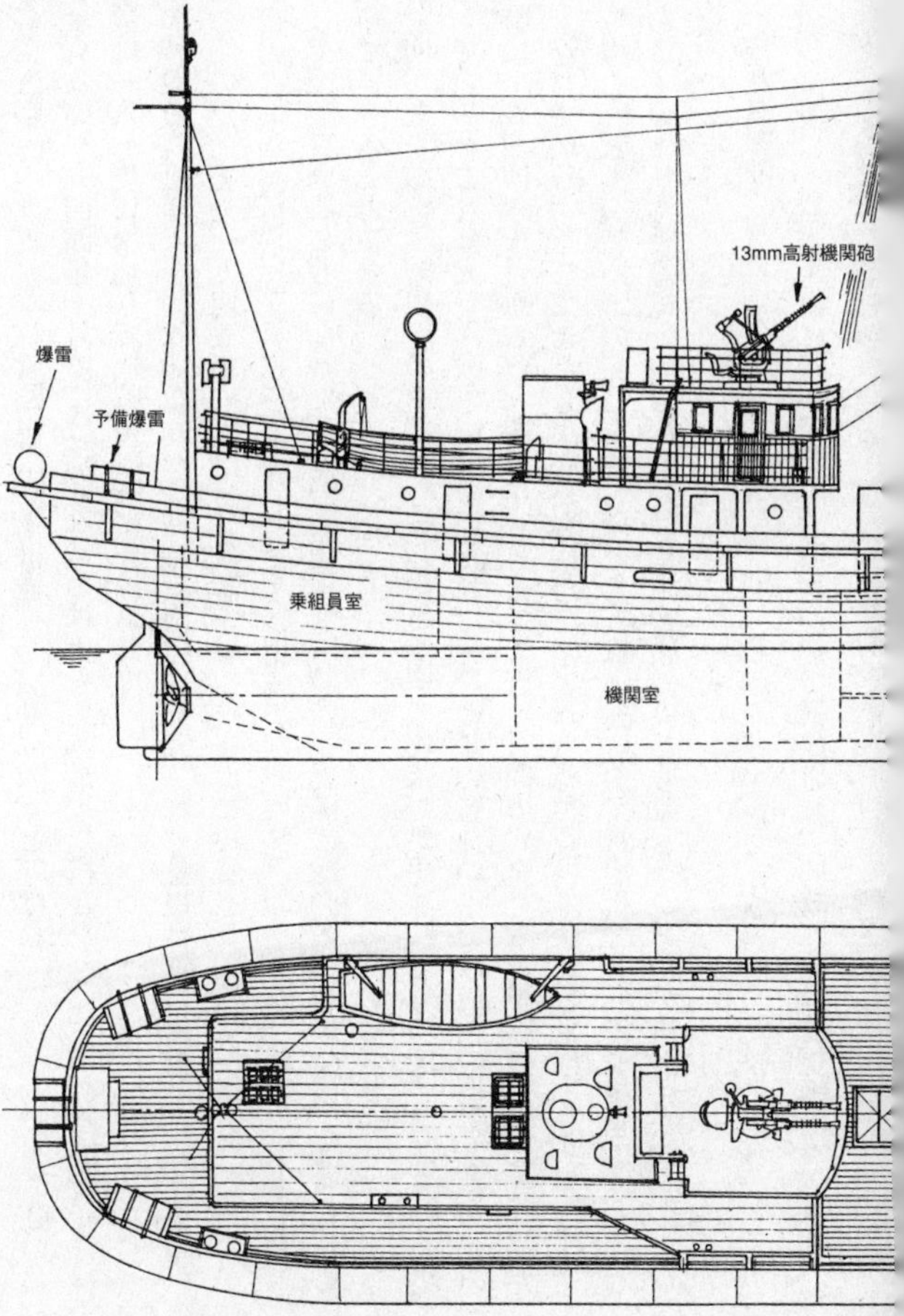
13mm高射機関砲
爆雷
予備爆雷
乗組員室
機関室

たのであった。

この第五艦隊の大規模な特設監視艇部隊は通称「黒潮部隊」と呼ばれていたが、監視活動の強化にともない一九四四年十月頃には哨戒区域の拡大もあり最大規模となった。この時の特設監視艇の数は一六七隻に増加し五個監視艇隊に分けられていた。

この特設監視艇隊は一個隊あたり一隻の特設砲艦が配置され、監視艇隊の母艦としての機能を果たしていた。また一九四五年一月からは敵潜水艦や航空機に攻撃される機会が増えたために、乗組員の救助や医療活動のために前述したように専用の特設病院船（菊丸：総トン数七五〇トン）まで配置されることになった。この大規模な特設監視艇隊の活動の実態についてはあらためて後章で述べることにする。

合計四〇七隻の特設監視艇の中で敵の艦艇や航空機の攻撃で撃沈されたものは、実に三〇七隻に達している。これは太平洋戦争中に徴用された特設艦船の艦種の中では最大の被害となっている。特に一九四四年十月から一九四五年二月までの五ヵ月間の、全特設監視艇の損害は実に七九隻にも達している。そしてまともな武装も持たないこれら特設監視艇は敵を発見したときには、その位置と「敵ト交戦中」の無電を残しほとんどは孤独の中で乗組員とともに最後を遂げているのである。つまり特設監視艇の活躍の姿は特設艦船の中でも最もその実態が知られていない陰の部分なのでもある。
（ロ）特設駆潜艇
特設駆潜艇は特設監視艇に次いで多くの徴用漁船で構成され、同時に特設監視艇に次いで多くの犠牲を出している。

特設駆潜艇として徴用された漁船の総数は合計二六五隻で、その中の二一五隻が撃沈されるという激しい戦いを強いられた。

特設駆潜艇の場合は徴用の対象となった漁船の船体が特設監視艇の場合よりも大型であったために、時には護衛艦艇の不足を補うために船団の護衛にも駆り出され、敵潜水艦との砲撃戦や雷撃あるいは敵航空機の攻撃を受ける機会も多く、特設監視艇以上に激しい戦いを強いられたのであった。

特設駆潜艇は一般的には四隻で一個駆潜艇隊を編成し、多くの場合は特設砲艦が一個または二個駆潜艇隊の母艦として配置されていた。そしてこの特設駆潜艇隊は外戦部隊ではほぼ各根拠地隊に一個隊が配置され、内戦部隊では各鎮守府や警備府に一個隊が配置、周辺海域の対潜水艦哨戒活動に従事していた。

特設駆潜艇の主体となったのは南氷洋捕鯨の捕鯨船（キャッチャーボート）であった。捕鯨船が特設駆潜艇の中心的存在になったのには明確な理由があった。

一つは船の性能が、日本から南極までの片道一万キロ以上の様々な海洋条件の中での航行が可能であるために、あらゆる条件下での戦闘が可能と想定されたこと、速力が漁船の中では最も早く（一三～一五ノット）素早い戦闘や追撃が可能であること、船体が三五〇～四五〇トンと適度な大きさであること、さらに同一性能と規模の船体を一度に多数揃えられることなどが、特設駆潜艇の条件に叶っていたためであった。特に同一性能と規模の船体が一度に揃えられるということは捕鯨船の特質を端的に示すものであった。

捕鯨船は一隻の捕鯨母船に対し、同型・同一性能の捕鯨船一〇隻程度を建造し一つの捕鯨船団を編成したためであった。太平洋戦争開戦当時の日本には三つの大規模漁業会社があり、合計六隻の捕鯨母船を保有しており、そしてこれらに付属する捕鯨船だけでも合計四六隻が存在した。いずれもほぼ同じ規模と性能を有していたために、日本海軍は労せずして一気に多数の優秀な特設駆潜艇を手に入れることができたのである（実際には四六隻中二九隻が特設駆潜艇として使われ、残りの一七隻は特設掃海艇として使われた）。

南氷洋捕鯨用の捕鯨船ばかりでなく、日本には近海捕鯨用の二五〇〜三五〇トン級の捕鯨船も多数存在し、その他にも大型漁船として多くのトロール漁船や底引き網漁船あるいは水産調査船等が存在し、これらが特設駆潜艇として徴用された。

特設駆潜艇について捕鯨船を例にとると次のような改装が行なわれる。特設監視艇の場合と同じくこの場合も元の船体に大きな改造が加えられることはないが、部分的な改装が行なわれる。

まず船首楼甲板後方に特設の砲座が設けられ八センチ単装砲一門が配置される。また前部甲板には両舷投射式の爆雷投射機一基が設置され、同時に爆雷装塡台と爆雷が配置される。爆雷の搭載量は一二〜二〇個（戦争後半にかけて爆雷の搭載量は逐次増加された）であったが、これとは別に船尾にも簡易式の爆雷投下装置が配置され、一〇〜一六個程度の爆雷が搭載されていた。

一九四三年以降は航空機の攻撃に対処するために、二五ミリ単装機銃が二門程度甲板中央部付近に装備された。また初期の段階では船底から吊り下げる吊下式水中聴音器が搭載されていたが、

捕鯨船（キャッチャーボート）

これは基本的には潜水艦を積極的に探知できる装置ではない。しかし後に一部の艇には簡易式の水中探信儀（ソナー）が装備された。

太平洋戦争中の日本海軍の大きな欠点として、エレクトロニクス分野の発達が米英あるいはドイツに比較し決定的な遅れをとっていたことがあげられる。レーダーにしろソナーにしろ実用化された装置は、同じ時期のこれらの国のものに比べ性能は格段に劣っていた。

つまり敵潜水艦を捕捉し攻撃することが任務である特設駆潜艇でありながら、潜伏する敵潜水艦の正確な位置を積極的に探知することが困難で、敵潜水艦に対して先制攻撃を加えることは極めて難しかったのである。

つまり敵潜水艦に対する攻撃も、敵の攻撃を受けて初めて敵の探知を行ない攻撃するもので、常に後手後手を踏む攻撃になったのである。

（ハ）特設掃海艇

特設掃海艇として徴用された船もほとんど全てが漁船であった。特設駆潜艇と同じく徴用の対象になったのは二〇〇〜三〇〇トン級の捕鯨船やトロール漁船であったが、大半を占めたのが八〇〜一〇〇トン級のカツオ・マグロ漁船であった。

特設掃海艇として徴用された漁船は合計一一二隻であったが、その損害は特設監視艇や特設駆潜艇と同じく多く、実に七三パーセントに相当する八二隻が撃沈されている。

特設掃海艇の中で捕鯨船を母体にした艇は、外戦部隊の根拠地守備用として優先的に配置された。特設掃海艇の場合も掃海隊の母艦として特設砲艦が配置される場合が多かった。また内戦部隊の各鎮守府や警備府にも四～六隻の特設掃海艇が配置され、基地周辺の掃海や時には船団護衛に駆り出される場合もあった。

正規の掃海艇の絶対数は不足気味であったが、それを補ったのが特設掃海艇で、一九四五年四月以降、マリアナ基地を出撃したB29重爆撃機による機雷敷設作戦が、主に西日本の港湾や海峡に集中的に行なわれたが、この間におよそ一万二〇〇〇個の機雷がB29重爆撃機から投下され敷設されたが、この機雷の掃海に主要な働きをしたのが特設掃海艇であった。

特設掃海艇の装備は、艇首に八センチ単装砲、二五ミリ機銃が二～四門程度装備され、前部甲板には二組の掃海具が搭載されて同時に機雷の水中処分具も搭載された。

太平洋戦争の前半までは敵側が敷設する機雷は旧式な接触式や磁気式で、掃海作業も大きな困難をともなうことは少なかったが、日本沿岸にB29重爆撃機が敷設した機雷の主力は、磁気感応式機雷に加え音響感応式や水圧感応式を加味した多重感応式機雷に変わり、探知・処分方法も複雑になった。また鋼製船体が主力の特設哨戒艇では掃海任務にも支障を来すようになり、掃海作業に影響の少ない木製で小型の駆潜特務艇が主力となって、残存の特設掃海艇はその後逐次特設駆潜艇に転籍されたのである。

太平洋戦争中期の一九四三年四月現在で、連合艦隊の各部隊に所属されていた特設監視艇隊、特設駆潜艇隊、特設掃海艇隊の配置状況を次に示す。

第四艦隊
　第四根拠地隊（トラック島）
　　特設砲艦：第二号長安丸・平壌丸　第五十七駆潜隊
　第五根拠地隊（サイパン島）
　　特設砲艦：光島丸・大同丸　第六十三駆潜隊・第六十五駆潜隊
第五艦隊
　第二十二戦隊（特設巡洋艦：粟田丸、赤城丸、浅香丸）
　　第一監視艇隊　特設砲艦：昭典丸　特設監視艇（四〇隻）
　　第二監視艇隊　特設砲艦：新京丸　特設監視艇（四〇隻）
　　第三監視艇隊　特設砲艦：神津丸　特設監視艇（四〇隻）
南西方面艦隊
　第一南遣艦隊
　第九特別根拠地隊（サバン）
　　第九十一駆潜隊
　第十特別根拠地隊（シンガポール）
　　特設砲艦：長沙丸　第四十四掃海隊

第二十特別根拠地隊（アモイ）
特設砲艦：江祥丸　第四十一掃海隊
第二南遣艦隊
第二十三特別根拠地隊（マカッサル）
第五十四駆潜隊　特設敷設艦：新興丸
内戦部隊
横須賀防備隊
特設砲艦：笠置丸、吉田丸、京津丸、第二号日吉丸　第二十五掃海隊
第二十六掃海隊
父島方面特別根拠地隊
特設砲艦：まがね丸、江戸丸、第十七掃海隊
大湊警備隊
特設砲艦：千歳丸　第二十七掃海隊　第二十八掃海隊
横須賀鎮守府直率
特設砲艦：でりい丸　第四監視艇隊（三〇隻）
呉防備隊
第三十一掃海隊　第三十三掃海隊　第三十四掃海隊
大阪警備隊
特設砲艦：那智丸　第三十二掃海隊
舞鶴防備隊
第三十五掃海隊
佐世保防備隊
特設砲艦：第二日正丸　第四十三掃海隊
鎮海警備隊
特設砲艦：香港丸　第十六二正丸　第四十八掃海隊　第四十九掃海隊
高雄警備隊
特設砲艦：長白山丸　第四十五掃海隊

これら特設特務艇の乗組員に関しては他の特設艦船と違った取り扱いとなっていたので、ここで多少の説明を加えておきたい。

合計七八四隻という多数の特設特務艇に必要な乗組員の数は優に二万名を超えた。特設掃海艇のように乗組員の多くに高度な掃海技術を必要とする艇は、乗組員の全員が海軍軍人（正規または予備の海軍将兵）によって運用される必要があったが、駆潜艇の場合には主体は海軍軍人である必要があるが、半数近く、例えば機関科関係の乗組員はその漁船固有の乗組員でも任務を遂行することが可能である。そのために特設掃海艇や特設駆潜艇の乗組員の半数近くは、徴用された漁船の固有の乗組員が軍属の資格で乗艇していた。

また特設監視艇の場合は任務や作業に特別の資格や熟練の必要はないため、初期の段階の一部の特設監視艇には、艇長として現役の軍人である兵曹長（准士官）が、また主な長には現役の軍人である下士官が配置された。しかし大量の特設監視艇の就役に対し、それに見合う数の現役あるいは予備役の軍人を召集することには絶対的な困難が伴うため、特に特設監視艇の場合にはそれぞれの漁船固有の乗組員が軍属の資格で、そして砲術や通信に関して短期間の講習を海軍で受け、そのまま配置されることが一般的となっていた。つまり特設特務艇の乗組員のうち約一万五〇〇〇名前後は民間人であったことになる。

第3章　特設艦船の戦闘

特設巡洋艦の戦い

日本海軍は太平洋戦争の勃発を前にして一二隻の特設巡洋艦を用意し、さらに突入後に二隻の特設巡洋艦を戦列に加えた。

日本海軍が特設巡洋艦を用意した目的は、通商破壊作戦と遠洋の洋上哨戒そして敷設艦を兼ねた内戦部隊の旗艦にあった。しかし結論からすれば日本の特設巡洋艦の運用は竜頭蛇尾に終わったといえよう。その典型的な例が通商破壊作戦に見られるようである。つまり通商破壊作戦は、当時赫々たる戦果を上げていたドイツの特設巡洋艦に刺激され、作戦を展開した可能性が高い。しかし大西洋よりはるかに広大な海洋、そこに通行する船舶の絶対的な量の違いなど、様々な状況が大西洋とは大きく違い、思惑どおりに作戦が展開できなかったことが作戦失敗の原因として上げられようが、より基本的な問題として、日本人の特質として通商破壊作戦に求められる基本的な姿勢ともいえる、執拗なまでに最後まで敵を追跡する気概、に欠けている点が、常に作戦を中途半端に終始させた原因であったともいえるのである。

これは取りも直さず狩猟民族（ドイツ国民）と農耕民族（大和民族）の基本的な資質の違いを戦争の場面で露呈したものと言い得るかも知れない。確かに欧米の軍事評論家で、日本海軍の戦術には「執拗さを欠いた詰めの甘さ」を指摘する人が多い。

結局、通商破壊作戦用に四隻も準備された特設巡洋艦は、一隻を失い目覚ましい働きをする機会もなく、一九四三年には特設運送船に移籍され高速輸送船として働くことになった。

洋上哨戒任務に準備された六隻の特設巡洋艦は、太平洋北西部と内南洋方面での哨戒活動と、特設監視艇の母艦としての任務は十分果たしたが、その活躍は表に出ることのない極めて地味な活躍であった。しかし一九四三年後半からは特設運送船の絶対的な不足を補うために、その任務の一部を特設砲艦に任せ、特設運送船に編入され結果的に艦種は消滅してしまうのである。

内戦部隊の旗艦の任務にあった四隻の特設巡洋艦の場合もまったく同じで、一九四三年十月までには特設運送船に編入され、一四隻の特設巡洋艦は途中消滅してしまった。

一九三九年九月に第二次世界大戦が勃発した時、ドイツ海軍は潜水艦によるイギリス商船に対する猛攻撃を展開すると同時に、小型戦艦や重巡洋艦による同じくイギリス商船を対象とした通商破壊作戦を展開した。そして同時に第一次世界大戦で実績を上げた特設巡洋艦による通商破壊作戦も開始した。

ドイツ海軍は合計一〇隻の貨物船を改装した特設巡洋艦を大西洋やインド洋に放ち、通商破壊作戦を展開した。この特設巡洋艦による通商破壊作戦が展開された期間は一九三九年九月から一九四三年四月頃までで、以後ドイツ海軍は水上艦船が作戦を展開するのは困難として特設巡洋艦の作戦は終了させているが、この間にドイツの特設巡洋艦が撃沈した連合軍商船は実に一四〇隻、八〇万総トンに達した。そして一方のドイツ水上艦艇が通商破壊作戦で撃沈した連合軍商船は五五隻、三四万総トンに留まった。つまり特設巡洋艦は予想以上の働きをしたことになったのである。

事実ドイツのこの神出鬼没の海上のゲリラ作戦は、米英海軍にとっては極めて対処しにくい相手となり攪乱作戦としては大成功といえた。しかし一九四二年後半からは連合軍側の船団航行の徹底や護衛方式の確立、さらには航空機哨戒の格段の強化などにより、特設巡洋艦の活動範囲は次第に狭まり最終的にはインド洋が主な活動の舞台となって、英連邦国の中東やインド方面へ向かう商船の攻撃が展開されたが、それも一九四三年四月頃までであった。

日本海軍が開戦と同時に三隻の特設巡洋艦を通商破壊作戦に放ったのは、まさにドイツ海軍の特設巡洋艦の活動の絶頂の時であった。

日本海軍は通商破壊作戦用に大型貨客船改装の報国丸と愛国丸の二隻、そして作戦支援用の特設巡洋艦として貨物船改装の清澄丸の三隻で第二十四戦隊を編成した。そして太平洋戦争開戦予定日前には、報国丸と愛国丸を南太平洋の赤道南部のツアモツ諸島東方洋上（南緯一五度、西経一四〇度）に進出させ、一九四一年十二月八日にはニュージーランドの北東約四五〇〇キロ（南緯一二度、西経一四〇度）付近の海上を哨戒中であった。

この海域はアメリカ西岸やアメリカ東岸あるいはヨーロッパ方面からパナマ運河経由でオース

トラリアやニュージーランドを結ぶ航路上に相当し、敵対国の商船を攻撃するには一つの理想的な海域の一つと想定された。

ただ問題はこの航路上をどの程度の密度で船舶が航行するかである。例えアメリカとオーストラリアやニュージーランドを結ぶ幹線航路とはいえ、大西洋の主要航路と比較してその通行船舶量が格段に少ないことは明白であった。つまり作戦を展開するにも作戦海域での忍耐強い待ちの作戦が必要不可欠であった。

報国丸と愛国丸は開戦と同時に互いに視界限度一杯の距離を保ち、作戦海域で獲物を求めての哨戒活動を開始した。

一九四一年十二月十三日、南緯二三度、西経一二二度付近（イースター島の北西一二五〇キロ）で、報国丸はニュージーランドへ向かうアメリカの旧式貨物船セント・ヴィンセント（六二一〇総トン）を捕捉し停船命令を出した。幸い同船から危急を知らせる無電の発信は認められず、同船の乗組員全員を報国丸に収容すると同貨物船を砲撃で撃沈した。日本の特設巡洋艦の戦果第一号である。

二〇日後の一九四二年一月二日に、報国丸を発進した水上偵察機がツアモツ諸島の南西二二〇キロの地点で、またもやニュージーランドに向かうアメリカの旧式貨物船マラマ（三二七五総トン）を発見した。偵察機は目標に接近すると低空から同船の至近の位置に、停船を命じるための小型爆弾を投下した。

しかしこの警告を示す爆弾の投下は最適な方法とはいえなかった。偵察機からの無線連絡で目標の発見を知らされた報国丸は直ちに発見場所に急行したが、この間にマラマは「国籍不明の航空機の爆弾攻撃を受けた」という詳細な内容の無電を発していたのである。

その後、報国丸はマラマに接近し乗組員を収容すると砲撃でマラマを撃沈した。獲物第二号である。しかしマラマが緊急無電を発しているのを傍受していた報国丸と愛国丸は、補給の必要もあったために作戦を中止し、二月四日にはトラック島の基地に帰投したのである。

第15図　報国丸第1次通商破壊作戦航跡図

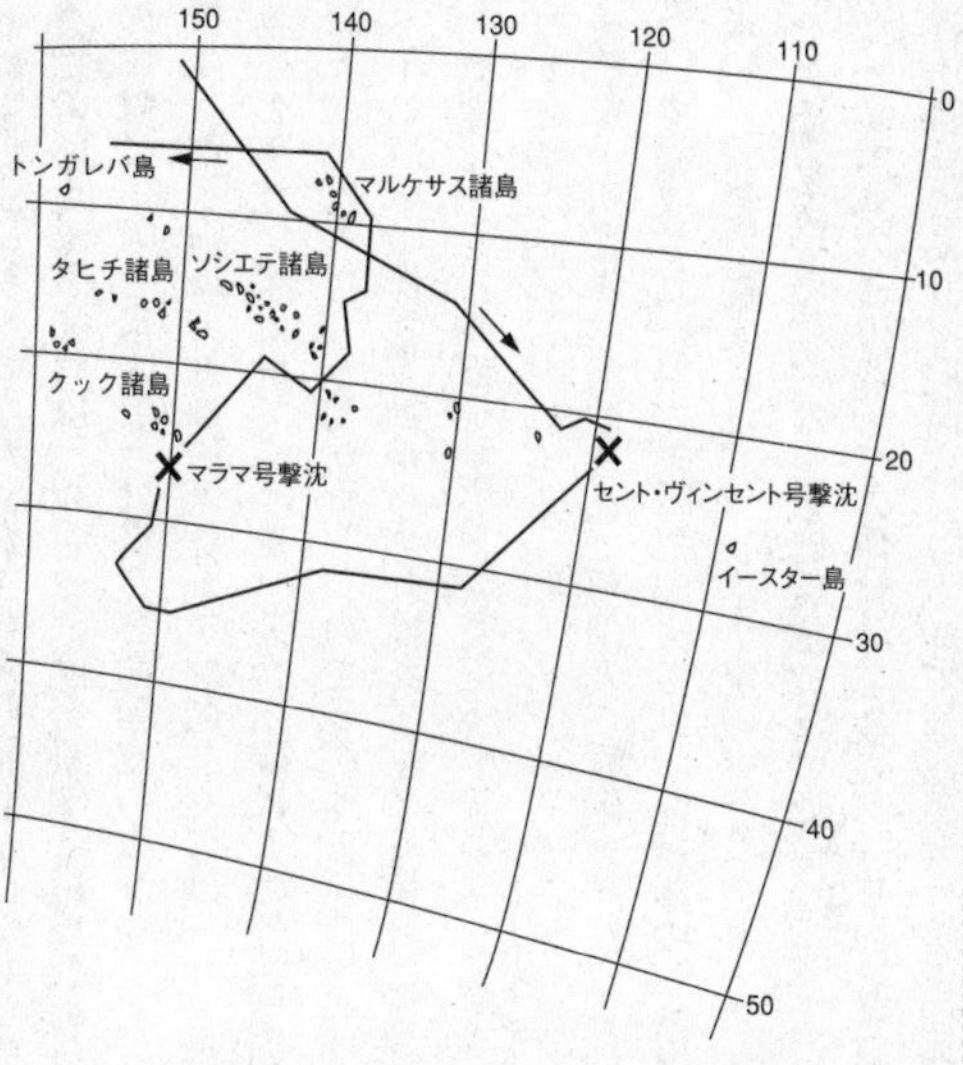

ここには明らかに日本の通商破壊作戦の不馴れさが露呈されていた。ドイツの特設巡洋艦も水上偵察機を搭載し獲物の探索に活用していたが、その場合は偵察機は敵の位置を知らせること、そして特設巡洋艦を獲物の位置まで誘導することが任務であり、敵に大きな危険を知らせ

るような威嚇爆撃は行なわなかった。つまり特設巡洋艦を獲物まで誘導するはるか前に独自に偵察機が獲物の船を攻撃すれば、相手は危険を察知し敵攻撃の無電を発することは容易に想像され、その後の攻撃に支障を来すことは当然であった。

連合艦隊は作戦海域で通商破壊作戦を展開したのは二ヵ月にも満たない間だけで、その間の戦果は貨物船の撃沈二隻だけであった。連合艦隊はこの作戦期間だけで通商破壊作戦は効果が薄いものと早々に結論づけ、三月十九日付けで第二十四戦隊を早くも解散させてしまったのである。これはドイツ海軍の作戦方針からすればあまりにも早計に過ぎることで、事実ドイツ海軍の特設巡洋艦の戦果は例え獲物が発見されなくとも、辛抱強い待ちの作戦を展開する中で赫々たる戦果を上げていたのである。

その後第二十四戦隊は解散され、報国丸、愛国丸、清澄丸は連合艦隊の付属艦船の位置づけで、潜水艦だけで編成された第六艦隊に編入され、同艦隊の第八潜水戦隊の指揮下に入った。この戦隊は潜水艦一一隻で編成され、マレー半島のペナンに基地を置き、インド洋一帯を作戦海域として作戦を展開していた強力な潜水艦戦隊であった。

報国丸と愛国丸のこの戦隊での任務は、この一一隻の潜水艦に対する燃料、清水、糧食、魚雷などの洋上補給にあり、同時にインド洋で通商破壊作戦を展開することであった。

この作戦を前にして二隻の後部船倉には新たに糧食庫や清水タンクなどが特設され、同時に船尾六番船倉は潜水艦に供給するための魚雷庫に転用されることになった。

二隻は一九四二年五月五日にペナン基地を出撃しインド洋へと向かった。そして出撃四日後の

第16図　報国丸第2次通商破壊作戦航跡図

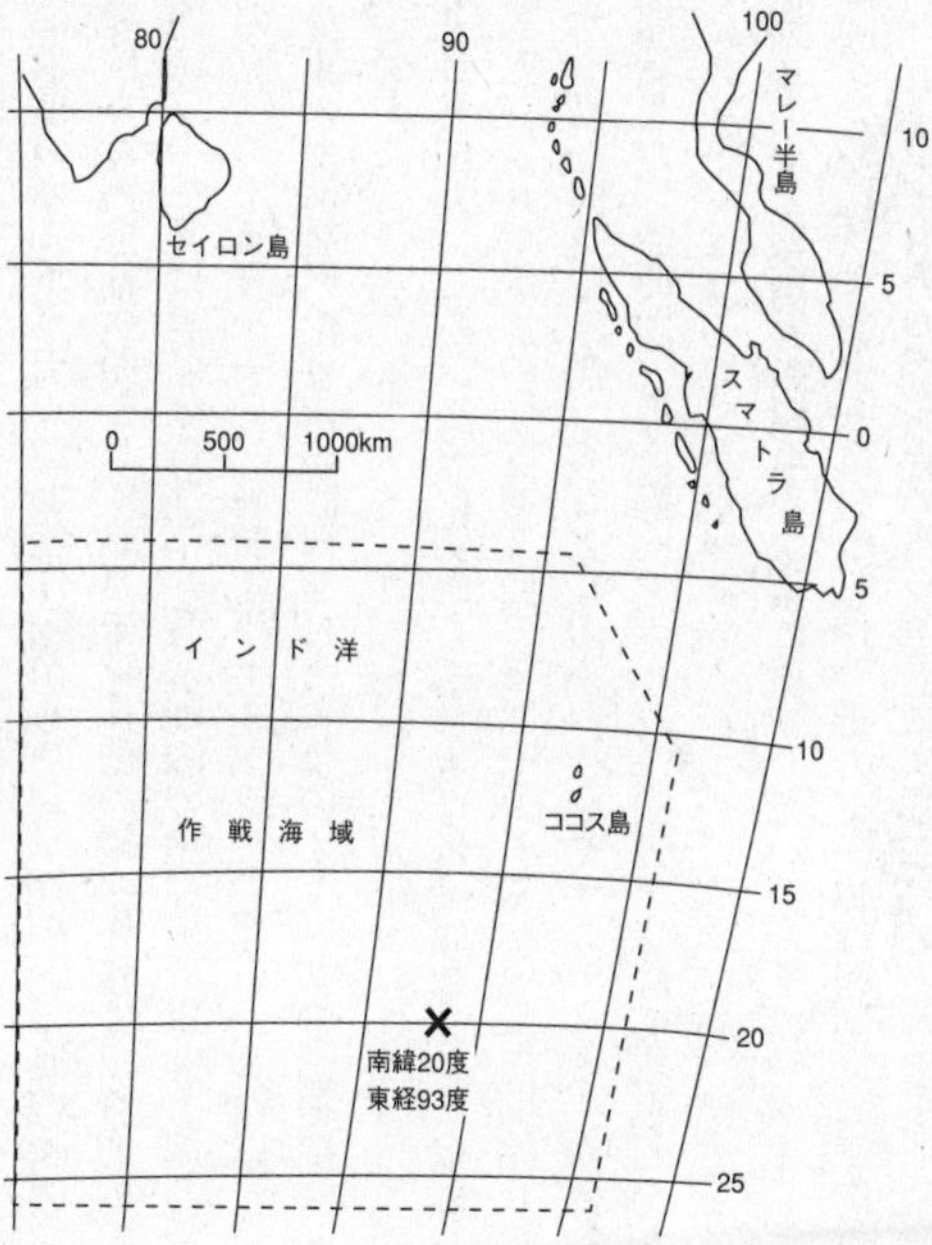

五月九日にインド洋東北部の赤道付近で、インドへ向かうオランダ国籍の油槽船ゼノタ（七九八七総トン）を捕捉した。そして報国丸から必要な要員を同船に派遣し同船をペナン基地まで回航したのである。このゼノタ号はその後横須賀に回航され、日本海軍の特務艦（給油艦）としての改装が施された後、制式に給油艦大瀬として活躍することになったのである。

その後二隻はアフリカ東岸のモザンビーク海峡南方まで進出し、六月五日にイギリスの貨物船エリシア（六七五七総トン）を捕獲後撃沈、七月十二日にはセイロン島の南方でニュージーランドの貨物船ハウラキ（七一一三総トン）を捕獲しペナン基地まで回航している。

八月に米軍のガダルカナル島上陸作戦があり、ソロモン方面の戦況が俄に急を告げ出すと、報国丸と愛国丸は高速輸送船としてソロモン作戦の輸送任務に一時的につくことになった。

一九四二年十一月に両船は再び第八潜水戦隊の指揮下で以前と同じ任務に復帰することになった。その直後の十一月十一日、両船はオーストラリア西岸から西に一七〇〇キロ付近を哨戒中に、インド海軍の掃海艇ベンガルに護衛された一隻のオランダの油槽船オンディーナ（六二〇〇総トン）を発見した。

報国丸と愛国丸はこの二隻を両側から挟むように優速をもって接近していった。報国丸は敵との距離八五〇〇メートルの位置で五門の一四センチ砲の射撃を開始した。

しかしそれと同時に敵側もベンガルの小口径砲やオンディーナが装備していた一五センチ砲の射撃を開始した。この間、掃海艇ベンガルは命中弾を受けて炎上したが、オンディーナにはまだ決定的なダメージは与えていなかった。

オンディーナと報国丸の距離が次第に狭まっていったその時、オンディーナの発射した一五センチ砲弾二発が続けて報国丸に命中した。その第一弾は報国丸の煙突後部付近に命中すると、その熱した破片が後方の四番船倉のハッチ上に搭載されていた水上偵察機を直撃し、たちまちガソリンタンクが爆発し付近が炎上した。そして続く第二弾は五番ハッチ横に装備されていた五三センチ連装魚雷発射管に命中した。このために装塡されていた魚雷が爆発し、その破片が甲板を貫通、下の船倉の弾薬庫の誘爆を招き、さらに隣の船倉に収容されていた潜水艦用の大量の魚雷の誘爆を招くことになった。

報国丸の船体後部は爆発を繰り返し手の施しようのないまま、船体は船尾から次第に沈没していったのである。

一方、愛国丸はオンディーナに対し激しい砲撃を加えこれを炎上させた後、報国丸の乗組員の救助に向かった。報国丸の沈没位置はインド洋北東部に位置する絶海の孤島ココス島の南九〇〇キロの地点であった。

愛国丸は報国丸の乗組員を救助したが、その後炎上するオンディーナに止めの攻撃を行なうことなく現場を去っている。

実はオンディーナの乗組員は救命艇で一旦海上に脱出したが、愛国丸が去ると燃え上がるオンディーナに戻り、全員が死力を尽くして消火活動を展開したのであった。その結果オンディーナの火災は奇跡的に消し止められ、救助に現われた僚船に曳航されて無事にインドにたどり着き、大量の燃料石油が救われたのである。ここにも日本側の決定打を欠く詰めの甘さが露呈されることになった。

この頃、報国丸級の三番船である護国丸が特設巡洋艦として完成し、十月には第八潜水戦隊に編入されていたが、護国丸は錬成途上にありこの作戦には参加していない。その後愛国丸と護国丸が作戦を継続することになっていたが、なぜかその後の特設巡洋艦の作戦は中止され、直後の一九四二年十二月に愛国丸も護国丸も特設巡洋艦の任務を解かれ、装備の大半も撤去された後に特設運送船に編入され、日本本土と南方各地の間の物資や将兵の輸送に使われることになった。

ここでその後の愛国丸と護国丸について説明を加えておきたい。愛国丸は日本国内と海軍の南方拠点であるトラック島やシンガポール方面へ、二〇ノット以上の高速を活かして将兵や軍属そして軍需物資の輸送にあたっていた。愛国丸は一九四四年一月下旬にトラック島とブラウン環礁に駐屯する根拠地隊に運び込むための、大量の航空魚雷を含む武器弾薬、糧秣を積み込み横須賀基地を出港し、二月一日にトラック島に到着した。

愛国丸がまだトラック島向けの魚雷などの弾薬類の荷下ろしがすまない二月十七日、トラック島は米海軍機動部隊の猛烈な航空攻撃を受けた。

この攻撃で愛国丸は四発の直撃弾を受け、荷下ろし最中の大量の魚雷が誘爆し船体は大爆発の後に沈没してしまった。

一方、護国丸はその後も主に日本とシンガポール及びマニラ間で海軍関係の物資と人員の輸送にあたっていたが、一九四四年十一月十日の未明、九州西方の古志岐島沖を門司に向けて航行中に敵潜水艦の放った魚雷三発を受け撃沈されてしまった。

通商破壊作戦を目的とした特設巡洋艦四隻（一隻は支援用）は、ドイツ海軍に比べると極めて貧弱な戦果を上げたにとどまった。その原因は、ドイツ海軍がすでに第一次大戦中にも効果的な特設巡洋艦による通商破壊作戦を展開していたのに対し、日本海軍は全く未経験の中での作戦の決行であり、様々な面で作戦に未熟さを露呈するとともに効果的な作戦が展開できなかったためでもあった。つまり日本海軍の通商破壊作戦は完全な失敗であったのである。

一方、洋上哨戒を目的とした特設巡洋艦作戦は、その目的からも目に見える効果（戦果）を発

報国丸

揮しあるいは期待することはなかったが、戦争期間の一時期に日本本土の防衛のために、その存在が極めて重要なものになっていたことは確かであり、日本の特設巡洋艦の中では地味ながら最も活躍した艦であったと判断を下すことができよう。

日本海軍は開戦を前に六隻の洋上哨戒用の特設巡洋艦を用意していた。まず特設巡洋艦に改装された日本郵船の三姉妹の高速貨物船浅香丸、赤城丸、粟田丸（いずれも七三九八総トン、最高速力一八・三ノット）は、太平洋北西部の警備を目的とする第五艦隊の中に新設された第二十二戦隊を編成し、カムチャッカ半島の東南から本州の東京起点二四〇〇キロまでを哨戒区域に定め哨戒活動を開始した。ただこの哨戒区域の哨戒は、開戦と同時に活動を開始した一一六隻からなる特設監視艇も同時に開始することになり、この三隻の特設巡洋艦はこれら特設監視艇隊の母艦として、また援護の任務も同時に果たすことになっていた。

これら多数の特設監視艇は三つの隊に分けられ、各隊には一隻の特設砲艦が母艦としての任務にあたっていたが、この三隻の特設巡洋艦は特設監視艇隊の作戦指揮の役割も担っており、同時に特設監視艇隊の保護の任務も担っているために、三隻は交代でこの広大な哨戒区域の哨戒にあたっていた。

粟田丸、赤城丸、浅香丸の三隻は一九四三年九月まで第二十二戦隊としての任務を遂行したが、この二年の間に発生した戦闘は、一九四二年四月のドーリットル爆撃隊の奇襲作戦が唯一であり、赤城丸が敵急降下爆撃機一機の攻撃で至近弾を受け、小破するという損害が唯一の戦闘記録であった。

そして一九四三年十月にはこの三隻は特設運送船に用途変更され、同時に第二十二戦隊も解散された。

一方、特設巡洋艦に改装された国際汽船の高速貨物船金龍丸（九三〇九総トン、最高速力一九・三ノット）と金剛丸（七〇四三総トン、最高速力一八・五ノット）は、内南洋防備の第四艦隊に配属され内南洋哨戒区域の哨戒を担当、同時に配置された特設監視艇の母艦の役割も果たした。また横須賀鎮守府防備隊に配属された同じく特設巡洋艦に改装された日本郵船の高速貨物船能代丸（七一八九総トン、最高速力一八ノット）は、本州東南方洋上の哨戒活動に従事していた。

しかし能代丸は一九四二年八月に、金龍丸、金剛丸も十一月には特設巡洋艦の任務を解かれ、次第に不足を来し始めた特設運送船に用途を変更された。

次に内戦部隊の旗艦としての任務についていた大阪商船の貨客船浮島丸（四七三〇総トン）、大阪商船の貨客船盤谷丸（五三五〇総トン）、同じく西貢丸（五三五〇総トン）、三井船舶の貨物船金城山丸（三二六二総トン）の四隻は、特設巡洋艦と同時に敷設艦としての機能も合わせ持たされ、それぞれ四〇〇〜五〇〇個の機雷を搭載していた。

浮島丸は開戦当初から南遣艦隊の中に設けられていた第一護衛隊の旗艦としての役割も担って

おり、マレー方面の戦況が落ち着くと同時にシンガポールに進出し、この地で護衛隊の旗艦としての任務についていた。一方、盤谷丸と西貢丸の二隻は日本西部沿岸や港湾の要所に対する機雷敷設も一段落し、旗艦の任務を陸上部隊に移すと一九四三年八月には特設運送船に用途変更され、輸送活動に活躍することになった。

つまり日本の特設巡洋艦で最も長く実戦の任務についていたのは、第五艦隊の第二十二戦隊を構成していた浅香丸、粟田丸、赤城丸の三隻だけであった。しかしこれら三隻も任務の途中で用途変更され、事実上日本海軍からは特設巡洋艦の姿は消えてしまった。

この現象は日本海軍ばかりでなく、特設巡洋艦を多用したイギリス海軍もドイツ海軍も同じであったのである。つまりイギリス海軍は四〇隻以上の主に大型客船を特設巡洋艦に改装し、洋上哨戒や船団護衛に運用したが、洋上哨戒用の艦艇の充足とこれを補完する哨戒機の増備や、船団護衛用の艦艇の充足や護衛航空母艦の運用などにより、特設巡洋艦は次第に不要となり、一九四二年後半からは特設巡洋艦は次々と兵員輸送船に用途が変更されていった。またドイツ海軍は連合軍側が洋上哨戒を急速に強化し始めたことにより、水上艦艇による通商破壊作戦は潜水艦に移行され、一九四三年五月には特設巡洋艦による作戦は消滅した。

つまり特設巡洋艦はあくまでも戦況が混沌とした戦争初期の段階に活動できる艦船で、強力な艦艇戦力や航空機戦力の充足は特設巡洋艦を不要のものにしていったのであった。

特設航空母艦の戦い

日本海軍は太平洋戦争中に七隻の客船を改造して航空母艦を完成させたが、この七隻を本来意味するところの特設航空母艦と呼ぶにはいささかの疑問があるため説明を加えたい。

特設軍艦の本来の意味合いは、有事に際し民間の商船を徴用し、使用目的に適った簡単な改造や武装設置を行ないそれぞれの目的で使用し、戦争終了後は再び元の持ち主に返却して商船として使用されるもので、まさに常備軍艦や特務艦船の不足を一時的に補うものであるはずなのである。

しかし日本が太平洋戦争中に運用した特設航空母艦七隻（但しこの中の一隻は日本のドイツ客船を急遽改造したもの）は、設計当初から有事に際して航空母艦に改造することを前提として建造された客船で、その改造も本格的な航空母艦に準ずる改造工事が行なわれることが条件になっていた。つまり客船から改造された七隻の航空母艦は、本来の意味の特設航空母艦からは大きく逸脱する本格的な航空母艦を目指すもので、特設航空母艦の範疇に入れることにはいささかの疑問を抱くものなのである。

各客船が航空母艦に改造された時、船体は商船でありながら簡易とはいいながら部分的には多少の防御用の装甲工事も施され、完成した姿は完全な航空母艦となっていた。つまり元の姿の商船に戻すには新造と同じ手間を必要とすることになるのである。このために日本海軍は七隻の特設航空母艦を建造するに際しては、最終的には徴用でなく「買収」の措置をとり、徴用の束縛から離れ自由な改造を施す手段をとったのである。

勿論これには日本海軍の航空母艦に対する長年の間の基本的な考え方が貫かれていたためであ

る。つまり一九二二年に締結されたワシントン海軍条約の結果、日本は米英に比較し航空母艦の保有量に大きな制限が加えられた。この航空母艦の保有の制限に対して日本海軍が考え出した対策の一つが、以後新造する大型客船については有事に際しては航空母艦に改造し、航空母艦戦力を維持しようとする考えであった。

この考えは海軍の基本的な考えとなり、一九三五年以降に建造された大型客船については、設計段階から海軍艦政本部が指導的な立場になり、将来航空母艦に改造しやすい客船の設計に徹したのである。特に一九三七年に施行された優秀船舶建造助成施設では、優秀な新造船の建造に対して国が積極的に補助金を助成しようとする政策を施行する代わりに、有事に際してのこれら商船の徴用を完全に義務づけ、大型客船の設計に際して海軍艦政本部の積極的な姿勢をより一層助長することになった。そして新造される大型客船の本格的航空母艦への改造は完全に約束され、同時により一層大型客船の建造に注力することになったのである。

例えば日本最大の客船になるはずであった日本郵船の橿原丸と出雲丸（共に基本計画では二万七五〇〇総トン）は、北米航路の船質改善や競合外国各社に対し優位の地盤を築くという表向きの理由はあったが、日本郵船としてはこの二隻が就航した場合には運行成績が収益限界を下回ることを確信していた。しかし海軍の実戦的な航空母艦建造という強力な裏の事情が優先し、この二隻の建造は強行されたのであった。そして事実この二隻は建造途中で、船体は客船でありながら強力な航空母艦として完成したのである。

つまり日本の特設航空母艦と呼ばれる艦は、米英の特設航空母艦とは決定的な違いを持って生まれたのである。

日本のいわゆる特設航空母艦は、どちらかといえば正規の航空母艦に近い機能を持つ艦として誕生させた訳であるが、ここで海軍はこれらの航空母艦を設計する段階で大きな誤算を犯していたのである。つまり二隻の二万七五〇〇トン級の大型客船の航空母艦化については特段の誤算は生まれなかったが、その後に改造した五隻の航空母艦についてはいずれも設計段階と航空母艦として実用化される時間差の中に、誤算が生まれていたのである。

その誤算とは計画段階と実用化の段階の五～六年の間の艦上機発達の度合いである。具体的には設計・計画が進行中の一九三七年の段階では、艦上機のほとんどは鋼管羽布張りという比較的低速で自重の軽い機体が主流であったものが、航空母艦として完成した一九四三年段階の艦上機は全て全金属性の高速で自重の重い機体に進化していたことである。つまりこの進化した機体を、この計画どおり改造された小型で低速の航空母艦で普通に運用することはすでに不可能になっていたのである。

したがって日本の特設航空母艦を語るときには、大型で比較的高速の二隻の航空母艦と、小型で低速の中途半端な存在となった五隻の航空母艦の二つに分けて説明しなければならないのである。

(イ)「飛鷹」と「隼鷹」の活躍

航空母艦「飛鷹」と「隼鷹」は、もともとは一九三七年度の計画で建造が決まった、日本郵船の北米西岸航路用の大型客船出雲丸と橿原丸を母体として完成させた航空母艦である。

勿論、航空母艦「飛鷹」と「隼鷹」が完成した時、両航空母艦のごく一部を除いて本来の客船を思い起こさせる姿はほとんどなく、改造は完全な航空母艦として行なわれたのである。

橿原丸は一九三九年三月に三菱重工長崎造船所で起工され、一方の出雲丸は一九三九年十一月に川崎重工神戸造船所で起工された。そして両船共に工事は計画どおり順調に進んでいたが、一九四〇年十月に両船の航空母艦への改造が決定した。この時、橿原丸は上甲板まで完成しており、出雲丸もほぼ同じ位置まで工事が進んでいたのである。

結局、両船は建造途中のまま海軍に買収され、その後の工事は海軍の指揮の下で航空母艦としての工事となったのである。ただ両船とも建造当初から航空母艦を想定した構造・配置が随所に組み入れられており、機関室なども客船には見られない、中央隔壁で左右の機関室が分けられた軍艦仕様の構造になっていた。またすでに設置されていた主機関も、それまでの商船には例のなかった蒸気圧四〇キロ、蒸気温度四二〇度、最大軸馬力合計五万六二五〇馬力という、強力な蒸気タービン機関が配置されていた。

航空母艦への改造に際しては二段式格納庫を設置するために、上甲板以下に大きな改造工事が施され、また船体内に新たに設けられた弾薬庫やガソリン貯蔵庫周辺には、新たに二五ミリＤＳ防弾鋼板が張り巡らされた。また機関室の側面は、客船でありながら当初から二重外板構造になっていたが、改造に際してはその外板に新たに二〇ミリ及び二五ミリの防弾ＤＳ鋼板が張り巡らされた。

両艦ともに本来の客船の姿が望まれるところは、船体の水面下の船首の球状船首（バルバスバウ）や舵及び四枚羽根の二基のスクリューくらいで、水線上の船体では艦首と艦尾のごく一部に見られる客船らしい柔らかい曲線ぐらいであった。

橿原丸と出雲丸が客船として完成した場合には、総トン数二万七七〇〇トン、最高速力二五・五ノット、旅客定員（一・二・三等合計）八九〇名という、当時の大西洋航路用の大型客船にも優るとも劣らない太平洋航路最大の客船になるはずであった。

橿原丸は一九四二年五月三日に一旦「特設航空母艦隼鷹」として完成を見たが、七月十四日付で改めて「航空母艦隼鷹」として制式に航空母艦籍に編入されている。一方の出雲丸は、一九四二年七月三十一日に、初めから「航空母艦飛鷹」として完成し、航空母艦籍に編入されている。ここにこの二隻が特設航空母艦でないことが証明されているのである。

両航空母艦は共に基準排水量二万四一四〇トン、公試状態排水量二万七五〇〇トン、最高速力二五・五ノットという正規の航空母艦「飛龍」や「蒼龍」をしのぐ規模の航空母艦として完成したのである。

飛行甲板は全長二一〇・三メートル、最大幅二七・三メートルで、飛行甲板の前後にそれぞれ一基のエレベーターが配置され、その下の二段式格納庫と連絡されていた。

格納庫には常用の戦闘機、急降下爆撃機、攻撃機など合計四八機が収容され、それ以外に補用機（主翼、胴体、尾翼に分解されて梱包され、必要に応じて短時間で常用の機体として完成させる予備機）一〇機が収容される計画になっていた。

常用機体の内訳は完成当初は戦闘機（零式艦上戦闘機）二一機、急降下爆撃機（九九式艦上爆

隼鷹

撃機）一八機、攻撃機（九七式艦上攻撃機）九機を基本としていた。

竣工当時の武装は一二・七センチ連装高角砲六基、二五ミリ三連装機銃八基で、その後二五ミリ機銃が逐次増えていった。

外形は飛行甲板右舷やや前方に日本の航空母艦としては最初となる、煙突と艦橋が一体化した艦橋構造物が配置され、そこに配置された煙突は右舷側に二六度の傾斜を持つ独特の姿をしていた。これは煙突からの排煙ガスで飛行甲板上の気流を乱すことを避けるための配慮から考案されたもので、当時建造が進められていた大型航空母艦「大鳳」に本格採用するための試験的要素があったものである。その後この方式の煙突は巨大航空母艦「信濃」にも採用されている。なおこの特異な姿の煙突を持つ外国の例としては、戦後に建造された米国の通常動力型のキティー・ホーク級航空母艦の四番艦ジョン・F・ケネディーに唯一見られる。

制式に特設航空母艦として完成した段階で、「隼鷹」は瀬戸内海で収容した艦載機によって直ちに離着艦訓練と同時に各種の運用訓練や対空射撃訓練を開始し、即刻実戦力に入る猛訓練を行なった。そしてミッドウェー作戦の陽動作戦ともいえるダッチハーバー（北米アラスカ半島の西端に位置するウナラスカ島の要衝基地）奇襲攻撃作戦に参加することになった。

特設航空母艦「隼鷹」は小型航空母艦「龍驤」と共に第四航空戦隊を編

成し、一九四二年六月三日と五日の両日、ダッチハーバーの基地施設や船舶の爆撃を行なった。攻撃は天候不良のため必ずしも順調に行なわれたわけではなかったが、この二日間の攻撃で両航空母艦からは艦上戦闘機や艦上爆撃機など五〇機以上が出撃し、地上施設（兵舎、病院、飛行艇格納庫、通信施設など）や燃料タンク、さらに基地施設工事作業員の仮宿舎となっていた小型客船ノースウエスタンの一部を破壊し、飛行艇（コンソリデーテッドPBY）二機を撃墜破するという戦果を得た。

当時のダッチハーバーは基地整備途上の状態にあり、攻撃目標にしては見るべき戦果もなく、また結果的にはミッドウェー作戦に寄与するものは何もない、全く不首尾な作戦という結果に終わった。

「隼鷹」が出撃した次の機動部隊作戦は、一九四二年十月二十六日に展開された南太平洋海戦（米海軍呼称：サンタクルーズ諸島沖海戦）で、この日「隼鷹」は軽航空母艦「瑞鳳」、大型航空母艦「瑞鶴」「翔鶴」と共に、米航空母艦エンタープライズとホーネットで編成された機動部隊との間で壮烈な戦闘を展開した。

「隼鷹」はこの日の第一次攻撃隊として艦上戦闘機一二機、艦上爆撃機一七機を出撃させた。さらに艦上戦闘機八機、艦上攻撃機七機からなる第二次攻撃隊を出撃させた。また第一次攻撃隊帰還機に整備・補給を行ない、第三次攻撃隊として艦上戦闘機六機、艦上爆撃機四機を出撃させた。

この一連の攻撃で「隼鷹」の艦上爆撃機と艦上攻撃機は戦艦と軽巡洋艦に直撃弾各一発、航空母艦ホーネットに魚雷三発と直撃弾一発を命中させている。

この海戦の主要な戦果は航空母艦ホーネットの撃沈と航空母艦エンタープライズの中破であるが、ホーネットの撃沈に果たした「隼鷹」の攻撃隊の功績は高く評価されるものである。

この海戦に僚艦の「飛鷹」は「隼鷹」と共に参加するはずであったが、その直前に機関が故障しトラック島基地に引き返しているのである。

その後は米海軍の稼動航空母艦の払底などもその一つの原因となり、太平洋方面での日米機動部隊の激突はしばらく遠ざかった。この間の一九四三年四月一日に、ガダルカナル島からの日本軍の撤退後の日本側の陣容立て直しの一貫として、ソロモン諸島方面の敵侵攻部隊に対する航空作戦である「い号作戦」が発動された。

これにともない航空母艦「隼鷹」と「飛鷹」を含めた日本の当時の主力航空母艦の艦上戦闘機、艦上爆撃機、艦上攻撃機の全機がラバウル基地に進出し一大航空作戦が展開された。そして二週間の航空作戦が続いた後、四月十七日に残存機は各航空母艦に帰還したが、両航空母艦の搭載機の半数近くが失われている（この時の両航空母艦の搭載機の数は、南太平洋海戦の戦訓から次のように

攻撃をうけるダッチハーバー

当初とは大幅に変更されていた。零式艦上戦闘機二七機、九九式艦上爆撃機一二機、九七式艦上攻撃機九機の合計四八機）。

二隻が次に参加した機動部隊航空作戦は一九四四年六月十九日から翌日にかけて展開されたマリアナ沖海戦（アメリカ側呼称：フィリピン海海戦）であった。

サイパン島の攻防を巡る一連の戦いの中で展開されたこの海戦は、日米両機動部隊がサイパン島の西方海上で衝突することで始まった。

日本側は「隼鷹」と「飛鷹」を含む九隻（大型空母五隻、軽空母四隻）の航空母艦に対し、米側は一〇隻（大型空母七隻、軽空母三隻）の航空母艦戦力であった。戦力としては一見五分のようであるがその航空機戦力は、米側の七五〇機に対し日本側は四三〇機で、戦力的には圧倒的に米側が有利であった。特に戦闘機の数では米側は日本側の全航空戦力を上回っていた。

日本側はアウトレンジ戦法で先制攻撃を加えたが、敵側の無数の制空戦闘機の待ち伏せ攻撃の前にほとんど攻撃らしい攻撃もできず、壊滅的な航空機の損害を出して航空作戦は日本側の完敗に終わった。

この戦いで「隼鷹」と「飛鷹」は軽空母「龍鳳」と共に第二航空戦隊を編成し、六月十九日の朝、合計四九機の第一次攻撃隊を出撃させた。さらに四〇機からなる第二次攻撃隊を出撃させた。

しかし他の空母部隊の攻撃隊と同じく敵目標空母群のはるか手前で、それぞれの攻撃隊は一〇〇機を超える敵戦闘機の攻撃を受け、両攻撃隊はそれぞれ全滅に近い損害を出し敵空母に一指も加えることなく散ってしまった。

そして翌二十日、第二航空戦隊の三隻の航空母艦は敵急降下爆撃機と雷撃機の集中攻撃を受けた。しかしこの攻撃を防ぐにも前日の損害で防空の任務にあたる戦闘機が絶対的に不足し、三隻の航空母艦は敵の一方的な攻撃の的となったのである。

この攻撃で「飛鷹」は艦橋構造物に直撃弾一発を受け、さらに船体中央部右舷の水面下に魚雷一発を受けた。そしてこの魚雷の爆発の二時間後に「飛鷹」は大爆発を起こして沈没してしまった。客船を改造した弱点でもある防御構造の脆弱性が、航空機用燃料タンクや爆弾・魚雷庫の誘爆を引き起こしてしまったのである。

一方の「隼鷹」も煙突と艦橋構造物に合計二発の直撃弾を受けたが、航行に支障はなく無事に呉基地に帰還している。

その後「隼鷹」は搭載する飛行機もなく、広大な飛行甲板と格納庫を活かしフィリピン方面への軍需物資の輸送に使われたこともあったが、一九四四年十二月九日に九州西方沖で艦首に敵潜水艦の放った魚雷が命中したが沈没は免れた。この修理には以後四ヵ月を要したが、完成した時にはすでに日本海軍には航空母艦を活用するゆとりもなく、予備艦として佐世保の恵須美湾に擬装され係留されたまま終戦を迎えている。

「隼鷹」は戦後他の稼動艦艇のように外地からの邦人や軍人の引き揚げ輸送に使われることもなく、旧佐世保海軍工廠のドック内で解体作業が始まり一九四七年八月にその姿を消した。

「隼鷹」と「飛鷹」の二隻の客船改造の航空母艦は、日本のいわゆる特設航空母艦としては例外的な航空母艦であったといえるのである。

（ロ）「大鷹」級特設航空母艦（大鷹、雲鷹、冲鷹）の活躍

日本郵船は欧州航路の船質改善のために、一九三七年より実施された優秀船舶建造助成施設を適用し、一万七〇〇〇総トン級の三隻の姉妹客船の建造に着手した。

当時の欧州航路に配船されていた客船で最新の船でも、一九三〇年建造の一万二〇〇〇総トン級の照国丸と靖国丸で、その他は一九二〇年代に建造された一万総トン級の白山丸などの姉妹船であった。その中で一九三五年にドイツの北ドイツ・ロイト社が、日本を最終到着地とする極東航路用に、一万八〇〇〇総トン級のシャルンホルストとグナイゼナウという二隻の最新型客船を配船した。この二隻の配船は日本郵船にとっては旅客輸送と貨物輸送という面で脅威となったのである。

日本郵船は直ちにこれに対抗するために先の一万七〇〇〇総トン級の客船三隻の建造を実行したのであった。

この新しい客船の建造に対し、日本郵船は当初からシャルンホルスト級に対する対抗意識をみなぎらせていた。日本郵船の目標はドイツ船を上回る船室設備の充実とサービスの改善であった。その一つが一等船客用公室と船室の空調化と二等船客用公室の空調化であった。

この船室の空調化は、当時の極東と欧州を結ぶ航路のいかなる国の客船もまだ実施していないサービスで、酷暑の熱帯海域を往復する旅客にとっては、空調化されていない客船の乗船には耐え難い苦しみを伴うものであった。つまりこの航路の客船の例え一部の設備でも、船室が空調化されるということはまさに第一級のサービスであったのである。つまり日本郵船はこの三隻の出

現でライバルのシャルンホルスト級客船を蹴落とそうとしたのであった。

この三隻の客船の建造は全て三菱重工長崎造船所で行なわれることになり、第一船の新田丸は一九三八年五月に、二番船の八幡丸は一九三八年十二月に、そして三番船の春日丸は一九四〇年一月に起工された。

余談であるが日本郵船の客船の船名は大小を問わず、日本中の有名な神社の名前がつけられており、この三姉妹船の船名も同じく全国で有名な神社の名前がつけられていた。ただこの三姉妹船の船名には一つの工夫が施されていた。つまり日本郵船のローマ字綴りNYKの頭文字に合わせて船名が順次つけられていたのであった。

この三姉妹船の建造には優秀船舶建造助成施設が適用されただけに、建造には多額の政府助成金が交付されていた。但し、その見返りとして設計段階から本船は将来航空母艦に改造されることを前提に、船体の各部に至るまで海軍艦政本部の意向が織り込まれていた。例えば船首の第一船倉は航空機用燃料タンクとして改造することが前提、また第二船倉は航空機の爆弾や魚雷庫として使われることを前提にする設計になっていた、などということであった。

また機関室の配置や構造などには従来の客船には見られない軍艦的な要素が組み入れられたり、前後の船倉の横隔壁の位置などが将来のエレベーターの隔壁位置に合わされているなど、細かい工夫が施されていた。勿論これらは先の橿原丸や出雲丸の設計の時と同じであったのである。

一番船の新田丸は一九四〇年三月に、二番船の八幡丸は一九四〇年七月に完成したが、すでに第二次大戦は勃発しており、この二隻を予定されていた欧州航路に配船することはできず、一九四一年初夏頃まで両船は北米西岸航路に配船されることになった。

その一方で日本を巡る国際情勢の悪化は日を追うごとに情勢は厳しくなり、この二隻のサンフランシスコ航路の配船も中止された。ただその中で三番船の春日丸は建造中の一九四〇年五月に海軍が徴用したのである。目的は建造途中で航空母艦に改造するためであった。しかしその後徴用は買収に変わり一九四一年八月に春日丸は艦名はそのまま春日丸を受け継ぎ、特設航空母艦春日丸として完成し太平洋戦争に突入したのであった（一九四二年八月に艦名は春日丸から制式航空母艦として「大鷹」に変更されている）。

一方、八幡丸は一九四一年十一月に特設航空母艦への改造が開始され、一九四二年五月に特設航空母艦八幡丸として完成したが、春日丸と同じく八月には制式航空母艦「雲鷹」として航空母艦籍に編入された。また新田丸は一九四二年八月に特設航空母艦新田丸としての改造工事が開始されたが、同年十一月に制式航空母艦「冲鷹」として完成すると直ちに航空母艦籍に編入されたのである。

これでもわかるとおり、日本海軍は大型の橿原丸や出雲丸はもとより、一万総トン級の新田丸級の客船も、航空母艦に改造後は特設航空母艦とは呼ばずに制式航空母艦として扱っていたことになるのである。勿論この後に完成した「海鷹」も「神鷹」も全く同じ扱いであった。

つまり日本海軍には商船を改造した航空母艦は存在したが、これらを特設航空母艦という位置づけにはしていなかったことがわかるのである。

ただ、ここではあくまでも商船改造の軍艦ということより、これらの航空母艦を特設航空母艦

大鷹

の位置づけで話を進めることにしたい。
この三姉妹客船を母体にした三隻の航空母艦は、完成はしたものの母体の船体が小型であるために、長い飛行甲板を設けることができず、また商船時代の最大出力二万五二〇〇馬力の蒸気タービン機関をそのまま使用したために、客船時代の最高速力二二・五ノットに対し、船体重量の増加などで最高速力は二一ノットに低下してしまった。このために完成したときには一九四二年当時の第一線の艦上機を自由に運用することが困難になり、中途半端な航空母艦として完成してしまったのであった。
もしこの時日本にも、当時アメリカ海軍が実用化していた航空母艦用の油圧式カタパルトが存在していれば、これら三隻は第一線用の航空母艦として、その後の航空作戦に大きく寄与していたことに間違いはないのである。
アメリカ海軍が第二次大戦で大量建造したボーグ級やカサブランカ級護衛空母は、貨物船の船体を基本にして建造されたまさに特設航空母艦で、その規模や寸法は「大鷹」級より一回りも二回りも下回っていたのである。例えば飛行甲板の全長は一六〇メートルで、最高速力は一八ノットというもので、当時のアメリカ海軍の重量級の艦上戦闘機や艦上攻撃機は、着艦は可能であっても、全備重量状態で通常の離艦滑走でこの艦から発艦することなど到底不可能であった。

ところがこれら低速小型の航空母艦から、いとも簡単に次々と戦闘機や攻撃機を出撃させていたのである。これは全て航空母艦用に開発されたコンパクトではあるが強力な油圧式カタパルトの存在があったためであった。

結果的に日本海軍は火薬式や空気圧式のカタパルトの開発では世界トップレベルの水準にあったが、これらを航空母艦で使用するにはあまりにも多くの問題があり、また油圧式カタパルトについてはその考えが当時の日本ではまだ煮詰まっていなかったのである。

つまり日本海軍は造っては見たものの、最後までこれら小型「特設航空母艦」の実戦用としての効果的な運用について、具体策を見つけだすことができなかったのである。

しかし太平洋戦争勃発当初からこの問題は露呈していたのである。開戦に先立ち連合艦隊は小型の正規航空母艦「龍驤」と完成したばかりの特設航空母艦春日丸で第四航空戦隊を編成していた。この第四航空戦隊は開戦の劈頭に二隻でフィリピンのダバオを奇襲する予定であった。しかしこの奇襲攻撃は「龍驤」一隻で行なわれ、春日丸は参加していない。

その理由は現用の艦載機を運用するには春日丸が小型に過ぎ、実戦に投入するには不適の結論がくだされたためであった。結局、春日丸は開戦当初より日本からパラオ島などに向けての航空機の運搬用に使われ、この状況は艦の名前が春日丸から「大鷹」に変わっても変わることはなく、日本からトラック島、ラバウル、フィリピン、ジャワ、シンガポール方面への航空機の輸送専用の航空母艦として従事し、その間には瀬戸内海で航空母艦航空隊の新しいパイロットの離着艦訓

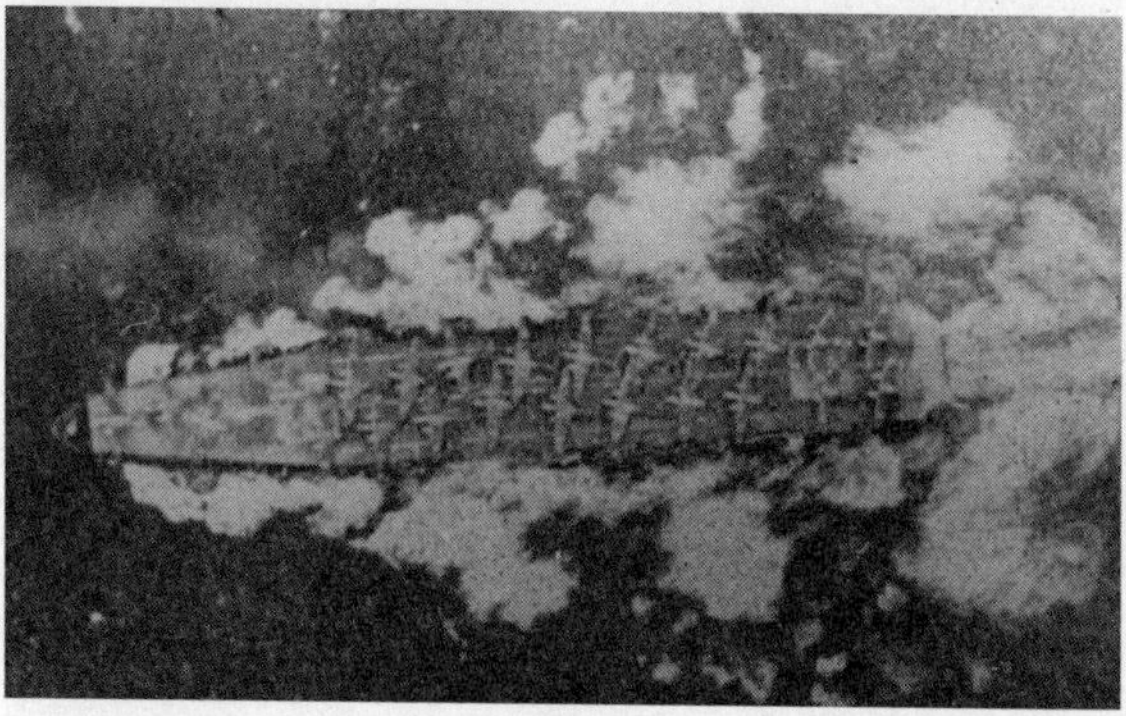
航空機輸送中の冲鷹

練用に使われていた。
日本から南方方面への「大鷹」による航空機の輸送は、一九四二年三月以降、一九四三年十二月までの二二ヵ月間で、トラック島一二回、カヴィエン三回、ラバウル一回、マニラ一回、パラオ島一回の合計一八回で、合計七二〇機以上の航空機を輸送している。
輸送された航空機は海軍ばかりでなく陸軍の機体も多く、中には陸軍の双発爆撃機まで含まれていた。一九四三年五月にラバウル基地で初めて実戦に参加した、海軍の二式陸上偵察機に二〇ミリ機銃を装備して夜間戦闘機に改造した「月光」も、「大鷹」などによってラバウルに運び込まれたのであった。
「大鷹」「雲鷹」「冲鷹」の三隻が日本から南方戦線に運び込んだ航空機は優に二〇〇〇機を超えていた。ちなみに「雲鷹」の航空機の輸送回数はトラック島一七回、ラバウル・カヴィエン方面二回、バリックパパン二回の合計二一回で、三隻の中では最も輸送回数が多い。また「冲鷹」はトラック島へ一三回の輸送を行なっている。

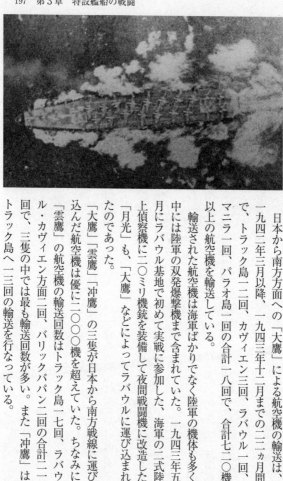

これら三隻は一九四三年十一月に設立された船団護衛任務とする海上護衛総司令部に他の護衛艦艇と共に移籍されているが、その最中の十二月三日に、「冲鷹」は八丈島沖で敵潜水艦の雷撃で撃沈されてしまった。

残る二隻が船団護衛専門の働きを始めたのは一九四四年五月からで、それまでは引き続き航空機輸送に使われることが多かった。

船団護衛に従事するようになった二隻は、搭載する機体にはすでに旧式化していた九七式艦上攻撃機が使われ、一隻あたり一二～一七機が搭載されていた。これらの機体は爆雷や対潜爆弾を搭載し、一度に二機程度が出撃し二～三時間の間隔で交代、船団周辺の上空を低空で飛行しながら哨戒飛行を行なっていた（対潜哨戒の場合は一度に多数の航空機が飛行甲板に並び、次々と出撃する訳ではなく、小数機が飛行甲板一杯を使って離艦滑走できるために、この小型の航空母艦でも運用が可能であったのである）。

一九四四年五月三日、門司の六連島泊地からシンガポールに向け、石油の引き取りに向かう油槽船一〇隻と貨物船一隻からなる船団（ヒ61）が出発した。この船団にはその重要性から護衛艦（旧式駆逐艦）二隻、海防艦六隻、そして船団護衛として初めて護衛航空母艦「大鷹」が付くことになった。

この船団はフィリピンのルソン島北方で油槽船一隻が雷撃されているが（沈没には至らず）、無事に目的地に到着している。そしてシンガポールに到着した船団の油槽船は石油を満載し、その一部とすでに荷役を終えていた貨物船と合わせて合計八隻の船団を編成して日本に向かったのである。船団の積み荷は大量の重油やガソリン、スズやボーキサイト鉱石そして生ゴムなどの、当時の日本にとっては貴重な資源ばかりであった。

「大鷹」は他の護衛艦艇五隻と共にこの重要な船団を護衛し、六月八日には全船無事に門司に帰着したのである。

このシンガポール往復の船団護衛の結果は、船団に航空母艦が随伴することが極めて効果的であることを証明するものであった。少なくとも日の出から日没までの間、船団の上空には常に二〜四機の哨戒機が切れ目なく哨戒飛行を行なっており、例え一機でも船団の上空に飛行機が存在することは、敵潜水艦にとっては大きな脅威となったのである。

「大鷹」は八月にも大規模で重要な船団の護衛に付いている。この時の船団（ヒ71）は二〇隻で編成され、シンガポールへの石油の引き取りのための油槽船九隻（内一隻は海軍の正規給油艦）、フィリピン防衛のために送り込まれる陸軍第二十六師団の全将兵と装備品を運ぶ、貨客船四隻、貨物船四隻、陸軍特殊輸送船三隻からなり、八月十日に伊万里湾を出発した。

乗り込んだ第二十六師団の将兵の数は二万名に達し、各種火砲や弾薬あるいは運搬車や装甲車、そして大量の糧秣などその総量は一万トンを大きく上回っていた。

船団の護衛には護衛艦（旧式駆逐艦）一隻、海防艦六隻そして航空母艦「大鷹」が随伴することになった。しかしこの時は、船団にとっても護衛艦艇にとっても、そして護衛航空母艦にとっても極めて過酷な結果が待っていたのである

八月十八日の夜、船団はルソン島の北西岸沖を南下中であったが、午後十時過ぎに突然、護衛

航空母艦「大鷹」に二発の魚雷が命中した。魚雷が命中し爆発した個所は不運にも航空機用燃料庫と機関用の重油タンクの至近の位置であった。客船改造航空母艦の最大の弱点である防御の薄さが悲劇を生んだのである。「大鷹」は魚雷爆発後たちまち猛火に包まれ、命中後二八分で沈没してしまった。

敵潜水艦は航空母艦を攻撃できない昼間を避けて夜間に攻撃し、船団護衛の最大の強敵である航空母艦を血祭りに上げたのである。その後のこの船団はまさに悲劇につきまとわれることになった。

兵員輸送船の大型客船帝立丸（一万七五三七総トン）と陸軍特殊輸送船玉津丸（九五八九総トン）が立て続けに雷撃で撃沈され、貨物船二隻と油槽船一隻がその後を追うという大惨事となったのである。この撃沈劇で第二十六師団の将兵七一二四名が海没し、三一〇九名が海中より救助された。この結果、第二十六師団の兵力は一気に半減し、同時に武器弾薬類あるいは糧秣も半数が失われ、戦力は激減してしまったのであった。

ただ一隻残った「雲鷹」も重要船団の護衛に付いていたが、その活躍も長くは続かなかった。一九四四年八月二十五日に門司の六連島泊地をヒ73船団がシンガポールへ向かった。船団は油槽船八隻と貨物船六隻で編成されており、燃料重油や航空機用ガソリン一二万トンと、スズ、ボーキサイト鉱石、生ゴムの積み取りがこの船団の目的であった。

本船団も重要船団に指定され護衛には軽巡洋艦「香椎」、海防艦五隻、そして護衛航空母艦として「雲鷹」が随伴することになった。

海鷹

　船団は極めて珍しいことではあるが、途中、敵潜水艦の攻撃を受けることが一度もなく、九月五日に無事にシンガポールに到着している。「雲鷹」は折り返しシンガポール発のガソリンと重油を満載した大型油槽船五隻を護衛して、九月十一日に日本に向かうことになった。
　しかし船団が南シナ海の東沙諸島南東の海上を航行中の九月十七日の未明、「雲鷹」は船体中央部と船尾の右舷に二発の魚雷を受けた。「雲鷹」は全機関と補機が停止し排水作業もできず、被雷四時間後に沈没した。
「大鷹」も「雲鷹」も「冲鷹」も、母体が客船であるために水線下の防御には十分な対策が施されていないという基本的な弱点があり、雷撃に対しては決定的な欠点を持っていたのである。

（ハ）「海鷹」の活躍

「海鷹」は日本海軍が運用した最小の航空母艦であった。母体は大阪商船が移民輸送を主体とした南米東岸航路用に建造した一万二〇〇〇トン級の客船あるぜんちな丸である。本船は全長一六〇メートル、全幅二二メートル、一万二七五五総トンという、日本郵船の新田丸級より幾分小型の客船であった。

本船の姉妹船ぶらじる丸も航空母艦に改造される予定になっていたが、その直前に特設運送船として航行中に敵潜水艦の雷撃で撃沈されてしまった。

あるぜんちな丸が航空母艦としての改造工事に着手したのは一九四二年十二月で、完成は一九四三年十一月であった。改造工事は「大鷹」級とほとんど同じであるが、この客船の主機はディーゼル機関であり、そのまま航空母艦にした場合には出力不足になる可能性が大きいため、改造工事途中で主機が海軍の標準機関である最大出力五万二〇〇〇馬力の艦本式ロ号タービン機関に交換された。このために「大鷹」級に比べ改造工期が長くなったが、最高速力は従来の客船時代の二一ノットから二三ノットに増速された。「大鷹」級や後の「神鷹」よりも若干高速となった。

しかし船体の基本寸法が小型であるために飛行甲板は短く、例え多少速力が早くともカタパルトのないこの艦で最新型の艦上機を運用することは最初から困難であった。

「海鷹」は完成と同時に航空母艦籍に編入され、当初はシンガポールやパラオ島あるいはフィリピン方面への航空機輸送に使われていたが、一九四四年二月から海上護衛総司令部に編入され、船団護衛用として運用されるようになった。

「海鷹」の完成当時の航空機搭載数は、零式艦上戦闘機一八機と九七式艦上攻撃機六機であった。しかしこれらの機体を搭載し全装備状態で出撃させるには、飛行甲板上にわずか数機を並べて発艦させるのが精一杯で、実戦用の航空母艦として運用することは不可能であった。

護衛航空母艦として運用される場合には、旧式化した九七式艦上攻撃機を一二〜一四機程度を搭載する場合がほとんどであった。

擱座した海鷹

皮肉なことではあるが、「海鷹」は小型ではあるが「大鷹」級や「神鷹」に比べ、船団の護衛回数が最多の航空母艦で、よくその任務を果たした。

「海鷹」の護衛航空母艦としての最初の航海は、一九四四年四月三日に門司の六連島泊地を出発し、シンガポールへ向かった九隻の油槽船船団（ヒ57）であった。この船団の護衛には「海鷹」の他に海防艦五隻と水雷艇一隻が付いたが、四月十六日に無事にシンガポールに到着している。そしてこの船団の油槽船はそれぞれ燃料重油や航空機用ガソリンを満載し、上りヒ58船団として四月二十一日にシンガポールを出発し、五月三日に無事に門司に帰還している。

「海鷹」はその後も日本とシンガポール間の石油輸送船団の護衛に付く他にも、台湾や海南島方面に向かう中距離船団の護衛にも随伴している。この中でも中国南部の海南島は鉄鉱石の産出地であり、日本からは常に鉄鉱石輸送のための貨物船が九州の八幡との間を往復し、これら輸送船団の護衛は石油輸送の護衛と並んで重要な任務であった。

しかし一九四五年一月以降は南方方面に向かう全ての航路は敵の制空権と制海権の中に入り、交通は途絶状態となり、ただ一隻残った護衛用の航空母艦「海鷹」も瀬戸内海西部で訓練艦や特攻機の攻撃標的などに使われていた。

しかし一九四五年七月に待避先の別府湾で触雷により船底を破壊し、沈没を避けるために海岸に擱座させた状態で終戦を迎えた。その後、日本サルベージの手によって現地で解体作業が始まり、一九四八年一月に解体を終了している。

（三）「神鷹」の活躍

特設航空母艦「神鷹」は紆余曲折の状況の中で完成を見た航空母艦であったが、その最後は日本の全ての航空母艦の中でも最も悲劇的なものとなった。

日本海軍はミッドウェー海戦により一挙に四隻の航空母艦を失う事態に直面し、航空母艦戦力の弱体化に改めて事態の深刻さを悟ることになった。ミッドウェー海戦直後の日本海軍の実戦力としての航空母艦戦力は、大型航空母艦三隻（瑞鶴、翔鶴、隼鷹）、軽航空母艦二隻（龍驤、瑞鳳）のみとなっていた。これは同じ時期の米海軍の航空母艦戦力五隻（サラトガ、エンタープライズ、ホーネット、ワスプ、レンジャー）に対し弱体化しているということであった。さらに大きな危機として、米海軍はすでに最新型の大型航空母艦エセックス級一〇隻以上の建造を開始しており、これらが続々と完成する一九四三年後半からは、米航空母艦戦力は圧倒的なものになることが確実視されていた。そしてこの圧倒的な米側の航空母艦戦力の整備に対し、同じ時期に日本海軍が建造中の航空母艦は、完成間際の大型航空母艦は一隻（飛鷹）と改造軽航空母艦一隻（龍鳳）のみで、その他は建造途中の大型航空母艦の「大鳳」だけであった。そしてこの「大鳳」も完成は少なくとも一年半先という状態だったのである。そして太平洋戦争の勃発を前に、緊急に建造が決まったただ一隻の航空母艦（雲龍）はまだ起工もされていなかった。

つまり日本海軍はミッドウェー海戦で航空母艦戦力が完敗するまで、航空母艦戦力の急速な整備ということに対しては、なぜか実に緩慢な姿勢を貫いていたことになり、航空母艦戦力が一気に半減した事実に対し日本海軍は狼狽するばかりであった。

実は日本海軍は客船改造の航空母艦が次々と完成する予定の中で、とりあえずの航空母艦戦力の増備は可能と踏んでいたきらいがあった。しかし現実にはその中で実戦に役立つ航空母艦は「隼鷹」と「飛鷹」だけであり、残りの計画された五隻は建造は進められたがとても実戦に使える航空母艦でないことを、まだ認識していなかったようである。そしてそればかりか、これら小型航空母艦の運用についても明確な方針が生まれていなかったようであった。つまり日本海軍は当初からこの小型特設航空母艦は完全に戦力化されるものと考えていたようであり、ここに大きな誤算が生まれたのであった。

ミッドウェー海戦の結果は、日本の航空母艦戦力増強に「待ったなし」の対策を強いることになった。

日本海軍は開戦を前に大型航空母艦一隻（後の「大鳳」）の建造を含む「丸五」計画と、中型航空母艦一隻（後の「雲龍」）の建造を含む戦時建造計画「丸急」計画を実施に移したが、その起工と完成を見ない前にミッドウェーの惨敗を招くことになった。この結果海軍は急遽、「雲龍」型中型航空母艦一五隻と「大鳳」型大型航空母艦五隻を急速建造する「改丸五」計画を実行することになった。しかしこの決定はあまりにも遅きに失した計画の決定で、仮に実行されたとしても、目標の航空母艦が完成するのは早くとも二年先と予想された（注：実際にこの計画で建造され完成した航空母艦は「天城」と「葛城」の二隻だけであった）。

この間の航空母艦の不足を少しでも埋めようと考え出された案が、一九三九年九月以来、神戸港内に係留されていたドイツ客船シャルンホルストの航空母艦化であった。

日本政府とドイツ政府との交渉の結果、シャルンホルストの日本への売却が決定し、直ちに呉海軍工廠で改造工事が着手されることになった。

客船シャルンホルストについては「大鷹」級特設航空母艦の項ですでに述べたが、本船は日本郵船の新田丸級客船を誕生させるきっかけとなったライバル客船である。そしてここに皮肉にもライバル同士が日本海軍の特設航空母艦として生まれ変わることになったのである。

シャルンホルストは総トン数一万八一八四トン、全長一九八・七メートル、全幅二二・六メートルと、船体は新田丸級より若干大型である。最高速力は新田丸級の二二・五ノットに対し、若干早い二三ノットであった。

ただこの船の航空母艦への改造は新田丸級のように順調には進まなかった。その原因の一つは、同船の改造に必要な詳細な構造図面がドイツ本国に保存されていることで、急の改造には入手できないことであった（本件については呉海軍工廠の驚異的な努力によって、短時日の間に実測の中での図面ができ上がったことで解決した）。

もう一つの原因は、本船の主機であるワグナー式高温高圧ボイラーと日本海軍では未経験のターボエレクトリック機関の存在であった。

神鷹

当初の計画では搭載されているボイラーも機関もそのまま使う予定であったが、実際に航空母艦として完成し試運転に入った時、この高温高圧のワグナー式ボイラーの運転操作は、当時の日本海軍の機関科要員の手に余るものであることが分かり、ターボエレクトリック機関については何とか使いこなせても、結局はこのボイラーは日本海軍の標準ボイラーである、艦本式ロ号ボイラーに換装されてしまったのである。

客船シャルンホルストは航空母艦「神鷹」として一九四三年十二月には完成していたが、このボイラー換装のために最終的に完成を見たのは一九四四年五月にずれ込んでしまった。

「神鷹」は完成と同時に海上護衛総司令部の所属となり船団護衛に使われることになり、直ちに対潜哨戒機として九七式艦上攻撃機が配置され、離着艦訓練と操艦と運用訓練が瀬戸内海で開始された。

「神鷹」は基本船体が「大鷹」級より若干大型であるために、飛行甲板長は「大鷹」級及び「海鷹」に比べおよそ一〇メートル長く一八〇メートル、そして全幅も二四・五メートルと一メートル以上広くなっていた。この飛行甲板の長さは正規の軽航空母艦の「龍鳳」や「瑞鳳」、あるいは「千代田」や「千歳」と同じであったが、最高速力は水面下舷側にバルジを新たに設置したために抵抗が増し、二一ノットに低下し、「龍鳳」級の最高速力二九ノットに比較すると格段に遅く、やはり他の四隻と同じく実戦用の航空母艦として使うことはできなかった。

ただ「神鷹」は改造当初から船体が大型であることを期待し、計画では艦上戦闘機と艦上爆撃機を常用二七機、補用六機の合計三三機という、五隻の特設航空母艦の中では最大になっていた。また対空火器も五隻の中では最強で、一二・七センチ連装高角砲四基、二五ミリ三連装機銃一〇基を搭載していた。

船団護衛用となった「神鷹」に搭載された対潜哨戒機は、九七式艦上攻撃機一四機とされており、対潜爆弾か爆雷を搭載して日の出から日没まで常時二機が交代で船団周辺海上の哨戒にあたることになっていた。

「神鷹」の最初の船団護衛は一九四四年七月十三日に門司の六連島泊地を抜錨した、油槽船九隻と貨物船六隻からなるマニラとシンガポールに向かう混合ヒ69船団であった。

この時の護衛艦艇は軽巡洋艦「香椎」、海防艦四隻と「神鷹」で、マニラ行きの兵員と物資搭載の六隻の貨物船も、シンガポールへ石油を引き取りに向かう九隻の油槽船も全て無事に目的地に到着している。

「神鷹」はシンガポールで航空機用のガソリンと艦艇用の重油を満載した七隻の油槽船と、鉱石を満載した貨物船一隻の合計八隻で編成された折り返しのヒ70船団を護衛し、八月四日には全船無事に門司に帰着している。

「神鷹」の次の護衛任務は九月八日に門司を出発した油槽船七隻と貨物船三隻からなるヒ75船団

の護衛であったが、この船団も無事にシンガポールに到着し、折り返し油槽船九隻で編成されたヒ76船団を護衛してシンガポールを発ち、十月二日に無事に日本に一三万トンの航空機用ガソリンや艦船用燃料を送り届けたのである。

一九四四年六月以降、南シナ海を航行する日本の輸送船団は敵潜水艦の攻撃によって大打撃が続いたが、船団に護衛用の航空母艦が随伴することが、船団航行の安全に極めて大きな効果を示すことが、航行の回数の増加とともに証明されるようになったが、これは船団周辺を哨戒機が飛行する昼間だけに限定されるもので、船団護衛用航空母艦の最大の敵は夜間にあった。すでに「大鷹」や「雲鷹」でもこの事実は証明されていたが、「神鷹」もその例外となることはできなかった。

一九四四年十一月十四日、シンガポール行きの油槽船五隻とマニラに向かう貨物船一隻、同じく陸軍特殊輸送船四隻からなるヒ81船団が、九州北部の船団集結地である伊万里湾を出発した。この船団の護衛には護衛艦（旧式駆逐艦）一隻、海防艦七隻、「神鷹」が付くことになっていた。そして船団は途中台湾の高雄でマニラ行きとシンガポール行きに分かれることになっていた。ちなみにこの船団のマニラ行きに組み込まれていた陸軍特殊輸送船とは、商船の外型をした特殊な輸送船で、船体内部には二〇隻以上の上陸用舟艇（大発）が収容され、甲板上にも一〇隻前後の上陸用舟艇が搭載され、船内の既設の居住区域には二〇〇〇～三〇〇〇名の将兵が乗船しており、目的地海岸に到着すると、あらかじめ船内で将兵の搭載が終わっていた上陸用舟艇が、これらの船の船尾に開けられた開口部から一斉に海上に発進し、同時に上甲板に搭載されていた上陸用舟艇も海面に下ろされ、将兵の乗艇が終わるとこれも一斉に海岸に向かって発進するという仕組みの、現在の上陸強襲艦の先がけともいえる特殊な船であった。

この船団が泊地を出発した頃は、フィリピンのレイテ島を巡る激烈な攻防戦が展開されている最中で、この時はこれらの陸軍特殊輸送船には、陸軍精鋭の第二十三師団の全力が収容されており、四隻の特殊輸送船一隻あたり三〇〇〇～五〇〇〇名の将兵が乗船していた。

しかしこの船団が伊万里湾を抜錨した直後から、九州西北方面の海面下に潜んでいた敵潜水艦の行動が活発化してきたのである。すでに船団は敵潜水艦に探知されていたのであった。

敵潜水艦の戦力は三～四隻と推定されたが、互いに無電を発している様子が船団の各船や護衛艦艇の無電室では傍受されていた。しかし当時の日本には遊弋する敵潜水艦の位置を正確に探知する技術は開発されていなかった（注：すでに米英では一九四三年後半には敵潜水艦が発信するいかなる電波も、その発信位置を正確に探知するシステムを開発し、ドイツ潜水艦に先制攻撃を加え、攻撃活動の封じ込めに成功していた）。当時の日本海軍では対潜水艦戦では、とにかく各護衛艦は見張りを厳重にし、また水中探信儀（ソナー）を作動させ、極めて効率は悪いが敵潜水艦の潜伏位置の探知に努める以外に効果的な戦い方法はなかったのである。

その一方で護衛航空母艦の「神鷹」からは対潜哨戒機が発進し、船団上空を飛行して敵潜水艦の発見に努めていたが、それをあざ笑うかのように十一月十五日の正午頃、特殊輸送船あきつ丸（九一八六総トン）に魚雷一発が命中した。

魚雷の命中個所は運悪く船体後部の師団砲兵隊の砲弾が満載されていた位置に近く、魚雷の爆発で大量の砲弾が一気に誘爆し、また船尾甲板と船倉内に搭載されていた多数の爆雷も誘爆し、あきつ丸は魚雷命中後わずか三分で船体は横転し沈没してしまった。

この沈没であきつ丸に乗船していた将兵二五七六名中実に二〇四六名が犠牲になった。船団が東シナ海の中央部を過ぎた同じ十五日の午後六時、同じく陸軍特殊輸送船の摩耶山丸（九四三三総トン）の船体中央部に魚雷二発が命中した。この魚雷の爆発で摩耶山丸は瞬時にして転覆し沈没してしまった。そしてこの沈没による犠牲者は三一八七名に達したのである。

結局この二隻の輸送船の沈没でレイテ島に送り込まれる予定であった第二十三師団の精鋭五二三三名が戦わずして命を失い、約三〇〇〇名の将兵が救助されたものの装備品の一切を失い戦力激減となったのである。

護衛航空母艦が随伴していながらの今回の大惨事は、日本海軍の対潜水艦戦闘に対する基本的な問題が存在していることを示すものとなり、護衛航空母艦の優位性は一時の満足感に他ならなかったのである。そして翌十六日の午後十一時九分、船団が済州島の西方三〇〇キロの位置に達した時、「神鷹」は船体の前部、中央部、後部の三個所に同時に魚雷が命中し爆発した。「神鷹」は「大鷹」級と同じく商船時代の前部と後部の船倉は航空機用ガソリンタンクとして使われており、周囲の装甲も正規の航空母艦に比べれば申し訳程度のものであった。「神鷹」は魚雷の命中と同時に艦全体が巨大な火の玉と化し、魚雷命中後三〇分で沈没してしまった。この時の「神鷹」の全乗組員数は一一六〇名であったが、生存者はわずかに六〇名だけであった。これは日本海軍の航空母艦として最大の悲劇を出した航空母艦として記録されるのである。

結局、日本の商船改造の航空母艦は一時的には特設航空母艦と呼ばれたが、すべて制式な航空母艦として扱われることになった。そしてただ一隻が完全な姿で終戦時に残存したが、元の華麗な姿の客船に戻ることはなかったのである。

（ホ）しまね丸始末

日本海軍が本来の意味での特設航空母艦として建造を始めたのが、油槽船を改造した「しまね丸」であった。しかしこの場合も本体の油槽船の機能は一〇〇パーセント活かしてはいたものの、航空母艦としての機能をもたせるために基本船体にはかなりの改造を施しており、特異な姿の航空母艦ということができよう。

一九四四年に入り敵潜水艦による船団の被害が急増し始めたことに対し、海軍は当時在籍の客船改造の小型航空母艦四隻を船団護衛用に投入したが、わずかこの程度の数の護衛航空母艦で船団を守り切ることなどできるはずがなかった。これに対し海軍は戦時急造型（戦時標準設計型）の大型油槽船を本来の油槽船として運用するかたわら、その油槽船の上甲板以上の船体に飛行甲板や格納庫を設け、特設の航空母艦を建造し船団に組み入れ、輸送船兼護衛用航空母艦として使う案を策定し早速実行に移した。

つまり護衛用航空母艦と油槽船兼用の特異な存在の商船で、これと全く同じ考えがイギリス海軍でも実行に移され、MAC（Merchant Aircraft Carrier）シップと呼ばれて実際に船団護衛に活用された。イギリスのこの時の母体商船は油槽船と穀物運搬専用船であった。

海軍は一九四四年六月に、油槽船として起工されたばかりの第一次型戦時標準設計の大型油槽船（1TL型、一万総トン）一隻を購入し、油槽船としての工事を続けながら同時に上甲板以上に、飛行甲板や格納庫など簡易型航空母艦としての構造物を組み上げたのである。

海軍は本船に続いてもう一隻の1TL型大型油槽船を購入し、同じような簡易型航空母艦の工事を開始したが、購入時期も遅く工事が進展を見せない間にこの二隻目の簡易型航空母艦の建造は中止されている。

「しまね丸」の工事は続けられたが、一九四五年一月に九〇パーセントまで完成した段階で工事は中止された。すでに東シナ海以南の海上は完全に米軍の制海権と制空権下にあり、日本からシンガポール方面に石油を引き取りに行く船団を航行させることは不可能な状態になり、「しまね丸」は完成されても全く無意味な存在になるだけであった。

「しまね丸」はその後未完のまま秘匿のために四国の志度湾に係留されていたが、一九四五年七月二十四日に、瀬戸内海東部方面を襲った英海軍の機動部隊の航空攻撃で直撃弾三発を飛行甲板などに受け、船体後部が折れ曲がり半没の状態で終戦を迎えた。

「しまね丸」は総トン数一万二一トン、主機は蒸気タービンで最高速力一八ノットを出す予定であった。飛行甲板は全長一五五メートル、全幅二三メートル、飛行甲板前部には飛行甲板の前半部分の下に設けられた格納庫に通じるエレベーター一基が配置されていた。

客船改造の最小の航空母艦「海鷹」よりも小型で低速の「しまね丸」の、さらに短い飛行甲板で運用する飛行機として、海軍は飛行特性と操縦性に優れた鋼管羽布張りの九三式中間練習機

（赤とんぼの別称で有名な機体）を考えており、搭載機数は一二機と計画されていた。

潜水艦にとっては例え弱体な航空機であろうとも、上空に爆雷や対潜爆弾を搭載した航空機が飛行していることは、まさに「危険」の知らせであったのである。

特設水上機母艦の戦い

日本の特設軍艦の中で最も目覚ましい活躍をした艦は七隻の水上機母艦であろう。日本独自の発達を見せ、当時世界のトップレベルの水準に発達していた日本の水上機は、この七隻の水上機母艦に搭載され最前線に出撃した。

搭載された水上機は偵察機ばかりではなく、途中からは世界唯一の水上戦闘機まで搭載しその戦力は倍増し、一九四二年六月頃までに展開された全ての攻略作戦にこの七隻の水上機母艦は投入されたのであった。

これら七隻の水上機母艦は開戦時には次のような配置になっていた。

第三艦隊（侵攻封鎖艦隊） 神川丸、山陽丸、讃岐丸
第四艦隊（内南洋艦隊） 聖川丸、国川丸
第五艦隊（北方艦隊） 君川丸
南遣艦隊 相良丸

これら七隻は開戦以降展開された各艦隊の主導する攻略作戦に投入されていた。第三艦隊に編入された三隻は、第十二航空戦隊を編成し、各艦は原則として零式三座水上偵察機六機、零式水

上観測機二機を搭載して、フィリピン、マレー半島、ボルネオ島、スマトラ島などの上陸作戦の航空支援を行なった。任務は攻略部隊の大船団の対潜哨戒や、周辺海域に接近する敵艦隊に対する偵察、そして上陸が開始されると上陸地点付近の敵施設に対する爆撃や、接近する敵戦闘機の迎撃まで行なったのである。特にまだ水上戦闘機が出現していなかった初期の段階では、戦闘機並みの運動性をもつ零式水上観測機がよくその任務を果たした。

第四艦隊の聖川丸と国川丸の二隻は、ウエーキ島上陸作戦やラバウル方面上陸作戦や、東部ニューギニア方面の上陸作戦時の唯一の航空支援部隊として活躍した。

南遣艦隊の相良丸もマレー半島攻略作戦の大船団の上空援護を担当し、引き続きボルネオ島とスマトラ島攻略作戦の上空支援を行なっている。さらにインド洋東部のアンダマン海に進出し、アンダマン諸島やニコバル諸島上陸作戦を支援し、引き続きビルマ沿岸の上陸作戦の支援を行なった。

第五艦隊の君川丸は開戦と同時に千島列島から西部アリューシャン列島方面の海域に進出し、北方からの敵艦隊の侵入に備えて連日の哨戒活動を展開した。そして一九四二年五月に展開された西部アリューシャン列島のアッツ島、キスカ島の攻略作戦では上陸支援を行なっているが、君川丸は陸上航空基地の建設が困難な両島のその後の維持に対し、水上偵察機や水上観測機ばかりでなく、新しく開発された二式水上戦闘機を次々と両島に運び込み、水上航空基地の維持に最後まで奮闘した。

この奮闘ぶりは一九四三年五月のアッツ島の玉砕とキスカ島からの特別陸戦隊の撤退まで続け

られたが、この間に君川丸はキスカ島に二式水上戦闘機三五機、零式三座水上偵察機と零式水上観測機二五機を送り込んだが、アッツ島にも二式水上戦闘機一九機と零式三座水上偵察機一五機を送り込んでいる。

両島に送り込まれた水上戦闘機は、アッツ島から東に約三〇〇キロほどの位置にある、米陸軍の最前線基地のアダック島から来襲する爆撃機や戦闘機の迎撃に、わずかの戦力ながら奮迅の活躍をしたのである。

両島の二式水上戦闘機は一九四二年六月から一九四三年三月までの間に、アダック基地から来襲するコンソリデーテッドB24重爆撃機やノースアメリカンB25軽爆撃機を合計五機と、ロッキードP38やカーチスP40戦闘機一〇機を確実に撃墜し、その他撃墜未確認多数を記録している。しかし寒冷と荒天の続く水上基地の維持は困難を極め、敵機との戦闘で受ける損害よりも、荒れ狂う海岸基地で受ける機体の損害の方がそれを上回る状態で、両島が放棄された時に残存していた飛行可能な機体はゼロであった。

君川丸の北海での活躍は目覚ましいものがあったが、秋から翌年春までの哨戒活動や航空機の輸送活動は生半可な苦労ではなかった。氷点下の荒れ狂う海上では飛散した波はたちまち甲板を凍らせ、搭載している航空機はたちまちツララの塊と化してしまう。この中で常に搭載する航空機を飛行可能な状態に維持することは筆舌に尽くしがたい苦労が強いられたのである。

なおアッツ島やキスカ島に各種水上機を輸送する場合には、後部甲板に一二または一三機を搭載し、前部甲板には四～五機を搭載し、合計一六～一八機の搭載が一般的であった。

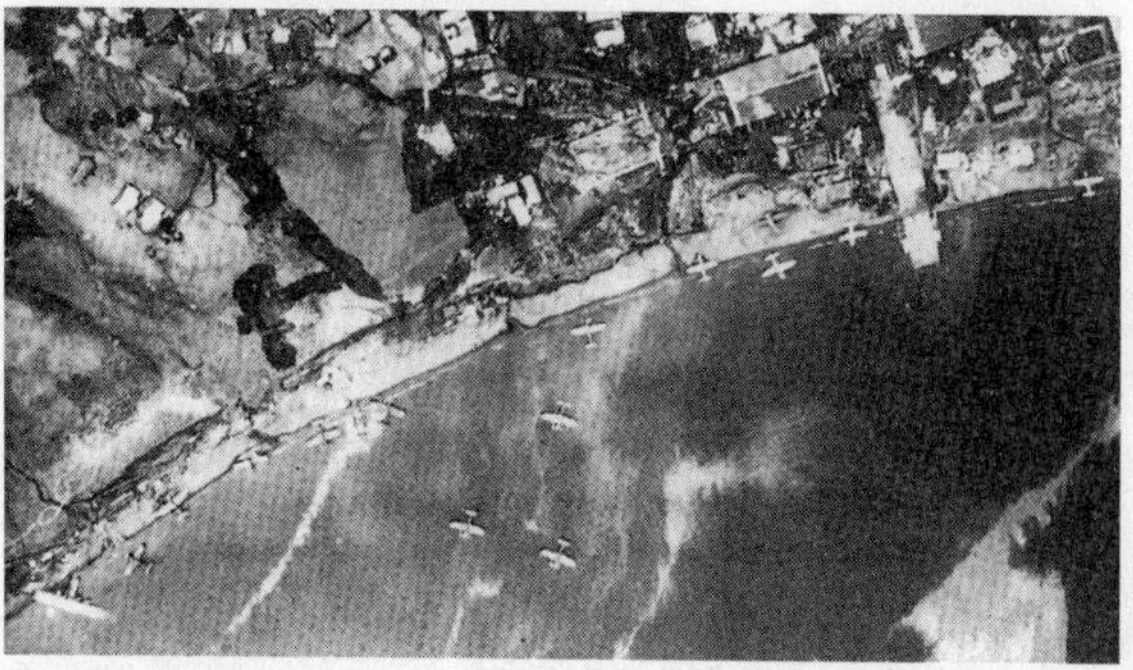

キスカ島海岸に並ぶ二式水上戦闘機

第四艦隊に編入された聖川丸と国川丸も、初期のソロモン諸島やニューギニア東部攻略作戦で華々しい活躍をしている。

一九四二年三月から展開された東部ニューギニアのラエやサラモア及びブナに対する上陸作戦には、唯一の航空戦力として特設水上機母艦聖川丸が投入された。

この時聖川丸は陸上部隊の上陸作戦が展開される中で、搭載された水上偵察機は周辺海域の哨戒を担当し、必要に応じて上陸地点周辺に点在する敵地上施設の爆撃を行なっている。また上陸地点に時々来襲する敵爆撃機に対し、水上機でありながら迎撃空中戦も展開したのであった。

この作戦が展開されている時の聖川丸の搭載機は、新鋭の零式三座水上偵察機三機、同じく零式水上観測機一機、そして旧式の複葉鋼管羽布張りの九五式複座水上偵察機五機で、他に船倉内に分解し梱包された予備の九五式水上偵察機二機が搭載されていた。

第三艦隊に配属された三隻の水上機母艦も、南遣艦隊に配属された一隻の水上機母艦も、戦争勃発当時の搭載水上機は、新鋭の水上偵察機や水上観測機の数がそろわないために新旧混載の状態で、新鋭の全金属製の零式三座水上偵察機の代わりに、半数近くは旧式の鋼管羽布張りの九四式三座水上偵察機が搭載されていた。また新鋭の全金属製の零式水上観測機の代わりに旧式な九五式複座水上偵察機が搭載されていた。

零式艦上戦闘機を水上機化した強力な二式水上戦闘機が、正式に実戦に投入されるのは一九四二年六月からで、それまでは防空戦闘機としては抜群の操縦性能を示した零式水上観測機や九五式水上偵察機がその代役を果たしていた。

話を東部ニューギニア上陸作戦に参加した聖川丸に戻すが、上陸作戦が開始されてから一七日間、同艦の搭載機は全ての上陸地点で哨戒と攻撃、そして防空の任務についた。この間予備の九五式複座水上偵察機も組み立てられ、その戦力は零式三座水上偵察機三機、零式水上観測機一機、九五式複座水上偵察機七機の一一機であった。

搭載する爆弾は九五式複座水上偵察機の場合には両主翼下にそれぞれ六〇キロ爆弾一発で、零式三座水上偵察機の場合には胴体下部の爆弾倉に六〇キロ爆弾二発を搭載した。そして点在するオーストラリア陸軍守備隊の施設に爆撃を加え、作戦初日には海岸に停泊していた敵小型船二隻に命中弾を与え、その一隻を撃沈し一隻を大破している。

またこの頃、上陸地点の山脈を挟んだ南側のポートモレスビーには、オーストラリア空軍の少数の偵察爆撃機（ロッキード・ハドソン）が駐屯しており、この偵察爆撃機が数回にわたって上陸地点の爆撃に来襲した。

この爆撃に対し零式水上観測機と九五式複座水上偵察機が、機首に搭載された二梃の七・七ミ

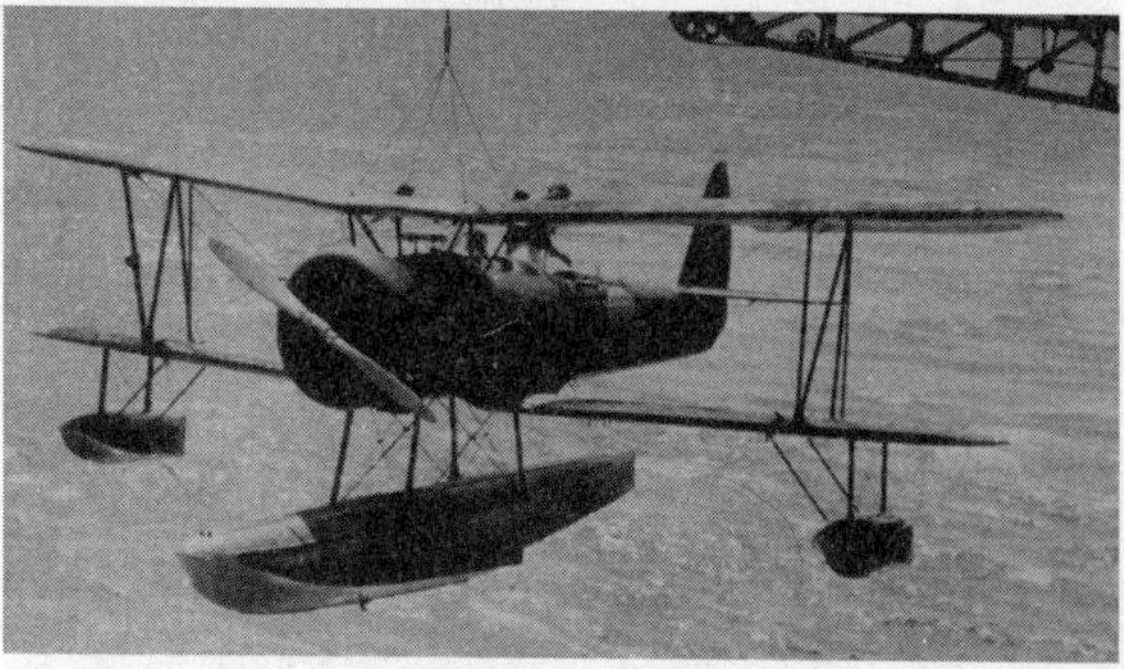
九五式水上偵察機

リ機銃で戦闘機並みの戦いを演じ、敵双発偵察爆撃機一機を撃墜し、二機に黒煙を吐かせ遁走させるという戦果を上げている。

しかし地上攻撃や迎撃戦で損害が皆無であったわけではなく、作戦終了までに空戦や対空砲火によって九五式複座水上偵察機二機が撃墜され、三機が破壊されて機体を放棄するという損害を出している。

ソロモン諸島攻略作戦の初期の段階でも水上機母艦は目覚ましい活躍をしている。ガダルカナル島を占領直後の一九四二年六月、神川丸は一二機の二式水上戦闘機を搭載してラバウルに到着した。そしてこの水上戦闘機は陸上基地の戦闘機部隊が到着するまでの間、ラバウル上空の防空任務について いた。そして翌七月にこれら水上戦闘機全機は再び神川丸に搭載され、今度はガダルカナル島の北二五キロの位置にある、フロリダ島のツラギに運び込まれた。ここにはすでに横須賀航空隊の飛行艇隊が進出しており、ソロモン諸島東方洋上、日本海軍の最東端の哨戒の拠点としての活動を開始していた

神川丸から下ろされた一二機の二式水上戦闘機は、この地

を拠点に飛行場建設が進むガダルカナル島やツラギ基地の防空を一手に引き受けることになっていた。

しかしその直後の一九四二年八月七日、突如米軍はガダルカナル島へ上陸を開始し、同時に支援機動部隊の空母を出撃した米艦載機の群れは大挙してツラギ基地を襲撃し、同時にツラギへの上陸も開始された。

この戦いでツラギ基地の飛行艇部隊や二式水上戦闘機部隊は全滅したのである。構築途上のソロモン諸島の航空戦力も、最寄りの航空基地であるラバウルもツラギからは西北西に一〇〇〇キロの距離があり、最前線のガダルカナル島救援のために海軍は、近距離の航空基地が是非とも必要であった。

この問題に対し海軍はラバウルとガダルカナル島の中間地点である、ブーゲンビル島（ガダルカナル島まで約五〇〇キロ）の東端にあたるショートランド島の南のポポラング島に水上機基地を開設することにした。そしてポポラング島には特設水上機母艦神川丸、国川丸、山陽丸、讃岐丸が次々と二式水上戦闘機や零式三座水上偵察機、零式水上観測機を運び込み、ここに一大水上機基地が完成したのである。

基地の主力機は新鋭の二式水上戦闘機で、その後も正規の水上機母艦「千歳」や「千代田」も自艦の二式水上戦闘機を送り込み、ここににわかに世界にその例を見ない強力な水上戦闘機基地が出来上がったのであった。確かに水上戦闘機はこの場合のように、まだ地上航空基地が完成を見ない間に急ぎ戦闘機基地がほしい場合には、極めて便利な存在になることが証明され、日本海

第17図　ソロモン諸島水上基地

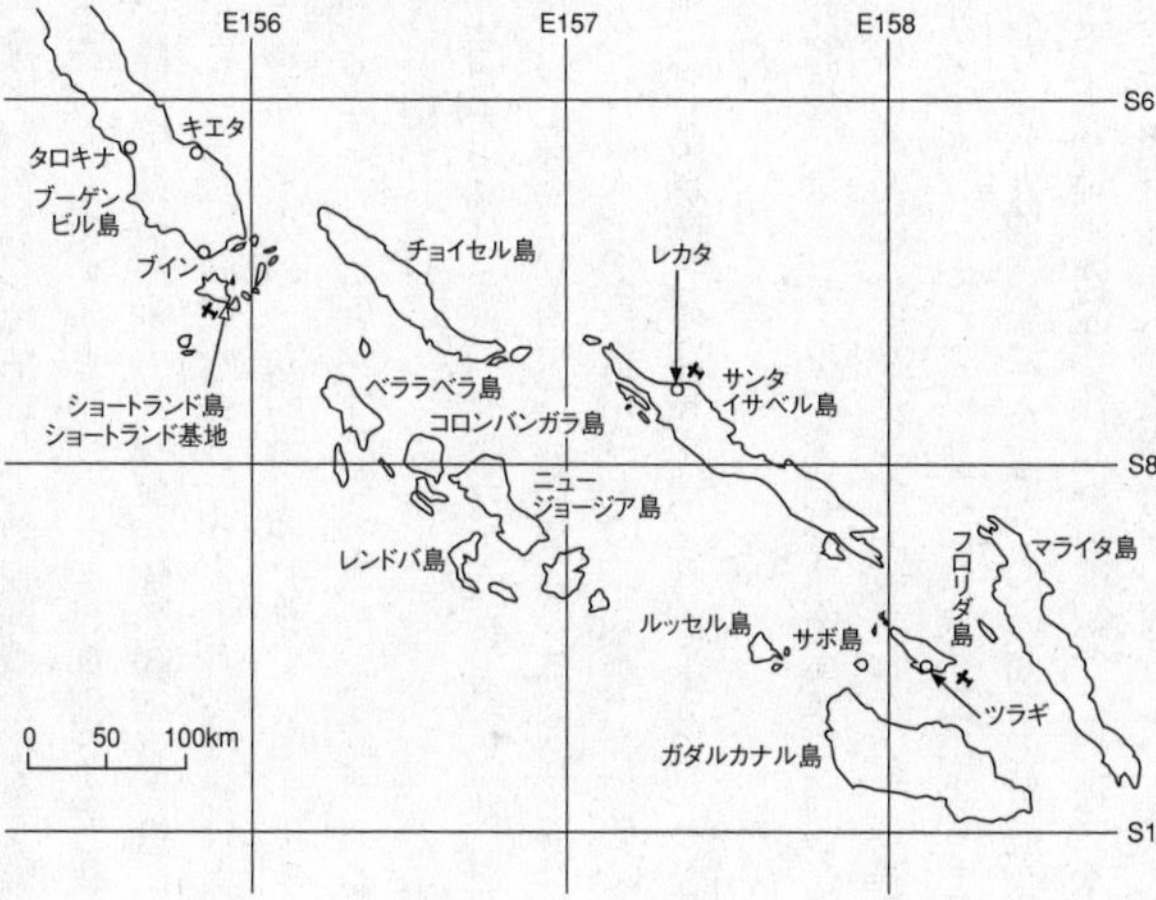

軍の従来からの侵攻作戦の一つの理想的な基地構築の姿が示されたのである。

　この基地には四隻の特設水上機母艦と二隻の正規水上機母艦の水上戦闘機が集結したことになるが、実際にはそれぞれ原隊の第十一航空戦隊と第十二航空戦隊の指揮下で活動した。

　その後第十一航空戦隊所属の一部は、よりガダルカナル島に近いサンタイサベル島の東岸のレカタに新たに開設された水上機基地に移動し、ガダルカナル島方面への水上偵察機による強行偵察や洋上哨戒を開始した。

　ショートランド基地（実際にはポポラング島基地）の二式水上戦闘機は、遠くラバウル基地から飛来する零式艦上戦闘機と共に、ガダルカナル攻防戦の間の数次にわたる同島への強行輸送作戦の時には、船団上空の援護戦闘機として活躍し、敵戦闘機や艦上爆撃機などと激しい空中戦を展開した。しかしフロートを装着しているというハンデは如何ともし難く、ガダルカナル基地から飛来する米陸軍航空隊の陸上戦闘機や米海兵隊航空隊の艦上戦闘機には毎回苦戦を強いられていた。

神川丸の場合、同艦所属の二式水上戦闘機隊は次々と機体の補充と搭乗員の補充を受け、ガダルカナル島放棄後の一九四三年四月までショートランド基地に駐留していたが、同月に所属航空隊の母体となっていた第十一航空戦隊が解隊されたため、編成変えとなって神川丸の二式水上戦闘機隊は消滅した。

一九四二年九月から一九四三年四月までの神川丸の二式水上戦闘機隊は、出撃回数一五三回（延べ出撃機数二八四機）、敵爆撃機と戦闘機の確実撃墜一〇機以上という実績を残した。

一方、特設水上機母艦相良丸の二式水上戦闘機隊は、ショートランド島基地と共に水上戦闘機の基地として以後その存在が知られるようになった、アル諸島のマイコール基地に進出することになった。

アル諸島とはニューギニア島の西南岸から四〇〇キロに位置する島々で、この中心地であるマイコールに新たに水上機基地が開設された。アル諸島は連合軍がオーストラリア大陸の西北方面からインドネシアのバンダ海方面に攻勢に出ようとする際、進撃通路となることが予想される位置にあり、一九四三年に入ってこの方面での敵航空機勢力の蠢動が見え始めたことに対し、日本海軍は陸上基地の建設が難しい最前線のこの地に水上機基地を開設したのである。しかしマイコール基地に相良丸の水上戦闘機隊が到着した直後、ここに集結した水上戦闘機や水上偵察機はそ

第18図　マイコール位置図

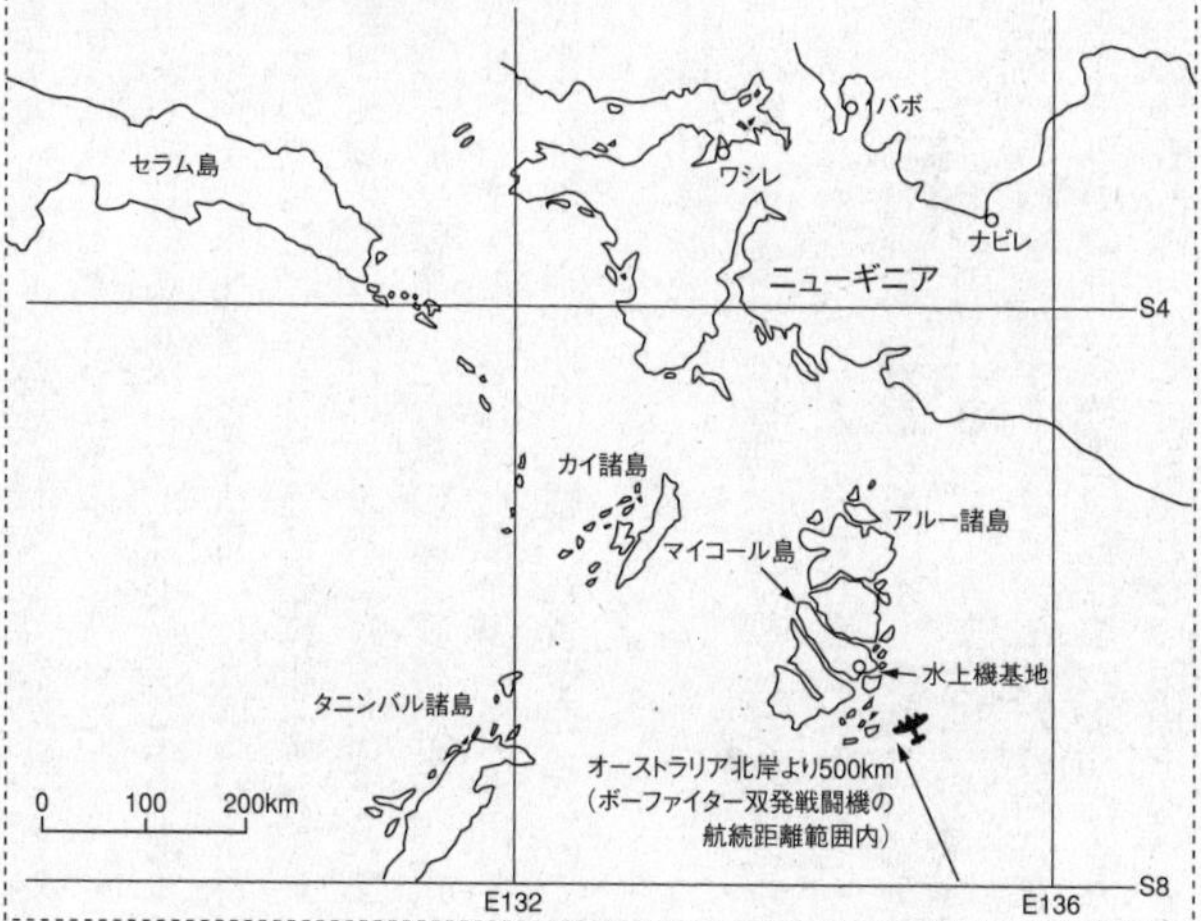

れぞれ原隊の水上機母艦籍から離れ、独自の航空隊として活動することになったが、このマイコール基地で以後展開されたオーストラリア空軍の戦闘機や爆撃機との航空戦は激烈を極め、一九四四年三月のマイコール基地の終焉まで激しい戦闘が続けられた。

なお二式水上戦闘機の後継機ともいえる新鋭水上戦闘機強風（実際はこの水上戦闘機の開発が遅れたために、ピンチヒッターとして零式艦上戦闘機を改造して出現したのが二式水上戦闘機であった）数機が、一九四四年一月にマイコール基地に配属された。そして配属早々に一機の強風が難敵のコンソリデーテッドＢ24重爆撃機を撃墜し、強風水上戦闘機の撃墜戦果第一号を記録している。

一九四三年六月頃には、水上戦闘機や水

上偵察機が、進化した敵戦闘機の制空権の下で活動することは限界に達し、水上機母艦の存在自体が急速に無用と考えられるようになった。

おりから高速輸送船が絶対的に不足する中、海軍は全水上機母艦の任務を解き、新たに特設運送船に用途を変更することを決定、一九四三年十月には当時残存の六隻の水上機母艦は全て輸送船としての改装を終え、特設運送船に組み入れられて特設水上機母艦の歴史は終わった（相良丸は特設運送船に改装直前の六月に雷撃で撃沈されている）。

特設運送船に転籍した六隻の高速貨物船も、聖川丸を除き全て敵航空攻撃と敵潜水艦の雷撃で撃沈されてしまった。そしてただ一隻残った聖川丸も終戦直前に瀬戸内海でＢ29重爆撃機の投下した機雷に触れ、半ば沈没状態で終戦を迎えたのである。

特設砲艦の戦い

特設砲艦は近海海域で行動する特設巡洋艦と表現することもできるが、その任務は特設巡洋艦以上に多岐にわたっていた。その任務とは特設特務艇の母艦、哨戒、船団護衛、補給、機雷敷設、水路嚮導、物資運搬、対潜攻撃、そして時には敵地砲撃など、商船を徴用した特設艦としては極めて過重な任務を背負わされていたことになる。わずか一〇〇〇～二〇〇〇総トンの貨物船や貨客船に数門の砲を装備するだけで、これだけの任務をこなすこと自体驚異的である。

太平洋戦争中の日本の特設砲艦はこのように多方面に便利に使われたが、これは特設砲艦が日本海軍の陸戦部隊と切っても切れない関係をもっていたことに一つの原因があった。

海軍の陸戦部隊である海軍特別陸戦隊は、太平洋戦争の開戦後、海軍侵攻作戦の先陣となって陸軍侵攻部隊とは別に、海軍の将来の重要拠点となるべき主要拠点の攻撃を行なった。

海軍特別陸戦隊が攻撃占領した拠点はスマトラ島北端のサバン、セレベス島のマカッサル、フィリピンのダバオ、ボルネオ島のバリックパパン、ニューアイルランド島のカビエン、マレー半島のペナン、アンダマン島、タラワ島、マキン島、シンガポールなど多数存在するが、海軍はこれらを特別根拠地あるいは根拠地として、それぞれに防備と哨戒用の艦艇を配置した。そしてその中心となったのが特設砲艦であった。そしてこの特設砲艦を母艦として特設監視艇や特設掃海艇あるいは特設駆潜艇を配置し、根拠地周辺海域の防備にあたったのである。

結果的に特設砲艦は日本本土の各鎮守府や警備府、外地のほぼ全ての根拠地や特別根拠地に一〜四隻ずつ配置されることになったために、その数も八〇隻を超える大所帯になったのである。

しかしこれら多数を占めた特設砲艦の行動内容はいずれも極めて地味で、華々しい戦闘記録というものは極めて少ない。ただその地味な活動の中で一際目立つ記録として残るものが、船団護衛に駆り出された少数の特設砲艦にあった。その例の一つとして華山丸の戦闘記録を紹介したい。

華山丸は本来は一九二六年（大正十五年）に大連汽船が中国沿岸と揚子江下流域の航路用に建造した、総トン数二一〇三トンの小型貨物船である。外型は古典的な貨物船のスタイルを彷彿させるもので、主機関は一二〇〇馬力のレシプロ機関で最高速力一一・五ノットを発揮した。

船倉は機関室を挟んで船首と船尾側にそれぞれ二個所あり、最大貨物積載量は三八〇〇トンで、当時の中国沿岸航路用の貨物船としては典型的な規模の船であった。

日本が日中戦争に突入した二ヵ月後の一九三七年九月に、本船は海軍に徴用され特設砲艦として使われることになった。結局、華山丸は日中戦争を加え、日本海軍が太平洋戦争で徴用した最初の特設砲艦であると共に、徴用された八四隻の特設砲艦の中で終戦時に生き残っていたわずか二隻の特設砲艦の一隻となったのである。

華山丸が初期の段階で特設砲艦として白羽の矢が立った理由の一つとして、長年にわたり中国沿岸や揚子江流域で使用していた結果、この海域や流域では最も使い勝手の良い船であったこと、また海軍に徴用後も多くの本船乗組員が予備士官や軍属として本船に残り、勝手を知った沿岸や流域の情報に精通し、作戦遂行の上で大きな役割を演じたということが上げられるようである。

華山丸の特設砲艦への改装は次のように行なわれた。

まず船首と船尾に特設の砲座が取り付けられ、ここに解体された旧式艦から転用した八センチ単装砲が配置され、また中央構造物を挟んで船首と船尾甲板のマストの位置の両舷に同じく八センチ単装砲が取り付けられ、合計六門、片舷四門という小型特設砲艦としてはかなり強力な砲戦力をもつ艦となった。

徴用当初は敵航空機による攻撃を受ける可能性が極めて低かったために、近接戦闘用の火器としては船橋上のナビゲーションデッキに七・七ミリ機銃が一〜二梃搭載された。しかし太平洋戦争後半には敵航空機の激しい攻撃に対処するために、二五ミリ単装機銃五〜六門がボートデッキの周辺に装備されていた模様である。

また太平洋戦争に突入した時には船尾甲板に爆雷が五〜六個搭載され、敵潜水艦攻撃に対する

特設砲艦第二新興丸

威嚇用に使用されていたが、一九四四年に入る頃には搭載する爆雷の数は、戦闘記録によれば一五個前後に増加していた様子である。

船体前部の中甲板（第二甲板とも呼ぶ：上甲板の下、船倉の上）は区画され、新たに配乗する乗組員の居住区域や諸設備が準備された。また船尾船倉は機雷庫と機雷調整室として使われ一〇〇個の機雷が収容されて、特設機雷敷設艦としての機能も備えていた。

太平洋戦争の勃発当時は華山丸は佐世保鎮守府防備隊に所属し、佐世保基地にあって九州西部沿岸の哨戒任務にあたっていた。その後一九四二年三月に連合艦隊の南遣艦隊の指揮下にある第一護衛隊に編入された。この第一護衛隊は第四艦隊の指揮下にある第二護衛隊と共に、当時の日本海軍で商船などの護衛の任務を担当する唯一の護衛専門の戦隊であったが、その戦力は旧式駆逐艦や水雷艇等の寄せ集め集団で、数も少なく、とても船団を護衛するに足る戦力とはいえなかった。その後一九四三年十一月に至り第一と第二護衛隊は統合され、船団護衛を専門とする海上護衛総司令部に格上げされるが、護衛艦の絶対的な不足の中でその力を発揮することはついにできなかった。

華山丸が第一護衛隊に編入されたときの同隊の戦力は、護衛艦（旧式駆逐艦）一〇隻と水雷艇二、華山丸を含む特設砲艦五隻というわずかなもので、この戦力で日本本土と東南アジア方面を結ぶ航路の輸送船の護衛が行なわれていたのであるから驚くほかはない。

華山丸は以後日本とシンガポール及びジャワ方面を往復する数隻単位の貨物船や油槽船船団の護衛を行なった。このとき華山丸一隻で長駆護衛を行なう場合もあり、時には一〜二隻の護衛艦と共に護衛することもあったが、少なくとも一九四三年三月頃までは敵潜水艦の活動は低調であったため、特別の対潜兵器も持たない華山丸程度の護衛戦力でも一応の護衛戦力にはなっていたのである。

この頃の華山丸の対潜兵器は船尾の投下台に搭載された一〇個前後の爆雷と、主に潜水艦のスクリュー音を探知する水中聴音器程度であった。しかしこの水中聴音器は周辺の水面下を走行する潜水艦の所在は探知できても、その位置を正確に探知することはできなかった。

しかし一九四三年の五月頃から敵潜水艦の活動は急に活発化し、日本と東南アジアを結ぶ航路の各種輸送船や艦艇の損害が急速に増えだしたのである。

これは米海軍の作戦方針の変換と米潜水艦の充足と魚雷精度の向上がほぼ同時に行なわれたためであった。つまり米海軍は潜水艦を西部太平洋に集中配置することによって日本の海上通商路線を破壊することを大前提とし、それを実行するために潜水艦の急速充足を図り、同時に攻撃方法として極めて斬新かつ有力なドイツの潜水艦戦法（狼群戦法）を採用したことであった。

この結果、日本の商船の損害は一九四三年後半から急激に増加し、一九四四年十月頃にはその極大値を示すことになり、石油や鉱物資源あるいは生ゴムや米などの重要輸入物資を運ぶ輸送船はことごとく航路の途中で撃沈され、日本の国力は急速に減衰することになった。

一九四三年十月十日、インドシナ半島の東岸沖一一〇キロの海上を、三隻の輸送船がただ一隻の護衛艦（華山丸）に守られて日本に向けて航行していた。

この日の午後三時過ぎ、船団は突然、敵潜水艦の攻撃を受けた。輸送船三隻の一番船の位置にあった五十鈴川丸（四二一四総トン）に立て続けに三本の魚雷が命中した。わずか四〇〇〇総トンの中型貨物船が一度に三本の魚雷を受けた結果は無惨であった。魚雷命中の水煙が消えるか消えない間にすでに五十鈴川丸の姿は海上から姿を消していた。その直後、今度は二番船の位置にあった帝美丸（一万八五総トン）に二本の魚雷が命中し、帝美丸も魚雷命中一五分後に海上から姿を消していた。

この二隻の輸送船を撃沈したのは米潜水艦ボーンフィッシュで、同艦は至近距離で目標に向けて同時に発射した魚雷六本のうち五本を二つの目標に命中させたのであった。

この悲劇が起きた時、華山丸は船団の先頭を進んでおり、同船の搭載していた水中聴音器には船団を待ち伏せる位置に潜み、微速で進む敵潜水艦のスクリュー音は探知できなかったのである。

結局華山丸は敵潜水艦の潜伏位置を確定できないままに推定潜伏位置に威嚇の爆雷を投下することが精一杯の行動で、敵潜水艦の魚雷を再度装填する間に威嚇攻撃を続け、船団の残りの一隻、乾山丸（四八一五総トン）を敵潜水艦の面前から遠ざけ、敵潜水艦が浮上して目標を追跡する機会を失わせる効果はもたらしたのであった。

新鋭の水中探信儀（ソナー）を持たない特設砲艦が船団護衛に駆り出された時、敵潜水艦に対する攻撃は先制攻撃をかける有効な手段はなく、結局は消極的な威嚇爆雷の攻撃が時には役立つくらいで、特設砲艦の船団護衛の役割は単なる気休めと考えざるを得なかった。

一九四四年四月三十日、華山丸は海防艦（一号海防艦）一隻と航洋型掃海艇一隻の三隻で、六隻の貨物船で編成された船団を護衛した。海南島の楡林を出港した、この六隻の貨物船の積荷は鉄鉱石で、その総量は五万トンを超え九州の八幡まで輸送するものであった。

護衛隊の旗艦は華山丸で船団の先頭に位置し、他の二隻の護衛艦艇は二列で進む六隻の貨物船の両側にそれぞれ配置された。

低速で進む船団が台湾海峡の入り口付近にさしかかったのは五月四日であった。しかしこの船団が楡林を出港して間もなく、船団は南シナ海の北部に布陣していた三隻の敵潜水艦グループの一隻に早くも発見されていた。

三隻の敵潜水艦は相互に離れて布陣していたが互いに浮上し、船団を認めると船団を視界の限界に置きながら互いに集結を始めていた。そして船団を襲撃する機会を窺っていた。これこそ米潜水艦隊が作戦に取り入れたドイツ潜水艦の狼群戦法であった。

この潜水艦群の存在は五月二日に台湾基地を飛び立った日本の哨戒機によって発見されており、哨戒機の報告を受けた基地から船団に対し警戒の情報を発進していた。そしてその情報を受けた船団は直ちに之字運動（ジグザグ航行）を開始し北上を続けたのである。

しかしこの間、三隻の護衛艦は敵潜水艦の所在を捕捉することができないままでいた。そして船団が台湾の高雄の南三〇〇キロの位置に達した五月四日の夜、海上は荒天で雷雨のなか視界は極めて悪かった。このとき三隻の護衛艦艇にはいずれもまだレーダーは搭載されていなかったが、三隻の潜水艦は浮上したままレーダーで目標の船団を至近の位置に捕捉していた。そして互いに無電で連絡を取り合いながら攻撃の機会を見計らっていた。

荒天の深夜、三隻の敵潜水艦は同時に船団に攻撃を開始した。結果は悲惨であった。六隻の貨物船の内の五隻が撃沈された。

華山丸を含む三隻の護衛艦艇は敵の位置を特定できないまま威嚇の爆雷を周辺の海上に投下するのが精一杯の行動であった。その後付近の海面に漂う五隻の遭難者を救助したが、荒天の中での救助作業は容易ではなく、五隻の乗組員や便乗者で救助された者はわずかに過ぎず、二〇〇名以上が攻撃の犠牲になった。

華山丸は特設砲艦の中でも最も多くの船団護衛に参加した艦であったが、新型の水中探信儀も持たず、ましてや当時の米英海軍の護衛艦艇が日常的に使用していた、敵潜水艦に対する積極的な攻撃兵器としての前投式爆雷投射器も持たない旧態依然の装備では、護衛艦としての限界があった。

結局、華山丸の船団護衛活動は東南アジア方面への航路が敵の絶対的な制空権と制海権の中で実行不能になった一九四四年十一月以降、その任務を終えている。

しかし華山丸は一九四五年一月から四月まで第五艦隊に編入され、第二十二戦隊指揮下で、当時でも一六〇隻前後の戦力を持っていた特設監視艇隊の母艦の一隻として任務についていたが、その後本土決戦に備えて日本海の防備を固めるための戦力の一つとして舞鶴に移動し、戦いの機会のないままに終戦を迎えている。

華山丸は合計八四隻も徴用された特設砲艦の中で終戦時に残存したわずか二隻（もう一隻は千歳丸）の中の一隻であった。

ちなみにこの華山丸はすでに老朽船でありながら戦後も日本沿岸の貨物輸送に従事し、一九六〇年に解体されるまで実に三四年の波乱の生涯を終えたのであった。

特設油槽艦の戦い

日本海軍は艦隊用給油艦を想定した高速油槽船を、船舶改善助成施設と優秀船舶建造助成施設の優遇施策を活用し、油槽船運航各社に対し合計二一隻建造することを要請したのである。勿論これら油槽船は完成後は平時には海外からの石油輸入輸送に使用するが、有事に際しては海軍に徴用され、艦隊随伴の給油艦として使用することが前提条件で建造されたのである。従って船体の設計に際しては海軍艦政本部の意向が組み込まれ、いわば海軍型高速油槽船という体裁を整えていた。

このように建造された二一隻の油槽船の内訳は、八〇〇〇総トン級一隻、九〇〇〇総トン級四隻、一万総トン級一六隻で、一九四〇年までにはすべてが完成し、全船がアメリカ西岸からの石油輸入輸送に使われていた。

しかし一九四一年に入りアメリカの対日経済制裁が強化され、ついには日本に対する石油の輸出を中止するに至り、この二一隻全船が海軍に徴用されることになった。そして同時に海軍は他に一〇隻の在来型大型及び中型油槽船を徴用し、艦隊用給油艦の整備を早々と完了し、これによって海軍は艦隊用給油艦三一隻、二〇万一〇〇総トンを確保したのである。

また海軍は艦隊用給油艦と共に、南方からの海軍用石油の日本への輸送用や拠点基地間の燃料輸送用として、別途油槽船の確保に取りかかっていた。

結局、海軍は最終的に艦隊随伴用給油艦や石油環送用あるいは基地間輸送用として、各種油槽船を合計七七隻、五四万八〇〇〇総トン保有することになった。

新たに徴用された油槽船の中には特異な油槽船も含まれていたが、それは六隻の大型の南氷洋捕鯨母船であった。捕鯨母船の船体の容積の大半は自船の工場内で採取された大量の鯨油タンクを貯蔵するためのタンクで占められ、最大の第二図南丸（一万九二六二総トン）ではその貯蔵量は一万八〇〇〇トンに達したのである。

これら捕鯨母船は漁期以外は通常の油槽船と同様に使われ、アメリカ西海岸からの原油の輸入輸送にも使われていたのであった。

海軍は大容量の石油の搭載が可能でありながら速力の遅いこれら捕鯨母船を、拠点における艦隊の給油艦として使う予定であった。つまり占領した南方の石油基地からこれら六隻で燃料用重油をトラック島やパラオ島等の艦隊の拠点基地に運び込み、ここに係留し移動式燃料タンクとして使うことを計画していたのである。

太平洋戦争開戦劈頭の真珠湾攻撃に際しては、一一隻の海軍型高速油槽船の中の日本丸（山下汽船：九九七四総トン、最高速力二一ノット）、神国丸（神戸桟橋：一万二〇総トン、最高速力一九・七ノット）、東栄丸（日東商船：一万二二二総トン、最高速力一九・四ノット）が艦隊に随伴し、各艦艇に対し荒れる北太平洋上で隠密にそれぞれ洋上補給を行なうという、この攻撃の陰の功労者となったのである。

その後この海軍型高速油槽船はインド洋作戦、ポートダーウィン攻撃、珊瑚海海戦、ミッドウエー海戦、ダッチハーバー攻撃、ソロモン海域で展開されたすべての空母機動部隊作戦、マリアナ沖海戦、フィリピン沖海戦等、日本海軍が展開したすべての大規模作戦の艦隊に二〜四隻単位で随伴し艦艇への給油に活躍した。

開戦当時の連合艦隊の主力艦隊（第一艦隊＝戦艦部隊、第二艦隊＝重巡部隊、第一航空艦隊＝空母部隊）に配属されていた給油艦はすべて海軍型高速油槽船で、国洋丸、日本丸、健洋丸、東栄丸、東邦丸など一二隻となっていた。その後この一二隻の中の二隻が一九四三年一月と三月に雷撃によって撃沈されているが、主力部隊の給油艦として新たに海軍型高速油槽船四隻（日章丸、東亜丸、富士丸、あけぼの丸）が補充され一四隻となった。

しかしその後この一四隻も次々と撃沈され、一九四四年四月の時点で連合艦隊の主力給油艦として残っていた海軍型高速油槽船はわずかに六隻となっていた。撃沈された海軍型高速油槽船の中には、昭和タンカーが一九三八年に建造した日章丸（一万五二二六総トン：最高速力一九・五ノット）も含まれていた。本船は海軍型高速油槽船の中でも最大級の船であると同時に、その船体の上部構造物が曲面を多用した流線型をしていたことで異彩を放ち、よく知られた存在のタンカーであった。

神国丸

一九四四年六月に展開されたマリアナ沖海戦当時の連合艦隊の給油艦は、この六隻の虎の子の高速油槽船が機動部隊に随伴したが、この戦いでは従来とは違い機動部隊の主力艦艇以外に給油艦も激しい攻撃の目標となったのである。

この戦いで六隻の虎の子高速給油艦の中の玄洋丸（一万一八総トン、最高速力一九・六ノット）、清洋丸（一万五三六総トン、最高速力一八・八ノット）が多数の直撃弾を受けて撃沈されてしまった。

すでに連合艦隊の体力も尽きかけていた一九四四年十一月現在の連合艦隊の給油艦としては、まだ八隻が配置されていたが、この八隻の中で海軍型高速油槽船で残っていたのは日栄丸と御室山丸そして音羽山丸の三隻のみで、残りの五隻はすべて開戦後に建造された、第一次型標準設計の油槽船であった。しかしこの残っていた三隻の海軍型高速油槽船も一九四四年十二月から翌年の一月にかけて、シンガポールから航空機用ガソリンや艦艇用重油を満載して日本へ運び込む途中、いずれも敵潜水艦の雷撃で悲劇的な最期を遂げ、ここに優秀であった海軍型高速油槽船二一隻のすべてが消えてしまった。

この優秀な二一隻の油槽船の中でも最も悲劇的な最期を遂げたのは三井船舶所有の音羽山丸（九二〇四総トン、最高速力一九・一ノット）で、本船は当時残されていた四隻の大型油槽船で船団（ヒ82船団）を編成し、シンガポールから日本へ向かっていた。各船の搭載している航空機用ガソリンと艦艇用重油の総量は六万トンを超えており、当時の日本ではこの六万トンの石油が喉から手が出るほどに望まれていたのであった。

しかし一九四四年十二月二十二日の早朝、船団はインドシナ半島沖で敵潜水艦の群れに襲われ、航空機用ガソリンを満載していた音羽山丸は、機関室と船体中央部の油倉に二発の魚雷を受けてしまった。この時音羽山丸が積み込んでいた航空機用ガソリンは一万四〇〇〇トンで、魚雷の命中と同時に積荷の大量のガソリンが一気に爆発してしまった。

音羽山丸は巨大な炎の塊と化して瞬時に沈没してしまった。この時同船には一一五名が乗船していたが、奇跡的にも生存者が二一名いた。しかし残りの九四名は炎と共に一瞬に散華したのであった。

同じ船団に石原汽船所有の戦時標準設計型の大型油槽船ありた丸（一万二三九総トン、最高速力一八ノット）が含まれていたが、本船の場合は音羽山丸以上に悲惨な最期を遂げている。本船は航空機用ガソリン一万六〇〇〇トンを積み込んでいたが、音羽山丸の被雷の直後に船体中央部に魚雷一発が命中した。次の瞬間、同船は大爆発を起こし巨大な炎の塊が消えた時にはありた丸の姿は海上から消えていた。この時のありた丸の乗船者は乗組員五七名と戦砲隊員四四名の合計一〇一名であったが、彼らは一瞬にして炎と共に消えてしまったのであった。

一九四五年六月の時点の日本海軍には、すでに連合艦隊と呼べる組織はなくなっていた。それでもわずかに残る艦艇用に給油艦が残されていたが、各給油艦もすでに給油すべき燃料もなく、大型給油艦二隻と中型・小型給油艦七隻が予備艦として係留されているに過ぎなかった。

ここで前記の給油艦としての捕鯨母船について若干説明を加えておきたい。

太平洋戦争勃発当時の日本には次の六隻の捕鯨母船が存在した。

日本水産	図南丸	九八六六総トン	航海速力一二・〇ノット
	第二図南丸	一万九二六二総トン	同 一三・三ノット
	第三図南丸	一万九二〇九総トン	同 一四・一ノット
大洋漁業	日新丸	一万六七六四総トン	同 一四・五ノット
	第二日新丸	一万七五三三総トン	同 一三・六ノット
極洋捕鯨	極洋丸	一万七五四八総トン	同 一五・一ノット

これらの捕鯨母船は図南丸を除けばいずれも完成が一九三七年から一九三八年という新鋭船であった。また第二図南丸は日本郵船のサンフランシスコ航路用の豪華客船鎌倉丸をしのぐ、当時日本最大の商船であったことはあまり知られていない。

これら捕鯨母船は南氷洋で捕鯨を行なう場合には、各母船に付属する十数隻の捕鯨船（キャッチャーボート）を従え、漁場では捕鯨船が捕獲して来る鯨を次々と広大な上甲板上に引き上げ、ここで作業員の手によって解体が始まる。解体された肉の一部は冷凍船に積み替えられ日本まで冷凍輸送されるが、皮や内臓や肉の一部は上甲板の下にある第二甲板の搾油機に送り込まれ、鯨油を搾油するのである。搾油された鯨油はその下の巨大な油倉に送り込まれ日本に持ち帰られるのである。

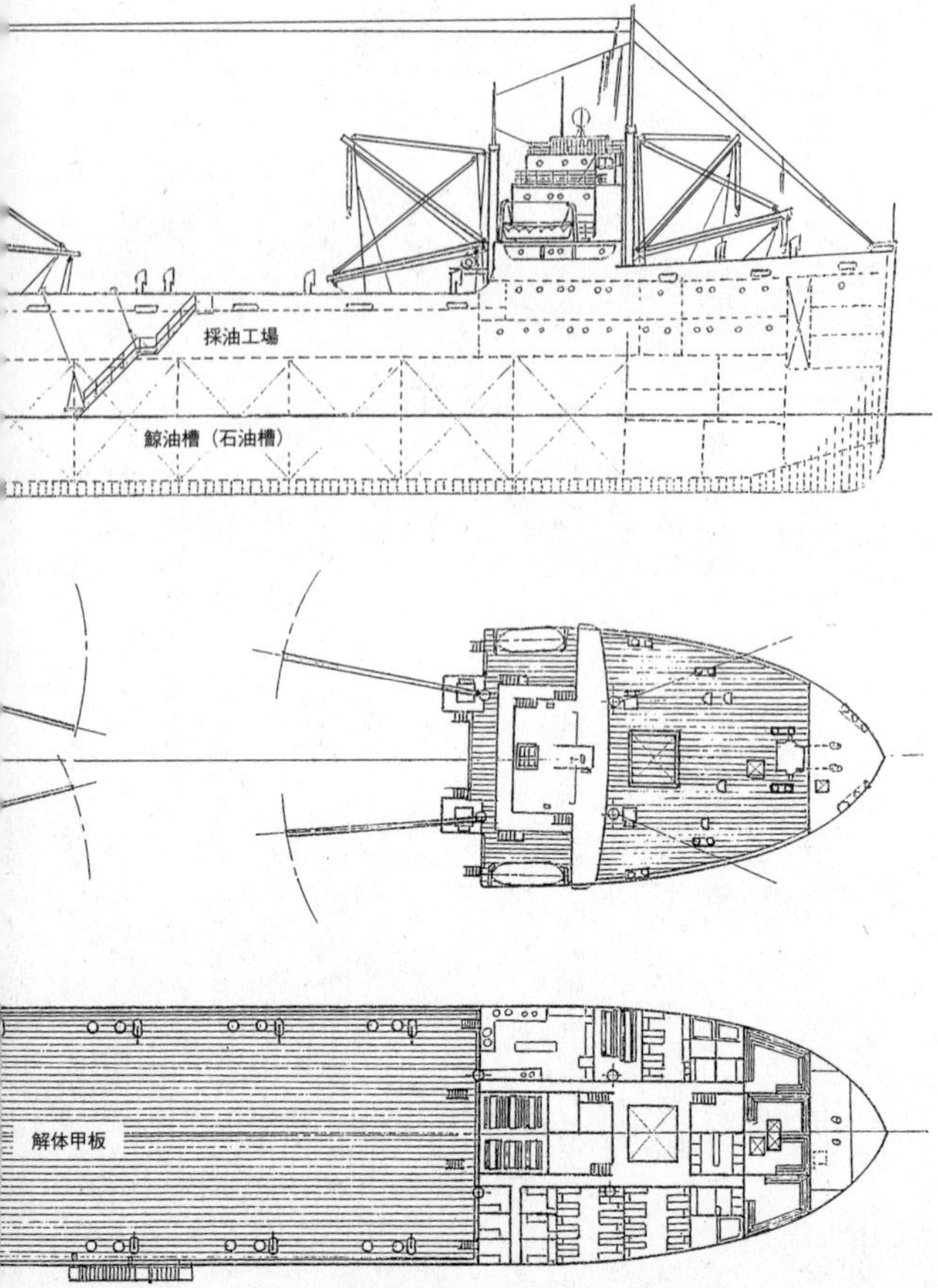

採油工場
鯨油槽（石油槽）
解体甲板

第19図　第三図南丸外形図

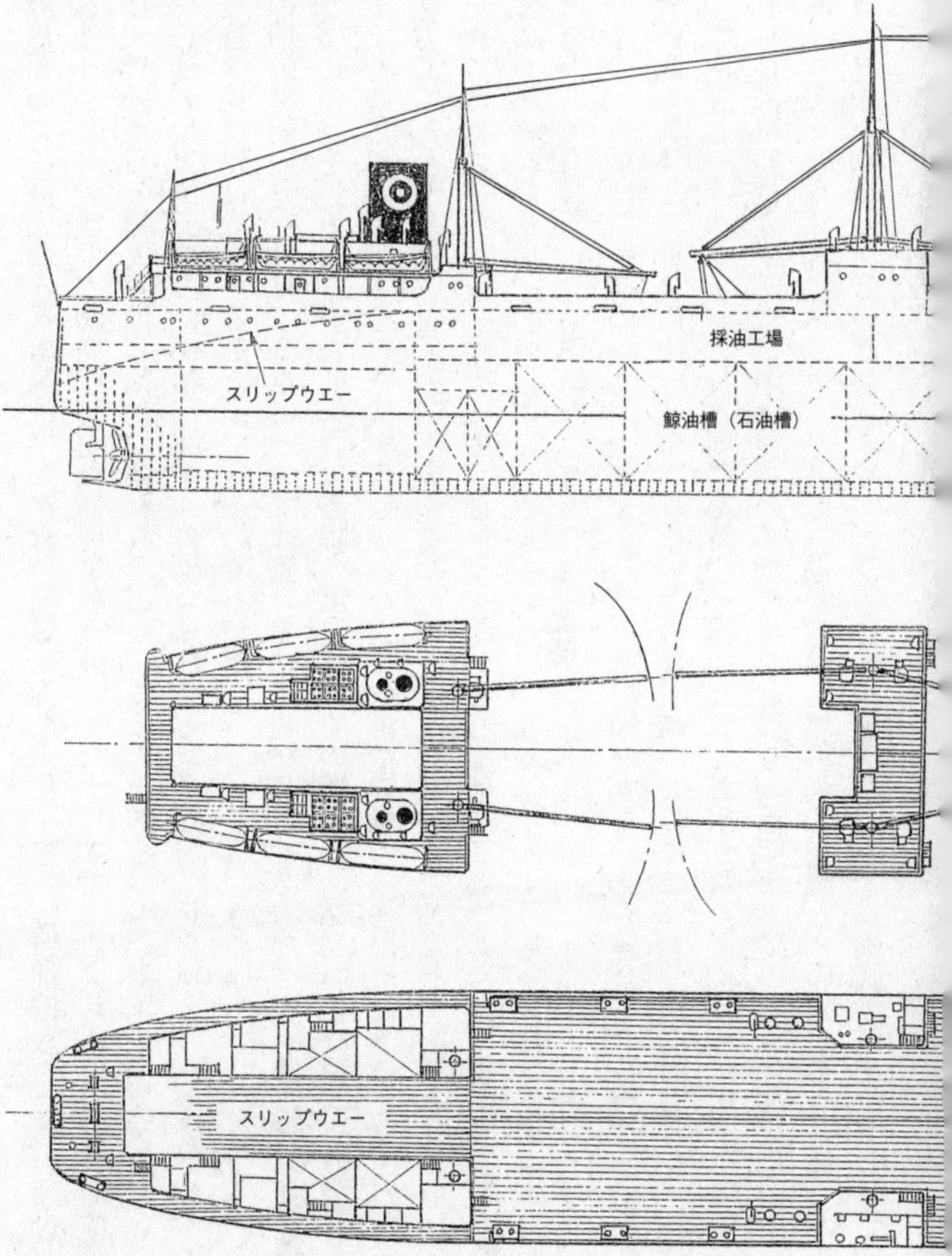

捕鯨母船のこの巨大な容量の鯨油タンクは、捕鯨の漁期が終了すれば石油輸送のための油倉としても使うことが可能で、漁期を終えた捕鯨母船は五月から十月までの六ヵ月間は一般の油槽船と同様に外国からの輸入石油の輸送に使われることになるのである。

運ぶ石油の量は第二あるいは第三図南丸の場合には一万八〇〇〇トンを超え、日本最大の輸送能力を持つ輸送船に変身することができるのであった。

この捕鯨母船の存在は日本海軍にとっては極めて魅力的な存在であった。海軍はこれら捕鯨母船に二つの用途を見出していた。一つは艦隊の出先拠点での燃料タンク、いま一つはその広大な上甲板（鯨解体用の甲板）を航空機を含む様々な大型機材や物資の輸送用に使うことであった。特に魅力的であったのは、将来的に南方の占領地の石油（艦艇用の重油燃料）を積み込んで艦隊の出先拠点基地に運び込み、移動式の石油供給タンクとして使うことであった。特に図南丸を除く五隻の石油の搭載量は、当時日本に在籍していたいかなる油槽船よりも多いだけに、海軍にとっては是が非でも徴用したい船舶だったのである。

その結果、海軍は開戦前の一九四一年十一月に小型の図南丸を除く五隻全てを特設油槽船（この場合艦隊に随伴し戦場に出向くものではないために、艦の名称はない）として徴用した。なお小型の図南丸も一九四二年十一月に同じく特設油槽船として徴用された。

これら捕鯨母船は太平洋戦争中は海軍の当初の思惑どおりの活躍をしている。各捕鯨母船はシンガポールやボルネオ島のタラカンなどの石油基地から燃料油を満載し、艦隊の拠点基地であるトラック島やラバウルあるいはパラオやマニラ等に燃料を運び込み、移動式燃料タンクとして活躍した。また多くはシンガポールから内地の徳山海軍燃料廠までの重油輸送に使われた。一方、輸送船としての活躍も見逃せず、広大な上甲板ばかりでなく、搾油機械類を全て撤去した広大な第二甲板は兵員や物資の搭載には格好の場所となり、内地と各根拠地間の物資輸送に大きな貢献をしたのである。

これら捕鯨母船は日本海軍の知られざる陰の功労者と呼ぶことができよう。しかしこれら六隻の捕鯨母船はことごとく敵潜水艦の雷撃や航空攻撃で撃沈されてしまった。ただ一隻、トラック島環礁内の浅海で航空攻撃で撃沈された第三図南丸は、戦後に潜水調査が行なわれ、浮揚して修理ののち使用が可能と判断され一九五五年に浮揚作業に成功、日本まで曳航し修理のあと一九五六年十月に完全な姿の捕鯨母船「図南丸」として生まれ変わり、以後長期間にわたり日本の南氷洋捕鯨の立て役者として活躍した。

特設病院船の活躍

特設艦船の中で最も特異な機能を持った船が病院船である。病院船以外の全ての艦船、直接戦闘行為に関わるもの、あるいは関わる可能性があるものに対し、病院船はいかなる事由があろうとも戦闘行為を行なう、あるいは戦闘行為に巻き込まれることはできない。病院船は世界的に安全に守られ、そして安全を遵守しなければならない、そして戦争に関わらねばならない船なのである

一八六三年にスイスのジュネーブに国際赤十字が設立され、翌年には戦争当事国家の戦傷者や

捕虜の取り扱いに関する「ジュネーブ協定」が成立した。

この協定の中で病院船については局外中立の位置づけが確立され、戦争当事国双方は陸上の病院であれ病院船であれ、入院中の傷病者を保護することが国際的に定められた。但しもし病院船が兵力によって守られたり、軍事目的に使われるようなことがあれば理由のいかんに関わらず、中立の立場を失い攻撃の対象となるのである。ここでいう軍事目的とは、例えば自軍基地への糧秣や飲料水の運搬、兵員の輸送も含まれるのである。

日本は一八八六年（明治十九年）にジュネーブ協定加盟国となり、同時に日本赤十字社も設立され、日本海軍としては以後有事に際し病院船を出動させる場合には、病院船の活動に日本独自の判断は許されず、国際法を完全に遵守する中での運用を行なわなければならないのであった。

日本は一八九四年（明治二十七年）の日清戦争で初めて二隻の特設病院船を運用したが、これはむしろ戦傷病者の輸送に重点をおいたもので、本格的な意味での病院船は、太平洋戦争開戦直前に準備された氷川丸と高砂丸であったということができる。

確かに日中戦争勃発直後の一九三七年八月に台湾航路の客船として就航していた朝日丸（九三二六総トン）が病院船として準備されたが、内容的には後の氷川丸などに比較すると内容的にも運用上でも未完成な状態で、むしろ戦場より日本への戦傷病患者の輸送に力を入れた、患者輸送船の性格が強かった。

ここでは氷川丸に例をとって太平洋戦争中の病院船の活躍の姿を紹介することにする。

氷川丸は神戸・横浜と北米のシアトルを結ぶ航路用に一九三〇年に建造された客船（正確には

高砂丸

貨客船）であった。氷川丸は一九四一年九月十六日の横浜着で戦前最後の商用航海を終え、時局の緊迫状態からそのまま係船されていた。しかし十一月に入ってアメリカ在住邦人の緊急帰国のために再びシアトルに赴き、十一月十八日に横浜港に帰港すると三日後の二十一日には横須賀海軍工廠に回航され、直ちに特設病院船に改装するための工事が始まった。

海軍は十一月には高砂丸と共に氷川丸を特設病院船とするためにすでに徴用を終えていたのである。

改装工事は一ヵ月後の十二月二十一日に完了し、特設病院船氷川丸（氷川丸病院）として直ちに連合艦隊直率の艦船として編入されたのである。客船氷川丸から病院船氷川丸への改装工事は時間的にも大々的な改装工事は避け、船内の局所的な改装に終わっている。しかし内容的には充実した医療設備を持つ病院としての機能を果たせるに十分な改装であった。

病院船氷川丸は氷川丸病院長（軍医大佐）の指揮下に、内科、外科、耳鼻科、歯科、薬剤科、検査科、レントゲン科、防疫科など専門治療検査部門が組織され、各科には専門医（軍医）と助手及び看護の下士官兵が配属された。

また病院船の特徴として派遣先では入港中に外来患者（現地駐屯将兵対象）の診察も行ない、また必要に応じては伝染病などの予防のために防疫等として転用されていた。

船内の既存の各等の客室や公室の多くは病室や手術室あるいは事務室や検査室、レントゲン室等として転用されていた。

病院船氷川丸の運航は従来からの乗組員がそのまま配置され、船の操船の責任の一切は船側にある一方、病院側は船の運航には原則として口出しはせず、病院の業務に専念することになっていた。

病院船氷川丸が行動を開始した当初の船側の乗組員は一〇五名で、病院側は総勢一三四名となっていた。興味ある話だが、病院側の士官（軍医を含む）と准士官の食事は全て船側で準備され従来の一等食堂で食事をするが、食事の内容は旧客船時代と大きく変わるところはなく、給仕は全て船側のボーイが規律正しく行なっていたそうである。また軍医を含む病院側士官の身の回りのサービスも、客船時代の一等船客に対するのと同じく行なわれたそうである。一方、病院側の下士官兵（雑役の民間人も含む）の食事は、船の厨房の一部を専用に使い、独自に準備を行なっていた。

氷川丸病院は中都市の総合病院程度の設備と治療能力を持っており、不定期ではあるが各根拠地などへ入港した際には外来患者が相当に殺到したようであるが、一方では専門の薬剤師（薬剤科士官が指揮）が各種薬剤また各種治療用品を準備し、駐留部隊の医療設備に配布することも病院船の重要な任務であった。

とかく誤解されがちであるが、海軍の病院船には看護婦は乗船していなかった。看護の補助作業や助手は全て医療教育を専門に受けた海軍下士官や兵がそれに代わったのである。なお陸軍の病院船には看護婦が乗船していた。ついでながら氷川丸に初めて看護婦が乗船したのは、終戦直後に氷川丸が主に南洋諸島に飢餓状態で駐留していた陸戦隊隊員などの、引き揚げ作業に従事したときであった。

特設病院船氷川丸は改装完了と同時に第四艦隊（内南洋艦隊）配属となった。そして最初の任務はマーシャル諸島のルオット島へ向かうことで、一九四一年十二月二十三日に横須賀を出港した。

当時ルオット島には開戦劈頭のウエーキ島攻略作戦で戦傷した将兵が収容されており、氷川丸は彼らの治療と重傷将兵の日本への引き取りに向かったのであった。ルオット島はウエーキ島の南約一一〇〇キロの位置にあり、ウエーキ島攻略作戦に参加した海軍特別陸戦隊のうち一八七名が負傷してルオット島に収用されていたのである。

氷川丸のその後の動きは多忙を極めることになった。氷川丸の初出動以来、最後の任務を終えて横須賀に帰還する一九四五年三月二十四日までの氷川丸の行動は、次のようになっていた。

中部太平洋方面往復（ルオット島、トラック島、クエゼリン島他）　四十七回
ソロモン諸島方面往復（ラバウル、カビエン、ブイン他）　二十二回
インドネシア方面往復（セレベス島、ボルネオ島、ジャワ島、シンガポール他）　二十五回
仏印・フィリピン方面往復（マニラ・ダバオ、サイゴン他）　二十一回
中国・台湾方面　三回

合計　一一八回

つまり毎月いずれかの地に向かって三航海は行なっていたことになり、その多忙ぶりがうかがえるのである。そしてこの航海の間に南方の各激戦地では、負傷将兵のための移動式海上野戦病院としての機能を存分に発揮したのであった。

勿論、氷川丸も例え病院船であろうとも、決して敵側の攻撃を受けなかったわけではない。敵側の誤認か故意かは不明であるが、氷川丸は三回の危険に巡り合っている。その内訳は磁気機雷の爆発による損傷二回、敵航空機の機銃掃射を受けること一回である。この機銃掃射については多分に意図的と思われるものがあった。

フィリピン戦線が最終段階を向かえていた一九四五年二月中旬（日付が明確でない）、氷川丸はマニラ湾を抜錨し日本に向かおうとしていた。氷川丸がマニラ湾の出口付近に達した時、突如一機のグラマンF６F艦上戦闘機が氷川丸に向かって急降下して来た。同機は急降下しながら船体中央部の舷側からボートデッキ及びボートデッキ上の乗組員士官室や船橋方面に銃撃を加えてきた。

氷川丸は上空からは一見して病院船であることを示す純白の船体であり、船体の各所には上空からも容易に識別できる明瞭な赤十字のマークを掲げていた。

機銃掃射は一回だけであったが、この銃撃で船体の各所側壁や救命艇等に貫通の弾痕が残り、士官病室の舷窓のガラスを割って飛び込んだ銃弾の一発は、そこに寝ていた患者（士官）に盲貫銃創を負わせた。

戦争が終わっても氷川丸の戦争は続いていた。それは中部太平洋からソロモン諸島、インドネシア各地、ボルネオ島各地からの復員兵の日本への輸送であった。しかし氷川丸が担当した復員兵の輸送は、多少なりとも健康な将兵の復員輸送ではなく、例えば中部太平洋の孤島のメレヨン島に取り残され、餓死寸前の状態にあった海軍特別陸戦隊将兵の救出であった。

メレヨン島からは飢餓の中、奇跡的に生存していた海軍特別陸戦隊の将兵六〇〇名が救出されたのをはじめ、同じくルオット島やウエーキ島などからも続々と飢餓将兵が救出され、その大半が無事に日本の土を踏んだのである。これは氷川丸がまだ病院船としての機能を保持したまま活動したための成果であったといえるのである。

氷川丸の復員将兵の輸送は一九四六年十二月九日のマニラからの帰港で最後となり、整備の上翌年の一九四七年四月からは、当時の国内の鉄道輸送事情の極度の悪化を救済するために、阪神～京浜～北海道（函館）間に旅客輸送のために一時的に就航した。

その後北米のシアトル航路の復活と共に、一九五三年七月から氷川丸はかつてのシアトル航路に復帰した。しかし船体の老朽化から一九六〇年十月の航海を最後に氷川丸は波乱の生涯を終えた。その後氷川丸は現在に至るまで横浜港に記念船として保存されているが、氷川丸は現在世界に保存されている唯一の旧式客船なのである。

日本海軍は太平洋戦争末期に三隻の大型特設病院船を保有していたことは、すでに前章で紹介してある。またこの中の一隻の第二氷川丸については、その特異な経歴についても概要を述べた。しかしこの第二氷川丸については、日本の特設病院船を語る時に日本海軍が犯した病院船に対す

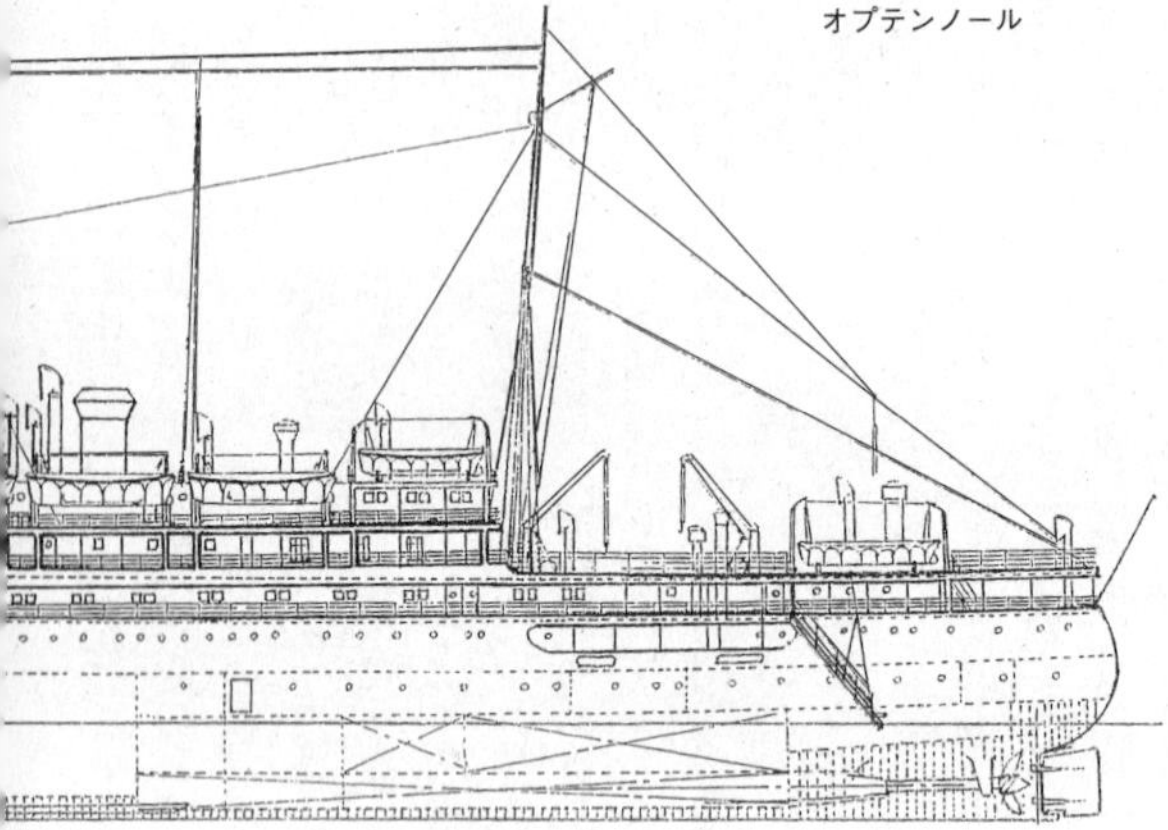
オプテンノール

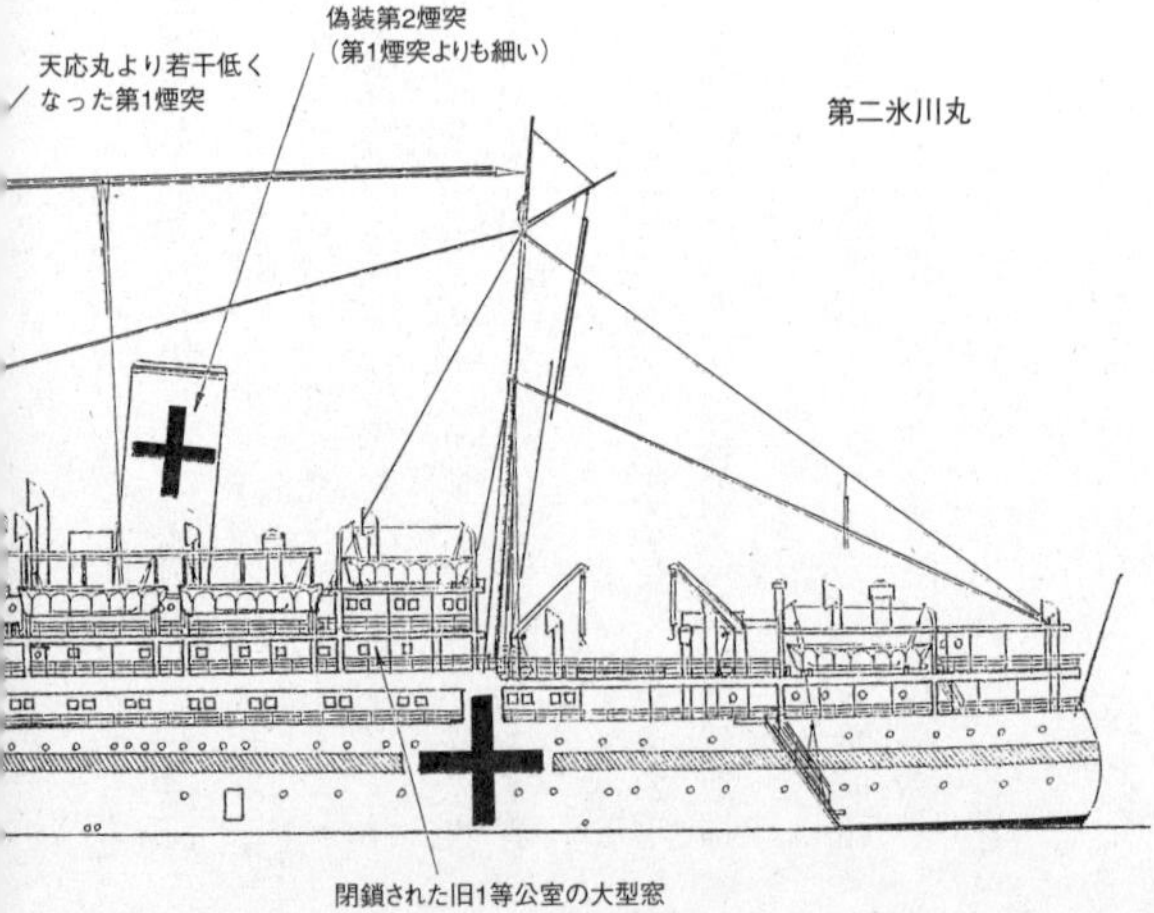
偽装第2煙突
（第1煙突よりも細い）
天応丸より若干低く
なった第1煙突
第二氷川丸
閉鎖された旧1等公室の大型窓

第20図　オプテンノールと第二氷川丸の外形比較図

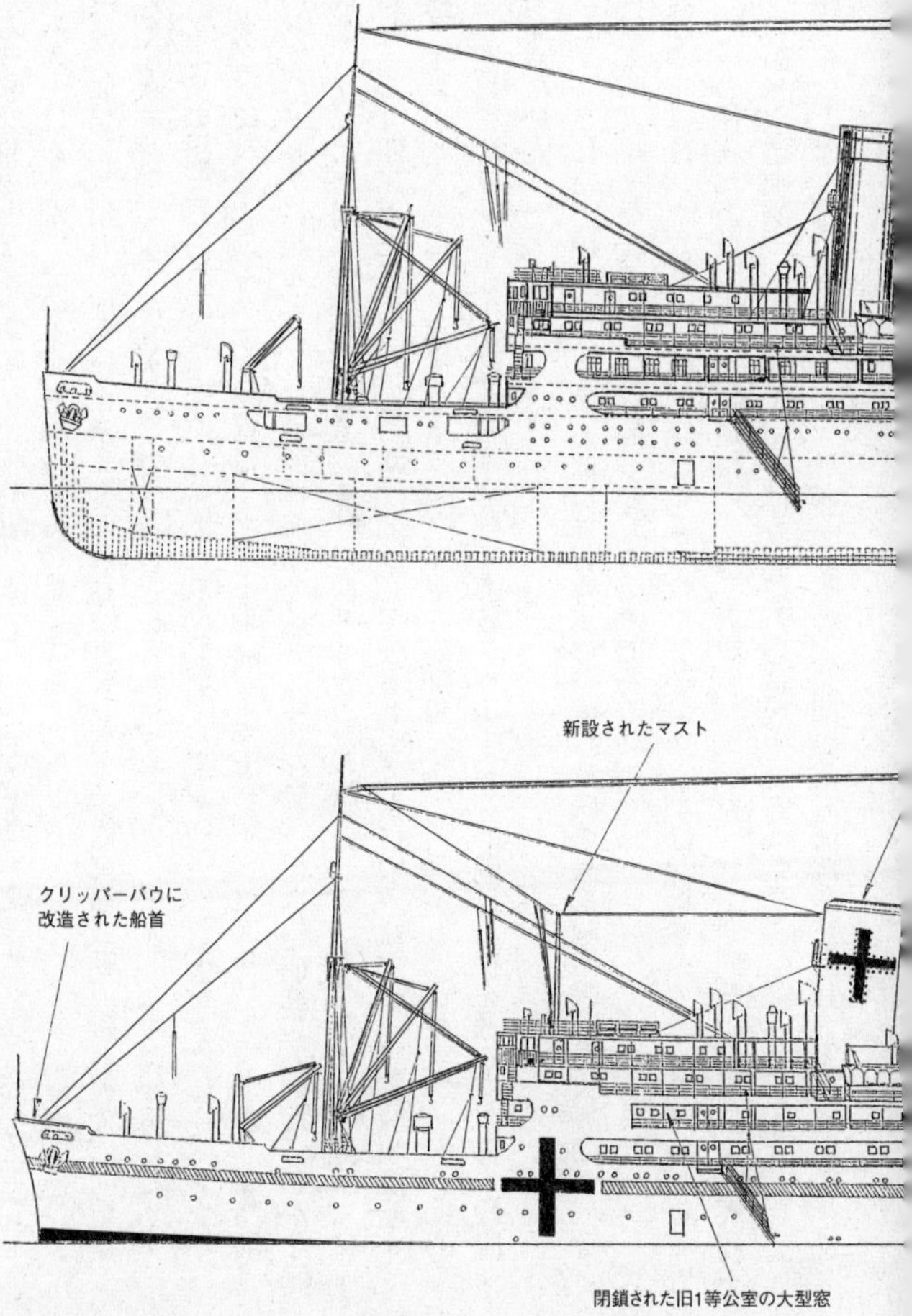

複するものではあるが、その全貌を紹介することにする。

特設病院船第二氷川丸の前身はオランダの海運会社KPM（王立郵船会社）の客船で、同社がオランダ領東インド（現インドネシア）の海域の旅客輸送のために、一九二七年に建造したオプテンノール（OPTENNOORT）である。総トン数六〇七六トンのこの客船は、就航以来ジャワ島のバタビア（現ジャカルタ）を起点に、マレー半島、インドシナ、フィリピン、モルッカ諸島を経由してバタビアに戻るという魅力的な航路で旅客（一部貨物）輸送に活躍していた。しかし一九四一年十二月に日本の開戦により、本船は急遽オランダ海軍（オランダ領東インド駐留）に徴用され、一九四二年二月十九日から病院船として使われることになった。そして特設病院船オプテンノールがインドネシア海域でオランダ海軍の病院船として活動することが、早くも一九四二年二月四日にオランダ赤十字社から中立国であるスウェーデンの駐日公使を通じて、日本政府に通告されていた。

しかし、まさにこの頃、ジャワ海方面には日本軍のジャワ攻略の大部隊を乗せた大船団と、それを援護する大規模な艦隊が行動を起こしていたのである。

一九四二年二月二十六日、単独で航行していたオプテンノールは、日本の大船団の前衛として偵察と哨戒の任務に当たっていた駆逐艦の一隻「天津風」に発見された。同艦はジャワ攻略部隊の一隊の第二水雷戦隊の一艦で、船団のはるか前方を哨戒中であった。

日本海軍にとっては、偶然にもジャワ攻略部隊の大船団の前方海域を航行していた病院船オプテンノールの出現に大いに困惑した。

もし前方の視界の中に大規模な船団と艦艇の群れを発見した場合には、状況から判断してそれはジャワ島攻略に向かう日本の一大戦力であることは自明の理である。戦闘には中立の立場にある病院船であろうとも、オプテンノールの船長はオランダ領インドネシアの危機を直感し、遅滞なく「大船団発見」の一報を発信するであろう。駆逐艦「天津風」の艦長がそのように考えるのは当然と言わざるを得なかった。

本来病院船は明確な理由もなく臨検を受けたり拿捕されたりすることが、ジュネーブ協定の上からもできないのである。もし理由なく臨検したり拿捕したりする行為が起これば、以後の責任の一切は強行手段をとった国の側に発生するのである。

駆逐艦「天津風」の艦長はその船が明らかに病院船であることを認識しながら停船を命じ、臨検隊を派遣し臨検を行なったのである。この時点で日本側は病院船に関する世界共通の条約に違反したことになった。そして艦長はオプテンノールを最も近くの島であるバウエン島まで誘導し、そこに理由なく拘留したのであった。艦長はここで病院船に関する二つ目の条約に違反したことになった。

作戦行動中の日本艦隊司令部は病院船オプテンノールの処置について、「天津風」艦長より直ちに報告を受けたが、状況からも極めて苦しい判断を迫られた。

オプテンノールを釈放すれば同船はその先で、ジャワ島に接近中の日本の艦隊や大輸送部隊と遭遇することは目に見えていた。そしてこの状況はオプテンノールから在ジャワのオランダ艦隊司令部に報告されるであろうことは、まず間違いないと推測された。ただこの場合、オプテンノールから日本艦隊などの情報の無電を発信した場合には、それは病院船が直接戦闘に加担したことを示すことになりオプテンノール側が条約違反することになる。

ただオプテンノールが急ぎジャワ島の最寄りの港に入港し、船舶通信以外の方法で日本軍の接近を通報する場合には、条約に抵触するとは限らないのである。

しかし、その後に展開されたジャワ沖海戦を含む在ジャワ・オランダ艦隊との戦いで、オランダ海軍が壊滅状態になり、ジャワ島の占領でオランダ領インドネシアのオランダ軍も壊滅し、母国オランダもイギリスに辛うじて亡命政府を樹立している状態では、いまさらオプテンノールをオランダに変換する術もなく、結局日本政府は一九四二年六月五日をもって、この時ボルネオ島のバリックパパンに抑留していたオプテンノールを接収したのである。

そしてこの時をもってオプテンノールは「天応丸」と船名を改めたとされているが、明確ではない。その後オプテンノールは係留された状態が続いたが、一九四二年十一月二十三日に同号は日本の回航員によってオプテンノールのオランダ人船員、同医師や看護婦合計四四名を乗せて日本へ向かった（一般乗組員や病院雑役夫は全てインドネシア人であるために、現地で下船させられていた）。

天応丸は十二月五日に横浜港に到着、同時にオランダ人乗船者全員は広島県の現三次市の収容施設に移動させられた。彼らは捕虜には該当せず抑留民間人としての扱いとなり、収容場所には元カナダ人宣教師団の施設が当てられ、終戦までそこで過ごすことになった。

オプテンノールは直ちに日本海軍の病院船としての改装が施されることになったが、すでに病院船としての機能が充実しており、日本仕様の最低限の改装が施されただけであった。そして十二月二十日には制式に日本海軍の病院船としての艦船籍に編入された。

病院船天応丸としての活動は一九四三年四月から始まった。天応丸はこの時から一九四四年九月末まで、内南洋からラバウル方面を巡る巡回航海を八回行なっている。

八回目の航海を終えた天応丸は日本へ帰着すると船名が第二氷川丸に変えられた。これは軍務局の秘密通達によるもので、正式な変更日は一九四四年十一月一日となっている。船名変更の理由は「天応」が「天皇」に通じ不敬であることから変名されたらしいが、真相は不明である。そして天応丸の外型が氷川丸に「似ている」とされ、新しい船名は第二氷川丸と命名された。

なお船名の変更についてもう一つの理由があるとされているが、それは天応丸がオプテンノールそのものであるということを何としても隠蔽する必要があり、船名を変え同時に「新造船第二氷川丸」を装って外型に様々な改造を施しているのである。

例えば船首の形状を従来の旧式な垂直型からスマートなクリッパー型船首に改造したり、従来の長めの一本煙突を太めに改造し、しかもその後方にダミーの二本目の煙突まで取り付けた。また舷側の開口デッキの一部を閉鎖する工夫も凝らしたが、外型の基本はあくまでもオプテンノールそのものを彷彿させており、その改造行為は一見してあまりの姑息な手段であった。

第二氷川丸と改名された天応丸は、その後一九四五年七月二十四日に佐世保に帰港するまでに、合計五回の巡回航海を行なっているが、行く先はボルネオ島、フィリピン、シンガポール方面であった。

終戦を迎えた時、海軍部内ではこの第二氷川丸の今後の処理に関する緊急の対策会議が開かれている。その結果出された対策とは、一刻も早く第二氷川丸を処分し、病院船オプテンノールの痕跡を消滅させるというものであった。

一九四五年八月十九日の未明、当時舞鶴港に係留されていた第二氷川丸は密かに若狭湾の外に引き出され、そこで船底のキングストン弁を開き、水深一一〇メートルの海底に静かに船体を沈めてしまったのである。

終戦直後にオランダ政府はオプテンノールの所在を日本政府に問い合わせてきた。これに対し日本政府はオランダ政府に対し「オプテンノールは終戦直後舞鶴から朝鮮に向かう途中、原因不明の事故で沈没した。しかも生存者が皆無であるため詳細は不明」という回答をした。

日本政府としては何としてもオプテンノールのその後については、日本は全く関知していないという態度を貫く方針であったが、日本政府のこの回答に対し早くもオランダ政府は日本の態度に不快と不審の念を抱いたのである。

オランダ側は当時のオプテンノールの乗組員の証言を十分に得ているし、その後のオプテンノールの行動についてもある程度情報を得ていた。日本政府の回答も然ることながら、オランダ政府はオプテンノールの拿捕に至る日本側の態度に対しては、完全な条約違反行為として容赦をしない姿勢で挑んできた。

オプテンノール事件が解決したのは実に一九七八年十月であった。そして日本はオランダ政府の要求する賠償を全面的に認めることになったのである。この一連の事件の中で唯一日本が救われたのは、同船のオランダ人乗組員に人的被害を与えなかったこと、そして抑留も人道的な立場で行なわれていたことであった。

特設運送船（雑役）の戦い

特設特務艦船の中で最大隻数であったのが特設運送船（雑役）である。特設運送船の中には給兵船、給水船、給糧船、給油船などが含まれるが、それぞれは特定の任務を帯びて艦隊行動の中での輸送を行なう船になっている。この中で特設給兵船という種類があるが、この船は兵員の輸送に使われるのではなく、各種の小火器や重火器そしてそれらの弾薬、戦闘車両などの兵器類の運送専用に使われる船なのである。また給糧船は正規の特務艦の中の給糧艦の代役を行なう特設特務艦船で、出先艦隊や根拠地隊に対する生鮮食料を含めた各種食料を運ぶための船なのである。また給水船は船内に造水設備を搭載する一方、船倉は真水のタンクとして使い、艦隊の各艦艇の缶水の補給や飲料水の補給を行なうための船である。

しかしこれら各種の任務の船があっても最も必要とされる船は、あらゆる雑多な物資、時には将兵も輸送するための船である。これらの船は特設輸送艦の中に雑用船（または雑役船）という位置を占め、戦線の拡大と共に重要な働きをすることになるのである。

特に太平洋戦争の中盤からは戦線の拡大と共に、大量の機材や物資を遠方まで輸送する頻度が増え、また一方ではこれら用途の船の損害も増加し、雑用船は次々と補充しなければならなかった。そのために雑用船（雑役船）は特務艦船の中でも最大の数となったのであった。

　太平洋戦争勃発当時の雑用船の数は一一一隻、五四万四〇〇〇総トンであったが、戦争全期間を通じて任務についた徴用雑用船は合計二四二隻、一〇万三〇〇〇総トンに達し、その中で終戦時に残存していたのはわずかに二〇隻に過ぎず、その損失数実に二二二隻という、海軍徴用大型船の中では最も激しい消耗を強いられた船であった。

　雑用船に指定された船は客船、貨客船、貨物船と雑多であったが、特設航空母艦への改造が予定されていた大阪商船の南米航路用の最新鋭のぶらじる丸やあるぜんちな丸も、工事開始までの間は特設運送船（雑用）として使われていた。

　特設運送船（雑役）に指定された船は、貨物船であれば船首と船尾に特設の砲座が組み上げられ、そこに七センチ、八センチ、一二・七センチあるいは一四センチの単装砲が搭載され、船体中央構造物のボートデッキや煙突周辺にも特設の砲座が設けられ対空火器が配置された。そしてこの対空火器は戦争の後半になるにともない次第に強化され、中には二五ミリ連装機銃二基、二五ミリ単装機銃四基あるいはそれ以上という、重武装の船もあった。

　そして基本的には上甲板の各ハッチの上には、木製の台座の上に上陸用舟艇（陸軍開発の大型発動機艇＝大発）八〜一二隻を搭載し、これらを船倉に積み込んだ物資の現地での揚陸に使った。つまり陸軍の輸送船と同じ形態で運用されるのが一般的であった。

　日本から前線基地や根拠地に物資を輸送したこれらの特設運送船の多くは、航路によっては復路に南方の鉱物資源や生ゴムあるいは米などを日本に運び、民需の物資輸送も行なった。

軍需品の輸送と民需品の輸送を行なった例の一つとして、特設運送船辰和丸（六五三五総トン）の場合がある。同船は辰馬汽船の所有する貨物船で、一九三七年から一九三八年にかけて三隻の姉妹船で建造された。

辰和丸は他の二隻の姉妹船と共に一九四〇年には早くも特設運送船として徴用されていた。同船は、当初は主に台湾の海軍基地に対する各種物資の輸送を行なっていたが、日本軍の仏印への進駐にともない同方面の海軍陸戦隊に対する物資の輸送にも使われ出した。そして開戦前にはすでに仏印へ進出していた、海軍第二十三航空戦隊（陸上攻撃機を主力とする航空戦隊）用の各種機材の運搬も行なっていた。

これらの輸送任務を終えて日本に帰る時には、台湾からは米、砂糖、石炭等を日本まで運び、仏印の場合は米を積み込み、時には中国の海南島の楡林に寄港し、鉄鉱石を満載して日本まで運び込んだ。

当時の日本の鉄鋼産業の各社は、大規模な戦争の気配を前にして、鉄工生産のフル操業を続けており、良質の海南島産の鉄鉱石の供給は極めて重要な位置にあったのである。

辰和丸は一貫して戦争物資の輸送と民需物資の輸送に活躍しており、日本と南方方面との航海は単独で行なう場合が多かった。しかし一九四四年四月以降は船団航行が主体となっていたが、次々と特設運送船の仲間が撃沈されて行く中で、不思議と辰和丸は無事であった。

船には時としてこのように不思議と運につきまとわれるものがあるが、辰和丸もその好例であった。

戦局も大詰めに近づいた一九四四年十二月三十一日、門司の六連島泊地を油槽船九隻と貨物船一隻で編成されたヒ87船団が出発した。この船団の九隻の油槽船（七隻は大型油槽船、二隻は海軍の正規の給油艦）は、シンガポールへ石油積み取りに向かうものであるが、制空権も制海権も敵側の手に落ちている途中の航路を、全船が無事にシンガポールへ到着し、さらに無事に日本へ帰還（生還）することなどまず不可能と考えられた。それでも一隻でも二隻でも、生還の希望をもって油槽船を送り出すことが当時の日本ができる唯一の手段であった。そしてこの船団に同行した唯一の貨物船は、シンガポールから合計九〇〇〇トンのボーキサイトや錫の鉱石を搭載して日本に戻ることが予定されていた。そしてこの唯一の貨物船が運の強い辰和丸であった。

この船団の油槽船全船が日本に運び込む予定の石油の大半は航空機用ガソリンの予定で、その総量は一三万トンが予定されていた。この量は日本国内基地の陸海軍が五〜六ヵ月の航空作戦と、練習機の訓練を行なうに十分な量であった。そして結果的にこの船団がシンガポールへ多数の油槽船を送り出した最後の船団となったのである。

船団のその後は悲劇で終わった。シンガポールに到着する前に油槽船七隻が撃沈され、ガソリンを満載した残りの二隻も復路で撃沈され、日本には期待された石油はついに一滴も運び込まれなかったのである。ただ一隻またもや辰和丸だけが、今回も予定された積荷を満載し無事に日本に帰還したのである。

しかしこの辰和丸には後日談がある。戦後の一九五四年五月、辰和丸はタイより船倉一杯のタイ米を満載し日本に向かって南シナ海を航行していた。ところが不幸にも南シナ海の中間で台風に遭遇し、一片の破片も残すことなく辰和丸は遭難（行方不明）したのであった。それは戦時中に無数の僚船が沈没した同じ海で、海底の僚船たちの魂が辰和丸を招き込んだようにも思える出来事であった。

次に特設運送船として徴用された小型貨物船についてその活動の姿を紹介する。

太平洋戦争開戦直前の一九四一年十月に完成した第十八真盛丸は、原商事が建造した総トン数二八二七トン、レシプロ機関推進で航海速力一〇・五ノットの、三島型外型の典型的な近海航路用の小型貨物船であった。

本船は一九四二年二月に海軍に徴用され、特設運送船（雑用）として舞鶴鎮守府付属となった。本船は当初は国内の海軍各施設への物資輸送を行なうために運行されていたが、五月から前線に出動することになった。

アリューシャン列島のキスカ攻略作戦は、舞鶴鎮守府の海軍第三特別陸戦隊の主動で行なわれることになっていたが、この作戦を実施するための最終補給基地は、千島列島北端の幌筵島が予定されており、第十八真盛丸は舞鶴基地より幌筵島に各種の戦闘物資や糧秣を送り込む任務を帯びていた。

第十八真盛丸はこの任務を終了すると今度はビルマへ向かった。一九四二年三月に日本陸軍は早くもビルマに侵攻し首都ラングーンを占領している。海軍も特別陸戦隊がラングーンに進撃し第十三特別根拠地隊を編成し、さらにアンダマン諸島にも進撃し中心地ポートブレアに第十二特別根拠地隊を編成した。

第十八真盛丸はこの両特別根拠地隊の運用に必要な様々な物資や武器・弾薬そして車両などを積み込むと、ラングーンとポートブレアに向かった。

同船は任務を終了すると帰りには船倉一杯にビルマ米を積み込んで日本に持ち帰っている。この作戦が一段落した時、ソロモン諸島を巡る日米の戦いが勃発し、その支援のために第十八真盛丸は日本とラバウル間で、駐留海軍部隊のための様々な物資の輸送に運用されることになった。

しかしその最中に、本船は新たに編成された南東方面艦隊の付属となり、ソロモン方面ばかりでなくアドミラルティー諸島を含めた、ニューギニア東部方面に駐留する海軍部隊に対する物資の輸送に使われることになった。この方面にはいくつかの海軍航空隊や陸戦隊部隊が基地を設けており、輸送する貨物の内容は様々な航空機用機材、爆弾、魚雷、機銃弾、対空火器、ドラム缶入り航空機用ガソリン、各種車両（トラック、牽引装甲車、エンジン始動車、ロードローラーなど）、通信機材、糧秣、各種建設材料、セメント等であり、時には基地建設要員や整備員が、そして時には航空機搭乗員までが乗り込むこともあった。つまり特設航空機運搬艦の役割も担うことになった。

そして時にはラバウルを経由して最前線のブカ島やブーゲンビル島の航空機地に、同じ航空機関連資材や燃料、糧秣を運び込んでいる。そして第十八真盛丸の日本と最前線基地との間の物資輸送は一九四三年十一月まで続けられ、この間多くの場合は同船は護衛艦艇を伴わない一隻だけの航行であったが、不思議と敵潜水艦や航空機の攻撃を受けることは一度もなかった。

一九四三年十二月から第十八真盛丸はニューアイルランド島のカビエンに基地を置く、南東方

こがね丸

面艦隊第十四根拠地隊付属となった。これはニューギニア北東部からビスマルク海方面にかけての戦況が俄に緊迫の度を増してきたための配置で、これら海域の中心地となるアドミラル諸島の防衛強化のための集中的輸送を同船に担当させるためのものであった。

一九四四年二月の米機動部隊によるトラック島海軍基地の攻撃は、日本海軍に対し極めて深刻な衝撃を与えた。

この米軍側の攻勢の後、第十八真盛丸はパラオ島に移動し待機していたが、三月三十日の米機動部隊によるパラオ島大空襲の際、同船は数発の直撃弾と多数の至近弾を受けてパラオ島の環礁内に沈没し、第十八真盛丸の活躍の歴史は終わった。

第十八真盛丸にも後日談がある。戦後一二年目の一九五七年十二月に同船は日本のサルベージ会社の手によって浮揚された。そして日本まで曳航された後大改修工事が行なわれ、一九五八年六月に船名も同じ第十八真盛丸として蘇ったのである。しかしこのとき船主は原商事から北海運輸に変わっており、第十八真盛丸は北海道と阪神間で石炭の輸送や雑貨の輸送に従事していた。しかし一九六七年に韓国の海運会社に売却されてしまった。

特設運送船（雑役）には特殊な用途に使われた船もあった。関西汽船の瀬戸内海航路（阪神～別府）の女王として君臨していたこがね丸（一九〇五総トン）がそれである。本船は純然たる内海航路用の純客船で、貨物の積載能力はほとんどなかった。

しかし一九四三年八月に海軍は貨物船でもないこのこがね丸を特設運送船として徴用した。徴用の目的は海軍将兵の瀬戸内海海域における輸送であった。

瀬戸内海沿岸から九州の東岸にかけては様々な海軍の施設が点在していた。その代表的なものだけでも呉鎮守府、江田島海軍兵学校、徳山海軍燃料廠、広海軍基地、松山海軍航空隊、岩国海軍航空隊、岩国海軍兵学校分校、宇佐海軍航空隊、別府海軍病院、託間海軍航空隊、大阪警備府、大分海軍航空隊などその数は無数であった。しかし一九四三年以降、海軍の各基地や施設では要員の増員が急で、同時にこれらの基地や施設間の人員の往復も激増した。

当時陸上では鉄道輸送が貨物主体に移行しつつあり、主要幹線鉄道の旅客輸送は飽和状態にあった。この対策として海軍関係者を独自にスムーズに輸送する一つの手段として考え出されたのが、瀬戸内海を独自に航行する海軍専用の客船の運用であった。これには大量の軍関係者が鉄道で移動する場合に起こりがちな、防諜対策にもあったのである。

鉄道と違って各人が荷物を持った部隊の大人数の移動でも、船では極端な混雑も起こることもなく、この小型客船の定期または不定期運用は軍の輸送手段としては極めて効果的だったのである。

こがね丸は終戦の日まで運行されていたが、その後再び瀬戸内海航路に復帰し、世の中が安定するると共に再び関西汽船の別府航路のドル箱船として好評の中で航海を続けていたが、老朽化のために一九七六年に新鋭船と交代して航路から引退した。

特設監視艇の戦い

数ある特設艦船の中でも特設特務艇に分類される特設監視艇ほど、最も過酷な任務を強いられながら最も実態が知られていない船もなかろう。

また徴用された全ての特設艦船の中で特設監視艇は最大の数（四〇七隻）を要し、作戦で失われた数も特設艦船の中では最大（三〇七隻）を占めた。そして太平洋戦争で犠牲となった六万名を超える民間船員の犠牲者の中の、およそ一万名が特設監視艇の乗組員であったことも国民には知られていない。

特設監視艇は全て八〇トンから一五〇トン程度の小型の漁船を徴用したもので、その乗組員のほとんどは、一部の例外はあるが、それら漁船固有の乗組員であった。

彼らは来る日も来る日も大海原のまっただ中で、いつ現われるかも分からない敵海上部隊の姿を求めて指定された海域の監視活動に当たっていたのであった。そしてそれらの艇のどれかが、「敵発見」と「現在位置」を司令部に打電してきた時が、その艇の最後と見なければならなかった。

特設監視艇を語る時に、忘れることのできない出来事がある。それは一九四二年四月十八日のいわゆるドーリットル空襲と特設監視艇の関係であろう。そこでこの事件について次に少し詳しく紹介しよう。

海軍の第五艦隊の重要な任務の一つに、本州の東方洋上から千島列島にかけての洋上監視があった。第五艦隊は太平洋戦争勃発を前にこの広大な洋上に細かく哨戒艇を配置し、この海域に進入する敵海上勢力に対する監視体制を確立していた。第2図を参照いただきたいが、その配置は北緯二四度から五三度の南北約三〇〇〇キロ、東経一四七度から一六四度に至る、東京を起点として東に約七〇〇キロから二四〇〇キロの範囲に至る広大な海域であった。

この海域に緯度五度、経度五度の間隔で一隻の割合で監視艇を配置し、各艇は定められた経度線上を二〇〇〜四〇〇キロの範囲で連日往復の監視活動を行なったのである。(第2図中のイロハとABCは各監視艇の配置行動位置を示している)

監視艇の任務は来る日も来る日も大海原の中で、ただ黙々といつ現われるかも知れない敵の姿を求め周囲の洋上や上空の監視を行なうことであったが、監視の方法は各船のマストの上に設けられた監視台や船橋上の甲板に数名の監視員を配置し、双眼鏡を頼りにするというものだったのである。監視の目に電波探信儀(レーダー)が搭載されたのは一九四四年末頃であったが、この装置を搭載した監視艇はごくわずかで、主に本州南方海上に配置され、マリアナ基地から来襲するB29重爆撃機の監視に用いられた。つまりほとんどの特設監視艇の「目」は人間の「目」に頼られていたのである。これこそ日本の戦争科学技術(特にエレクトロニクス分野)の遅れを如実に証明する好例でもあった。

この本州東方洋上から千島列島を哨区とする第五艦隊の特設監視艇隊は、当時在籍していた特設監視艇の半数近くが配置されるという大部隊で、別名「黒潮部隊」と呼ばれていた。

　この黒潮部隊の特設監視艇は、第五艦隊の指揮下の第二十二戦隊（特設巡洋艦三隻で編成）が直接の指揮に当たり、一九四二年四月現在で一一六隻、一九四四年十月現在で一六七隻の配置があった。

　一九四二年四月現在の黒潮部隊の特設監視艇隊は三個隊に分かれ、各隊は三八〜四〇隻で編成され、各隊の母艦として特設砲艦が一隻ずつ配置されていた。そして各隊の監視艇が哨区で行動中は、その隊の母艦の特設砲艦は指揮下の監視艇の保護、補給、修理あるいは医療行為のために広大な哨区を巡回していた。

　この三つの監視艇隊の一回の戦闘配置作戦期間は二五〜二六日で、その中の実際の哨区での監視活動は一五〜一六日間であった。残りの一〇日間は基地と哨区の往復の時間であった。この間他の二つの隊の一つは基地で乗組員の休養や船体の整備や補給にあたり、もう一隊は哨区と基地の往復の時間とし、哨区には一日たりとも空隙がないような仕組みになっていた。

　一見、特設監視艇の哨区は細分化され、現われる敵に隙間を与えないような緻密な配置になっていたと思われがちであるが、広大な海洋上では実際には全くのザルの目のような盲点だらけの監視だったのである。また各監視艇がレーダーを装備していないだけに、監視の目が有効なのは視界の利いた昼間だけであって、視界の利かない天候の時や夜間はほとんど監視艇は有効な働きができなかった。そして偶然にもこの盲点を突かれたのがドーリットル空襲であった。

　四月十七日の深夜、米海軍ハルゼー中将の率いる日本攻撃機動部隊は黒潮部隊の哨区の東端に侵入していた。機動部隊は二群から成り、一群は日本攻撃用の米陸軍航空隊のノースアメリカンB25双発爆撃機一六機を飛行甲板上に搭載した空母ホーネットと、重巡洋艦と軽巡洋艦各一隻と駆逐艦四隻で編成されていた。

もう一群は作戦支援隊で、空母エンタープライズと重巡洋艦、軽巡洋艦各一隻そして駆逐艦四隻より編成されていた。

空母エンタープライズの格納庫内にはグラマンF4F艦上戦闘機、ダグラスSBD艦上爆撃機、ダグラスTBD艦上攻撃機が収容され、日本側の攻撃に対して攻撃態勢を整えていた。

ドーリットル攻撃隊の当初の計画では、四月十七日に東京起点一八五〇キロの地点で、機動部隊の各艦は随伴してきた給油艦から最後の給油を行ない、四月十八日の午後に東京起点五四〇キロの地点で攻撃隊の一六機の爆撃機を出撃させる予定であった。

ところが給油を終わった後の四月十八日の午前一時二十分、東京起点一二七〇キロの地点で支援空母のエンタープライズのレーダーに、前方の洋上に遊弋する二隻の小型船の輝点が現われるのを確認した。

これは位置的にも明らかに日本の艦船が付近の海域を行動中であるらしいというサインであった。そこで夜明けと共にエンタープライズからは索敵のためにダグラスSBD艦上爆撃機が発艦し、進路上の正体不明の船の索敵に向かった。

その直後の午前五時、機動部隊の進路上にレーダーで確認されたと思われる小型船が発見され、さらにその先にもう一の小型船が発見された。そして午前六時頃には三隻目の小型船が発見されたが、この三隻目の小型船は空母ホーネットからも視認された。

空母ホーネットの無電室ではこの視認された小型船から無電が発信されているのを傍受した。機動部隊はこの日本の監視船らしき船に発見されたことは明らかと判断された。そして自分たちの存在が日本側に早くも知られたと判断せざるを得なかったのである。

機動部隊側はこの事態に対し、極めて重大な決断を下さなければならなかったのである。つまり機動部隊のこの時の位置は本来の攻撃隊の出撃予定位置よりも五〇〇キロ手前で、爆撃機を出撃させ、各爆撃機が特設の予備燃料タンクを搭載していたとしても、この位置での爆撃機の出撃は、その着陸地点が中国大陸の米軍側にとっての味方安全圏内ギリギリの位置となり、躊躇せざるを得なかった。

しかしここまで来ての躊躇は許されず、午前七時五分に空母ホーネットの飛行甲板から攻撃隊のB25双発爆撃機の一番機が離艦していった。攻撃隊の各機はギリギリの燃料の中、空母上空で編隊を組むいとまもなく、そのまま次々と日本本土に向かって出撃していった。そして一六機の発艦には一時間を要した（これが日本上空に侵入したドーリットル隊の爆撃機が、全て単機、バラバラで侵入した理由なのである）。

この四月十八日に本州東方洋上で監視の任務に当たっていた特設監視艇の動きは次のようになっていた。

合計一一六隻の特設監視艇は全て北海道の釧路に基地を置いていた。四月十七日には第一監視艇隊（この時の可動は二〇隻）は、釧路基地で次の監視任務に備えて船体の整備や補給に専念していた。また第三監視艇隊は第二監視艇隊と交代直後で、哨区の配置についたばかりであった。そして第三監視艇隊（可動一八隻）と交代したばかりの第二監視艇隊の各艇は、釧路に向かって北上状態に入ったばかりであった。なお第三監視艇隊の残る七隻は機関の修理に手間取り、出撃が遅れていた。

四月十八日午前六時三十分、第三監視艇隊と交代して釧路に向かおうとしていた第二監視艇隊の一隻、第二十三日東丸（九〇トン：日東漁業所有の底引き網漁船：船籍山口県下関漁港）は、自船の上空を低空で旋回する国籍不明の単発機三機を発見した。

第二十三日東丸からはこの状況を基地に対し「敵艦上機ラシキ機体三機発見」と打電した。そしてその直後の六時四十五分に、第二十三日東丸から「敵空母一隻ミユ」との無電がさらに打電された。この時第二十三日東丸が目撃した空母こそ、アメリカ側の記録と照合してもホーネットであった可能性が高い。

実は日本側は四月十日の時点で、本州はるか東方（東京起点の東南約二二〇〇キロ）で、空母二～三隻を含む機動部隊が遊弋中の気配を探知していた。これに対し海軍木更津航空隊の陸上攻撃機部隊は警戒態勢に入っていたのである。

日本海軍のこの時点での予想では、敵機動部隊が本州のいずれかの地点に対し局地的な襲撃を行なう可能性があると判断し、第二十二戦隊に対し指揮下の特設監視艇による厳重な警戒を命じていた。

第二十三日東丸からの緊急無電はその後も続いた。午前六時五十分「敵空母三隻（一隻は巡洋

第二十三日東丸

艦の誤認?）ミユ」、午前七時三十分「敵機二機ミユ」、続けて「敵大部隊ミユ」、そしてこの無電を最後に第二十三日東丸からの無電は跡絶えた。

第二十三日東丸は基地への航路にありながら、その航路は米機動部隊の侵攻航路と交錯していたことになる。

この時点の様子を米機動部隊側の記録から眺めると次のようになる。午前六時四十四分、視認された監視艇らしき小型船に対し、ハルゼー司令官は最も近い位置にあった軽巡洋艦ナッシュビルに対し砲撃を命じている。

ハルゼー司令官はこの時点で機動部隊の存在が確実に日本側に察知されたものと判断し、攻撃隊の爆撃機の航続距離が中国大陸の安全圏内ギリギリであることを承知の上で、攻撃隊の出撃を命じたのであった。

機動部隊が特設監視艇に発見されたこの日の朝の天候は、部分的に晴間のある曇天で、視界は約一〇キロ、風速一〇メートルという状態で、海上は弱い時化状態であった。

その後の第二十三日東丸はどのような行動をとったのであろうか。米軍側の記録によると次のようになっている。

午前七時五十三分　軽巡洋艦ナッシュビルが第二十三日東丸に対し砲撃を開始する。
午前七時五十六分　空母エンタープライズを出撃したダグラスSBD艦上爆撃機数機が第二十三日東丸に投弾したが命中せず。これに対し同艇からは小口径の機銃らしきもので反撃してきた。
午前七時五十七分　第二十三日東丸は、突然、軽巡洋艦ナッシュビルに向かって直進を始めた（恐らく我に利有らずとして、せめて一矢でも報いようと同艦に対し体当たりを覚悟したものと思われる）。
午前八時一分　再び艦上爆撃機が飛来し第二十三日東丸に投弾したが命中せず。
午前八時二十一分　第二十三日東丸炎上状態で沈没しつつある。ナッシュビル砲撃中止。
午前八時二十七分　軽巡洋艦ナッシュビルは炎上中の第二十三日東丸に接近し生存者の救助に向かうが、同艇の生存乗組員は救助を断わる。
午前八時四十六分　ナッシュビルは第二十三日東丸の沈没を確認し、本隊に引き返す。

このドーリットル攻撃隊に対する特設監視艇第二十三日東丸の米機動部隊発見の無電連絡は、日本側にとって極めて大きな意義があった。
つまり日本に接近する敵攻撃隊を事前に発見するという、本来特設監視艇に求められていた任務を確実に果たしたということで、特設監視艇の存在意義が海軍内に十分に認識されたということである。

第21図　4月18日の特設監視艇の配置と損害位置図

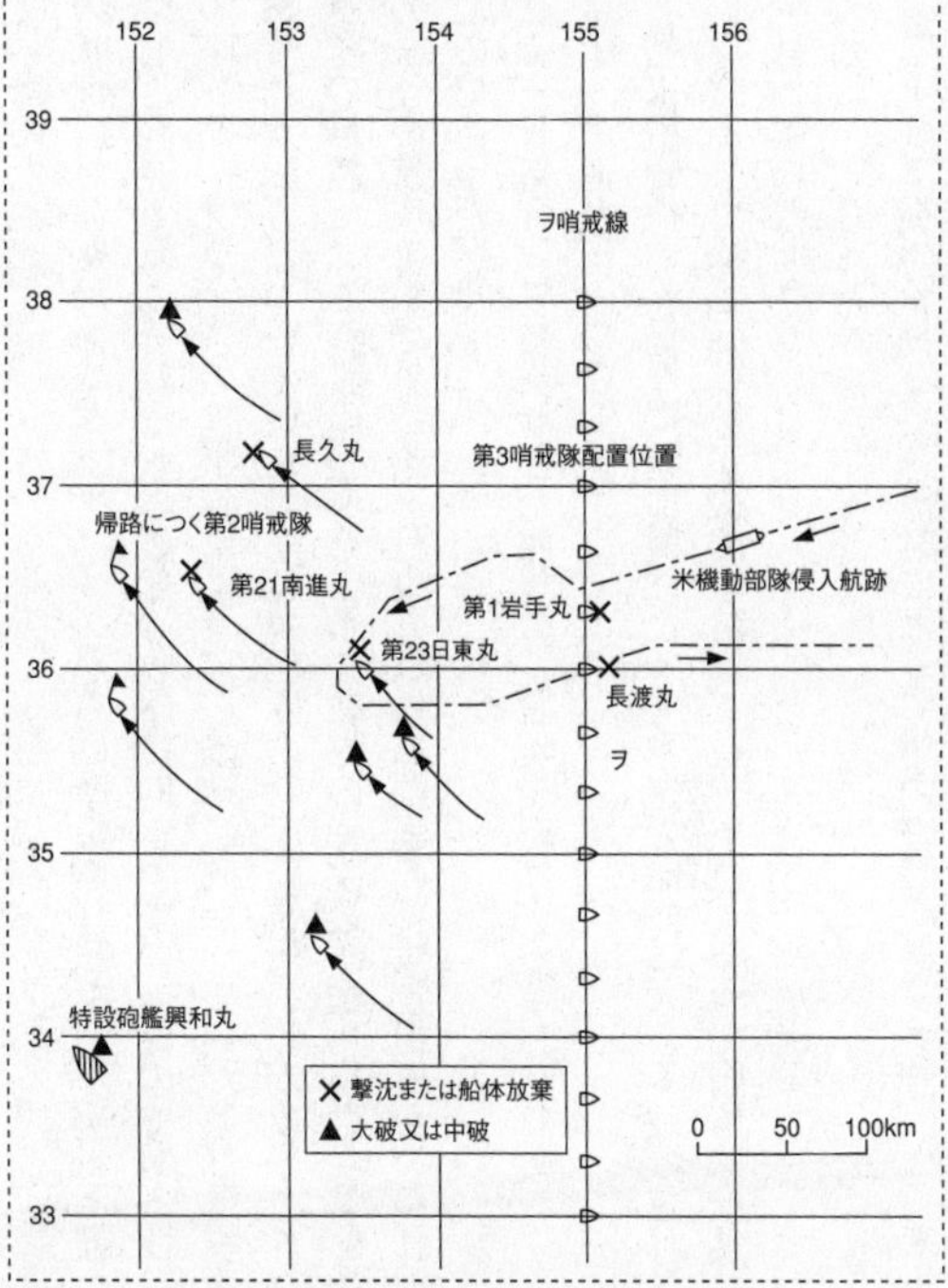

この日の第二十三日東丸の行動と功績はよく知られた事実であるが、実はこの日の特設監視艇の戦いは第二十三日東丸ばかりでなく、そのほかにも多くの特設監視艇が苦戦を強いられていたのであるが、このことについてはなぜかあまり知られていないのである。

早朝より空母エンタープライズを出撃した数機の索敵機は、機動部隊の進む周辺の海域にさらに多くの小型船を発見した。またさらに二隻の大型艦船らしき船も発見された。つまり索敵機は各哨区で監視活動中のあるいはこの時基地に帰還途中の監視艇ばかりでなく、行動中の特設砲艦や特設巡洋艦も発

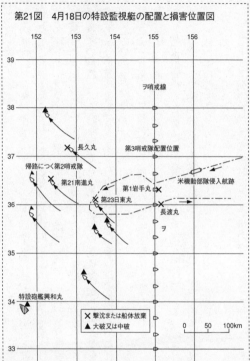

見していたのだ。

この状況に対し空母エンタープライズからは準備されしだい、次々と艦上戦闘機と艦上爆撃機が出撃し、発見されたそれぞれの艦船の攻撃に向かっていったのである。

このエンタープライズの攻撃隊によって、基地に向かっていた第二監視艇隊の特設監視艇八隻が攻撃され、配置についていた第三監視艇隊の特設監視艇二隻が攻撃された。そしてさらに第二監視艇隊の母艦である特設砲艦と第二十二戦隊の特設巡洋艦一隻も攻撃を受けたのであった。

この一連の航空攻撃で第二十三日東丸以外に四隻の特設監視艇が失われ、六隻が重大な損害を受けたのであった。

第二十三日東丸以外に失われた四隻の特設監視艇は次のとおりである。

第二十一南進丸（一〇〇トン）

艦上戦闘機の執拗な機銃掃射によって木造の船体は大きく破壊され浸水激しく、また舷側を貫通した機銃弾多数が機関を破壊し航行不能となって船体は放棄されたが、生存乗組員は他艇に救助された。

長久丸（一一六トン）

艦上戦闘機の執拗な機銃掃射によって船内の燃料タンクが引火。木造船体は炎上を始め消火不能となり船体を放棄。生存者は他艇に救助された。

第一岩手丸（九五トン）

艦上戦闘機の機銃掃射と艦上爆撃機の爆弾の至近弾で船体は大破。航行不能となって船体を放棄。生存者は他艇に救助される。

長渡丸（九四トン）

艦上戦闘機の機銃掃射と艦上爆撃機の至近弾で船体は大破。航行不能となり船体を放棄する。その後大破漂流中の長渡丸の乗組員のうち生存者五名は軽巡洋艦ナッシュビルに収容され捕虜となったが、この事実は戦後になって初めて判明した。

なお攻撃を受けた特設砲艦と特設巡洋艦の被害は次のとおりであった。

特設砲艦：興和丸（一一〇六総トン）

艦上攻撃機の機銃掃射で船体各所に小規模の損傷を受けたが大事に至らず。その後艦上爆撃機の投弾した爆弾が至近弾となり、左舷水面下に破口を生じ浸水が始まったが食い止められ、その後の航行に支障はなかった。

特設巡洋艦：粟田丸（七三九八総トン）

艦上爆撃機の投下した爆弾が左舷舷側への至近弾となり、破口を生じたが大事に至らず基地に生還する。

この日の戦闘で第二および第三監視艇隊は一一隻の特設監視艇を失い、あるいは損害を受けたが、乗組員の被害は戦死三八名、戦傷（重傷）二三名という犠牲が払われたのである。

余談であるが米軍側の記録によると、特設監視艇も興味ある反撃を行ない米軍側に損害を与えているのである。

ダグラスＳＢＤ艦上爆撃機が長渡丸を攻撃した際、急降下した機体に対し長渡丸の乗組員の一人が、監視艇に装備されていた歩兵銃を爆撃機に対し発射した。ところがこの小口径の一発の弾丸が爆撃機のエンジン燃料配管に命中し、機体はエンジン不調となりそのまま海上に不時着したのである。まさに奇跡でしかも希有の戦果となった。

ドーリットル攻撃隊の来襲は当然のことながら日本海軍にとっては大きな衝撃であった。それは特設監視艇の網の目と思われる配置に大きな漏れがあるということであった。事実この攻撃の前日に、ドーリットル攻撃隊は特設監視艇の哨区を、監視艇に発見されることなく通過しているということであった。勿論、最東端の哨区とその西側の哨区を機動部隊が通過したのは、四月十七日の深夜から翌十八日の明け方にかけてであったが、これは視界の利かない暗夜という、レーダーを持たない特設監視艇の盲点を偶然にも突いた結果であったが、まさに哨戒艇の弱点を突くものであり日本海軍としても大きな反省材料になった。

しかし電波探信儀（レーダー）の開発が十分でないこの時期、根本的な解決策は生まれず、結局哨戒区域のさらなる東への拡大と、監視艇のさらなる配置で当面の対策としなければならなかったのである。

その後も本州東方洋上での特設監視艇の監視は続いたが、一九四三年後半頃から米海軍潜水艦の行動の活発化に伴い、日本近海での敵潜水艦と特設監視艇との戦闘の機会が増え出した。この頃までの特設監視艇の武装は軽機関銃一梃と歩兵銃数梃程度であったが、事態が緊迫するにともない特設監視艇の武装も次第に強化され始めた。船首に砲座を設け七〜八センチ砲一門が装備され、船橋の上に一三ミリ連装機銃や二五ミリ単装または連装機銃を装備する艇が増えた。

一九四四年八月十三日に展開された武装特設監視艇と敵潜水艦の戦闘は、武装強化された特設監視艇の戦いぶりを示す好例であった。

この日、第三監視艇隊の網地丸（一〇七トン）は、房総半島の東南一〇〇〇キロの哨区で行動中であった。この時同艇の至近の位置に突然、敵潜水艦が浮上した。恐らく潜水艦は魚雷で相手を処分するまでもなく砲撃で沈めようとしていたのであろう。

しかし網地丸の抵抗は激しかった。両艦艇の間で激しい砲撃戦が展開されたが、結果は潜水艦側は潜行せず浮上したまま遁走し、網地丸は大破し漂流状態となった。

二隻の間でどのような戦いが展開されたのであろうか。

浮上してきた潜水艦に対し網地丸からは装備されていた五センチ速射砲五〇発以上が発射され、敵潜水艦の司令塔に破口を開き、搭載されていた砲座周辺にも数発の命中弾を与え、敵の砲撃を抑止した。また搭載されていた一三ミリ連装機銃で潜水艦の司令塔や甲板上を掃射し、敵に反撃の機会を失わせた。これに対し敵潜水艦側も当初は装備されている砲で網地丸の船体に多数の命中弾を与えたが、木造船の網地丸は簡単には沈没しなかった。

また敵潜水艦も装備されていた一二・七ミリ連装機銃で銃撃を加えてきたが、互いの銃撃はそれぞれに損害を与えていた。その最中に敵潜水艦が網地丸に接近してきたので、網地丸からは近接戦闘用の陸軍の五センチ擲弾筒が発射され、潜水艦の甲板や司令塔に幾発かの命中弾を与え敵の攻撃を鈍らせた。

結局、敵潜水艦は浮かぶ残骸となった網地丸に止めを刺すことなく去っていった。一方の網地丸は船体は大きく破壊されたが沈没することはなく、隣の哨区の特設監視艇によって乗組員は救助された。この戦闘により網地丸の乗組員七名が戦死し、六名が重傷、残る乗組員十数名もそのほとんどが負傷するという戦いで、網地丸はその直後に僚船によって沈められたのであった。

第4章　外国海軍の特設艦船

有事に際し商船や漁船を艦艇に転用し、各種の特設艦船として使う方法は世界の海軍共通の考えで、その際の船舶の選定や運用方法には各国海軍はそれぞれ独特の考えを持っている。その中でもイギリスは第二次大戦勃発当時六七二二隻、一七八九万一〇〇〇総トンという、日本の三倍近い船舶を保有していた世界最大の海運国であっただけに、イギリス海軍のこれら商船や漁船を特設艦船として使う規模は、他国を寄せつけないほど大規模な内容を持っていた。そして特設艦船として徴用された商船や漁船も、総トン数二万トン級の客船から、八〇トン級の漁船まで、徴用された船舶の総数は四〇〇〇隻に達し、特設航空母艦や特設巡洋艦などの主要特設艦だけでも七〇隻を超える陣容を揃えていた。

次にイギリス、アメリカ、ドイツの三ヵ国の特設艦船について概要を解説することにする。

イギリス海軍の特設艦船

第二次大戦中のイギリス海軍は合計五六種類の特設艦船を運用した。これらに使われた船舶は客船、貨客船、貨物船、油槽船、穀物運搬船、果物運搬船、海峡連絡船、各種漁船等、実に多種類にわたっている。しかしイギリス海軍はこれら特設艦船を日本のように用途別、あるいは機能別に分類することはなく、必要な用途が生じるごとに新しい種類の特設艦船を誕生させていった。それだけに中には日本には存在しないような独特の艦種の特設艦船も生まれている。例えば特設臨検船（Auxiliary Armed Boarding Vessel）、特設カタパルト船（Auxiliary Fighter Catapult Ship）、特設防空船（Auxiliary Anti-Aircraft Vessel）、特設囮船（Auxiliary Decoy Ship＝Qship）、特設武装ヨット（Auxiliary Armed Yacht）、特設管制機雷艦（Auxiliary Mine Layer Baseship）、特設機雷処分船（Auxiliary Mine Destructor Vessel）など全く日本の艦船としては耳慣れない特設艦船が存在した。

これら多種類の特設艦船はそれぞれ任務を全うしたわけであるが、イギリスの特設艦船の中でも代表的なものについて幾つか紹介したい。

（1）特設巡洋艦（Auxiliary Armed Merchant Cruiser）

イギリスの特設艦船を代表する船の一つとして特設巡洋艦がある。第二次大戦におけるイギリス海軍の特設巡洋艦は、第一次大戦の戦訓をそのまま受け入れ任務を実行させたのである。つまり戦訓から定められたイギリス海軍の特設巡洋艦の任務は次のようになっていた。

自国及び連邦国の船舶や船団を護衛し、ドイツ海軍の武装商船（特設巡洋艦）からこれを保護する。

ドイツ海軍の武装商船（特設巡洋艦）の探索と撃滅。

ドイツ商船の捕獲。

自国及び海外領土周辺海域の哨戒と警備。

イギリス海軍は第二次大戦の勃発と同時に多数の大型客船を特設巡洋艦として徴用した。その数は五六隻にも達したが、大型客船を集中的に特設巡洋艦として徴用した理由としては、これら客船が、当面は航路を閉鎖しなければならない遊休の船舶となること、航続距離もありほとんどが最高速力二〇ノット以上の高速の持ち主であること、多数の乗組員を収容し維持するのに十分な設備を持っていた、ことなどが挙げられる。

特設巡洋艦になった客船の中には二万総トンを超える大型客船が存在し、その最大の船はファーネスラインのクイーン・オブ・バーミューダ（QUEEN OF BERMUDA）の二万二五七五総トンである。この船以外にも特設巡洋艦に変身した二万総トンを超える客船は四隻も存在したが、他は全て一万二〇〇〇～一万九〇〇〇総トンの客船であった。

これら特設巡洋艦には船首尾甲板や前部上甲板や後部上甲板に旧式艦から撤去されていた一五センチ単装砲が六～八門搭載され、船尾甲板などに七・五センチ単装高射砲二～四門が搭載されていた。また七・七ミリ機銃や二〇ミリ機関砲が船橋甲板周辺に配置され、対潜兵器として爆雷一〇～二〇個を搭載していた。

第二次大戦初期の北大西洋で、カナダからイギリスに向かう三八隻の船団を護衛中の客船改装の特設巡洋艦ジャービスベイ（JERVIS BAY：一万三八三九総トン）は突然、ドイツ海軍のポ

ジャービスベイ

ケット戦艦アドミラル・シェーアと遭遇した。ジャービスベイは少しでも船団を敵戦艦の攻撃から逃すために、圧倒的な砲戦力の差がありながら、ただ一隻でこの強敵に真っ向から立ち向かったのである。

双方の一時間にわたる砲撃戦の後、ジャービスベイは燃える残骸となって沈没したが、この間に船団の大半はポケット戦艦の魔手から逃れることができたのである。

同じく大戦初期に特設巡洋艦ラワルピンディ（RAWOLPINDI：P&Oライン：一万六六一九総トン）が敵戦艦と戦いを演じている。ラワルピンディは北大西洋で哨戒中であったが、ドイツ小型戦艦シャルンホルストと遭遇し絶望的な戦いの後撃沈された。

第二次大戦が勃発したとき、イギリス海軍は圧倒的多数の自国商船をドイツ海軍の水上や水中の艦艇から、確実に保護するだけの護衛艦艇を保有していなかった。特に長距離船団護衛用の艦艇には絶対的な不足があり、これら特設巡洋艦が急遽整備されたのは当然であった。しかし戦訓から客船改装の特設巡洋艦とはいえ、より強力な武装が求められ、次第に武装の強化が図られていった。

その代表的な特設巡洋艦として、極東航路に君臨していた有名な

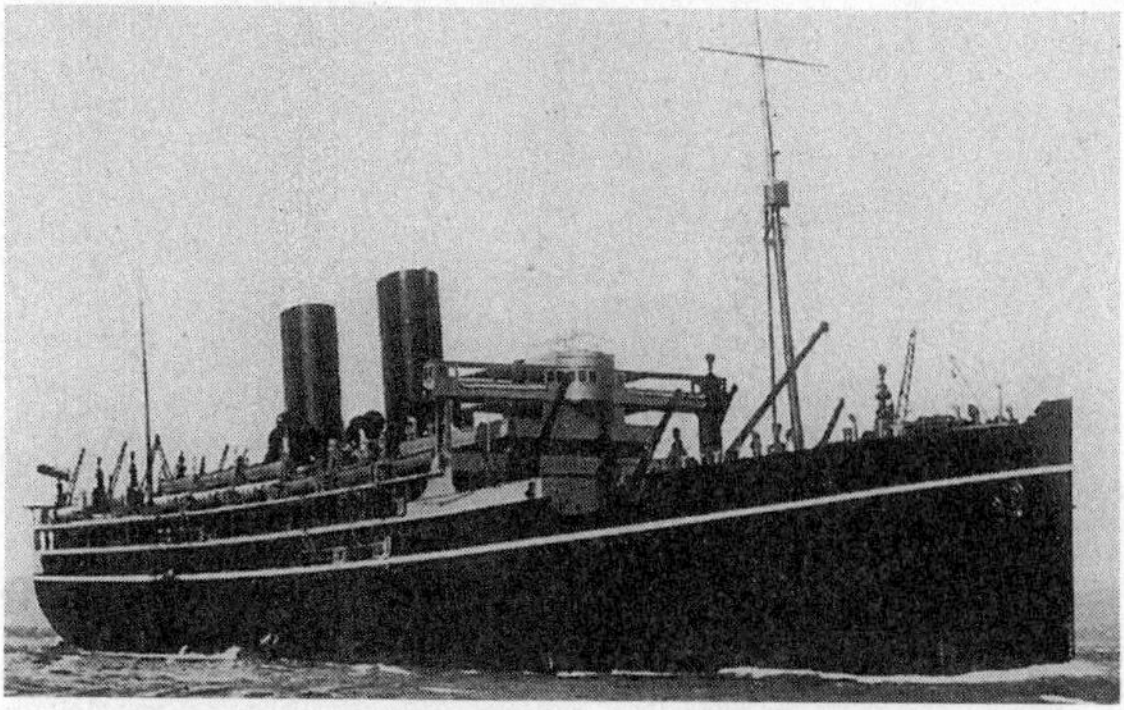

ラワルピンディ

P&Oラインが所有していた客船コーフー（Corfu：一万四二九三総トン）がある。同船は一五センチ単装砲九門、一〇・五センチ連装高射砲二基（四門）、四〇ミリ単装ボフォース機関砲二門、二〇ミリ単装機銃一九門を装備し、水上偵察機一機を搭載しカタパルトまで装備していた。そして最新型の対水上・対空レーダーまで備えるという、正規の軽巡洋艦並みの強力な特設巡洋艦に仕立てられていた。

戦後、日本とオーストラリア間の貨客輸送に長い間就航していた、オーストラリアのマッキカーン社のカニンブラ（KANINBLA：一万九五八総トン）も、太平洋戦争の勃発と同時に徴用されオーストラリア海軍の特設巡洋艦として活躍した。当初は南太平洋からインド洋にかけての連合軍の輸送船の護衛を担当していたが、一九四五年に入ってからは特設巡洋艦兼兵員輸送艦として使われ、オーストラリア陸軍部隊のボルネオ島方面への上陸作戦に参加し、搭載された八門の一五センチ砲で上陸地点の艦砲射撃も行なった。

ちなみに本船は一九六三年に日本の東洋郵船が購入し、

「おりえんたるくいーん」の船名で日本のクルーズ事業の先がけをつとめたことで知られている。

特設巡洋艦として徴用された五六隻の大型客船の内一六隻が戦闘で失われた。これらの特設巡洋艦も、正規の護衛艦艇が充足を始めた一九四二年後半から急速に任務を解かれるものが増え、一九四三年には前出のカニンブラなど数隻を残して兵員輸送船に編入された。

余談であるが、第二次大戦当時世界最大の客船であった八万総トンを超えるイギリスのクイーン・メリーとクイーン・エリザベスの二隻は、最高速力が三〇ノット以上であり、航海速力も常に二五ノット以上という、ドイツ潜水艦の襲撃のチャンスはほぼ皆無に近い走りを示していた。それだけにこの二隻の行動は常に護衛艦なしの単独航行であった。

この両船の任務は兵員輸送であるが、その輸送能力は桁違いに大きく、陸軍一個師団（一万人以上）程度の兵力は一回の輸送で可能で、最大輸送の記録としては一万六〇〇〇名という数字が残っている。

この両船は単独航行が主であるだけに、対空火器は次のように強力であった。

一〇・五センチ単装砲　一門（船尾）
七・五センチ単装両用砲　六門（船首、ボートデッキ、船尾）
四〇ミリ連装ボフォース機関砲　五基（ボートデッキ）
二〇ミリ単装機銃　二四門（各所）
多連装五センチ対空ロケットランチャー　四基（ボートデッキ後部）

クイーン・メリーとクイーン・エリザベスの両船は、単なる兵員輸送船ではなく特設巡洋艦としての機能や能力も備え持った、世界最強の武装商船であったともいえよう。

（２）特設航空母艦（Auxiliary Aircraft Carrier）

商船を改造した航空母艦を第二次大戦で最初に実戦に投入したのはイギリス海軍であった。イギリス海軍は戦争勃発直後から、ドイツ潜水艦によるイギリス商船の損害の対応に忙殺されていた。絶対的に少ない護衛艦艇、卓越した敵潜水艦の攻撃手法の間で、イギリス海軍は甚大な商船の損害に、護衛艦艇の急速建造や斬新な対潜水艦攻撃兵器の開発など様々な対策を講じていた。中でも緊急対策として即刻実行されたのが、多数保有する遠洋トロール漁船や底引き網漁船を徴用し特設掃海艇として使用することであった。

もう一つイギリスが積極的に行動を起こした対策はあらゆる航空機を掻き集め、対潜哨戒機として運用することであった。イギリスでは対潜哨戒機は海軍ではなく、空軍の組織の中で運用されるようになっており、イギリス本土の海岸周辺には無数の対潜哨戒機の基地が至急に準備され、各種爆撃機や大小の飛行艇、輸送機までが哨戒機として活動を開始した。

その結果、対潜水艦攻撃には航空機を使用することが極めて有効な方法であることを確認できたが、海軍は潜水艦の被害の多い船団にも、常時航空機の傘が配置できる方法として特設の航空母艦を建造し、少なくとも昼間は完全な対潜水艦対策ができる案を実行に移した。

イギリス海軍は第二次大戦が勃発した時には七隻の航空母艦を保有していたが、これらは全て本国をはじめ各地に展開しているイギリス艦隊の支援用として使われることが原則で、船団護衛などの用途に転用する考えは基本的に持っていなかった。

つまりイギリス海軍は対潜水艦対策の最も有効と考えられる手段として、船団護衛用の専用の航空母艦を至急に用意する必要があった。そしてこれに対する最も迅速かつ簡単な方法として、現用の商船の船体に大きな改造を加えることなく、飛行甲板を設け特設の航空母艦として運用する方法であった。この航空母艦は敵艦隊や基地を強力な航空機戦力で攻撃するものではなく、一〇機前後の攻撃能力を持つ航空機を搭載し、少なくとも昼間だけでも船団の上空に途切れることなく数機の航空機を飛ばせる能力があれば、船団には航空機の傘が設けられ目的は達成されるのであった。とにかく潜水艦側からすれば何であれ上空に航空機が飛んでいることは、脅威であると同時に自艦にとってそれは危険のサインであったのだ。

イギリス海軍は直ちに計画を実行に移した。一九四〇年三月にカリブ海で捕獲したドイツの貨客船ハノーファー（HANOVER：五五四〇総トン、最高速力一六ノット）に、最低限の改造を施し特設航空母艦として完成させた。この不思議な姿の航空母艦はオーダシティー（AUDACITY）と命名された。

その姿は貨客船の前後甲板のマストやデリックを全て撤去し、船体中央部の船室などの中央構造物のボートデッキ以上の突出物も全て撤去。そしてボートデッキの高さに全長一三六メートル、全幅一八メートルの特設の飛行甲板を設け、飛行甲板の後半部分には航空機の着艦用の制動索を五組ほど設置しただけという、格納庫もエレベーターもない、横から見ると吹きさらしの構造の風変わりな航空母艦であった。

搭載する航空機は旧式な鋼管羽布張りの比較的軽量の艦上攻撃機や小型戦闘機などが準備され、

これらを六機ほど搭載するが、格納庫がないためにこれらの機体は全て飛行甲板上に露天係止されるだけという簡便な方法がとられた。実に簡素と実用一点張りの航空母艦で、まさに特設航空母艦であった。

しかし簡素一点張りのこの航空母艦一隻が船団に随伴しただけで事態は大きく変わることになったのである。

一九四一年九月二日、イギリスからジブラルタルへ向かう通称ジブラルタル船団は、イベリア半島沖でドイツ空軍の四発の長距離哨戒爆撃機フォッケウルフＦｗ-200の攻撃を受けた。ジブラルタル船団は過去常にこの哨戒爆撃機の攻撃を受け、少なからぬ損害を受けていた。

この日も輸送船団から撃ち上げる対空砲火の中悠々と敵機は船団に近づいてきたが、事情が違った。特設航空母艦オーダシティーを発艦した二機のグラマンＦ４Ｆ戦闘機（本来フランス海軍に供給されるはずであった機体をイギリス海軍が引き取ったもの）が、突然、ドイツ機を襲ったのである。

ドイツ爆撃機にとっては有り得ないことが起きたのである。ドイツ機は何が起こったのかも分からない間に撃墜されてしまった。そしてこの状態はその後も続いた。

三ヵ月後の一九四一年十二月十七日には、船団上空を哨戒飛行中のオーダシティーのグラマンＦ４Ｆ戦闘機が船団の前方に浮上する潜水艦（Ｕ751）を発見した。戦闘機からの緊急連絡を受けた船団の先頭を行く護衛艦が、戦闘機の誘導を受けて潜水艦が潜伏する海面に多数の爆雷を投下しこれを撃沈したのである。

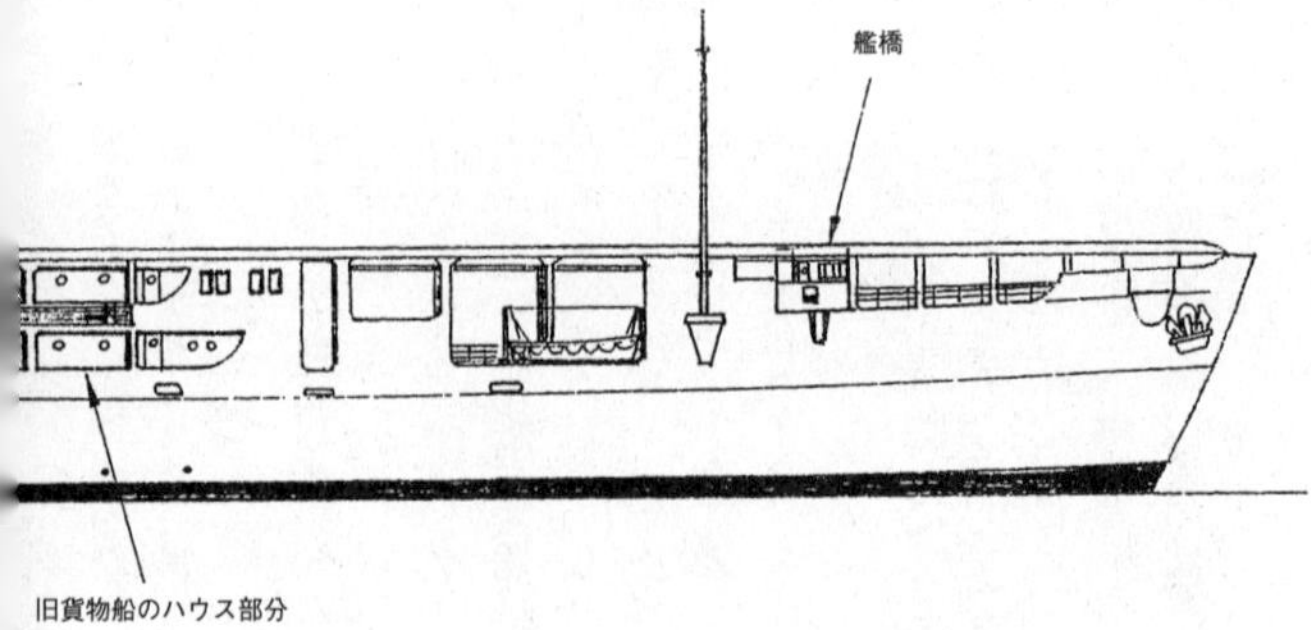
艦橋
旧貨物船のハウス部分

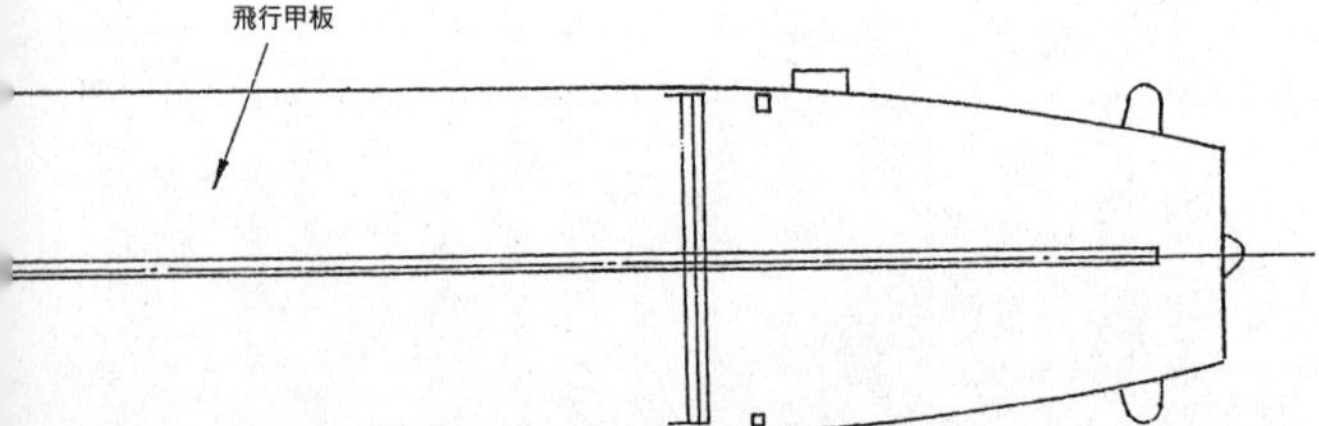
飛行甲板

第22図　特設航空母艦オーダシティー外形図

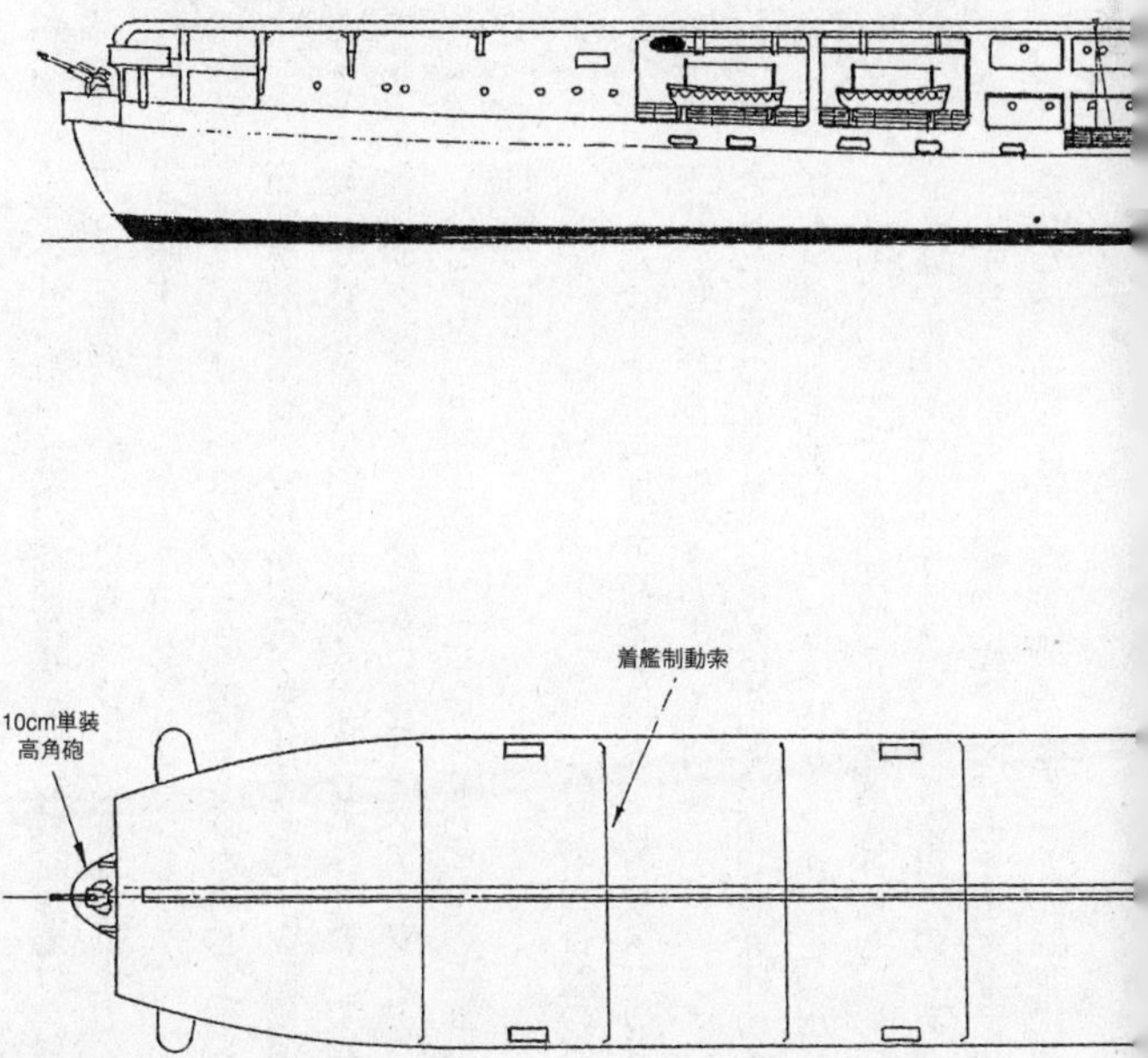

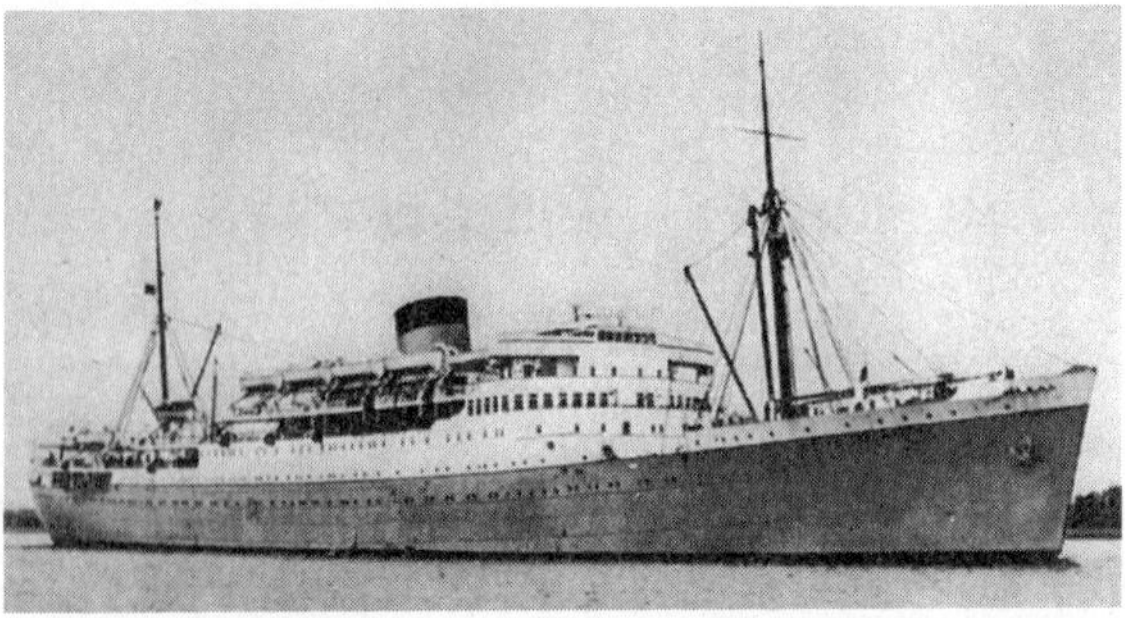

プレトリア・キャッスル

イギリス海軍発案の商船母体の特設航空母艦は、船団を攻撃する敵航空機や潜水艦に対して極めて有効な抑止力になることを証明することになったのである。

実はアメリカ海軍もイギリス海軍と時を同じくするように、商船を敵潜水艦の攻撃から護る方法として、商船に簡易改造を施した特設航空母艦を建造する案を持ち、これの実験艦として貨物船を改造した特設航空母艦ロングアイランド（LONGISLAND）を一九四一年六月に完成させた。後の一群の護衛航空母艦の始祖である。

イギリス海軍はオーダシティーで特設航空母艦の有効性を証明した後、すでに開発と建造が進んでいたアメリカ式の貨物船改装の特設航空母艦の至急入手が得策として、アメリカに対し合計三七隻の特設航空母艦の建造を依頼、一九四三年までに全艦を戦時特別武器貸与法（レンドリーズ法）を適用して入手し、一九四二年後半より船団護衛に積極的に運用し、船団のドイツ潜水艦の被害を激減させるという効果を得たのであった。

イギリス海軍も特設航空母艦第一号のオーダシティーを完成させた後、独自改造の特設航空母艦を一九四二年に一隻、一九

アクティヴィティ

四三年に三隻、一九四四年に一隻の五隻を完成させた。

　これら五隻の特設航空母艦の母体となった商船は貨物船や冷凍運搬船を海軍が買収して改造したものである。イギリス海軍の場合も特設航空母艦に関しては、オーダシティーを除き、母体となる船体は徴用ではなく買収になっている。これは日本の場合と同じで、改造後に従来の商船に復元することが困難な程の改造が行なわれることが前提となっているために、買収の手段がとられているのである。

　徹底的な改造の一隻として、一九四三年に完成した特設航空母艦プレトリア・キャッスル（PRETORIA CASTLE：一万七三八八総トン）がある。この艦の母体はイギリスと南アフリカ間の航路専用に建造された、ユニオンキャッスルラインの客船プレトリア・キャッスルで、竣工わずか三年の新鋭客船を航空母艦に改造したものであった。本艦は戦争で被害を受けることはなかったが、戦後に元の船主が完全な航空母艦に改造された船体を買い戻し、一年間の再改造工事の結果、完全に以前の客船の姿に復元してしまったのである。

　他の四隻については改造は徹底的ではなく、一隻カンパニア（CANPANIA）を除き全て戦後に旧船主が買い戻し、旧来の姿に復元されている。

　イギリスの商船改造のこの五隻の特設航空母艦の場合は、プレトリア・

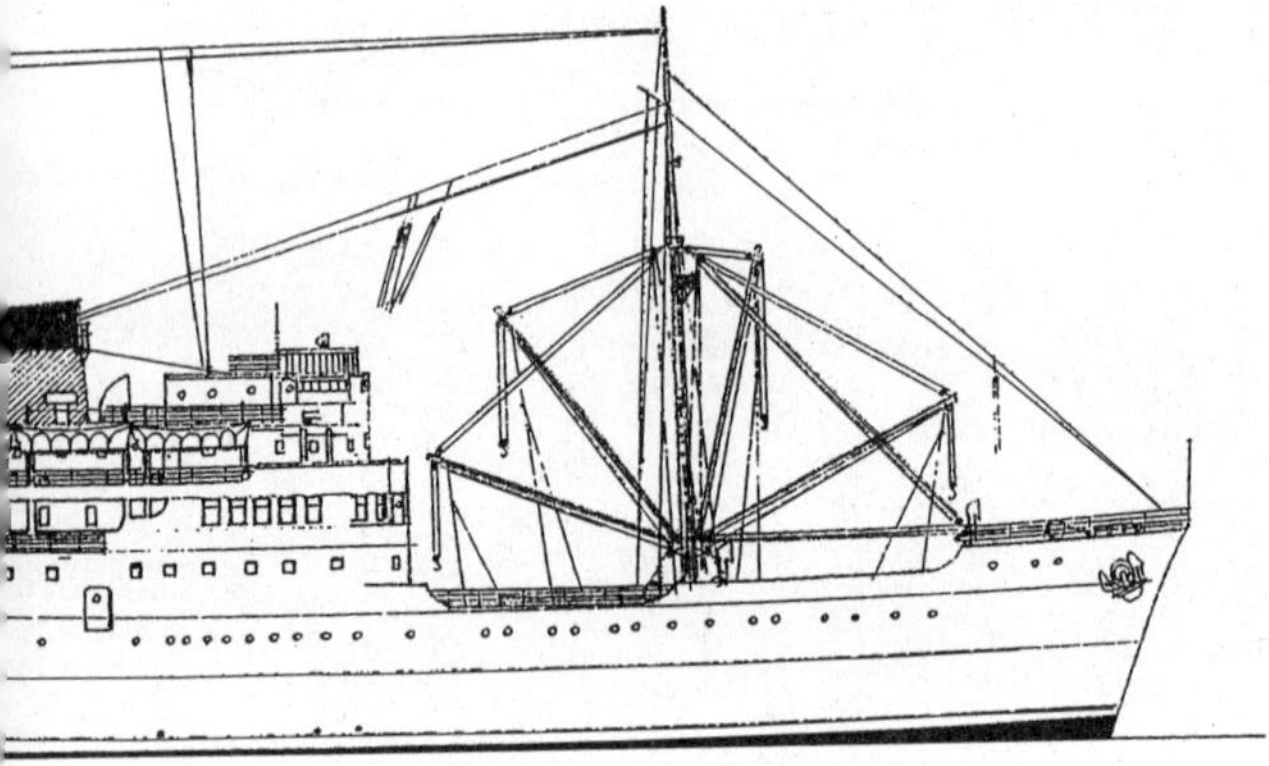

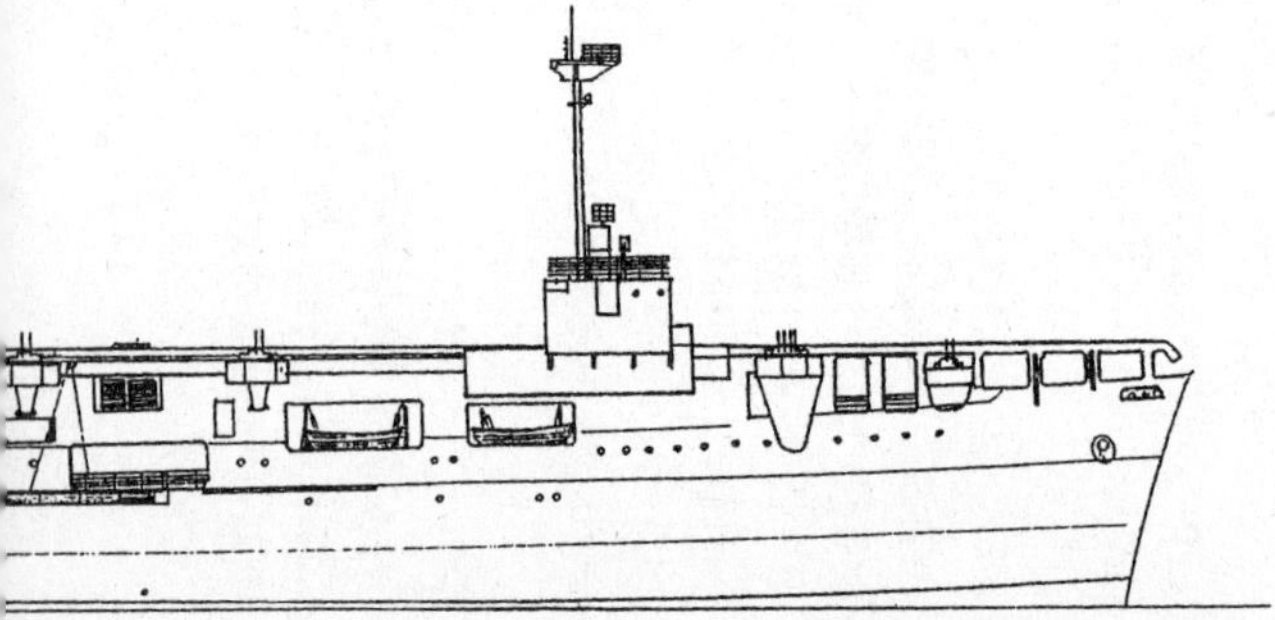

第23図　客船プレトリアキャッスルと
特設航空母艦プレトリアキャッスルの外形比較図

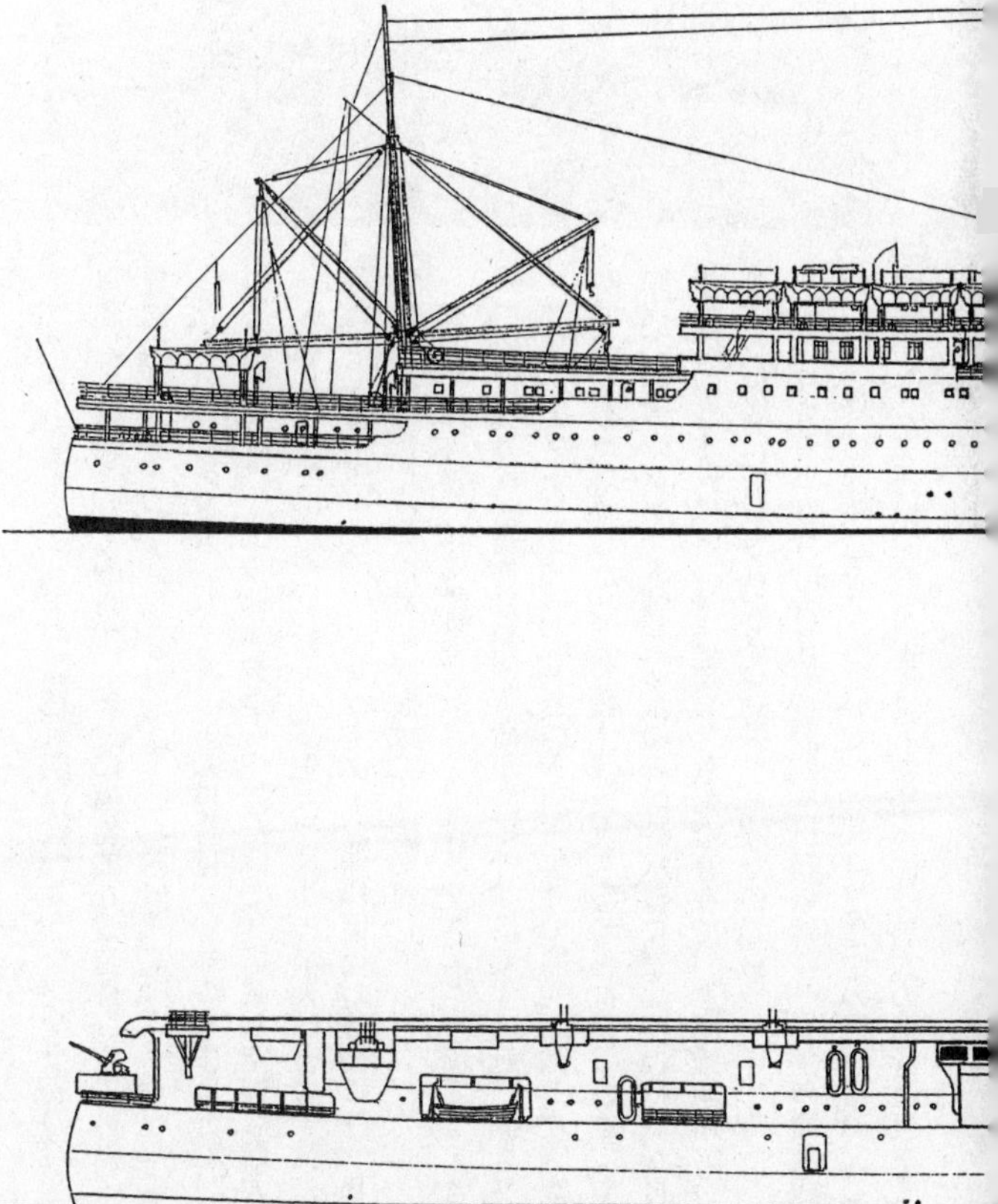

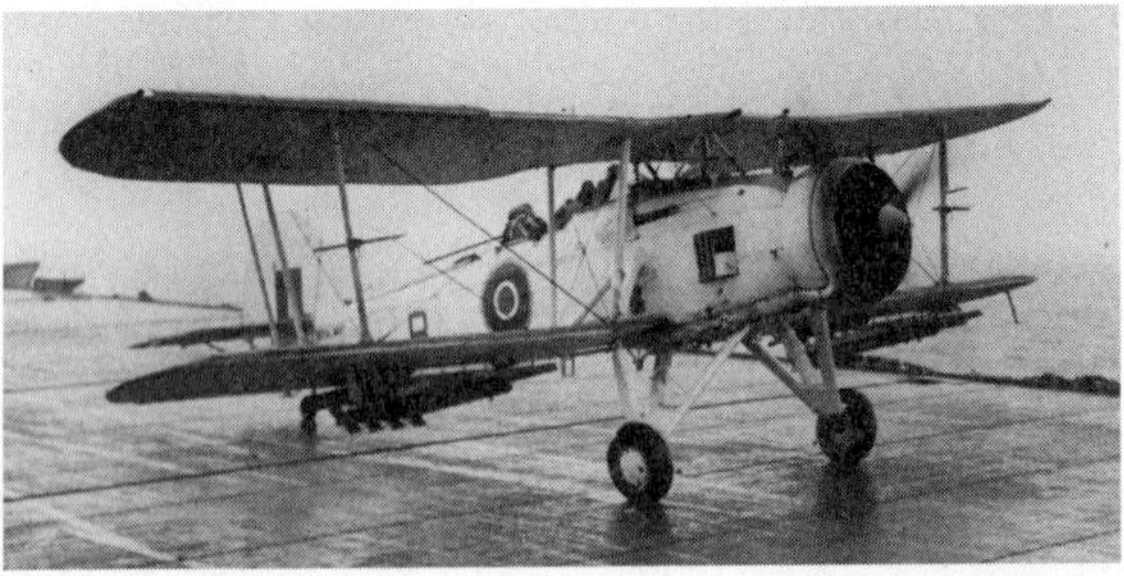
ソードフィッシュ

キャッスルを除くと日本の改造航空母艦のような完全な姿の航空母艦には改造されておらず、多分に簡易的な改造になっていた。貨物船を改造したアクティヴィティ（ACTIVITY：一万一八〇〇総トン、最高速力一八ノット）の場合は、船体の後半部分だけに格納庫を設け、エレベーターも一基だけで、搭載航空機も最大一五機となっていた。プレトリアキャッスルの場合は艦の全長にわたって格納庫を設け、エレベーターも飛行甲板の前後に各一基配置された。そして搭載航空機は二〇機に達していた。

イギリス海軍の特設航空母艦（アメリカ建造と自国建造を含め）の使い方は、当初は船団護衛が全てで、搭載する航空機もフェアリー・ソードフィッシュという羽布張りの旧式な艦上攻撃機が主体であった。しかしこの機体は最大八〇〇キロまでの魚雷や爆弾、爆雷やロケット弾とあらゆる対潜水艦攻撃兵器の搭載が可能で、敵潜水艦にとっては極めて危険な存在で、船団護衛用の特設航空母艦に搭載され大きな効果を上げたのであった。

イギリス海軍は合計六隻の特設航空母艦以外に一九隻の簡易式特設航空母艦の建造を考えていた。これは建造中の民需用の大型油槽船や穀物運搬船の上甲板以上の船体に簡易式の飛行甲板を設

ＭＡＣシップ・アンキラス

けるだけの簡単な構造の強いていえば航空母艦で、商船改造第一号の特設航空母艦オーダシティーよりも簡易構造の航空母艦であった。船体の外形は航空母艦の形状であるが、上甲板以下の基本船体は本来の用途どおりの油槽船であり穀物運搬船になっている。

この特殊な簡易式航空母艦はＭＡＣシップ（Merchant Aircraft Carrier＝航空機を搭載できる商船）と呼ばれ、計画はイギリス商船の管理をつかさどるイギリス商務省が海軍の協力を得て進められた。そのためにこのＭＡＣシップはイギリス海軍の軍艦籍には入っていないのである。

この一九隻のＭＡＣシップは、船団と共に油槽船や穀物運搬船として行動するかたわら、四機のソードフィッシュ艦上雷撃機を甲板上に露天係止し、日の出から日没まで船団の上を交代で哨戒飛行するシステムをとっていたが、これでも潜水艦に対しては十分な抑止力になったのである。

ＭＡＣシップの全船の完成は一九四四年までずれ込んだが、この頃にはアメリカから供与された多数の護衛航空母艦やイギリス独自建造の特設航空母艦で、ドイツ潜水艦に対する船

第24図　CAMシップ概念図

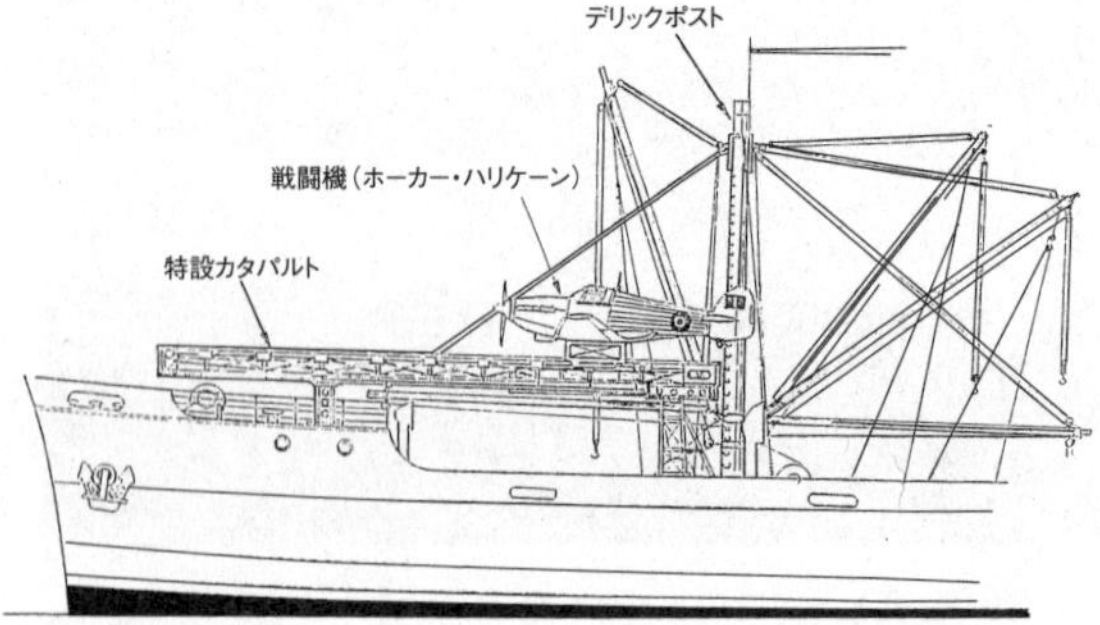

団の護衛態勢は充足されており、MACシップが十分に活躍する機会はすでに少なくなっていた。MACシップは日本の特設航空母艦しまね丸と一脈通ずるものがあるが、戦時急造と機能の観点から見れば、しまね丸は航空母艦という機能を深追いし過ぎ、戦時急造の簡易型特設航空母艦としては高級過ぎたきらいがあった。

イギリスは各種の特設航空母艦が揃う以前の一九四一年から一九四二年にかけて、特にイギリス、ノルウェー、イベリア半島周辺海域で脅威を示したドイツ空軍の船舶攻撃を目的とした哨戒爆撃機の襲撃に対し、迎撃戦闘機を装備した特別な商船を準備し船団に組み入れ、一時的ではあったが効果を発揮した。

この船は狭義の航空母艦と言えないこともないが、世界のどこの海軍でも実用したことのない独特の航空機装備商船といえるもので、通称CAMシップ（Catapult Armed Merchant Ship）と呼ばれ、貨物船の最前部のマストと船首の間にカタパルトを装備し、ここに使いふるしのホーカー・ハリケーン戦闘機をセット（主脚は引っ込めたまま）する。この特殊な船を船団の中に数隻組み入れ、船団上空に敵機が来襲した場合には直ちに戦闘機はカタパルトから発進され迎撃に向かう。戦闘終了後は船団のいずれかの船の至近の海上に不時着水して搭乗員は救助されるか、あるいはパラシュート降下して最寄りの船に搭乗員は救助されるという仕組みになっていた。しかし海上が時化の場合は搭乗員の帰還にはリスクが大き過ぎた。実用化され、ある程度の効果は発揮できたが、特設航空母艦の充足にともないCAMシップは使われなくなった。

勿論、CAMシップはイギリス海軍の制式な艦艇としては扱われていないが、五〇隻ほどが準備され一時的ではあったが実戦に投入され効果を発揮した。

（3）特設防空艦（Auxiliary Anti-Aircraft Vessel）

この特設艦はイギリス海軍だけに存在した特設艦船である。この艦種は大型と小型に区分され、大型艦は船団に同行して防空任務についた。また小型艦はイギリス本土周辺の沿岸を航行する船舶や、テームズ河河口などの沿岸航路が蝟集し、ドイツ空軍による航空攻撃を受け易い海域に限定されて防空任務についた。

この二種類の特設艦は強力な火力を持ち予想以上の働きをすることになった。

大型特設防空艦

母体の商船は二〇〇〇〜七〇〇〇総トンの貨客船や貨物船が用いられたが、母船は原則として徴用ではなく買収となった。それは防空艦に改造されるに際し上甲板以上の既設の構造物の一切が原形をとどめないほど撤去され、ここに多数の高角砲や機銃を配置し、射撃照準

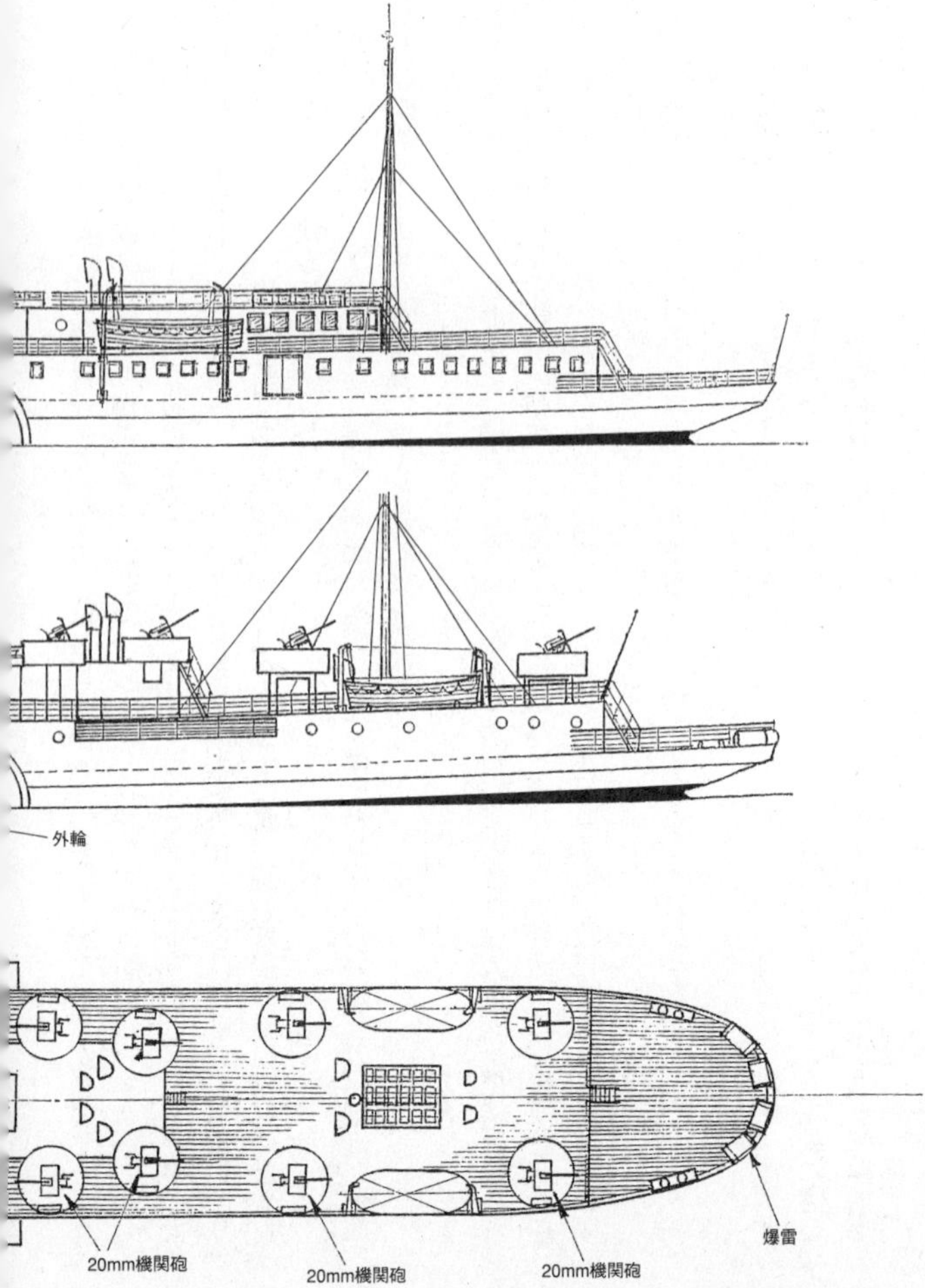
外輪
20mm機関砲
20mm機関砲
20mm機関砲
爆雷

第25図　外輪式連絡船（2000t級）
改造の特設防空艦外形図

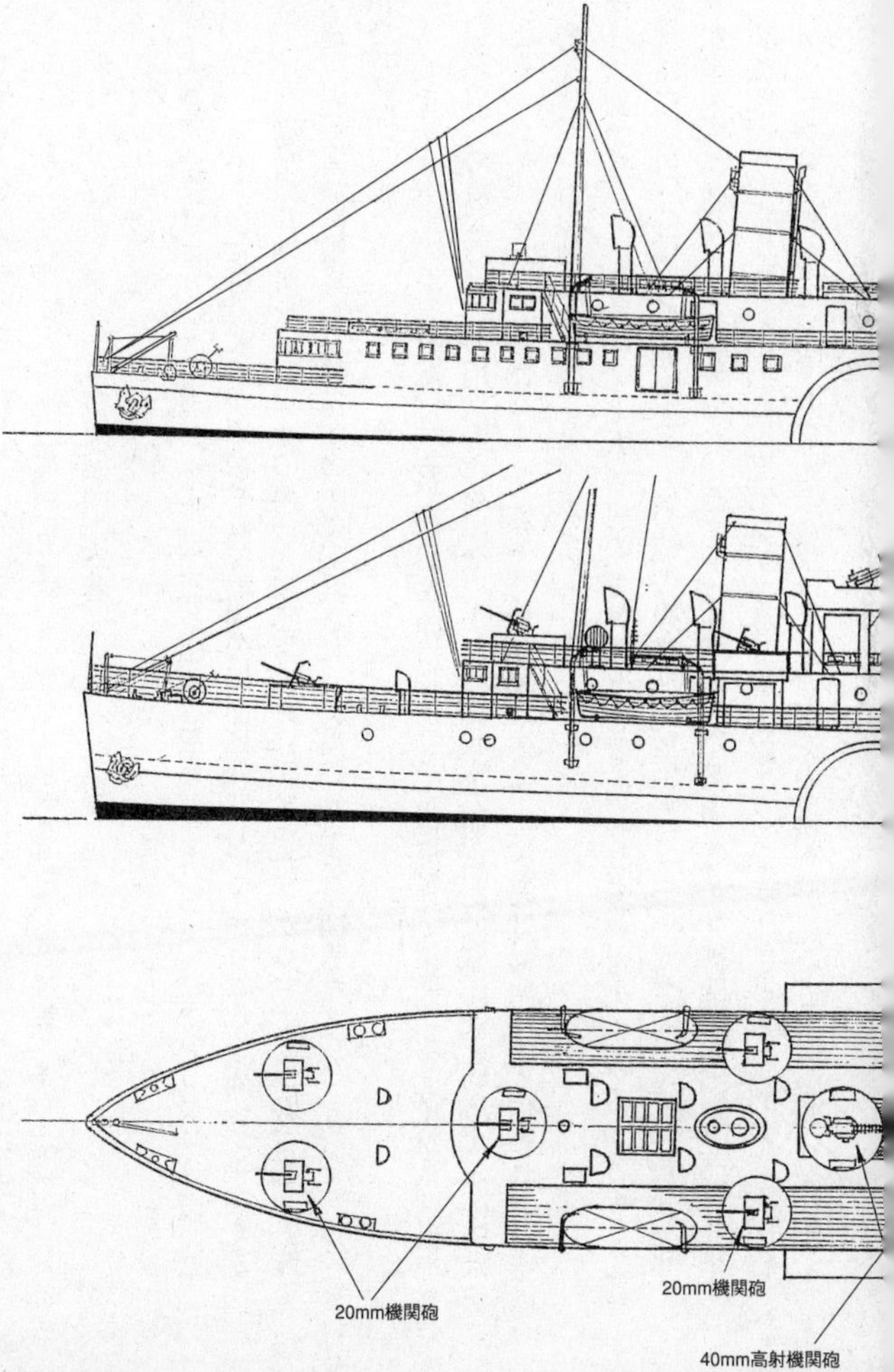

装置やレーダーを配置し、新たな司令塔や艦橋が組み上げられた。武装の例を次に示す。
一〇・五センチ連装高角砲四基（または一二・七センチ連装高角砲四基）
四〇ミリ連装ボフォース機関砲四～六基
二〇ミリ単装機銃二〇～三〇門
大型防空艦はプリンス・ロバート（PRINCE ROBERT：七〇〇〇総トン、最高速力二二・五ノット）など合計七隻が準備され、大規模船団に随伴してイギリス本土周辺で来襲するドイツ爆撃機に効果を上げ、その後一九四三年九月に始まったイタリア上陸作戦でも、上陸地点周辺海域に蝟集した輸送船の中に配置され、相当の効果を発揮した。

小型特設防空艦

イギリス本土の沿岸を航行する沿岸用船団に随伴し、主に低空で来襲するドイツ戦闘機や爆撃機に対峙した。この用途のために徴用または買収する船舶には航洋性を期待する必要はなく、イギリス沿岸で使われていた五〇〇～七〇〇総トン程度の外輪船が多く使われ、防空艦として相当の効果を発揮した。

代表的な例としてはテームズ河の遊覧船として使われていたテームズ・クイーン（THAMS QUEEEN）がある。この船の場合は船首甲板に一〇・五センチ連装高角砲二基、船尾甲板に同じく一基を装備し、その他に四〇ミリ単装ボフォース機関砲四門、二〇ミリ単装機銃一〇門を搭載した上に、五センチ多連装ロケットランチャー二基も装備した。このロケットランチャーは二〇～三〇発のロケット弾を敵機の攻撃してくる方向に一斉に発射するものであるが、弾道の直進精度には難点があるが、敵機側から見ると極めて恐ろしい対空兵器である。これと全く同じ発想で日本海軍でも戦争後半に、航空母艦などに多連装噴進砲と呼ばれるロケットランチャーを装備した実績がある。

特設防空艦（小型）は三〇隻ほどが造られ実戦で効果を上げた。

（4）特設敷設艦（Auxiliary Mine Layer）

イギリス海軍は第二次大戦勃発と同時に、イギリス本土に接近する主にドイツ潜水艦や魚雷艇などの小型艦艇に対処するために、ブリテン島とアイルランド島の間のアイリッシュ海の北側に位置するノース海峡、ブリテン島周辺やドーバー海峡、イギリス海峡に至るまで、大量の機雷を敷設した。またドイツ軍がイギリス侵攻作戦とした「あしか作戦」に備え、ドーバー海峡周辺にさらに大量の機雷を敷設した。

短期間に大量の機雷を敷設するためには正規の敷設艦や敷設艇だけでは到底困難であり、これを補うために民間の商船が徴用され特設敷設艦として活躍した。

イギリス海軍は機雷の敷設に関しては極めて積極的で、イギリス本土周辺ばかりでなく、ドイツ艦隊、後にはイタリア艦隊の行動が頻繁なノルウェー沿岸やイタリア本土周辺海域、さらには極東のインド洋にまで高速敷設艦を派遣し敷設活動を展開している。

敵地への機雷の敷設にはその任務上隠密行動が要求されるが、そのために敷設艦には高速力が要求される。さらに短時間に大量の機雷を敷設する必要があることから、イギリス海軍が特設敷設艦として真っ先に徴用した商船は、アイリッシュ海やドーバー海峡で活躍していた海峡連絡船

（自動車や鉄道車両と旅客を同時搭載するフェリー）であった。

海峡連絡船は自動車や鉄道車両を搭載する関係上、上甲板の位置が低くそのうえ平坦で広大な車両甲板を持っているために、この甲板が機雷庫や機雷調整室として使えると同時に、船尾の低い車両搭載口はそのまま大量の機雷の投下口として使え、しかも二〇ノット前後の高速力の持ち主であるために、機雷敷設艦としては誠に好都合な船であったわけである。また船体の上甲板のほとんどの面積が機雷庫としても使えるために、搭載する機雷の数は正規の敷設艦よりも多い場合があり、五〇〇〇～一〇〇〇〇個程度の搭載が可能であった。

イギリス海軍の特設敷設艦は陰の存在に徹していたが、イギリス海軍の特設艦の中では最も功績のあった艦であったことは否定できない。

ちなみにイギリス海軍が特設敷設艦として徴用した商船は合計一一隻で、その内の三隻が撃沈または大破行動不能となっている。

（5）特設囮船（Decoy ship＝Q ship）

日本やアメリカでも類似目的の船が改造によって造られているが、必ずしも効果のある艦種とはならず、逆に撃沈されたり使用中止となっている。しかしイギリス海軍はなぜかこの特殊な特設船に力を注いだ。

イギリス海軍の囮船には二つの目的があった。一つは貨物船などに特設巡洋艦並みの武装を施し、敵の特設巡洋艦が出没しそうな海域を遊弋させ、敵特設巡洋艦が現われた場合には接近してくるのを待ち、油断して最接近してきた時に相手に砲撃や雷撃を加え撃滅しようという、いわば特設巡洋艦の変形といえるもので、実際に一〇〇〇〇～六〇〇〇総トンの貨物船一〇隻に、一〇センチ単装砲四～九門と五三センチ連装魚雷発射管二～四基を搭載し、変形特設巡洋艦に改造し実際に行動させたが、いずれの船も目的を達成することができず、一九四一年末までに使用は中止している。

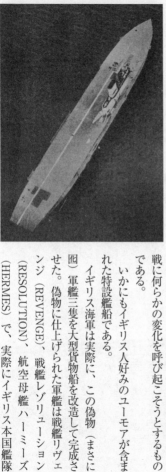

もう一つは六〇〇〇～八〇〇〇総トンの貨物船を、実際に存在する特定の軍艦に似せて改造し、上空から眺めると全く同一の艦と思えるようにしたもので、ドイツ空軍の爆撃隊に偽物を撃沈するという余計な攻撃の労力を払わせ、撃沈した場合には実物の同艦を撃沈または撃破したという安心感をドイツ側に与え、敵の艦艇の洋上作戦に何らかの変化を呼び起こそうとするものである。

ハーミーズ

いかにもイギリス人好みのユーモアが含まれた特設艦船である。

イギリス海軍は実際に、この偽物（まさに囮）軍艦三隻を大型貨物船を改造して完成させた。偽物に仕上げられた軍艦は戦艦リヴェンジ（REVENGE）、戦艦レゾリューション（RESOLUTION）、航空母艦ハーミーズ（HERMES）で、実際にイギリス本国艦隊

総トン数	699t
全　　長	56.5m
全　　幅	9.6m
主 機 関	三衝程レシプロ機関
最大出力	1200馬力
最高速力	13kn

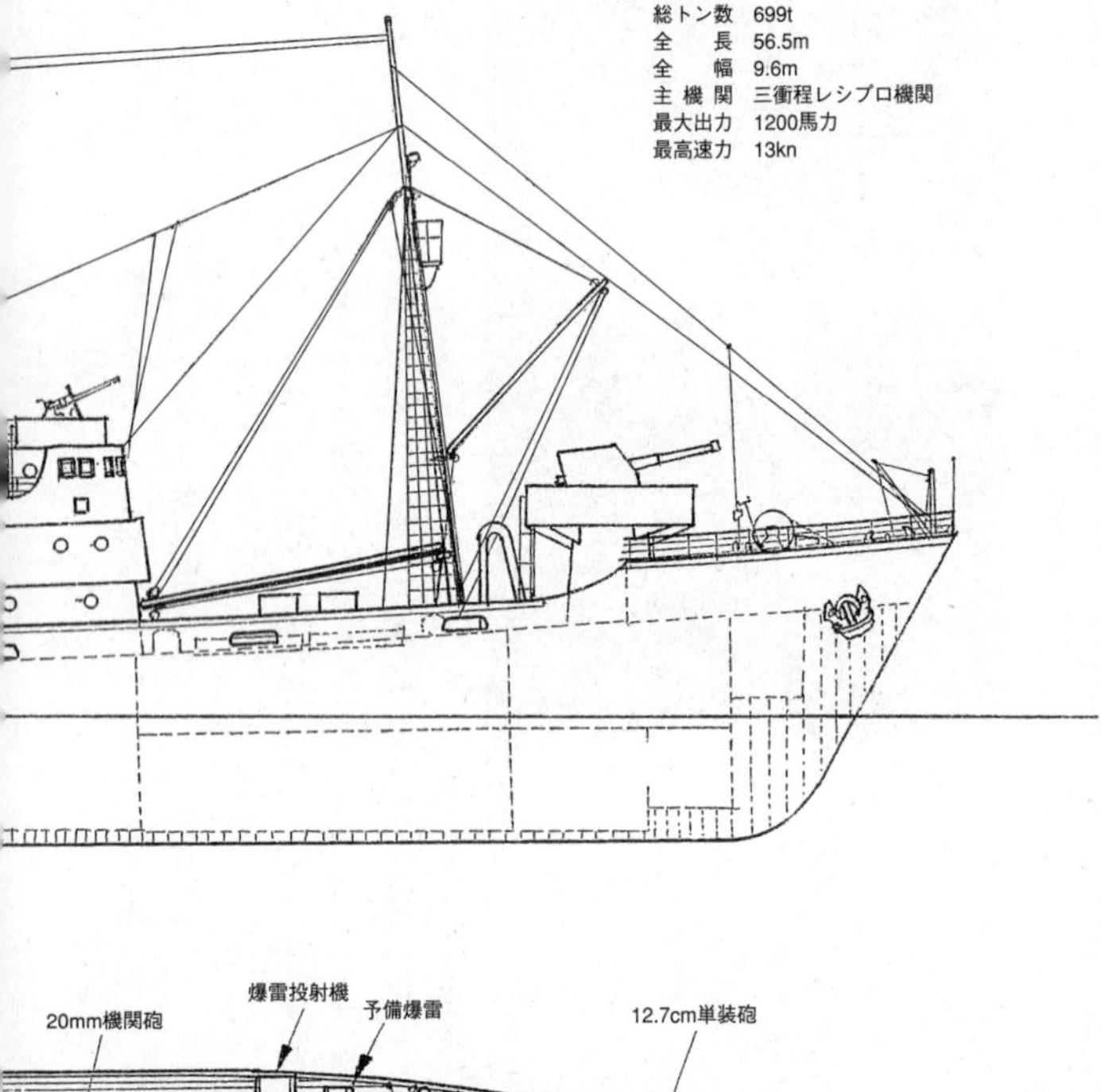

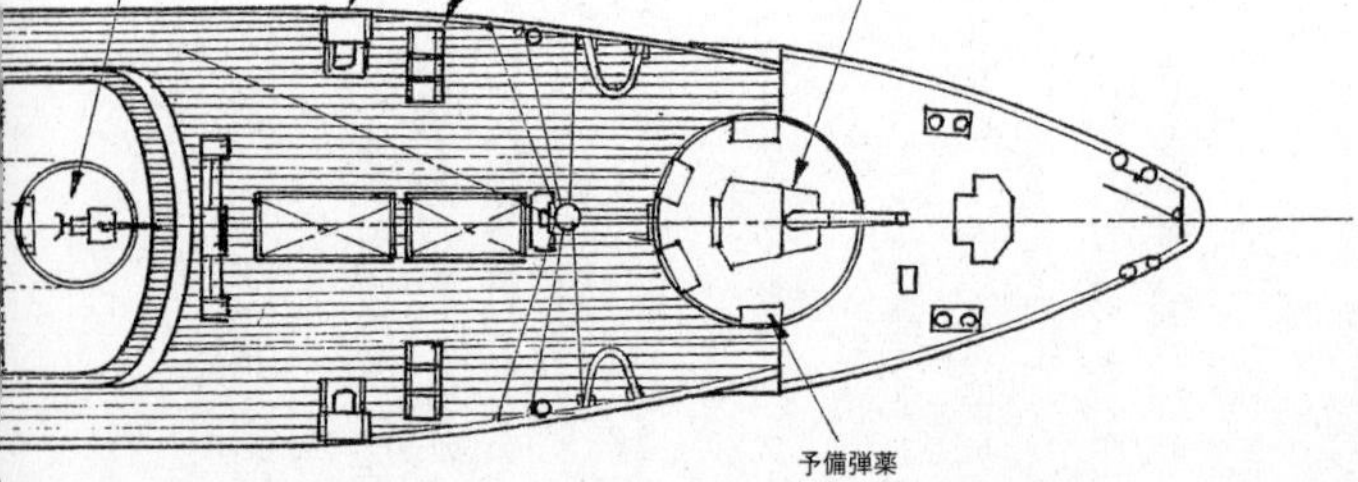

第26図　特設掃海艇兼護衛艇（750t）外形図

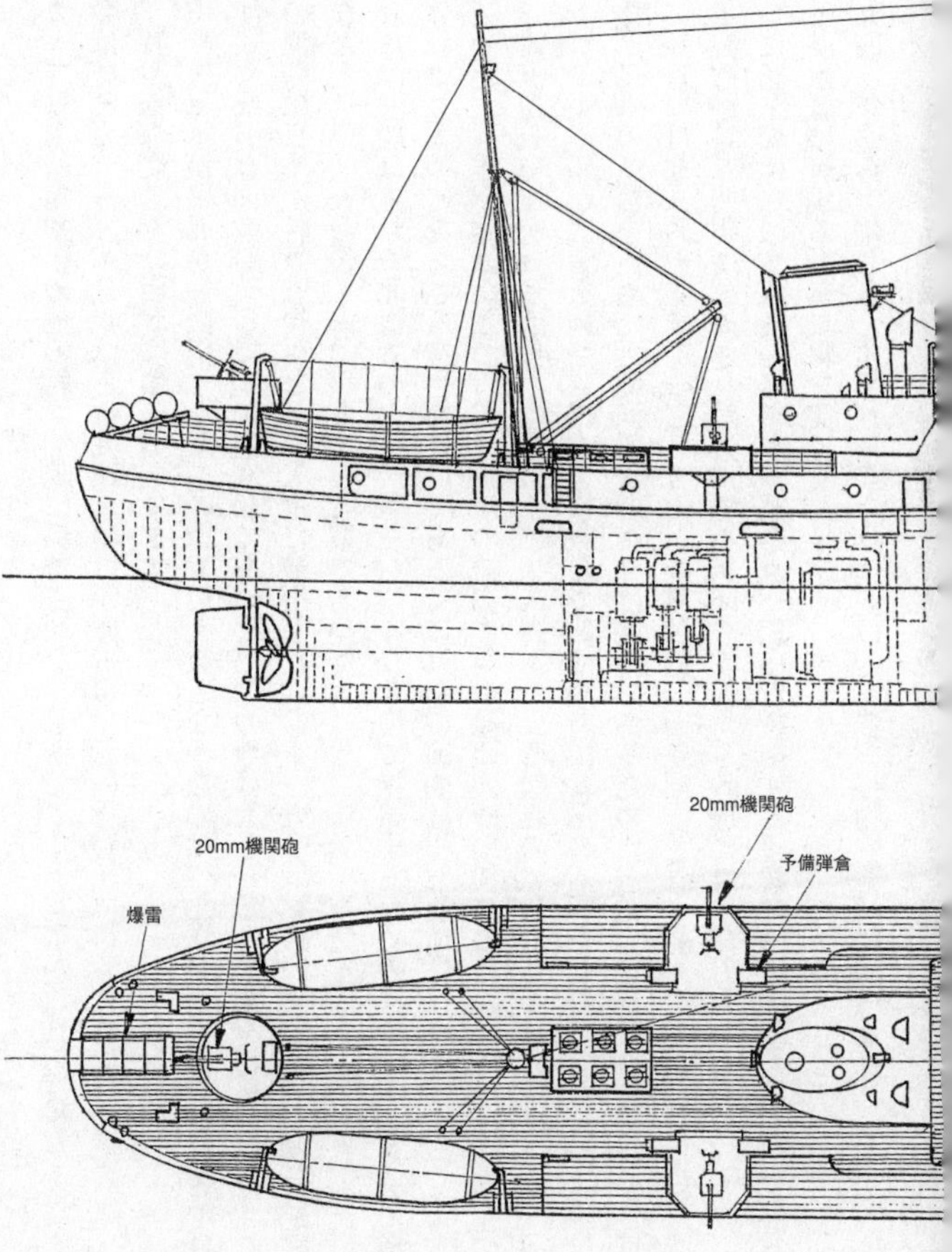

のスカパフロー基地やその他の艦艇泊地に係留させた。しかしドイツ空軍がこれら三隻を攻撃する機会は訪れず、一九四一年から一九四二年にかけて全て元の貨物船に復元されている。

（6）特設掃海艇（Auxiliary Mine Sweeper）

イギリス海軍が民間から徴用した船舶の中で最大数となったのは、北洋の漁場で活躍するトロール漁船や底引き網漁船そして流し網漁船であった。その数は大小一〇〇〇隻を超えていた。これらの漁船は日本が特設監視艇として大量に徴用した六〇～一五〇トン級のカツオ・マグロ延縄漁船などと違い、五〇〇～六〇〇トンと大型であった。

これらの漁船は荒れる北海でのタラ、ニシン、イワシ漁で操業するための漁船であるために勢い船体はより大型にならざるを得ないのである。これらの漁船は当然航洋性に優れ、イギリス本国周辺や北大西洋や北海などでの、中距離の掃海作業や船団護衛の任務には打ってつけの存在の船で、戦争勃発当初からしばらくの間のイギリス海軍の護衛艦艇の絶対的な不足の時期には、多数のトロール漁船が武装を施され爆雷を搭載して船団護衛に奮迅の活躍をしたのであった。

船体が日本の多数を占めた延縄漁船などよりは大型であるために、強力な武装を施すことが可能で、船首には七・六センチや一〇・五センチ単装砲一門が配置され、船尾や船橋付近には二〇ミリ単装砲が各二門程度配置され敵潜水艦や船団を攻撃する敵機に対する火力とした。

さらに船尾には二〇個程度の爆雷が搭載され、船団を護衛する正規の護衛艦艇の指揮で、潜行する敵潜水艦に対する爆雷攻撃を実施した。

一九四二年から実施されたイギリスからソ連向けのソ連支援物資輸送船団（通称ＰＱ船団）に

は、初期の段階ではトロール漁船や流し網漁船の特設掃海艇が、船団護衛艦艇の主力となって活躍している。

そして注目すべきことは、第二次大戦勃発と同時にイギリス海軍は海軍艦艇建造予算の中で、急場をしのぐ応急措置として、大型トロール漁船の大量建造（合計二〇〇隻）を行ない、その後急速建造が始まった小型護衛艦（コルベット）の完成までの繋ぎとして、特設掃海艇として使用したのである。

アメリカ海軍の特設艦船

アメリカ海軍は第二次大戦勃発前後から、航空母艦、巡洋艦、駆逐艦などの大量建造を進め、正規の艦艇の数は一九四一年頃にはほぼ充足した状態にあった。そして日本やイギリスがその不足に悩んだ護衛艦艇も、駆逐艦、護衛駆逐艦などの大量建造をする態勢に入っており、事実アメリカが第二次大戦に突入してからもそれらが不足する状態にはならず、逆にイギリス海軍には、イギリス海軍仕様のフリゲートや護衛駆逐艦、さらには護衛航空母艦まで大量に供給する程であった。

このように正規の艦艇が充足していたために、アメリカ海軍は日本やイギリスのように大量の商船を徴用し、艦艇の不足を補うための特設艦艇を大規模に造り出すということはなかった。勿論、何種類かの特設艦船は造られたが、中でも海軍が最も力を入れた特設艦船は海兵隊の上陸作戦に使用される兵員上陸艦と特設航空母艦であった。

本来アメリカの商船は、戦時には全てアメリカ戦時海事委員会で総合的に管理される仕組みになっており、戦時中に三〇〇〇隻以上の大量建造が行なわれた戦時標準設計のリバティー型及びヴィクトリー型貨物船も、建造とその後の割り振りは全て戦時海事委員会の手で行なわれ、海軍や陸軍そして民需使用に効率的に振り分けられ運航されていた。従って海軍の場合は日本海軍のように物資輸送船を、海軍専用の特設運送船などという名称であえて獲得する必要はなく、余るほど存在するリバティー型貨物船を必要のつど供給されて運用していたのであった。

そこでアメリカ海軍の特設艦船としては特設航空母艦、特設輸送艦（兵員上陸艦及び油槽船）などについて紹介することにする。

（1）特設航空母艦（Auxiliary Aircraft Carrier）

アメリカは一九三九年九月の第二次大戦勃発と同時に、国内では急速に戦時態勢が強まった。特に朋友国イギリスの援助にアメリカ政府は最大限の強力を惜しまぬ覚悟を強めており、参戦はしないまでも、イギリスのための強力な武器及び様々な関連物資の供給国として機能を持つための準備に邁進していた。

そして一九四〇年以降は戦争期間という限定を設けた、イギリスに対する武器供与法（レンドリーズ法）を連邦議会で採択し、イギリスに対し大量の艦船や航空機、武器・弾薬の大量供給を開始することになった。

この武器供与法で供与された多くの戦争関連機材の中でも、イギリスにとって最も効果の大きかったものの一つに、アメリカがイギリス海軍向けに建造した特設航空母艦があった。

この特設航空母艦についてはイギリス海軍の特設航空母艦の項ですでに紹介してあるが、イギリスと時を同じくして開発されたアメリカの特設航空母艦は、短時間で改良を重ねイギリス海軍向けの特設航空母艦として合計三七隻建造されて送り出された。

イギリス海軍も商船改造の特設航空母艦の建造は進めていたが、それは少数の建造で止め、以後はアメリカの特設航空母艦の大量供与で事態の解決を図ることにしたのであった。

アメリカ海軍は特設航空母艦の独自開発のコンセプトを次のように定めている。

（イ）既存の商船を改造して航空母艦とする。

（ロ）改造の対象となる商船は、一九三七年にアメリカ海事委員会規格のC３型貨物船またはC３P型貨客船とする。

（ハ）航空母艦への改造は三ヵ月以内とし、試作艦二隻の内一隻はアメリカ海軍で実用化試験を行ない、一隻はイギリス海軍に貸与しイギリス海軍で実戦において運用試験を行なう。

アメリカ海軍はこの決定に基づき、すでに完成し商業航路に就役していた七〇〇〇総トン級のC３型貨物船、モアマックメイル（MOREMAC MAIL）とモアマックランド（MOREMAC LAND）を船主から買収した。

アメリカ海軍の特設航空母艦は以後全て徴用ではなく、母体になる商船を船主から買収する方法で進められた。

アメリカ海軍は当初はこれら商船改造航空母艦を補助航空母艦あるいは特設航空母艦（Auxiliary Aircraft Carrier ＝呼称記号ＡＶＧ）と呼んでいたが、一九四三年七月以降は護衛航空母艦

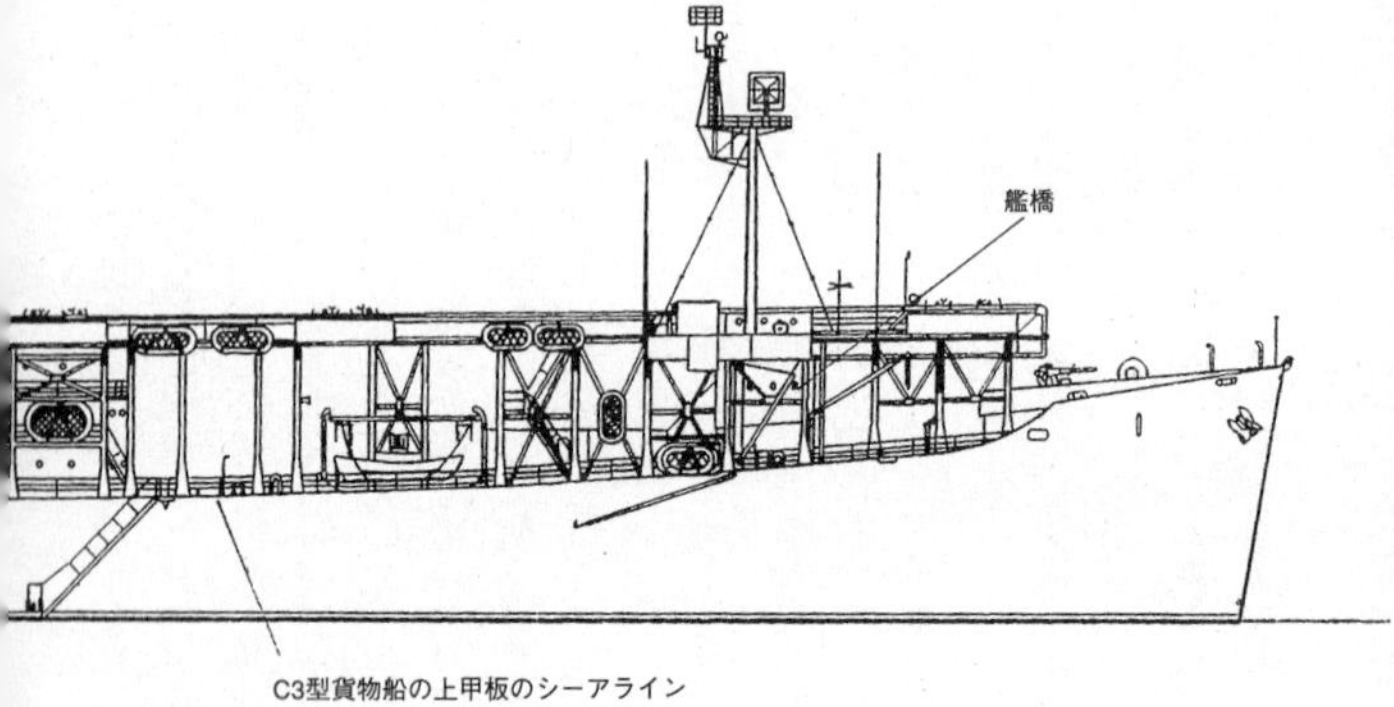
艦橋
C3型貨物船の上甲板のシーアライン

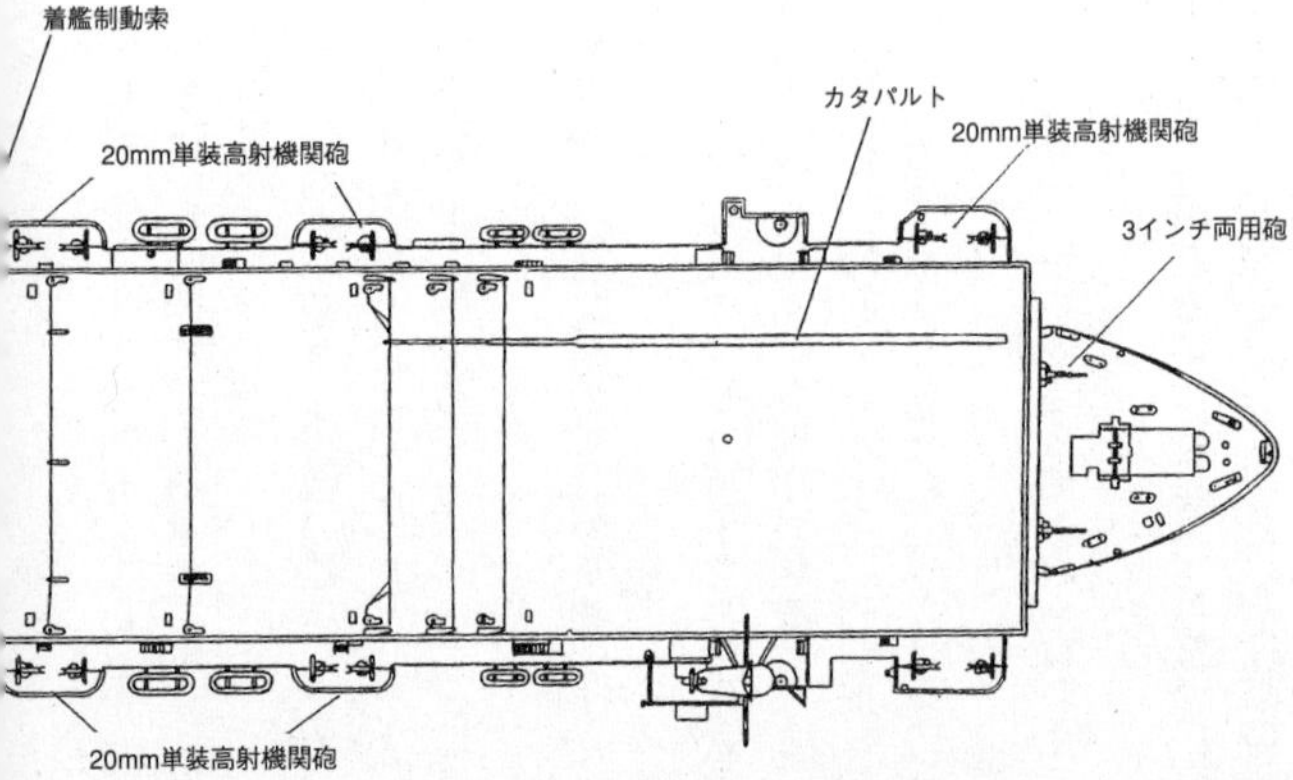
着艦制動索
カタパルト
20mm単装高射機関砲
20mm単装高射機関砲
3インチ両用砲
20mm単装高射機関砲

第27図　特設航空母艦ロングアイランド外形図

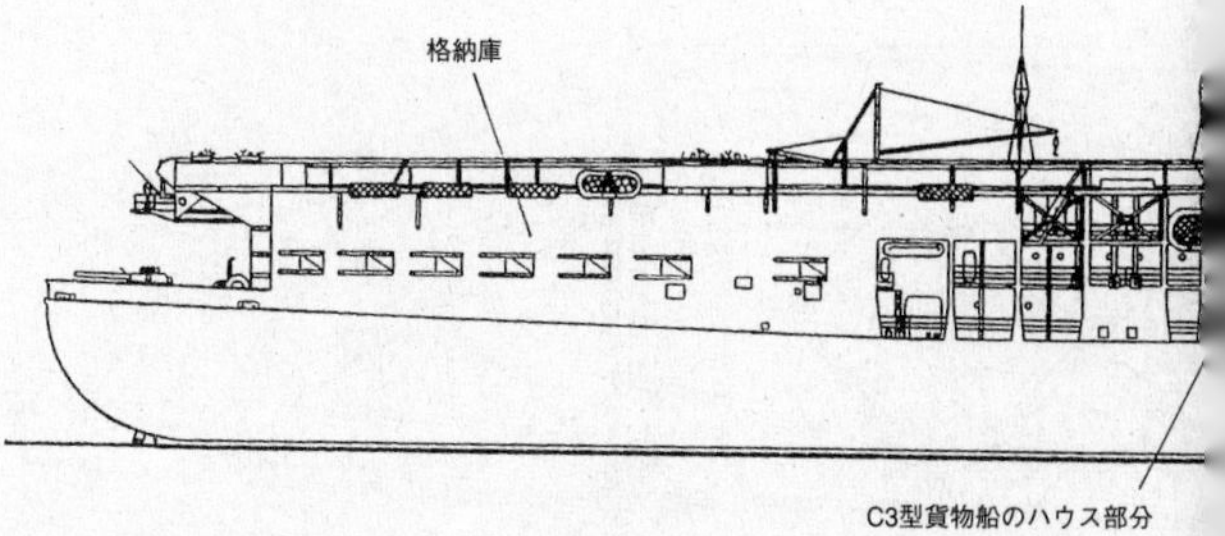

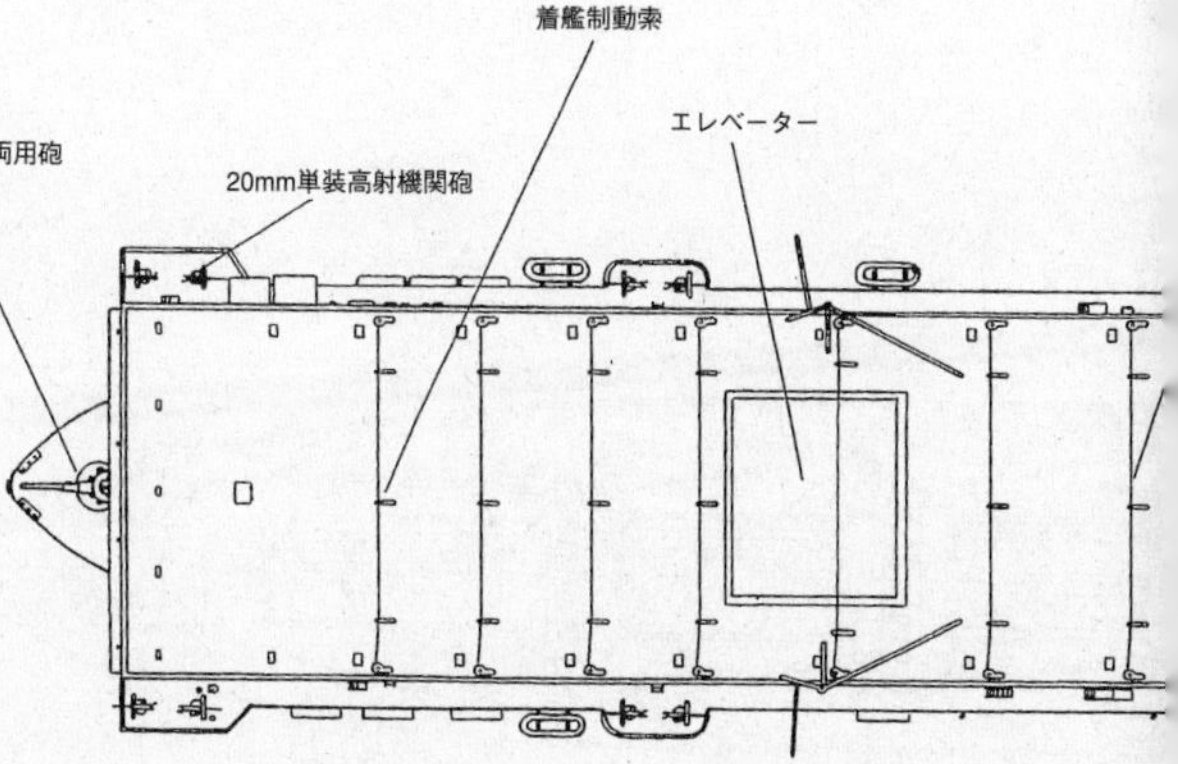

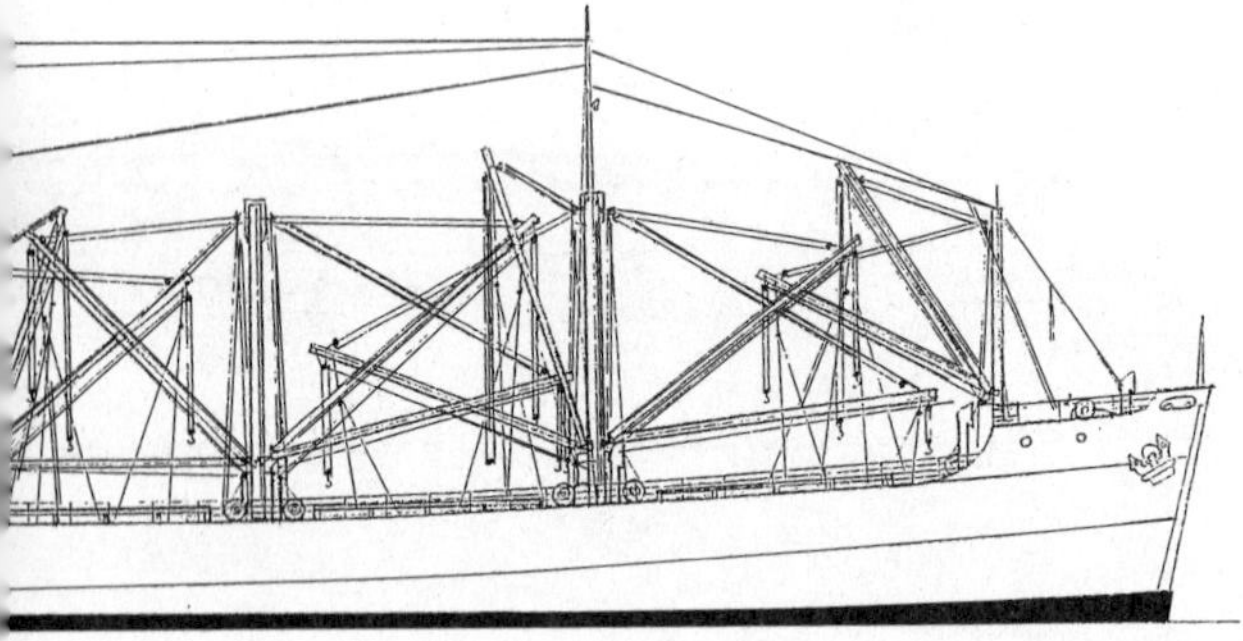

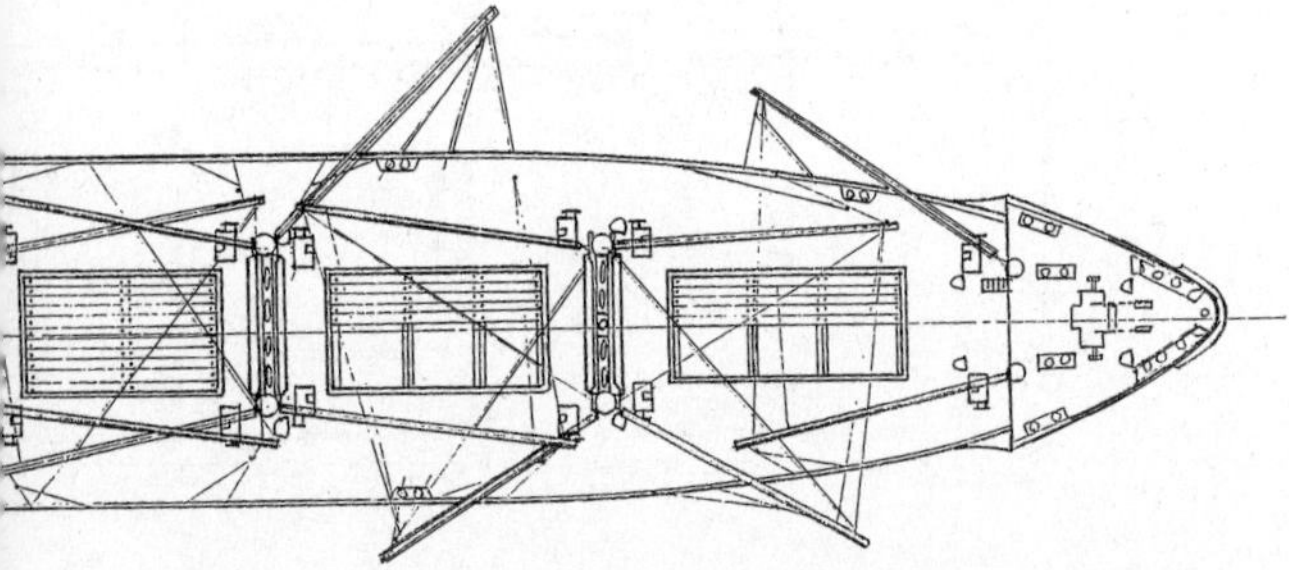

第28図　C3型貨物船外形図

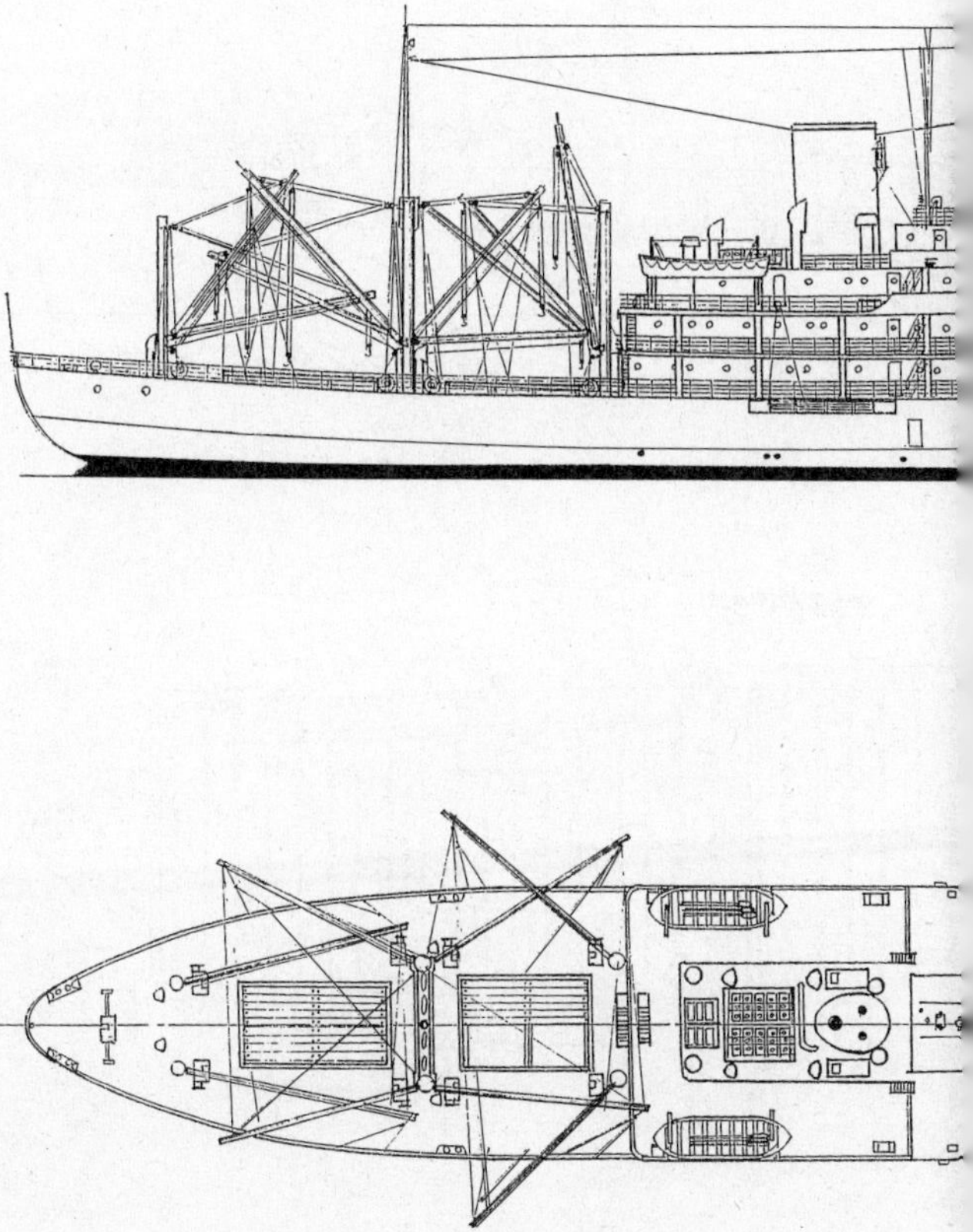

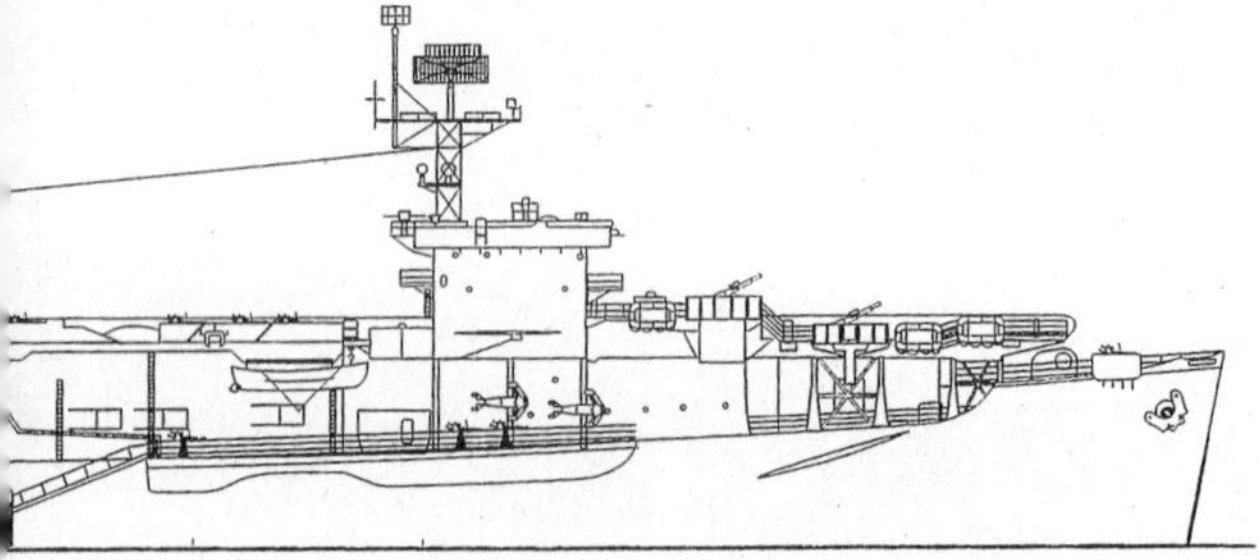

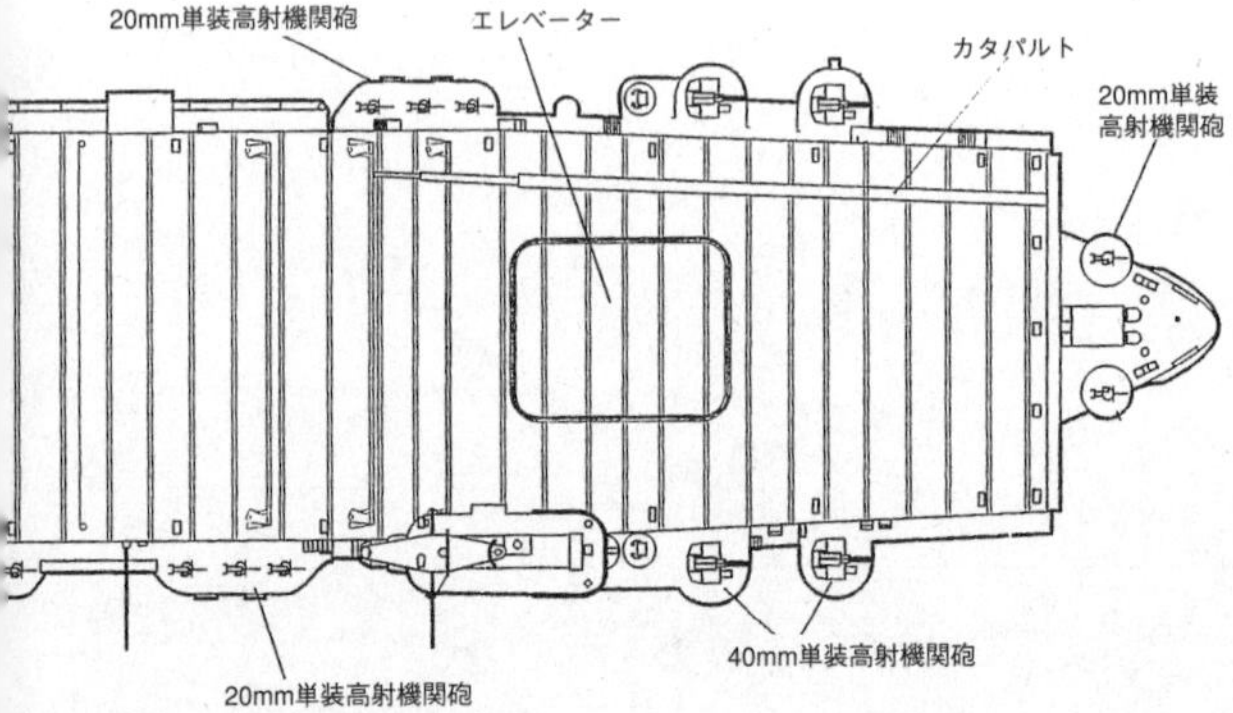
20mm単装高射機関砲
エレベーター
カタパルト
20mm単装
高射機関砲
40mm単装高射機関砲
20mm単装高射機関砲

第29図　特設航空母艦ボーグ外形図

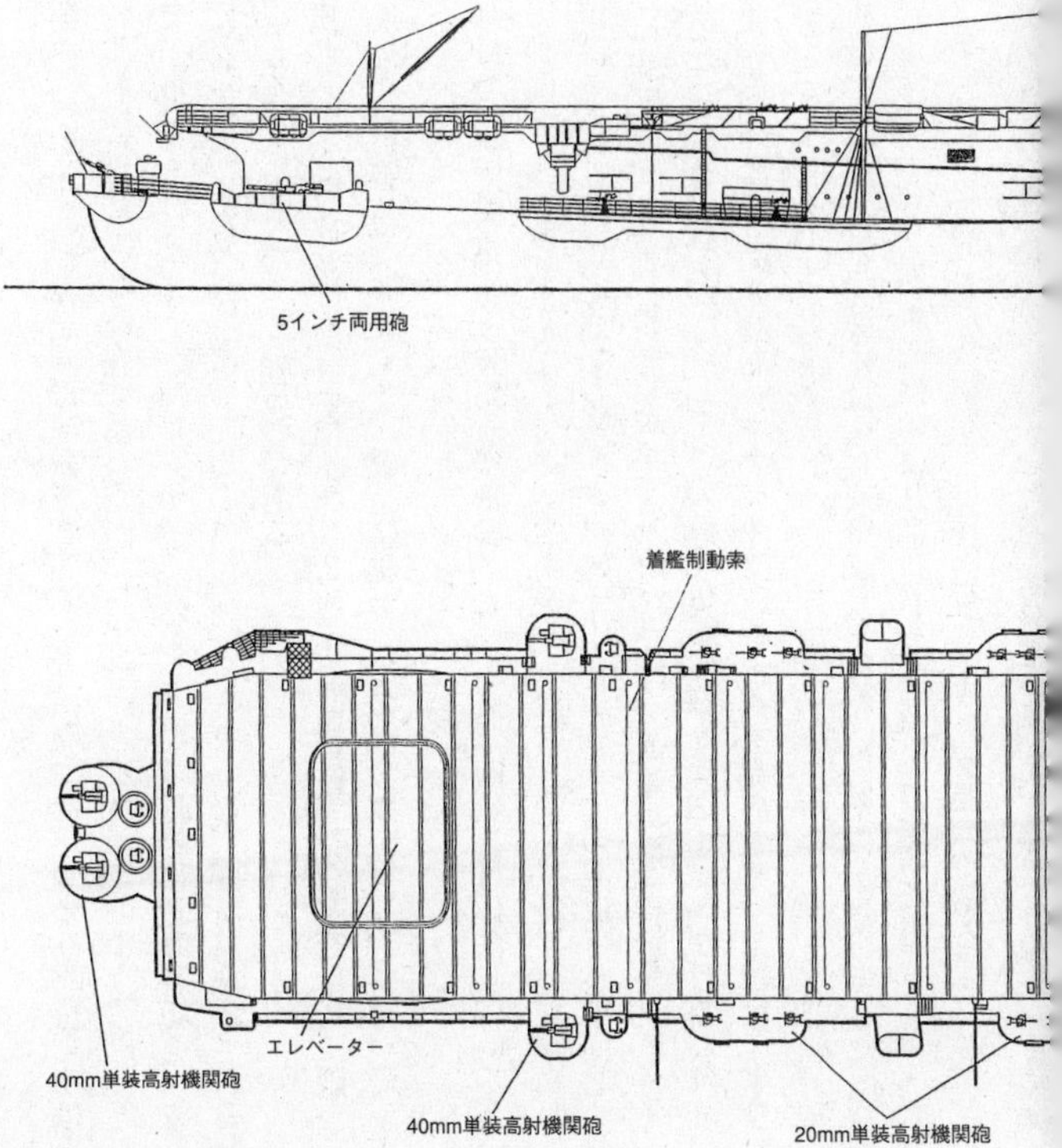

（Aircraft Carrier Escort＝呼称記号ＣＶＥ）と呼ぶようになった。つまり改造当初はあくまでも商船改造の特設航空母艦という存在であったが、日本やイギリス海軍のように母体となる船体を徴用ではなく買収によって入手し、原形を大きく改造して航空母艦に造り替えているために、厳密には戦後になって簡単な改修工事で元の姿に復帰できるような、臨時に準備される特設艦船というには相応しくない艦となっているのである。

つまりアメリカ海軍の場合も日本海軍やイギリス海軍と同様に、特設航空母艦に限っては本来の意味の特設艦船の範疇には入りにくく、改造艦艇としての別のカテゴリーに入ってしまうのである。

しかしアメリカの特設航空母艦（護衛航空母艦）も、本来は商船を母体にしているという意味で、特設艦船の仲間として話を進めて行くことにしたい。

アメリカ海軍はイギリス海軍の商船改造航空母艦オーダシティーの完成と時を同じくして、一九四一年六月に商船（Ｃ３型貨物船：モアマックメイル）改造の航空母艦ロングアイランド（LONGISLAND）を完成させた。そしてこの航空母艦の様々な適正試験が行なわれているかたわら、もう一隻の商船（Ｃ３型貨物船：モアマックランド）も完成させ、これはイギリス海軍にアーチャー（ARCHER）として貸与した。

イギリス海軍はアーチャーを実戦に投入し適正試験を行ない、そこから出てきた改造条件を元にして、アメリカはイギリス海軍向けのより進化した改造航空母艦三隻（アヴェンジャー型＝AVENGER）を、新たに買収した貨物船を母体にして完成させたのである。

カサブランカ級アンツィオ

イギリス海軍はこの三隻の運用実績に満足し、新たに若干の改造を施した改造航空母艦三四隻（アタッカー型＝ATACKER）をアメリカに発注したのである。そしてアメリカ海軍もこのアタッカー型に準じたアメリカ海軍向けの改造航空母艦ボーグ型（BOGUE）一一隻を建造したが、このボーグ型がその後のアメリカ海軍の商船改造型航空母艦（後の護衛空母）の基本になったのである。

ロングアイランドやアタッカー、あるいはボーグ型改造航空母艦合計五〇隻が完成したことになるが、この時点で改造航空母艦の母体になる既存または建造中のC3型やC3P型貨物船や貨客船は全て買収され、その後の改造母体になる商船が種切れになってしまった。

そこで考え出されたのがC3型貨物船の建造線図を利用し、C3型貨物船を最初から航空母艦として大量建造するための新しい設計図を引き、ここにカサブランカ型護衛航空母艦五〇隻の大量建造が始まったのであった。カサブランカ級は建造の基本線図には確かにC3型貨物船が使われているが、既存の商船を改造したものではないために、このカサブランカ型護衛航空母艦は強いて言うところの特設航空母艦の範疇には完全に入らなくなっている。

商船改造の航空母艦としてはボーグ型やカサブランカ型以外に、アメリカ海事委員会の定めた規格型油槽船であるT1型、T2型、T3型等を母体にした改造航空母艦が存在する。このT型（タンカーの意味）各種もC型貨物船も、またC3P型貨客船も、本来はアメリカの商船を規格化し、より効率的な商船建造を行なおうとするところから考え出された規格であるが、これらの商船は有事に際しては戦時徴用が義務づけられているのである。

T型の場合は建造当初から商船（油槽船）としてよりも、そのほとんどが海軍の給油艦として徴用されていた。その中の海軍の給油艦として徴用されていた（海軍ではこれらをシマロン級給油艦と称していた）T2型油槽船四隻が、サンガモン型特設航空母艦として改造された。またその後シマロン級給油艦で航空母艦に改造できる母船が払底したために、カサブランカ級護衛航空母艦と同じく、T2型油槽船の基本線図を利用して当初から航空母艦に仕上げたコメンスメントベイ型護衛航空母艦九隻が存在する。

このようにアメリカの特設航空母艦は当初は商船を母体にして改造されたものであったが、その改造は徹底的で、日本やイギリスの場合と同じく本来意味するところの特設艦船に分類しにくい存在になっており、厳密には特設艦船の他に新たに「改造型艦船」という新しいカテゴリーが必要になりそうである。

（2）特設運送艦（Auxiliary Transport Vessel）

アメリカ海軍が多数の民間船を徴用して運用したものの代表は特設運送艦であろう。この中でも特に注目すべき特設艦は、海兵隊の上陸作戦に重要な位置を占めた貨客船を母体にした兵員上陸艦であろう。

アメリカは第二次大戦参戦当時、大型客船では二万総トン級七隻、一万総トン級三三隻、九〇〇〇総トン級二一隻の六一隻を保有していた。そしてこれら六一隻の客船は全て陸海軍に徴用され、その大半は主に太平洋戦域で拠点間や、上陸作戦における兵員輸送船として使用された。海軍の場合は上陸作戦は海兵隊員によって行なわれるが、その輸送される海兵隊も一〇万人規模であり、準備される兵員輸送船も少なくはなかった。そして海軍の場合はこれらの海兵隊員の上陸輸送を行なう輸送船は、特設上陸艦または特設強襲上陸艦として区分されていた。

アメリカ海軍はこの他に戦時標準設計型貨物船のヴィクトリー型（ＶＣ２型）八〇隻を特設兵員輸送艦に改造した。また同じ戦時標準設計型貨物船として有名なリバティー型（Ｅ２型）も、五〇隻以上を特設上陸艦に改造し陸海軍の上陸作戦に使用している。

ヴィクトリー型貨物船もリバティー型貨物船も、特設上陸艦に改造された場合には、船内の第二甲板（中甲板＝強度甲板）に三段または四段式の折り畳み式の簡易ベッドを多数配置し、兵員の寝台とし、一部の空間（船倉へのハッチ）上には鋼管骨組みの折り畳み式テーブルとベンチを多数配置し、兵員の食事や娯楽空間として使用した。また昼間には折り畳み式ベッドの下段や中段を跳ね上げ、ベッド間の空間を娯楽スペースとして使用した。つまり母体が貨物船ではあるが、日本の場合のように木製の三段または四段式のカイコ棚に、収用許容人数を大幅に超える兵員をむりやり押し込むような収容方法とは大きく違っていた。またこの特設上陸艦を使用する区間は、最寄りの陸上の部隊拠点から上陸地点までの短距離の乗船であり、簡易式ベッドに長期間収容されるという状況にはならなかった。

特設上陸艦の代表例として、アメリカン・プレジデントラインの新鋭貨客船プレジデント・ジャクソン級を挙げることができる。本船はアメリカ海事委員会規格のP3C型貨客船で、アメリカが第二次大戦に参戦する直前の一九四〇年から一九四一年にかけて、アメリカン・プレジデントラインが世界周回用の貨客輸送用に建造した貨客船であった。

同級は総トン数九二五五トン、蒸気タービン機関の一軸推進で、最高速力は一九・五ノットを発揮した。旅客定員は一等船客九七名というこぢんまりした貨客船であるが、就航当時はアメリカ商船界の最新鋭貨客船として期待がもたれていた。合計七隻の姉妹船が建造されたが、完成した時には第二次大戦が勃発しており、当時はまだ中立国であったアメリカを示すために、船体の両舷側に巨大な星条旗を描いてとりあえずの世界周回航路に就役したが、それも束の間で、アメリカの参戦時には全て海軍に徴用され、当面は兵員輸送船として使われることになった。しかし一九四二年八月のガダルカナル上陸作戦を前にして七隻全船が特設上陸艦に指定され、必要な改装工事を受けることになった。

改装の内容は七隻全てが同じに行なわれたわけではないが、ほぼ同様な改装が行なわれている。その状況をこの七隻の姉妹船の一番船であるプレジデント・ジャクソン（PRESIDENT JACKSON）を例にして紹介する。

この船には船倉と上甲板の間の中甲板（強度甲板）は二段（上中甲板と下中甲板）に分かれて

プレジデント・ジャクソン

おり、ここには三段式と四段式の簡易ベッド（鋼管枠組みにキャンバスが張られたもの）のセットが多数配列され、下士官兵の居室として使用されることになった。そして既存の一等船室は既存のベッドや家具調度類は撤去され、ここに二段式のベッド（マットレス式）が二または三組配置され、部隊士官用の居室となった。また既存の公室の一部は部隊司令部や通信室として使われていた。

一隻あたりの将兵の収容人数は、士官七六名、下士官兵一三一二名を標準としており、部隊一個大隊の収容が可能であった（同じ規模の日本の兵員輸送船の場合には、平均収容将兵数は三〇〇〇〜四〇〇〇名で、日本の兵員輸送船の過密ぶりがうかがえるのである）。

船体の外型には大きな改装は施さないが、アメリカ陸海軍が第二次大戦中に使用したその搭載方法に特徴があった。アメリカ陸海軍が第二次大戦中に使用した兵員上陸用舟艇の基本タイプはLCVPと呼び、日本軍が使用した大発より幾分小型で、全長一一・一メートル、全幅三・三メートル、ディーゼル機関推進で一〇ノットの速力を出した。収容兵員数は最大六〇名（大発は七〇名）で貨物であれば五トン（大発は七トン）を搭載できた。

LCVPは合計一万隻（大発は約六〇〇〇隻）が造られ、一九四三年以降に実施されたアメリカ陸海軍の上陸作戦に広く使用された。

プレジデント・ジャクソン級の特設上陸艦は前部甲板と後部甲板のハッチ上にLCVPを合計八隻搭載し、それ以外に後部甲板の第四ハッチ両側の舷側にLCVPを二段重ねに搭載する特設の大型ボートダビッドを配置した。そして同じLCVPを二段重ねに配置する大型ボートダビッドを、ボートデッキ上の既存のボートダビッドと置き換えて新たに配置した。

これによって上陸作戦開始時には一度に二〇隻のLCVPの発進が可能で、乗船している一個大隊規模の将兵を一気に上陸させることが可能であった。

同級に装備された武装も強力で、船首と船尾には特設の砲座が設けられ、そこにはそれぞれ一二・七センチ両用単装砲が配置された。また船首と船尾の砲座の両側には小型の特設砲座が設けられ、ここにはそれぞれ七・六センチ両用単装砲が配置された。また船首と船尾甲板の中央両舷側と船橋上のナビゲーションデッキと煙突の後方にも特設の小型砲座が準備され、ここには合計八門の二〇ミリ機銃が配置されていた。そして煙突の前面には新たに小型のマストが設けられ、ここには対空・対水上用のレーダーが設置されていた。

このプレジデント・ジャクソンの最初の上陸作戦は、一九四二年八月七日早朝に実施された。ガダルカナル島対岸のフロリダ島のツラギへの海兵隊一個大隊の上陸作戦であった。つまり特設上陸艦プレジデント・ジャクソンは、太平洋戦争におけるアメリカの日本に対する反撃第一号の作戦に投入された第一号艦であったことになる。

ヴィクトリー型貨物船八〇隻が特設兵員輸送艦に改装されているが、これら輸送艦は攻撃輸送艦（Atack Transport）と呼ばれている。この攻撃輸送艦についてボートウール（BOTE-

TOURT）を例にして紹介する。

本艦は総トン数七八〇〇トンのヴィクトリー型貨物船を海軍仕様の輸送艦に改装したもので、海軍規格では満載排水量一万四九〇〇トンになる。蒸気タービン機関の一軸推進で、最高速力一七・七ノットを発揮した。ちなみにヴィクトリー型戦時標準設計型貨物船とは、大量建造（合計二七一二隻）された同じ戦時標準設計型貨物船のリバティー型の後に設計されたもので、戦争期間だけを耐用年数としたリバティー型貨物船に対し、戦後の使用を視野に入れたより高品質な貨物船で、第二次大戦中に四〇〇隻も建造された。

ボートウールの場合、ボートデッキと船首甲板の三番ハッチの両舷に、プレジデント・ジャクソンの場合と同じくLCVPを二段重ねに搭載できる大型ボートダビッドを配置し、合計八隻のLCVPを搭載した。そして船首の三番ハッチと船尾の四番ハッチの上には合計一〇隻のLCVPが搭載された。

この合計一八隻のLCVPによって一度に一〇〇〇名の将兵の上陸が可能で、本船の将兵の乗船人員は合計二〇〇〇名であるために、二回の輸送で全将兵の上陸が可能であった。

将兵の居住施設はプレジデント・ジャクソンと同じで、二段の中甲板の大半を下士官兵の居住施設とし、その一部を区画して将校用の居住区域とした。ベッドはプレジデント・ジャクソンと同じく、船舶の兵員輸送用に特別に造られた多段式の簡易ベッドが用いられるが、このベッドの寸法は日本の旧式の三等寝台車に類似して、人間が安眠するには十分な空間が確保されていた。居住区域の採光は甲板の天上に取り付けられた多数の蛍光灯で、換気は特設された通風機によって行なわれており、貨物船改造輸送艦とはいいながら、日本の兵員輸送用に使われた一般貨物船の薄暗く換気も不十分で湿気と焦熱地獄の居住区域と比較すれば、その設備はまさに雲泥の差というべきものであった。

本艦の場合は対空火器が強力で、船首と船尾に配置された一二・七センチ単装両用砲の他に、船体各所に単装または連装の四〇ミリボフォース機関砲が合計一二門配置されていた。これは一九四四年後半以降の太平洋戦域の上陸作戦での激しい日本機の攻撃に対処するもので、たとえ輸送艦といえども武装は極めて強力になっていることを証明するものであった。

（3）特設給油艦（Auxiliary Refuel Tanker）

アメリカ海軍は大西洋と太平洋の両洋に艦隊を保有していただけに、艦隊の行動に対する給油艦の必要性は他の国の海軍以上に大きかった。第二次大戦に参戦すると、太平洋における艦艇や輸送艦船の遠洋作戦は大西洋よりもはるかに大規模であり、これに必要な給油艦の数は膨大なものになった。

参戦と同時にアメリカ海軍は民間から四〇隻以上の既存の大型油槽船を徴用し、給油艦として使うことになった。さらに多数の給油艦が必要になり海事委員会規格のＴ２型やＴ３型油槽船の大量建造が始まり、艦隊用給油艦として使われることになったが、給油艦として建造された規格型油槽船は合計三〇〇隻を超えるほどの数となった。

（4）その他の特設艦船

アメリカ海軍でも参戦当時は大西洋沿岸周辺での掃海艇に不足が生じ、少数ではあるが例えばトロール漁船が一時的に掃海艇として使用された。しかしその後の正規の掃海艇の充足によってこれら特設掃海艇の使用は解除されている。

ドイツ海軍はアメリカの参戦と同時に、アメリカ大陸沿岸の主要港湾周辺に機雷敷設潜水艦によって多数の機雷を敷設した。戦争初期にはこの機雷の掃海にアメリカ大西洋艦隊の戦力が割かれた。特設掃海艇として徴用された漁船の多くは一〇〇～三〇〇トンの底引き網漁船やトロール漁船であったが、これらの特設掃海艇の装備は掃海設備一式だけで、敵艦艇との交戦の機会はほとんどなかったために武装らしい武装は施されていなかった。

アメリカ海軍が重要視した特設艦船の一つに工作艦があった。合計一〇隻の特設工作艦が造られたが、その母体は全てリバティー型貨物船であった。そして興味深いことはこれら工作艦は重工作艦、船舶用機関修理艦、上陸艇修理艦、航空機修理艦などに区分され、大規模上陸作戦に随伴し、現地での迅速な修理を行なえる態勢をとっていたのである。

日本のように工作艦は万能の修理工作に応じるものではなく、戦場の艦船の修理にも合理的な分業システムを導入していたことは驚きである。

機関修理艦とは戦艦から輸送艦に至るまで、主機関や補機に不具合が生じた場合や戦闘でダメージを受けた機関の応急修理を行なう工作艦である。重工作艦とは重度に損害を受けた艦艇を航行可能な状態にまで応急修理を行なう工作能力を持つ工作艦である。また上陸艇修理艦は、敵前上陸中に敵弾や機雷などで軽度に破壊された上陸用舟艇（ＬＣＶＰ）や機動上陸艇（ＬＣＭ）、あるいは小型戦車揚陸艇（ＬＣＴ）などの修理を担当する工作艦であった。

沖縄上陸作戦の時、アメリカ海軍は沖縄本島の西南三〇キロに位置する慶良間列島を艦船の修理基地として位置づけ、ここに正規の工作艦や特設工作艦を集め、日本軍の攻撃で損傷した艦船はこの基地に自力または曳航で送り込まれ、作戦に復帰できる状態まで、また重度に損害を受けている場合は、ハワイやアメリカ西岸の海軍工廠まで単独航行できる状態にまで修理を行なっており、多数の艦船が沈没を免れていたのである。

ドイツ海軍の特設艦船

ドイツは国土そのものが海上戦闘の主戦場となる大西洋に面しておらず、内海であるバルト海が唯一の海であるために、海軍力そのものが日米海軍に比べ規模が小さい。それだけに、いざ戦争となった場合に民間の商船を大規模に徴用し、各種の特設艦船に仕立てるという構想が十分に育っていなかった。しかし陸上でも海上でも大規模な戦争となった第二次大戦では、バルト海に閉ざされ外洋へ進出する自由を失った多くの商船や漁船は、否応なくドイツ海軍や陸軍の様々な用途の船として使われることになったのである。

ドイツ海軍の特設艦船として目立つ存在になったのは特設巡洋艦（ドイツ海軍では補助巡洋艦と称した）、特設潜水母艦、特設敷設艦、特設病院船、そして特設宿泊船であった。その中でも特設宿泊船はドイツ海軍（一部陸軍も含む）特有のもので、その用途も独特であったが、その数も予想外に多かったのである。

（1）特設巡洋艦（補助巡洋艦）

ドイツの特設艦船を語るとき、必ず話題となるのが補助巡洋艦と呼ばれた特設巡洋艦の存在であった。ドイツ海軍はすでに第一次大戦において商船に武装を施した特設巡洋艦を大西洋やインド洋に放ち、通商破壊作戦に多大な戦歴を残した。この中には帆船を特設巡洋艦に仕立て、大西洋と南太平洋で六ヵ月間に実に一五隻の敵国船を撃沈または拿捕するという、奇想天外な戦術まで実行している。

第二次大戦でもドイツ海軍は徴用した三〇〇〇〜八〇〇〇総トンの貨物船一〇隻を特設巡洋艦に仕立て、大西洋やインド洋で通商破壊作戦を展開した。

これら一〇隻の特設巡洋艦は三次に分けて作戦を行なっているが、第一次作戦は一九四〇年三月から一九四一年十一月まで、第二次作戦は一九四二年一月から一九四三年三月まで、そして第三次作戦は一九四三年二月から七月までの作戦期間で実施された。

この三次にわたる通商破壊作戦で撃沈した連合国商船は合計一四〇隻、八六万三九二七総トンに達した。この数字は同じ通商破壊作戦を行なったドイツ海軍の六隻の正規軍艦（小型戦艦シャルンホルスト、グナイゼナウ、グラーフシュペー、重巡洋艦アドミラルヒッパーなど）の戦果三四万総トンの二倍以上に達したのである。

第二次大戦でドイツが沈めた連合国商船は約四五〇〇隻、二三〇〇万総トンに達したが、少なくともその三・七パーセントは特設巡洋艦による戦果であったのだ。これは装甲も持たず十分強力とはいえない武装の特設巡洋艦が得た戦果としては、驚異的であったと評価すべきで、ドイツ海軍の戦闘艦艇が得た戦果としては潜水艦につぐものであった。

これら一〇隻の特設巡洋艦の中で最大の戦果を記録した艦は、ピングイン（PINGUIN）である。本艦は一九三六年に建造した貨物船カンデルフェリス（CANDELFERIS：七七六六総トン：最高速力一八・五ノット）を一九三九年に改装したものであった。本艦は一九四〇年六月から一九四一年五月までの一年間の出撃期間（この間本国には帰還せず）で、連合国商船三三隻、一六万五五四七総トンを撃沈したのである。本艦の作戦海域は中部大西洋からインド洋に至る海域で、一九四一年五月八日に、南インド洋で本艦を追跡していたイギリスの重巡洋艦コーンウオールの砲撃で撃沈されている。

一〇隻の特設巡洋艦中六隻が作戦中に、それぞれの特設巡洋艦を追跡していたイギリスの巡洋艦によって砲雷撃で撃沈されている。また一隻は出撃直後にイギリス空軍の哨戒爆撃機の直撃弾を受け破壊され、その後の出撃を中止している。また撃沈戦果第二位のトール（TOHR）と撃沈戦果第四位のミヒェル（MICHEL）は、共に日本とは深い関係があるので少し説明を加えたい。

特設巡洋艦トールは第一次通商破壊作戦に出撃した後、ドイツ本国で休養。その後第二次通商破壊作戦にも出撃し、南大西洋からインド洋にかけて連合国商船を撃沈または拿捕した後、一九四二年十月半ばに船体の修理と物資や弾薬等の補給のために日本へ向かい、十一月十日に横浜港に入港した。

トールの前身は一九三八年に建造された総トン数三八六二トン（最高速力一八ノット）の中型貨物船サンタ・クルツ（SANTA CRUZ）であった。第二次大戦勃発直後にドイツ海軍に徴用され特設巡洋艦への改装が行なわれた。武装は他の九隻の特設巡洋艦とほぼ同じで、一五センチ単装砲六門、六センチ単装速射砲一門、三七ミリ連装機銃一基、二〇ミリ単装機銃四門を装備し、後部甲板の両舷には五三センチ連装魚雷発射管を各一基装備していた。そしてその他に後部甲板の第四ハッチ上には水上偵察機（アラドＡｒ196）一機と予備機一機を搭載するという軽巡洋艦並みの強力な艦であった。

トールは横浜港に入港すると直ちに三菱重工の横浜船渠のドックに入渠し、船体の修理に入った。そして修理の終わったトールは十一月三十日の朝にドックを出ると、横浜新港埠頭の八号岸壁に接岸していた同じドイツ海軍の高速給油艦兼補給艦ウッカーマルク（UCKERMARK）に接舷した。そして舷側越しにウッカーマルクから魚雷や砲弾、さらには糧食等の積み込みを開始した。

その最中の同日午後一時三十分頃、ウッカーマルクが突然、大爆発を起こしたのである。ウッカーマルクに接舷していたトールはその爆発の煽《あお》りをまともに受け、搭載中の魚雷や弾薬類が誘爆すると船体は大きく破壊され、ウッカーマルクと共に二隻は八号岸壁脇にそのまま着底してしまった。

その結果、ウッカーマルクも歴戦のトールも再起不能の損害を受け、その後廃棄処分となったのである（この事件は横浜港内の謎の爆発事件として一時地元で噂になったが、軍や内務省の情報管制が厳しく、噂は下火となりこの事件が横浜周辺以外に知られることはなかった。そして事件の全貌が明らかになったのは、事件後三〇年も経った後のことであった）。

トールやウッカーマルクの乗組員の大半は上陸休養中で被害はなかったが、彼らは帰国の道を

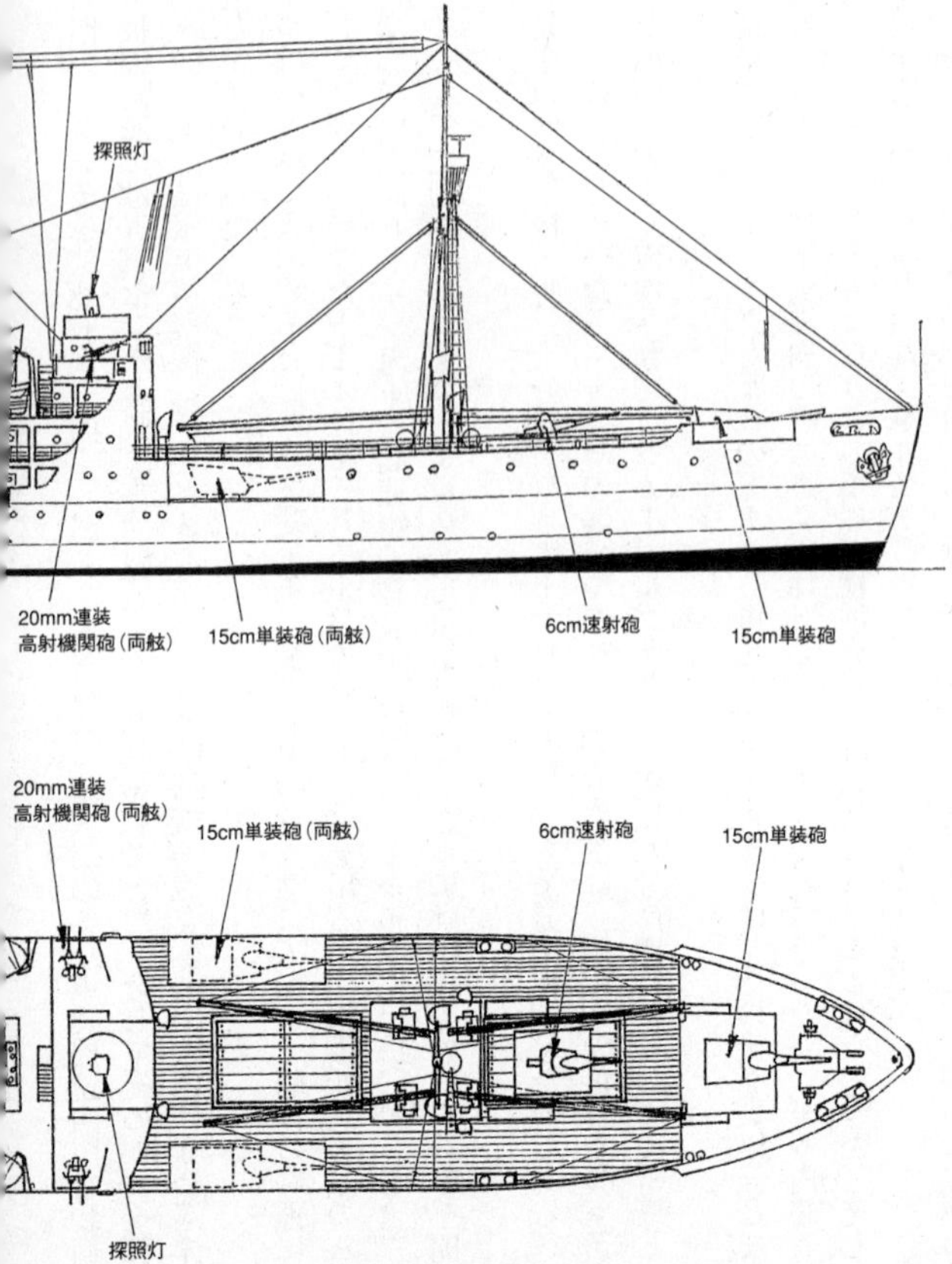
探照灯
20mm連装
高射機関砲（両舷）
15cm単装砲（両舷）
6cm速射砲
15cm単装砲
20mm連装
高射機関砲（両舷）
15cm単装砲（両舷）
6cm速射砲
15cm単装砲
探照灯

第30図　特設巡洋艦トール外形図

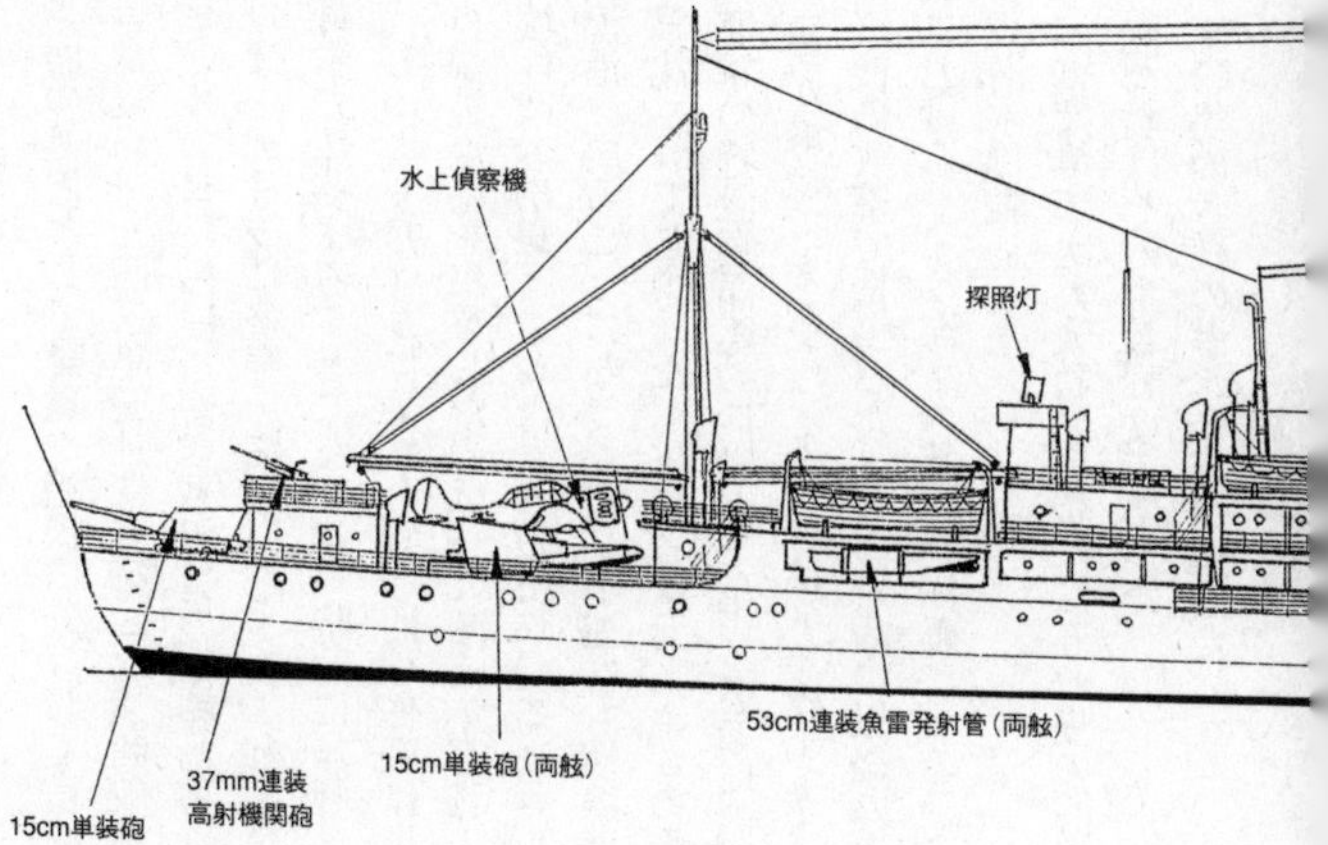

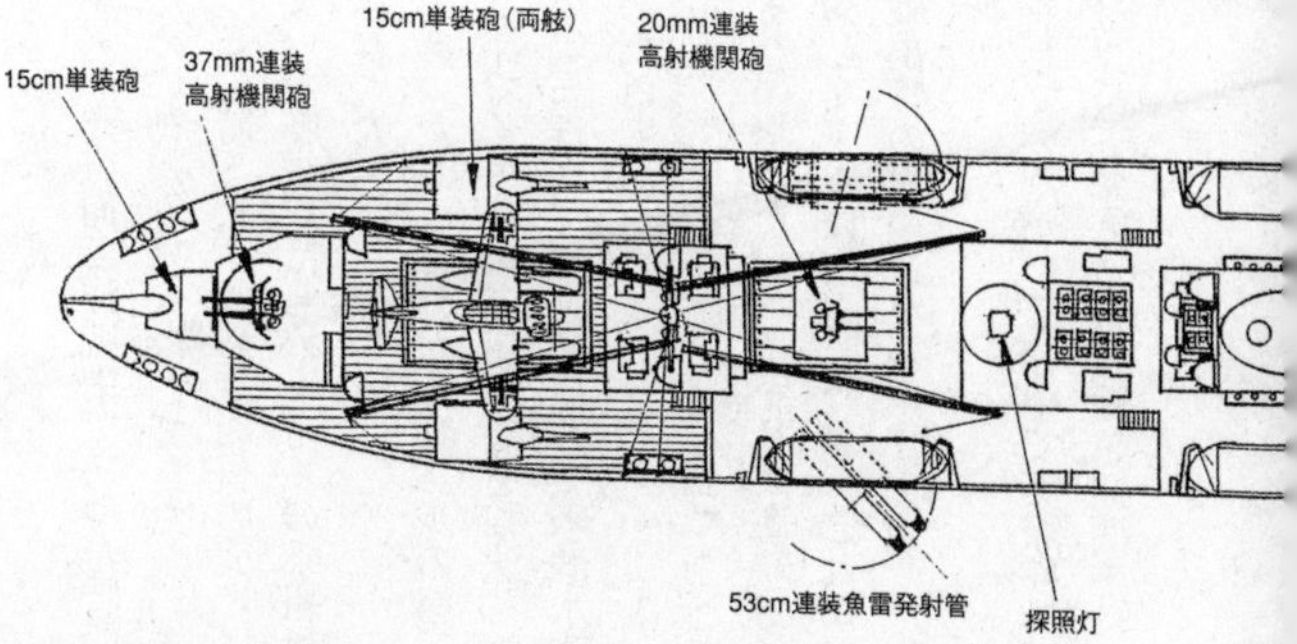

奪われ、当面の処置として鎌倉や箱根に分散して宿泊逗留することになった。

事件四ヵ月後の一九四三年三月に、第二次通商破壊作戦でインド洋方面で作戦中であった特設巡洋艦ミヒエル（MICHEL）が、乗組員の休養と物資補給のために神戸港に入港してきた。

ミヒエルは一ヵ月後に整備を終え出撃することになったが、この時ミヒエルの乗組員の大半はそのまま日本で休養することになり、一時的に無聊をかこっていた艦長をはじめトールの乗組員がこれに代わってミヒエルに乗艦し短期間の作戦に出ることになった。

ミヒエルが神戸港を出撃したのは一九四三年五月二十一日であったが、これがミヒエルの第三次通商破壊作戦の出撃となった。この出撃でミヒエルはインド洋でイギリス商船三隻を撃沈した後再び横浜港に戻ることになったが、不運にも横浜港に入港予定当日に、伊豆半島沖で米潜水艦の雷撃で撃沈されてしまった。生存者は元トールの乗組員七名だけであった。

ドイツ海軍の特設巡洋艦の活動も、第三次通商破壊作戦に出撃したミヒエルとトーゴ（TOH-GO）の二隻が最後であった。トーゴはドイツのキール軍港より出撃したが、イギリス海峡でイギリス空軍機の攻撃で損傷した。このために以後の出撃を断念しキールに帰還したが、これが第二次大戦におけるドイツ海軍の特設巡洋艦による通商破壊作戦出撃の最後となった。

（2）特設潜水母艦

ドイツ海軍は第二次大戦勃発当時には五七隻の潜水艦を保有していたが、その中で実際に外洋で作戦可能な艦はその半数程度であった。しかしドイツ海軍は以後五年九ヵ月の戦争期間中に、実に一一五〇隻の各種の潜水艦を建造した。

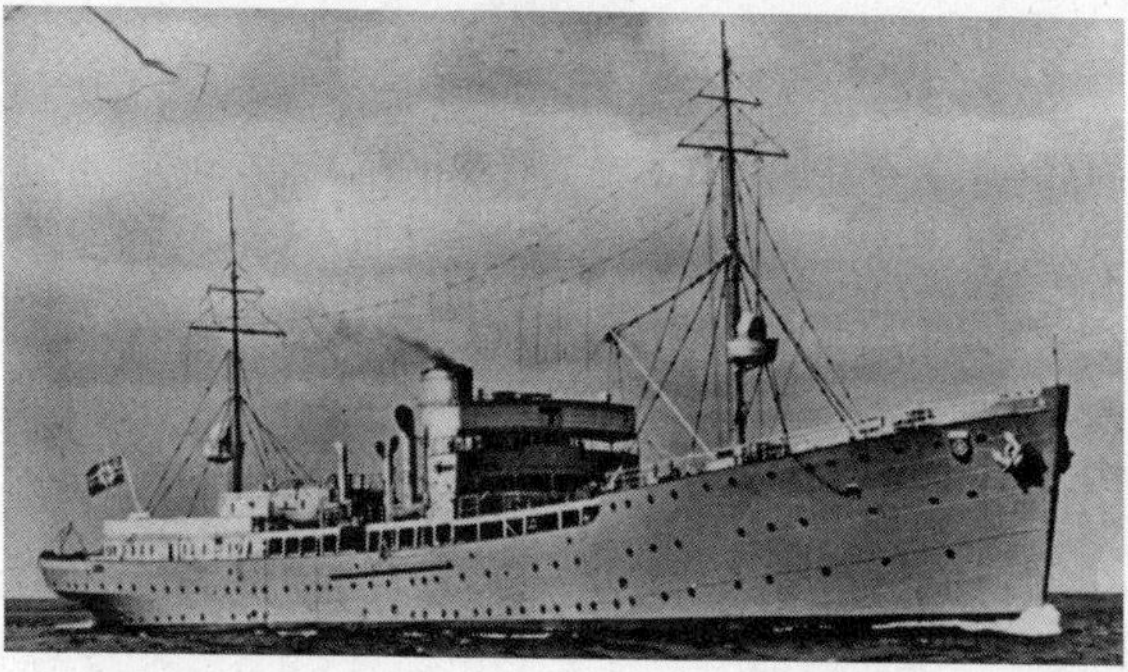

潜水母艦ドナウ

ドイツ海軍にとってこの次々と建造される潜水艦の、四万名を優に超える乗組員の養成は最重要課題となっていた。そしてこれに対して出したドイツ海軍の対策は、占領したポーランド東部のバルト海沿岸に面した良港のグディニアに、大規模な潜水艦乗組員養成学校を設立することであった。

この作業は急速に進められ、潜水艦乗組員の航海、操艦、戦闘等の全ての訓練が以後この地で行なわれることになった。そして正規の潜水艦乗組員として養成された将兵は次々と新しく竣工する潜水艦に乗って作戦の前線基地へ出撃していった。ドイツ海軍の潜水艦作戦の最前線基地は本国のキール軍港や、フランスのロリアンやブレスト、そしてサンナゼールなどの港であった。

ドイツ潜水艦はこれらの基地を補給や修理、あるいは乗組員の休養の場所として、主に陸上基地施設が使われていたが、実戦訓練部隊も含め補給、修理あるいは乗組員の休養のために潜水母艦も各基地では重要な存在になり、一時的には潜水艦戦隊の母艦になったものもある。

ドイツ海軍は正規の潜水母艦を五隻保有していたが、その他に徴用した商船四隻を特設潜水母艦として運用したが、ドイツ海軍の特徴として、正規も特設も潜水母艦は日本よりも一回りも小型であったことである。正規の潜水母艦のバウエル級やイザール級は基準排水量が三八五〇トン、四七〇〇トン程度で、四隻の特設潜水母艦でも二五〇〇〜四〇〇〇トン程度の中型貨物船を使っていた。従って日本のように大型外洋客船を徴用して使うということはなかった。これは潜水艦の活動が基地施設主体で行なわれていたこと、また潜水母艦が外洋の基地へ進出するということがなかったためでもあった。

ただ特設潜水母艦として徴用された貨物船は、潜水母艦に改造される時には潜水艦乗組員の休養や宿泊用の設備には相当の充実が図られていた。そして特徴的なことは、貨物船でありながら中甲板（乗組員の居住区域）には全長にわたって新たに多数の舷窓が開けられたことである。

ドイツ軍艦の他国の軍艦に比べての外観上の際立った特徴は、戦闘艦でありながらいずれも多数の舷窓が配置されていることである。しかしこれは防御対策上常識的に決して好ましいものではなく、事実、日米英の戦艦も巡洋艦も舷窓を多数配置した軍艦は少ない。

ドイツ海軍が軍艦でありながら多数の舷窓を配置していた理由の一つとして、陽に当たること、つまり少しでも日光浴をすることを最大の健康の源とする、ドイツ人特有の健康観念が存在することを理解しなければならない。このために特設潜水母艦の舷側に多数開けられた舷窓もドイツ艦船の仲間入りを示す証なのである。

なお特設潜水母艦の内の二隻は連合軍の爆撃によって撃沈された。

（3）特設敷設艦

ドイツ海軍の機雷敷設の主力は機雷敷設潜水艦で敷設艦という艦種は少ない。ただバルト海を中心とした機雷敷設のために少数の商船が機雷敷設艦として徴用された。

徴用された商船はバルト海沿岸航路に就役していた三〇〇〇～五〇〇〇総トン規模の客船が主体で、機雷の搭載数は一八〇～四八〇個の範囲で、武装も当面の交戦相手も少ない海域での活動であるために強力とはいえず、八・八～一五センチ単装砲二～三門程度で、戦争後半にほとんど全てが連合軍の航空攻撃で撃沈されてしまった（特設敷設艦中で最大であった元客船タンネンベルク〈五五〇四総トン〉は、一九四四年七月に機雷敷設作戦中に誤ってスウェーデン海軍が敷設した機雷原に入り込み、触雷で沈没してしまった）。

（4）特設病院船及び特設負傷兵輸送船

ドイツ海軍は第二次大戦中に八隻の大型客船と二七隻の小型客船を徴用し、特設病院船及び特設負傷兵輸送船として運用したが、これ以外にもベルギーやオランダの接収大型客船四隻と接収小型客船二二隻を特設病院船として運用した。その数は合計六一隻に達したが、これほど多数の特設病院船（特設負傷兵輸送船を含む）を保有した国はドイツ海軍以外にない。ただこの多数の病院船は陸軍用として使われるのが大半を占め、海軍将兵専用の病院船の絶対数は少ない。

ドイツの病院船の行動範囲の中で最も病院船の行動頻度が高かった海域は、地中海、ノルウェー海、そしてバルト海であった。地中海は一九四一年から一九四三年にかけて大規模な戦闘が展開された北アフリカ戦線（主としてリビア戦線）の負傷兵の輸送で、リビア北岸からイタリアまでの輸送が病院船によって行なわれた。

また一九四〇年に展開されたノルウェー侵攻作戦では陸海軍に多くの犠牲者が出、これら負傷兵のドイツ本国までの輸送が病院船によって行なわれた。そして最大の病院船需要海域となったのがバルト海であった。

ソ連との戦いの場の一つとなったクールラント地方（バルト海東部沿岸方面）の戦いでは、戦傷者を陸路でドイツ本国まで輸送することは交通手段の不備のため、主に海路で行なわれた。また東部戦線の敗色が濃くなり出した一九四四年後半からは、北部東部戦線の戦傷者は、ソ連軍の進撃が急なために陸路で彼らをドイツ本国に輸送する手段に混乱が生じ、ドイツ軍が確実に戦域を確保している東部ポーランドのグディニアに負傷兵を送り込み、ここより海路でドイツ本国に送り込む方法がとられた。

この北部東部戦線のグディニア経由の負傷兵の輸送は最も多くの病院船を必要としたが、その大半が特設負傷兵輸送船であった。

これら病院船の中で最大の規模であったのが特殊クルーズ客船のロバート・レイ（ROBERT RAY：二万七二八八総トン）とヴィルヘルム・グストロフ（WILHELM GUSTLOFF：二万五四八四総トン）で、接収客船ではオランダのバロエラン（BALOERAN：二万一〇〇〇総トン）やベルギーのボードワンヴィル（BAUDOUINVIL=LE：一万六八三〇総トン）などがあるが、これらの大型病院船の何隻かは後に特設宿泊船に転用された。

バルト海経由の負傷兵の輸送には最大規模の病院船が投入されたが、これらは日本の陸軍病院船に似た存在で、病院船とは呼ばれながら医療施設は最低限の施設が準備され、主に負傷兵の本

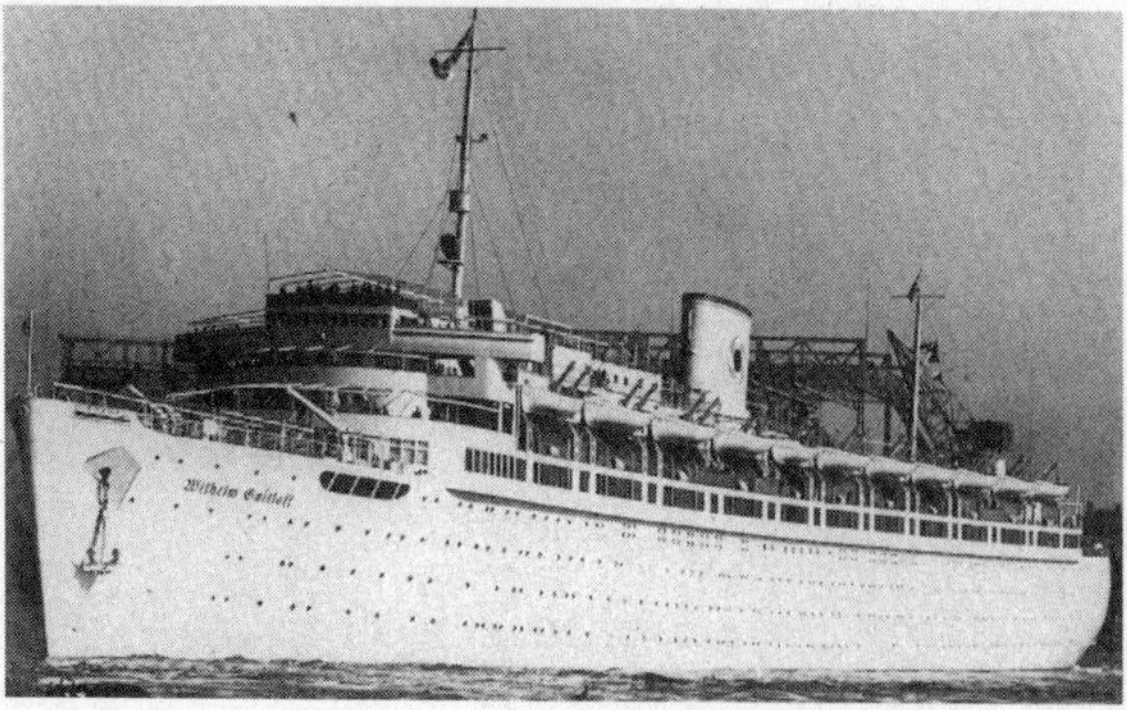

ヴィルヘルム・グストロフ

国への輸送が主体であり、その動員数は大小三九隻にも達した。

（5）特設宿泊船

ドイツ海軍の特設艦船の中で特徴的な存在であった船が、世界にもあまりその例を見ない特設宿泊船であった。この宿泊船には二つの種類があった。一つは戦争勃発当初からキールやヴィルヘルムスハーフェン軍港や、ハンブルグやブレーメルハーフェン港に配置されていた海軍軍人専用の宿泊船で、ドイツ水上艦艇の乗組員の作戦間の休養あるいは短期間の宿泊に使うことが目的の船であった。その最大の船はドイツ最大の豪華客船ブレーメン（BREMEN：五万一七三一総トン）やオイローパ（EUROPA：四万九七四六総トン）であった。

その他にも日本海軍の特設航空母艦「神鷹」に改造された客船シャルンホルストの姉妹船であるグナイゼナウ（GNEISE-NAU：一万八一六〇総トン）やハンザ（HAN-ZA：二万一一三一総トン）など多数がその任務についた。この場合客船の船内設備はそのまま使用され、海軍軍人

カップ・アルコア

（士官・准士官・下士官兵）の宿泊設備としては立派に過ぎ、基本的には士官・准士官が既存の一等及び二等設備を使い、下士官兵は三等設備を使用した。

宿泊船のもう一つの用途は、グディニアに開設された潜水艦乗組員養成学校の生徒や教官たちの宿泊設備としての用途であった。

この学校の開設以来一九四五一月の閉鎖までの受け入れ生徒の数は、士官と下士官兵合計で三万五〇〇〇人を超えた。彼らの宿泊用に大型客船は好都合な存在で、特に前出のロバート・レイやヴィルヘルム・グストロフは本来が労働者階級を対象にしたモノクラスのクルーズ船であったために、船室は二人用と四人用の多数の同一規格の客室ででき上がっており、宿泊設備としては理想的な構造をしていた。この両船だけで三四〇〇名の生徒の収容が可能で、その他にかつての南米航路用のカップ・アルコナ（CAP ARCONA：二万七五六一総トン）や、北大西洋航路用のシュトイベン（STEUBEN：一万四六九〇総トン）が加わり、この二隻だけでも二五〇〇名以上の生徒の収容が可能であった。

つまりこの四隻だけで短期教育の潜水艦乗組員養成学校の全生徒を収容することが可能であったのである。

この場合、例えばロベルト・レイやヴィルヘルム・グストロフ等の場合には、船客用の既存の公室（喫煙室、ラウンジ、ベランダ、食堂等）は設備もそのままで生徒用に使われていた。

ちなみにドイツ海軍は第二次大戦中に合計七八一隻の潜水艦を失ったが、その潜水艦乗組員の犠牲者の総数は実に二万七〇〇〇名に達したのである。つまり彼らの大半はこの豪華な宿泊客船という寄宿舎で潜水艦乗組員養成学校の生活を送ったのであった。

第５章　戦後に生き残った特設艦船

　ここでは第二次大戦で特設艦船として徴用されながら生き延び、戦後に再び本来の任務に復帰した商船の姿のいくつかを紹介するが、日本の場合は特設艦船として徴用されたほとんどの商船が戦禍で姿を消し、その後に建造された商船もその数はあまりにも少なかった。それだけに戦後に残って活躍した商船は極めて少なく、紹介しようにもその数はあまりにも少ない。

　太平洋戦争勃発当時に日本の海運界が保有していた一〇〇総トン以上の商船は、二五六八隻、八四三万総トンに達していた。しかしこの中で戦後に生き延びた商船はわずかに三二三隻、三四万総トンに過ぎなかった。しかもこの中で三〇〇〇総トン以上の商船は、わずか三四隻、一五万六〇〇〇総トンに過ぎなかった。またさらに六〇〇〇総トン以上の商船に至ってはわずかに一〇隻、七万七三〇〇総トンが残っただけであった。

　一方、イギリスも日本以上に多くの商船を戦禍で失ったが、それを補うだけの十分な数の商船が建造され、あるいはアメリカからの供与を受けただけに、戦後の海運界の立ち直りは早く、その中には戦時中の特設艦船は多数存在しており、戦後に活躍する姿を紹介する商船には事欠かない。またアメリカの場合も特設艦船として徴用された商船のほとんどが戦後に生き長らえているために、紹介する船に事欠くことはない。

このような状況の中で、特設艦船として徴用されながら戦争を生き延び、戦後の海運界で再び活躍を続けた各国の商船について、中でも戦中戦後において興味ある経歴を持った商船を選んでここでは紹介することにする。

日本の残存特設艦船の戦後

(1) 油槽船：極東丸

一九三九年までに日本の主な油槽船運航会社は合計二一隻の、いわゆる海軍型(海軍指導による設計)大型高速油槽船を建造した。これら二一隻は太平洋戦争の勃発以前から海軍に徴用され、艦隊用給油艦としての改装が施され連合艦隊の各艦隊の給油艦としての準備を整えていた。しかし、結果的にはこの二一隻の全てが敵の航空機や潜水艦の雷撃で撃沈されてしまった。

ところがこの二一隻の大型高速油槽船の中で、ただ一隻だけ戦後になって沈没現場で浮揚され、日本まで曳航されて修理のあと現役の油槽船として蘇ったものがあった。

つまり戦前の日本の油槽船を代表する、最優秀の高速大型油槽船が生き返ったのである。この例外的に幸運な油槽船は、飯野海運が一九三四年に建造した極東丸である。

本船は一万五一〇総トン、最大出力八六一一馬力のディーゼル機関推進で、最高速力一八・四ノットという、当時の油槽船としては例外的な高速力の持ち主であった。勿論、本船の設計に際しては海軍の艦政本部の意向が大きく取り入れられ、他の二〇隻の仲間の油槽船と同様に、有事に際しては海軍の艦隊用給油艦としての機能が盛り込めるような様々な工夫が凝らされていた。その工夫の一つが高速力であり、石油積載能力の大きさ（本船の場合の最大石油積載能力は一万七〇〇〇トンに達した）であり、そして甲板に設けられた十分な空間であった。この空間は特設給油艦となった場合に装備される他艦に対する様々な給油装置の取り付け空間であり、また各種武装の装備空間でもあった。

極東丸は特設給油艦となって後は、真珠湾攻撃やインド洋攻撃機動部隊を筆頭に連合艦隊の主だった艦隊作戦にはほとんど参加するというベテラン中のベテランの給油艦となった。

一九四四年十月、レイテ島を巡る日米の攻防戦が真っ最中の時、極東丸はボルネオ島のタラカンから艦船用の燃料重油を満載してルソン島のマニラ湾に入港していた。

当時マニラ湾には日本から送り出される増援部隊の将兵や戦闘物資を満載した輸送船が次々と入港しており、またレイテ島攻防の増援部隊を送り出す輸送船や海軍の輸送艦などが蝟集していた。極東丸の任務はこれらの輸送船などへの給油が任務であったが、これら輸送船も極東丸も常に敵機動部隊が送り出す艦載機の攻撃に対して神経を張りつめていた。

満載の燃料重油をあらゆる艦船に給油の後、極東丸は再びタラカンに戻り、新たに燃料重油を積み込んでマニラ湾に向かっていた。極東丸がミンダナオ島沖にさしかかった時、敵艦載機の一群が極東丸を襲った。この攻撃で極東丸は船首付近に航空魚雷一発と至近弾数発を受けた。これによって極東丸の船体の吃水線下に大きな破口と弾片でできた小さな破口多数から浸水が始まったが、応急の防水対策を施して何とかマニラ港に逃げ込むことができた。

極東丸は積載していた燃料重油を各艦船に給油するかたわら、日本までの航海に耐えられる船体の応急修理を行なっていたが、その最中の十一月十三日に再び敵艦載機の攻撃を受けた。

この日の攻撃でマニラ湾に在泊していた各種商船や特設艦船など一一隻、四万九〇〇〇総トンが撃沈された。マニラ湾は一九四四年九月以降、まさに日本商船や特設艦船の墓場と化していた。フィリピン攻防戦に備えて日本からは無数の輸送船が、一〇万人規模の陸軍部隊やそれに付属する大量の軍需物資を送り込んでいた。しかし強力な敵機動部隊から出撃する雲霞のような艦載機の群れは、日本陸海軍の迎撃戦闘機を払い退けるようにこの無数の輸送船に対して間断ない攻撃を仕掛け、極東丸も数発の直撃弾を受けてマニラ湾に沈んだのである。

結局、九月から十一月までの三ヵ月間だけでも、マニラ湾とマニラ港内では三七隻、約一六万総トンの日本商船や特設艦船が撃沈され、浅海のマニラ湾の海面からは沈没したこれら船舶の無数のマストが、無気味に突き出るという凄まじい光景となっていたのである。

実は極東丸は特設油槽艦に徴用されたとき、船名が同じ発音ながら「旭東丸」に変わっているのである。

戦争が終わったとき旭東丸はマニラ湾の海底に鎮座した状態にあった。この頃、ゼロからの出発を余儀なくされていた日本の海運界は、占領軍の統制の中で条件付きながら新造船の建造を進めるかたわら、速やかに必要な船腹を充足させるために日本国内はもとより、海外の海に沈没す

極東丸

る日本籍の沈没船も引き揚げ、これを修復して再就役させようとする計画の実現に邁進中であった。

各地に沈没する日本商船の調査が断続的に行なわれたが、その一環として行なわれたマニラ港とマニラ湾の日本沈没船の調査の中で、幸運にも旭東丸の再利用が可能であるという調査結果が得られたのである。

一九五〇年、旭東丸は日本サルベージ社の手によって再び海面上にその船体を現わした。引き揚げられた旭東丸を購入したのは日本油槽船社で、旭東丸は大阪の日立造船桜島造船所まで長駆曳航されていった。

旭東丸はこの時の修理で船体の中央部分で六メートルの延長工事が行なわれ。改造と修復工事は二年後の一九五二年九月までかかったが、日本油槽船社は修復と改造工事の終わった旭東丸に新たに「かりふぉるにあ丸」という船名を付けた。そしてかりふぉるにあ丸は船体の延長工事によって総トン数は約五〇〇〇トン増加し一万一〇一〇総トンとなった。

完成したかりふぉるにあ丸は完成と同時にペルシャ湾に原油の積み取りに向かった。以後同船はペルシャ湾の石油積み取りにおよそ一〇〇航海を行ない、運んだ原油の量は実に一八〇万トンに達している。しかしこの量は一九六〇年代に完成した三〇万トン級巨大タンカーのわずか六航海分にしか過ぎない量であった。時代の進行は早かったのである。

かりふぉるにあ丸はその後続々と完成する石油積載量二万七〇〇〇トン級のスーパータンカーや、同じく七万五〇〇〇トン級のジャイアントタンカー、さらには石油積載量二〇万トン級のマンモスタンカーの時代の中では採算性が悪くなる一方で、結局生き残る術はなく一九六四年に解体され、波乱の生涯を終えることになった。

（2）貨物船：聖川丸

貨物船聖川丸は川崎汽船が一九三七年にパナマ運河経由のニューヨーク航路用に建造した、四隻の高速貨物船の一隻である。聖川丸級姉妹船の最高速力は一九・五ノットを記録し、航海速力も一七ノット代という高速ぶりを発揮した。

聖川丸級四隻（聖川丸、神川丸、君川丸、国川丸）は一九四一年に全てが海軍に徴用され、特設水上機母艦に改装され、太平洋戦争の前半には正規の水上機母艦をしのぐ程の大活躍をしたことはすでに特設水上機母艦の項で紹介してある。

これら四隻は一九四三年十月には全て特設運送船に用途変更され、その高速力を活かして各地への物資輸送に活躍したが、一九四四年中に神川丸と君川丸が敵潜水艦の雷撃で撃沈され、国川丸も一九四五年一月に航空攻撃で撃沈されてしまった。

ただ一隻残った聖川丸は一九四五年一月以降、出撃の機会もなく、瀬戸内海の小さな湾内に待避する日が続いたが、幸運にも頻繁に瀬戸内海方面に来襲する敵機動部隊の艦載機の攻撃にも遭遇することもなく無事であった。

ところが一九四五年七月二十五日に、山口県沿岸に待避していた聖川丸は瀬戸内海西部方面に

聖川丸

来襲した艦載機の一編隊に発見され爆弾攻撃を受けたのである。聖川丸は敵機に発見される危険を察知すると直ちに待避行動を開始した。そして百戦錬磨の経験を持つ船長の操船が効をそうし、ついに一発の直撃弾を受けることもなかったが多数の至近弾を受けてしまった。この結果、聖川丸の吃水線以下の舷側には水中で爆発した爆弾の弾片で無数の小さな破口が生じた。

聖川丸は機関室にも船倉にも浸水が始まり沈没の危険が出てきた。これに対し船長は最寄りの海岸に擱座させて沈没を防ぐ決心をした。聖川丸は海岸の浅瀬に擱座し沈没は免れたが、これが歴戦の聖川丸の最後であった。

聖川丸は戦後の混乱期もそのままの状態にあったが、一九四六年十一月に瀬戸内海西部を直撃した台風の激浪によって、擱座したままの船体は海岸近くの浅瀬に横倒し状態となり、半没状態のまま放置されてしまった。

通常ではこの状態の船体は廃棄処分となるところであるが、当時の日本は少しでも多くの船腹を必要としていた時であり、少しでも使えそうな船舶はたとえ沈没状態にあっても引き揚げ、修理を行ない稼動させようと必死になっているときであった。

かつての優秀船でしかも完全に沈没していない聖川丸は早速、再使用の対象となり、直ちにサルベージ作業が開始された。

聖川丸の船体や機関の損傷は重度のものではなかった。引き起こされ浮揚された聖川丸は瀬戸内海を曳航され、生まれ故郷の神戸の川崎重工神戸造船所のドックに入渠し、早速機関のオーバーホールをはじめ改修工事が始まった。

一九四九年十月、聖川丸は見事に竣工当時の姿に復元されたのである。聖川丸は戦前型の優秀大型貨物船のことごとくが消え失せた中で、これも奇跡的に生き残った三井船舶のかつてのニューヨーク航路用の大型高速貨物船有馬山丸とともに、戦後の日本海運界の希望の星として活躍が期待されることになったのである。

聖川丸は一九五〇年から占領軍最高司令部（GHQ）の許可の中で海外航路に就航し、東南アジア方面からの米の輸入、アメリカからの小麦などの輸送の主力として、徐々に戦後の日本の海運界としての活動を開始したのである。

以後日本の講和条約の締結に伴って日本の海運界は急速に再建が図られていったが、一九五一年頃から徐々に始まった戦後型の日本の大型貨物船に伍して、聖川丸はアメリカやオーストラリアあるいはヨーロッパからの輸入物資の輸送や日本からの輸出物資の輸送に大活躍の日々を送った。

しかし船齢三二年に達した聖川丸は一九六九年に老朽化のために解体された。

（3）貨物船：高栄丸

大同海運の系列会社である高千穂商船は、一九三四年一月に高栄丸という六〇〇〇総トン級の不定期航路用の貨物船一隻を建造した。本船は北米西岸から木材や穀物を運搬することを目的に建造された貨物船で、外型は同じ規模の一般の貨物船と違うところはなかったが、船内の構造、特に船倉の構造は大量の木材や、バラで積み降ろしが行なわれる穀物の積載に便利なように、余計な仕切りや張り出しのない構造になっているのが特徴であった。そしてこの船倉の特殊な構造が高栄丸を海軍に特設敷設艦として徴用された理由であったのかも知れない。

高栄丸は六七七四総トン、最大出力四二〇〇馬力のディーゼル機関で、最高速力一六・三ノットを発揮した。

高栄丸は一九四一年八月に海軍に徴用され、特設敷設艦となった。高栄丸は典型的な三島型船型甲板（船体の全長にわたって、船首楼甲板、船尾楼甲板、中央楼甲板の三つの凸型甲板を持つ）の貨物船で、敷設艦に改装するには船尾部分で独特の改造が必要であった。

高栄丸の敷設艦への改造に際しては、まず中央楼上甲板の貨物倉は新たに乗艦する乗組員の居住区域に改装された。そして前後の中甲板（強度甲板）は機雷庫と機雷調整室に準備された。そして前後中甲板の両舷に沿って機雷運搬用台車のレールが敷かれた。このレールは船体の前後をつなぐために、船体中央部両舷に沿って既存の各種倉庫などを貫通することになるために、通路に該当する部分の各倉庫などの一部は他の場所に移転された。

このレールは船尾まで伸ばされ、レールの終点の船尾には新たに機雷投下用の開口部が設けられた。そしてレールの敷かれた甲板部分には厚さ五センチにコンクリートが敷きつめられたが、これは機雷移動用台車の走行時の騒音を低減対策のためであった。

中甲板下の前後の船倉は機雷倉として使われることになり、船倉から中甲板への機雷の出し入れは既存のデリックブームで行なうようになっていた。

高栄丸の機雷の搭載量は、大型貨物船の船倉や中甲板が全面的に機雷搭載に転用できたために、特設敷設艦としては最大の七〇〇個が可能であった。なお後部船倉の一部は機雷掃海用具の収容庫として使用された。

特設敷設艦となった高栄丸は開戦を前に内南洋防備艦隊である第四艦隊に配属され、直ちにトラック島の第四根拠地隊付となって周辺海域への機雷敷設を開始した。

高栄丸は任務のかたわら、その大きな機雷搭載能力を活かし、日本から機雷を必要とする各戦域への機雷の輸送艦としても多くの活躍を行なっている。そして最後まで特設敷設艦としての任務についたまま終戦を迎えた。

終戦時には高栄丸は日本に戻っていたが、終戦直後の一九四五年九月から、従来の機雷庫や機雷調整室として使用していた中甲板の装置もそのままに、そこに急遽木製のカイコ棚を組み上げ、南方各地からの復員将兵の輸送に携わることになった。

高栄丸の担当する復員将兵の輸送は一九四七年初めには終了したので、直ちに高栄丸の本来の貨物船への復旧工事に取りかかることになった。復旧工事は翌年までには完了したが、一九四九年十二月当時の日本に残されていた六〇〇〇総トン以上の、いわゆる在来型の優秀貨物船は、三井船舶の有馬山丸、川崎汽船の聖川丸、辰馬汽船の辰春丸と辰和丸、そして大同海運の高栄丸のわずか五隻に過ぎなかった。

この時日本には外航用の戦時標準設計の大型貨物船や油槽船が数十隻残されていたが、これら

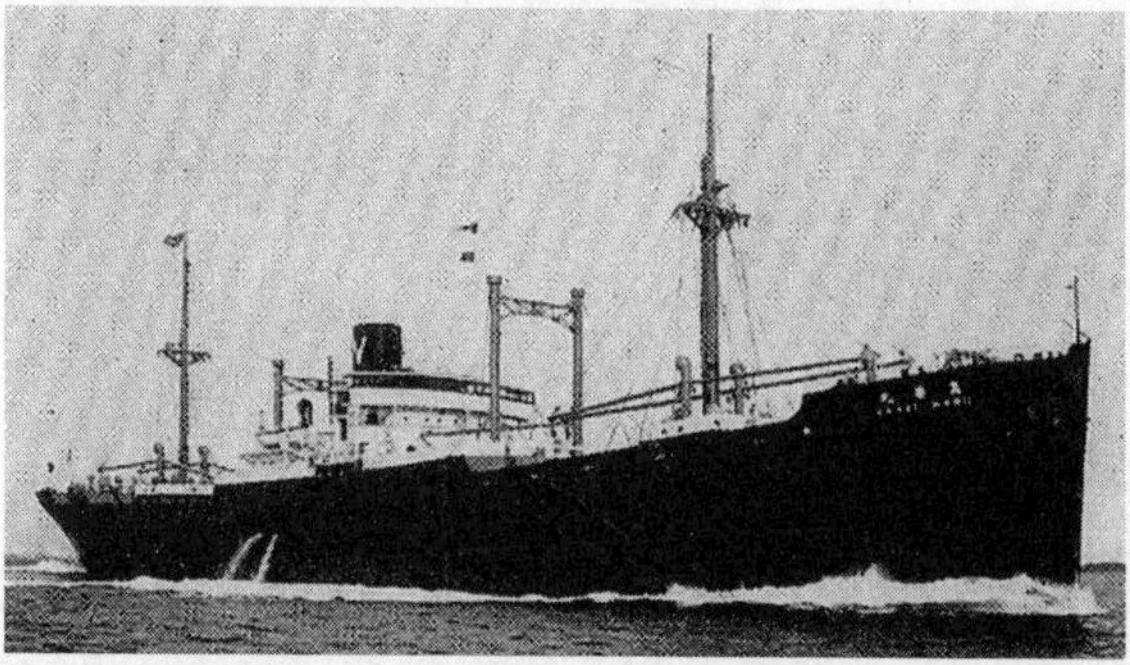

高栄丸

商船は全て粗製濫造の見本ともいえる粗悪船で、外洋に航行可能なように最低限度の安全基準を確保するための改良工事が行なわれている最中であった。

このためにこの五隻は占領軍最高司令部（GHQ）の許可の下に、アメリカや東南アジア方面へ、米や小麦（小麦粉）あるいはトウモロコシなど、飢えた国民に対する食料の輸送に数少ない外洋航路用の貨物船として連続の運航が続けられていた。

高栄丸もビルマやタイ等からの米の輸送、アメリカ西岸からの小麦の輸送、あるいは戦後の応急木造住宅建設用の木材の引き取りのために北米に向かうことたびたびであった。また高栄丸ならではの活躍もあった。一九五四年九月の台風一五号（いわゆる洞爺丸台風）によって、北海道内では膨大な量の風倒木が発生し、これを建設用木材にするために本州への大量輸送を担った船が高栄丸であった。

一九四九年頃から一九五三年頃まで、高栄丸の船名はビルマやタイ米の輸送に活躍している大型貨物船としてたびたび新聞紙上にその名が掲載され、有馬山丸や聖川丸と共に当時の国民には比較的知られた船名であった。

しかし新鋭の大型高速貨物船が続々と就航する一九六〇年に入ると、高栄丸も老朽化が進み一九六二年に船齢二八年で解体されてしまった。

（4）貨物船：辰和丸

辰和丸は辰馬汽船が自社の持つ台湾航路の競争力アップのために、バナナ、砂糖、米などの農産物の輸送に適した構造を持つ貨物船として一九三八年に建造されたもので、同型船四隻が建造され、いずれも船舶改善助成施設という政府の船舶建造の資金援助を受けて建造された。

四隻の船名は辰春丸、辰宮丸、辰鳳丸そして辰和丸で、いずれも辰馬汽船の社名の一文字を船名に付けている。

四隻は総トン数六三三五トン、主機関は最大出力四五〇〇馬力のタービン機関で、最高速力一六・五ノットを発揮する優秀貨物船であった。

辰和丸は四姉妹船の二番船で、一九三八年二月に三菱重工神戸造船所で完成した。この四姉妹船の特徴は、前部中甲板を専用の通風装置を設けたバナナ積載専用の貨物倉としたことであった。

バナナの輸送は決して簡単なものではなく、青い房で収穫されたバナナの束は通風の利いた専用の貨物倉に積み込まれ日本まで輸送されるのである。

この通風循環システムはバナナ輸送の基本アイテムであって、通風循環システムが良好に作動しないと、バナナは輸送途中で全て腐敗してしまうのである。

通風装置の利いた貨物倉で運ばれたバナナは、日本に到着後は特別の熟成設備であるムロで追

辰和丸

熟され、市場に出回るときにはあの黄色味を帯びた美味しい仕上がりとなるのである。

台湾航路には日本海運界の最大手である日本郵船と大阪商船が君臨しており、貨客の輸送にしのぎを削っていたが、その中での中堅海運会社の辰馬汽船のバナナ輸送にかける意気込みは、まさに必死のものだったのである。

辰和丸は一九四〇年十月に海軍に徴用され、特設運送船（雑役）として運用されることになった。

辰和丸は佐世保鎮守府に配置され、開戦後は作戦の進展にともない仏印、タイ、シンガポール方面に開設された海軍根拠地隊や海軍航空隊に対する物資輸送に使われた。

そして物資輸送の帰途には仏印やタイから米を、また中国の海南島の三亜や楡林から良質の鉄鉱石を積み込み日本へ運び込んでいた。

一九四五年に入ると辰和丸の活動範囲は台湾・沖縄方面に狭まり、四月以降は瀬戸内海の湾や島陰に係留され温存の措置がとられていた。しかしその最中の五月十日、辰和丸は移動先の広島湾でB29重爆撃機が投下した機雷に触れて船底を破壊し沈没してしまった。

戦後の一九五〇年に辰和丸は浮揚後修理可能な船に指定され、四〇メートルの海底から引き揚げられ、播磨造船所まで曳航され改修工事が行なわれ、早くも八月には旧来の姿に復旧したのであった。

船主はもとのままであったが社名は新日本汽船に変更されていた。新生新日本汽船のその後建造した船の名前には全て「春」（例：富士春丸）の字が付けられているが、奇跡的に生き残った辰和丸、辰春丸、辰宮丸の三姉妹船の船名は、その強運ぶりにあやかってそのまま旧船名が使われていた。

辰和丸の四姉妹船の中で三隻までが戦後に生き残ったのは全く希有の例であった。三姉妹船は一九四九年以降は政府命令で東南アジア方面からの米の輸送に使われていたが、その最中の一九五四年五月、辰和丸を悲劇が襲った。

一九五四年五月九日、辰和丸はビルマのモールメンからビルマ米七五〇〇トンを積み込んで、南シナ海の仏印海岸沖約三五〇キロを航行中であった。

辰和丸は急速に発達した台風（エルシー）に巻き込まれてしまった。天気予報システムが現在のように発達していなかった当時では、台風の接近に対する情報は極めて粗末で、この台風に関してはフィリピン駐留のアメリカ空軍がその観測にあたっていたが、当時は台風の進路や規模に関する情報が、付近の海域を航行する船舶に事前に十分に伝わるシステムとして完成していなかったのである。

五月十日の早朝、辰和丸から東京の新日本汽船の本社宛に「激浪のために船倉に海水が侵入中」という船舶無線が入った。おそらく船体を超えるほどの大波が、上甲板の各ハッチの厳重に堅縛された木製のハッチボードを押し流し、次々と打ち寄せる激浪が船倉の中に侵入していたのであろう。

その後「事態は多少持ち直し、北進中」という無線連絡が入ったが、この連絡を最後として以後辰和丸からの連絡は跡絶えた。

翌十一日になり、新日本汽船本社からは船舶無線を通じて付近の海域を航行中の日本や外国船舶に対し、辰和丸捜索の協力依頼を申し入れた。さらに在日米空軍を通じてフィリピン駐留の米空軍に対し辰和丸捜索の要請を出した。

辰和丸の捜索はその後日本の巡視船も加わり六ヵ月にわたって行なわれたが、辰和丸の沈没を示す痕跡（各種漂流物や遺体等）は何一つ発見されることなく捜索は打ち切られた。

この同じ海域では、この時より六八年前の明治十九年十月にフランスから回航途中の巡洋艦「畝傍」の原因不明の行方不明事件が起きている。辰和丸の行方不明が報じられると世間は俄にこの畝傍事件を持ち出し、しばらくの間日本では「再び起きた謎の海難事件」として話題となったのである。なお生き残った姉妹船の辰春丸と辰宮丸はいずれも船齢を全うし解体されている。
（5）客船・筑紫丸
この客船は八〇〇〇総トン級という大型客船でありながら、その船名は一般には全く知られていない。それもそのはずで、この客船が建造されている事実も、完成した事実も戦時中であったために秘密扱いとなり、関係者以外の一般に知られることはなかったのである。

大阪商船は神戸を起点に門司を経由し、満州の海の玄関口大連に至る航路の貨客輸送をほぼ独占的に行なっていた。

一九三二年の満州建国以来、海外の批判をよそに満州は公然たる日本の海外領土としての地位を確立していた。そして日本政府のテコ入れで大々的な開発が続けられていた。

このような中で大阪商船の大連航路の旅客輸送量は年々急激な伸びを示していた。そして一九三九年には鴨緑丸や黒龍丸といった七〇〇〇総トン級の最新鋭の客船を含め、同航路には合計七隻の客船が就航していた。そしてなお増加する旅客の需要に合わせるために、大阪商船は鴨緑丸級を拡大した筑紫丸と浪速丸という二隻の八〇〇〇総トン級の客船を建造することにした。

一番船の筑紫丸は一九四〇年九月に川崎重工神戸造船所で起工された。そして二番船浪速丸は翌十月に起工された。しかし造船産業の戦時体制の強化から、客船浪速丸は不急の商船としてその後の工事は中止され、筑紫丸の建造だけが進められることになり、工事のペースは落とされた。これは戦争の勃発が焦眉の問題となっている中、造船は貨物船や油槽船を中心に進めるべきとする基本方針が出され、建造仕掛かり中や起工予定の客船や貨客船の建造を再検討することになり、その結果、筑紫丸を含めた少数の仕掛かり客船や貨客船のみの建造が続行されることになり、他の客船や貨客船は全て建造中止となったのである。

ちなみにこの時、建造仕掛かり中で建造が続行された客船や貨客船はわずかで、日本国有鉄道の関釜連絡船の天山丸と崑崙丸（いずれも総トン数七九〇〇トン）、日本郵船の中型貨客船雲仙丸（総トン数三一四〇トン）と砕氷型貨客船高島丸（総トン数五六三四トン）、そして大阪商船の中型貨客船白竜丸（総トン数三一五〇トン）と砕氷型貨客船白陽丸（総トン数五七四二トン）

筑紫丸

など少数であった。
筑紫丸の完成予定の要目は八一三六総トン、最大出力八七九四馬力の蒸気タービン機関推進で最高速力一八・六ノットを予定し、旅客数は一等～三等合計七七九名であった。
筑紫丸にはそれまでの近海航路の大型客船にはないいくつかの工夫が凝らされていた。その一つが、例えば台湾航路のような比較的長い航路（船内三泊）でも、三等客室に一般的に採用されていた一般雑居室（談話や就寝を行なう畳や絨毯敷きの大部屋）の撤廃で、その代わりに八～一二名収容の二段ベッドの船室多数を配置するという、いわゆる旅客設備の近代化であった。
しかし筑紫丸が客船として完成することはなかった。これは朝鮮半島西岸に沿って航行する大連航路が、敵潜水艦の攻撃を受けやすいこと、また同航路に就航していた客船が次々と徴用され陸軍の兵員輸送船として使われたために、輸送量の絶対的な減少を招くことになり、これに対する対策として日本と満州間の交通路は、関釜連絡船経由または新潟や敦賀から北朝鮮の羅津や清津へ向かう航路を利用し、その後は鉄道で直接満州に向かう経路が推奨されたためであった。特に対馬海峡や日本海経由の航路は、この当時はまだ敵潜水艦の攻撃を受ける機会はほとんどなく、安全であったのである。

このように大連航路の旅客は他の二つの連絡路にシフトされ、その結果一九四二年後半には大連航路の旅客輸送は事実上中止されることになった。

その結果、筑紫丸の客船としての完成はなくなり、建造途中から筑紫丸は特設潜水母艦として完成させることになったのである。

一九四二年の段階では筑紫丸の船内はほぼ計画どおりの客船の配置で完成していたが、これを潜水母艦に改装する工事が始まり、一九四三年三月に特設潜水母艦筑紫丸として完成したのである。

完成した特設潜水母艦筑紫丸は第一艦隊の第十一潜水戦隊の母艦として艦籍に編入されたが、この戦隊は実戦用の潜水艦戦隊ではなく、当時次々と完成していた新鋭の潜水艦の訓練を担当する戦隊で、拠点基地は呉であった。しかしこの第十一潜水戦隊の母艦としての任務は七月には終わり、八月からは第六艦隊の旗艦として運用されることになった。第六艦隊は潜水艦戦隊だけで編成された艦隊で、日本海軍の潜水艦作戦の中心的存在の艦隊で、拠点基地は同じく呉であった。

一九四五年一月、船腹の不足が厳しくなっていた中、筑紫丸は潜水母艦の任務を解かれ、特設運送船（雑用）に編入されることになった。しかしこのとき筑紫丸に与えられた任務は九州の若松から阪神方面への石炭の輸送で、このために本来貨物輸送能力の小さな筑紫丸は、石炭輸送が可能なように大きな船倉が設けられたり、そのためのハッチが新たに設けられるという改造が行なわれている。そして筑紫丸は無事に終戦を迎えることになった。

筑紫丸は戦後に残った数少ない運航可能な（元）客船として一九四六年いっぱいは、中国方面からの復員兵の輸送に使われていたが、その任務を終了すると大阪商船に船籍を戻され、新しい用途もなくその後長らく瀬戸内海で係留されることになった。

筑紫丸は客船として建造されながら途中で潜水母艦に用途変更されたために、船内は大幅な改造が行なわれており、直ちに商業航路の客船として使うことができなかった。また筑紫丸は船級資格が近海航路用として設計されているために、外航航路用の船舶としての船級資格を取り直すためには、大々的な改造と多額の資金が必要とされた。このために大阪商船は本船を半ば放置状態にしていたのであった。

しかし幸運にも一九五二年にパキスタンのパン・イスラミックという海運会社から、本船をイスラム教徒のメッカ巡礼用の専用船として改造し、購入したいという話が持ち込まれたのである。大阪商船はこの打診を快諾、直ちに外航用巡礼船への改造に着手することになった。新しい船名はサファイナ・イー・ミラト（SAFAINA E MIRATT）であった。しかし本船は八年後の一九六〇年に、停泊中に火災を起こし沈没するという悲劇に見舞われ、船齢一七年という船としては短い生涯を閉じた。

（6）捕鯨母船：第三図南丸

本船は特設給油艦として海軍に徴用され、様々な活躍をしたことは先の章でも述べたが、戦後に生き残った戦前型商船の特殊な例として少しの説明を加えておきたい。

第三図南丸は第二図南丸と共に戦前の日本における最大の商船であった。ただ商船とはいって

も実際は漁船の仲間であり、厳密には商船とはいい難いものなのである。しかし本船を含む当時の日本の捕鯨母船は特殊な役割を演じていた。つまり南氷洋の捕鯨の漁期を終えると今度は巨大な鯨油倉を転用して大型油槽船として、北米西岸から日本向けの石油の輸送に活躍するのであった。このために漁船とはいいながら本船は完全な商船であったのである。

一九三四年に日本捕鯨（後の日本水産）は、ノルウェーから一九〇六年建造の捕鯨母船アンタークティック（九八六六総トン）を捕鯨船（キャッチャーボート）五隻と共に購入した。そして日本への回航の途中で南氷洋に立ち寄り、ノルウェー人の捕鯨指導者の下に捕鯨操業の指導を受けた。これが日本の南氷洋捕鯨の始まりなのである。

日本捕鯨はアンタークティックを図南丸と改名し、その後二回の南氷洋捕鯨を行ない捕鯨漁に対する経験と練度の向上に努めた。そして一九三七年にそれまでの南氷洋捕鯨の経験を入れて日本独自の捕鯨母船二隻の設計を開始した。第一船の第二図南丸（一万九二六二総トン）は一九三七年八月に竣工し、この年の南氷洋捕鯨に出漁した。なお日本が建造した最初の捕鯨母船はライバルの大洋捕鯨（後の大洋漁業）が一九三六年九月に完成させた日新丸（一万六七六四総トン）である。日本捕鯨は翌一九三八年九月に第二図南丸と同型の捕鯨母船第三図南丸（一万九二〇九総トン）を建造した。

この年までに大洋捕鯨は第二日新丸（一万七五三三総トン）を、極洋捕鯨は極洋丸（一万七五四八総トン）を建造し、一九三八年には三社合計六隻の捕鯨母船と九〇隻以上の捕鯨船を従え、世界最大規模の南氷洋捕鯨部隊として出漁したのであった。

これら捕鯨母船のうち図南丸と日新丸を除く四隻までが、当時日本最大の商船であった日本郵船のサンフランシスコ航路用の豪華客船鎌倉丸（一万七四九八総トン）を超える、日本最大級の商船であった。

これら六隻の捕鯨母船は全て海軍に徴用され、特設油槽船として南方石油基地から日本への海軍用石油の輸送や、同じく石油基地から海軍の艦隊拠点基地へ艦艇用の燃料重油を運び、移動式燃料貯蔵タンクとして活躍した。また石油の輸送以外にも、鯨解体用の広大な上甲板や搾油工場となっていた第二甲板の、搾油装置を撤去した後の広大な甲板を利用し、運送船としても大きな働きをしていた。

第三図南丸も例外ではなく、移動式燃料貯蔵タンクや運送船として縦横の活躍をしていたが、一九四四年二月のトラック島の米機動部隊の艦載機による大規模な攻撃により、他の多数の艦船と共にトラック環礁内に沈没してしまった。ちなみに他の五隻の捕鯨母船も全て敵潜水艦の雷撃や航空攻撃で撃沈された。

第三図南丸はこの時の攻撃で乗組員三五名を失い、水深四〇メートルの海底に半ば船底を上にして横たわってしまったのであった。

終戦後の日本国内の食料不足は日増しに深刻の度を加え、特に動物性蛋白質の不足は甚だしいものとなっていた。

この状況に占領軍最高司令部（ＧＨＱ）は、一九四六年に早くも南氷洋捕鯨の許可を下したのである。しかし当時の日本には捕鯨母船は皆無で、とても南氷洋捕鯨を実施する状態ではなかった。ここで図られたのが、大型戦時標準設計船を改造して一万総トン級の捕鯨母船を急遽、建造することであった。その結果、橋立丸や錦城丸などの急造の捕鯨母船が完成し、捕鯨船（キャッチャーボート）には特設掃海艇などとして徴用されていた、戦前型の捕鯨船の生き残りが掻き集められ、早速、南氷洋に出漁したのであった。

しかし、この小型で急造の捕鯨母船では捕獲成果を伸ばすことができず、何としても大型捕鯨母船の新造が必要となっていた。

この状態の中で日本水産が応急対策とし考え出したのが、トラック環礁の浅海に沈む第三図南丸を引き揚げ、日本まで曳航し修理して再度使用するという案であった。そしてこの第三図南丸引き揚げ・改修プロジェクトは直ちに実行されることになった。

一九五〇年に第三図南丸の引き揚げ作業が開始された。そして翌一九五一年三月に難作業の後、海底に反転状態になって沈んでいた第三図南丸の浮揚に成功し、直ちに日本までの曳航が始まった。

日本に到着した第三図南丸はさっそく瀬戸内海の播磨造船相生工場で修理に入った。そして突貫工事の末、この年の十月初めには完全な姿の捕鯨母船第三図南丸として完成したのであった。しかしすでに二隻の図南丸はなくなっているために、完成した第三図南丸の船名は図南丸に改名されることになったのである。

完成直後に図南丸は整備と補給を終えると、一九五一年度の第六次南氷洋捕鯨の一団として勇躍、南氷洋に出漁していったのである。

第三図南丸

戦後の食料難時代を経験された読者の皆さんは、図南丸が捕獲した大量の鯨肉を様々な料理で食したのではなかろうか。図南丸といい、聖川丸といい、高栄丸といい、辰和丸といい、これら生き残りの特設艦船の全てが、戦後の日本の食料難時代に様々な食料を我々の口元に海外から運んでくれた、重要な船であったことを忘れてはならない。

図南丸は戦後の一九五一年の第六次南氷洋捕鯨から、一九六五年の第二〇次南氷洋捕鯨までの一四年間、南氷洋を往復している。そして一九六七年から一九七〇年まで四回の北洋捕鯨に参加した。しかし、その後の世界的な捕鯨漁に対する締め付けの中で南氷洋捕鯨も北洋捕鯨も中止され、用途のなくなった図南丸は一九七一年に解体され、三二年間の波乱の生涯を終えた。

（7）客船：高砂丸

高砂丸は大阪商船が船舶改善助成施設の適用を受け、一九三七年四月に完成させた同社の台湾航路用の優秀高速客船である。総トン数九三一五総トン、最大出力一万二六四一馬力の蒸気タービン機関の推進で最高速力二〇・二ノットの高速を発揮した。しかしこの蒸気タービンのボイラーは当時の建造船では少なくなっていた石炭焚きであり、これがせっかく戦争を生き延びながらこの船の命を縮めることになってしまったのである本船はこの時から二年後に完成した、同じ大阪商船の南米航路用の豪華客船ぶらじる丸やあるぜんちな丸の船体設計に取り入れられたのと同じ、画期的な構造で設計されていた。

高砂丸の構造上の最大の特徴は、従来の全ての商船で採用されていたシーア（船体の船首から船尾にかけて見られる緩やかなカーブ＝舷弧）やキャンバー（船体の断面に見られる甲板の軽いカーブ＝梁矢）を全廃したことであった。これは従来の船の甲板や船室で必ず見られた船特有の一種の歪みをなくしたことで、旅客は船のあらゆるところで、地上建築物と同じ歪みのない設備を堪能することができたのである。

この無舷弧と無梁矢構造は、当時の大阪商船工務部長の和辻春樹氏が提案したもので、その後彼が設計した大阪商船の多くの客船や貨客船にこの手法が取り入れられていた。前出の筑紫丸もその一隻であった。

高砂丸は増大する日本と台湾間の旅客輸送に対処すると共に、貨物（本船の場合の貨物積載量は五九〇〇トン）の輸送にも貢献できるように設計された客船（ある意味では貨客船）で、航路は門司港経由の神戸と基隆間であった。

太平洋戦争の開戦を前にした一九四一年十一月十二日に、高砂丸はシアトル航路の貨客船氷川丸と共に海軍に徴用され特設病院船に指定された。

徴用と同時に高砂丸は病院船としての改装工事が始まり、十二月二十日には工事を完了させ、同時に第二艦隊の指揮下に入った。

高砂丸の船内は一等から三等まで整然と完備された船内設備を備えており、病院船に改装するのも都合の良い船内配置になっていた。舷側の三等船客の上下船口に近い上甲板には広い三等食堂があり、ここは手術室や手術準備室として使われ、緊急に搬入された負傷者に直ちに対処できるようになっていた。また上甲板や第二甲板にある広い三等雑居室は、大きな改装を施さずにそのまま兵員の病室に転用できた。

高砂丸は日本海軍の病院船としては、設備や規模的に氷川丸に次いで完備された病院船であったといえよう。

特設病院船高砂丸は太平洋のほとんどの戦域を氷川丸と共に巡回しあるいは派遣され、艦隊や根拠地隊の海軍将兵の医療任務に努めていた。そしてこの間敵の攻撃によって大きな被害を受けることもなく、無事に終戦を迎えている。

終戦直後から高砂丸は氷川丸と共に病院船の機能を残したまま、生命の危機に最も瀕している太平洋の孤島に取り残された将兵の救出に向かった。

そしてそれが一段落すると、今度は病院船の設備を撤去し、収容力を活かして南方方面各地や中国大陸からの復員兵の輸送に携わることになった。この間、特にシベリア抑留者の引き揚げ輸送には高砂丸は中心的存在となり、引揚者の受け入れ港となった舞鶴港では高砂丸はシンボル的な存在となっていた。

一九五三年に中国内戦のために一時中断していた中国大陸からの抑留軍人の日本への帰還作業が再開されると、高砂丸を筆頭にかつての関釜連絡船の興安丸（七〇八〇総トン）や日本海汽船の貨客船白山丸（四三五一総トン）、大阪商船の白竜丸（三一八一総トン）がその輸送任務に当たり、連日にわたり当時の新聞紙上をにぎわしていた。

しかしこの引き揚げ輸送が一段落すると外地からの引揚者の輸送は激減し、高砂丸の当面の活躍の場はなくなり、瀬戸内海に係船される日々が続いた。

その理由は、高砂丸を日本周辺の沿岸航路用の客船として使うとしても、旅客の収容能力が大き過ぎ、戦後の一時の混乱期に比べればそのような輸送力も必要ではなく、とても効率の良い輸送手段として使うことはできなかった。また当時は国民にはレジャーに対するゆとりがあろうはずもなく、クルーズや旅客を対象とした海外航路に就航させる考えなどは、到底具体化できる環境ではなかった。

そして高砂丸の決定的な欠点はその石炭焚きのボイラーにあった。主機関が蒸気タービンという本来熱効率の悪い（燃費の悪い）装置で、しかも重油燃焼よりさらに熱効率が悪く、運転操作に多くの要員を必要とする石炭焚きのボイラーでは、運航採算性はディーゼル機関の船に比べ圧倒的に不利で、引揚船業務のように運航に政府の補助金が出ない限り、高砂丸をあえて運航させる必要性は全くなかった。

このような中、一九五二年に再開された南米移民において、移民輸送専用船として運航させることが真剣に考えられたが、主機関をディーゼル機関に換装することなどに莫大な費用がかかるとして、この計画も沙汰止みとなった。

一九五二年当時の高砂丸は、まだ可能性の高い引揚者輸送のための主力船として国家使用船の資格を持っていたが、もしこの制約がなければ巡礼者輸送のための特別の客船として、筑紫丸よ

高砂丸（引揚船時代）

りも実用性の高い船としてパキスタンやインドネシアなどに売却されていたであろう。

結局、高砂丸は中国大陸からの抑留将兵の帰還輸送を行なった一九五三年以降、全く用途のないまま瀬戸内海に係留されていたが、一九五六年三月にひっそりと解体されてしまった。

高砂丸は戦争を生き抜きながら、戦後に不幸が待っていた不運な船であった。

（8）海洋観測船：第五海洋

ここで紹介する第五海洋は特設艦船の範疇には入らないが、れっきとした日本海軍所属の船でありながら艦艇ではなく、一般の商船や漁船などと同じく「船」として扱われていた不思議な存在の船なのである。そして本船は戦後間もない時期に、世界にもその例を見ない事件に巻き込まれたことで有名になった。

海軍には制式に海軍の持ち船として立派な任務を持ち、また基準排水量も二〇〇トンを超える比較的大きな船でありながら、なぜか艦艇の仲間に入れられることなく単に船（雑用船）と呼ばれるものがあった。

それは海洋観測船と呼ばれる船である。日本海軍は一九三九年から一九四三年にかけて、同型の海洋観測船六隻を建造した。そして本来の任務からすれば、これら六隻は明らかに海洋観測艦と呼ばれるべき船だったのである。

日本沿岸あるいは近隣国の沿岸、さらには各海域での航路を設定する際には、各海域での気象や海象の観測結果は極めて重要な条件になるのである。例えば黒潮の流れは常に一定ではなく、地球のその時々の気象条件によって大きく変化するもので、その時々の黒潮の流れの状況を知ることは、艦船の航海の条件を決定する重要なカギとなるのだ。

しかしこれら気象や海象を観測するのは、実は本来は海軍の測量艦の任務ではないのである。測量艦の任務は、日本周辺の海ばかりでなく、遠く外洋の水深や底質、岩礁や浅瀬の存在など、海図を作成するための基礎データを観測・測定することにある。

航路の設定や海図を作成するための気象や海象の観測と、海域の地形などの測量は、本来は一組で行なわれるべきであるが、なぜか海軍はこの任務を二分し、しかも任務を遂行する船も別々にしたのであった。ちなみに戦後に海上保安庁が設立されたとき、この二つの業務は一つの組織の中で行なわれるように改善されている。

測量艦は前進基地周辺や攻撃地点の海域に単艦で侵入し、強行測量を行なう必要性から相応の武装を持ち、特務艦としての位置づけを得ており、所属も連合艦隊付属となっていた。

しかし観測船は侵攻海域などに事前に突入する必要性もなく、得られた制海権の中で存分な行動を行なうことが常とされるために、強いて特務「艦」とする必要性もなく、日本海軍の艦艇の分類の中では最も下位の単なる雑役船として区分されてしまっている。そしてそのために所属も鎮守府や警備府付属となっているのである。

つまり日本海軍では任務は極めて重要でありながら、観測船は民間船に準ずる位置づけになっていたのである。

海軍が海洋観測船として制式に建造したのは前述の六隻だけであった。この六隻は同一要目で建造され、基準排水量は二七七トン、最大出力四〇〇馬力のディーゼル機関推進で、最高速力は一一ノットを出した。

船体は全鋼製で遠洋カツオ・マグロ延縄漁船に近い外型をしていた。そして設計と建造は船舶安全法と漁船規定にしたがって行なわれたところに特徴があった。

この六隻は第一海洋から第六海洋までの船名が付けられ、第一、第二、第三、第六海洋は全て一九四四年に南方海域で敵潜水艦の雷撃で失われたが、一九四二年七月と一九四三年二月に三菱重工下関造船所で建造された第四海洋と第五海洋は終戦時に残存していた。

第四海洋も第五海洋も完成すると横須賀鎮守府の水路部に編入され、主に東京港や清水港を拠点に本州南方海域の気象や海象の観測を行なっていた。そしてこの間に第五海洋は海洋観測員の育成のための実習船の役割も演じていた。

そして両船にとって特筆すべきことは、一九四三年七月に千島列島からアリューシャン列島方面の海域に進出し気象や海象の観測を行なっていることで、キスカ島からの海軍特別陸戦隊の撤退作戦のカギとなった、同島周辺の海象や気象の観測と気象予報に重要な役割を演じることになった。

その後、一九四三年十一月からは気象や海象の観測を行なうかたわら、北海道から本州沿岸にかけて航行する独行輸送船や輸送船団の護衛を行なっているのである。この時両船の船尾甲板には六個程度の爆雷が搭載され、同時に一三ミリ機銃が装備されたと伝えられている。まさに特設駆潜艇の代用として実戦任務を行なったことになる。またこの二隻は一九四五年に入ると、海軍の特攻艇「震洋」や小型特攻潜水艇「海龍」などで編成された、海軍海上特攻戦隊の司令艇の任務を与えられているので、すでに船ではなく艦となっていたのである。

第四海洋と第五海洋は戦争を無傷で生き延びたが、戦後一九四八年に設立された海上保安庁の所属となり、海軍時代と同じ海洋観測船としての任務を遂行することになった。そしてそれから間もなくの一九五二年九月に、第五海洋は日本の海難史上類を見ない、ましてや世界の海難史上でも例がない突然の事件に巻き込まれ、忽然としてその姿を消してしまったのである。

東京起点約四二〇キロの地点の海上にベヨネーズ列岩という火山性の岩礁があることは明治時代に入った頃から知られていた。

一九五二年九月十七日、このベヨネーズ列岩付近を航行していた静岡県の焼津漁港所属の漁船第十一明神丸から海上保安庁に対し、「ベヨネーズ列岩の少し東方の海上で、猛烈な海底火山の噴火が起きている」という無電が入った。

この情報を受けると九月十九日に海上保安庁の第三管区横浜海上保安本部は、直ちに現地調査のために新鋭の巡視船「しきね」を現場に派遣した。そして少し遅れて海底火山爆発の実態と海底地質の詳細な調査のために、東京水産大学所属の訓練船海鷹丸（初代）も現地に派遣した。

九月二十二日の午前、観測中の海鷹丸からわずかの距離の海上で、猛烈な海底火山の爆発を連続して観測した。このただならない報告を受けた海上保安庁は、ベヨネーズ列岩付近の海上を航行する船舶の安全を確保するために、爆発を続ける海底火山「群」の正確な位置と航行危険範囲を、さらには付近一帯の海底の状況や地質を詳細に調査するために、これらの十分な観測機能を備えた第五海洋を派遣することに決めた。

至急の準備を整えた第五海洋は九月二十三日の午前十時に東京港を出発した。しかしその後第五海洋からの定時連絡は出港一二時間後の二十二時三十分を最後に跡絶えた。この時点での第五海洋の位置はベヨネーズ列岩の位置までの半分にも達していなかった。

翌二十四日にも第五海洋からの連絡はなかった。ここに至り海上保安庁は第五海洋に何らかの異変が生じたものと判断し、九月二十五日の早朝に五隻の巡視船と第四海洋を、第五海洋の捜索を兼ねてベヨネーズ列岩まで派遣した。

この時点では、時間的な関係からも海上保安庁は第五海洋と海底火山の爆発との直接の因果関係は考えていなかった。

海上保安庁は二十五日には在日米空軍や海軍にも依頼し、第五海洋が消息を絶った海域からベヨネーズ列岩にかけて上空からの第五海洋の捜索を依頼している。そして九月二十五日の午後から連日にわたって空海からの一大捜索が展開されたのである

九月二十七日に入ると、ベヨネーズ列岩付近の海域で捜索に当たっていた巡視艇から、第五海洋の残骸と思われる様々な浮遊物が続々と回収されているとの連絡が入った。

基準排水量	277t
全　　長	37.0m
全　　幅	6.8m
主 機 関	ディーゼル機関
最大出力	400馬力
最高速力	11kn

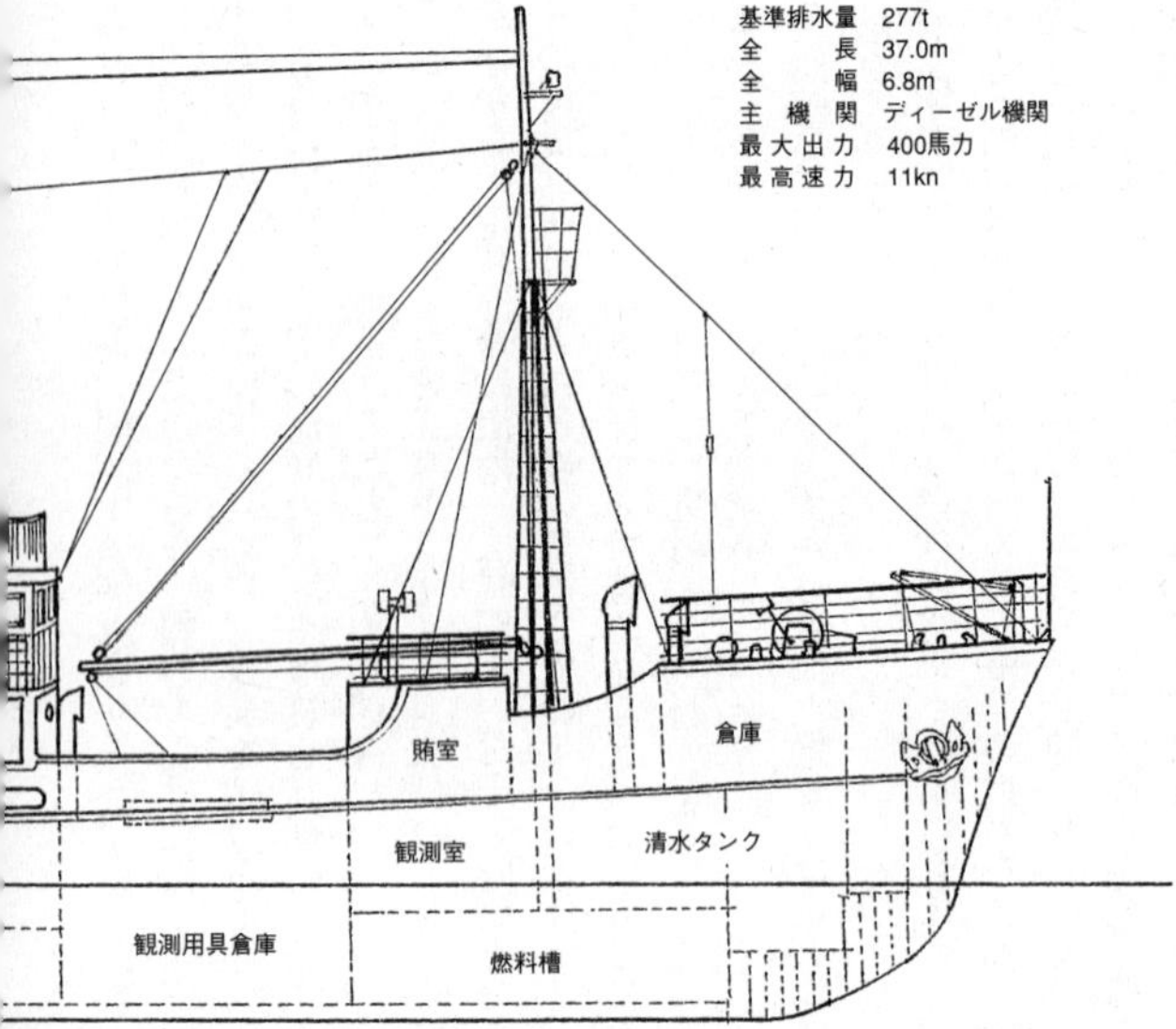

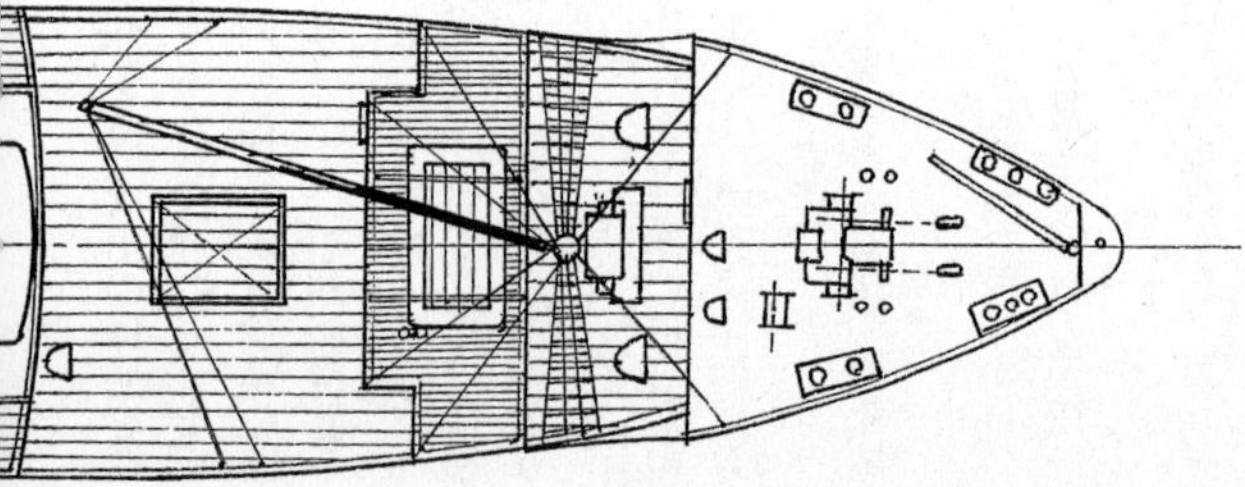

第31図　第五海洋外形図

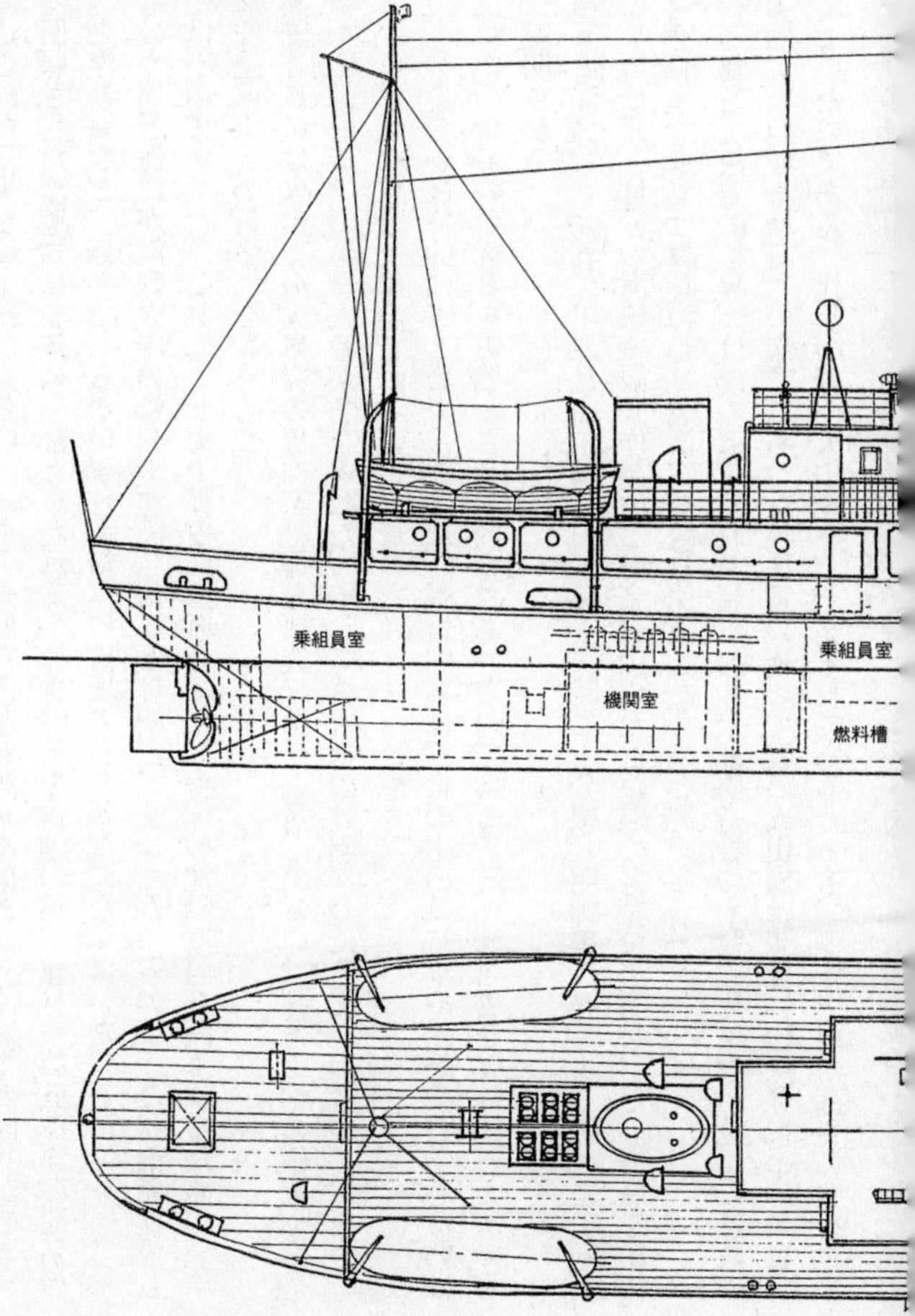

派遣された巡視船は全船が直ちにベヨネーズ列岩付近の海域に集まり、浮遊物の回収が始まった。回収された浮遊物は船体の一部と思われる木片や味噌や醤油の樽、棒材や第五海洋の船名の入った浮き輪など、様々であるがいずれも粉々に破壊された状況になっていた。

もはや第五海洋が海底火山の爆発で沈没したことは明白であったが、どのような状況で沈没したかは不明であった。これに対し海上保安庁は直ちに第五海洋の沈没原因を調査するための「第五海洋遭難調査委員会」を設立した。

調査委員には火山や海洋研究の専門家や爆発研究の第一人者、あるいは弾道力学の権威や構造力学や船舶構造学の第一人者が名を連ねた。そして浮遊物の詳細にわたる調査の最中に、極めてショッキングな現象が確認されることになった。

調査委員会が最終的にまとめて公表された報告内容は、世の中の構造学や船舶構造学あるいは自然科学の全ての研究者を震撼とさせる内容であったのである。その報告書を要約すると次のように説明される。

「第五海洋は、一九五二年九月二十四日の午後十二時二十分頃、明神礁（ベヨネーズ列岩より一〇キロの位置）付近の海域で調査作業中、海底火山の至近距離の爆発に遭遇し、その爆風を船体に受け船体の全ては瞬時にして破壊、飛散し沈没したものと認める」

この報告を決定的に裏づけたのは、回収された船体上部構造物の木製破片に食い込んだ無数の火山礫（いわゆる軽石）の深さにあった。比重の極めて軽い火山礫は想像外の深さに木片に食い込んでいたのである。比重の軽い火山礫をたとえ木材であろうとも、測定された深さに食い込ま

第32図　ベヨネーズ列岩位置とその断面

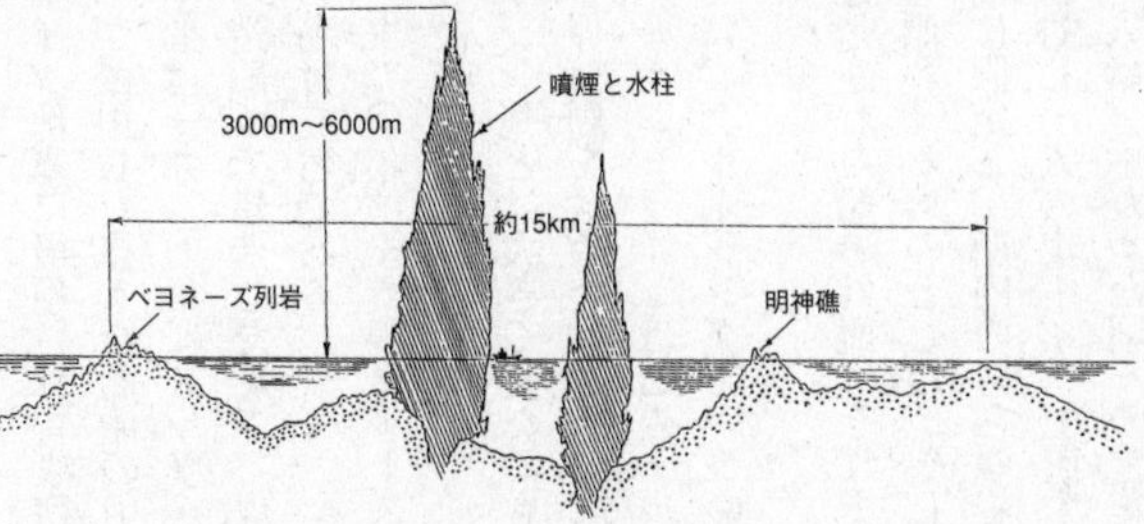

せる風圧は、これまで地上で観測されたいかなる台風も及ばない強烈なもので、それは至近距離で大型爆弾の爆風を受けたに相当するものであった。

その後の調査で第五海洋は、直径一五キロの海底カルデラ（ベヨネーズ列岩や明神礁はそのカルデラの外輪山に相当する）の真ん中で測量中、海底火山の爆発の爆風を船体の右舷後方の至近の海底から受けたものと想定された。つまり第五海洋は海底火山の爆発の直撃を受けたと同じであったのである。

このような海難例は世界でもその例がなく、世界の海難史上でも特筆されるものであった。

その後第四海洋は僚船がなくなったために船名は単に「海洋」と改名され、長く活躍を続けていたが、新型の海洋観測船「海洋（二世）」の完成と共に、一九六四年三月に解体された。そして第五海洋の現場への途中からの無電の途絶の原因は不可解のままとなった。

外国の特設艦船の戦後

（1）クルーズ客船：ステラ・ポラリス（STELLA POLA-

RIS)

ドイツ海軍に徴用され特設宿泊船になったノルウェーの中型客船ステラ・ポラリスは、ドイツ海軍が徴用した様々な商船の中でも特別な存在の船であった。

本船は一九二七年にノルウェーのベルゲン・ラインが豪華クルーズ専用船として、スウェーデンの造船所で建造した船で、現在に至る世界のクルーズ産業の先がけを演じた船として欧米ではその名は有名である。

一九二〇年頃までのクルーズは王侯貴族や富豪など一部の選ばれた富裕階級の最高に贅沢な遊びと認識されていた。そしてそれは大型ヨットを使っての豪華な遊びで、今日の大衆化されたクルージングとは大きく異なるもので、時間と金にあかせての「究極の遊び」でもあった。行き先は世界一周を含めた様々な海域への「お遊び航海」であったわけである。

ベルゲン・ラインはこのクルージングを、若干レベルを下げた富裕階級にも堪能させることを目的に、クルージングを一つの新しい産業とすべく新しい専用の船を建造して事業をスタートさせた。

建造された船の外観はそれまでのクルーズの伝統を偲ばせるように、できる限りヨットの雰囲気を漂わせるものとした。そして大衆的になり品格を下げることがないように、船客は最大一七〇名に限定し、船内のあらゆる設備は北欧風の雰囲気を満喫させる上品な木調に仕上げ、船客一人に対し一人のボーイを配置する一対一のサービスを実行できるようにした。そしてボーイの一人一人は、主だった国々の言葉で会話が不自由なくできるよう徹底した教育が行なわれたのであった。

ベルゲン・ラインの豪華クルーズ客船ステラ・ポラリスによるクルーズ事業は見事に成功した。乗客の全てが欧米の富豪、資産家、貴族、王室関係者で、当時のヨーロッパの王室やイギリスの貴族階級、アメリカの著名な資産家や政治家など、乗客名簿には世界的に名の知られた上流階級の人々の名前が連なっていたと伝えられている。

ステラ・ポラリス

一九二七年から一九三八年までの足掛け一二年間、企画されるクルーズは全て満室で、一九三七年に実施された三ヵ月間の世界一周クルーズの運賃は、最低グレードの船室（ツインベッド、洗面・トイレ・シャワー付）で、現在の貨幣価値で一人一〇〇〇万円と記されており、いかに高価な遊びであったかがうかがえるのである。

第二次大戦が勃発し、一九四〇年のドイツ軍のノルウェー侵攻作戦の時、ステラ・ポラリスは本国のベルゲン港に停泊中であった。そして本船は直ちにドイツ海軍に接収され、ドイツ本国のブレーメルハーフェンに回航された。

ドイツ海軍は本船の実態と名声を十分に承知していた。そのためにドイツ海軍は接収後直ちに本船をドイツ海軍の高級士官（佐官級と提督）の宿泊船として使用することになった。

海運国ドイツ人そしてドイツ海軍の代表者である高級士官たちは、この有名な豪華客船の扱い方を十分に承知していた。宿泊者は勿論のこと配置されたドイツ人ボーイから乗組員に至るまで、本船の取り扱いには厳重を極め、傷一つつけず毎日の設備や装置の手入れは欠かさなかった。

ステラ・ポラリスは奇跡的に連合軍の航空攻撃を受けることはなく、戦争が終結した時には直ちに出港できるほどの状態にあった。

連合軍から船主のベルゲン・ライン社に戻されたステラ・ポラリスは直ちに造船所に回航され、点検と修理が行なわれた。

ステラ・ポラリスは五二〇九総トン、ディーゼル機関による二軸推進で、最高速力一七ノットの中型の客船であるが、その純白に塗られた外観はまるで大型ヨットを思わせるようで、帆船のようなバウスプリットを備えた鋭いクリッパー型船首と、船体前後の細長く高いマスト、そして黄色く塗られた細く長い一本煙突が、船全体の姿を極めて上品な姿に仕上げていた。

プロムナードデッキの最前部のラウンジは大型の角形窓が配置され、磨き上げられた木目の壁、群青色の絨毯に配置された北欧風家具や調度は、一般の客船には見られない上品な雰囲気を醸し出していた。そしてそれに続くロビーは圧巻で、周囲の壁は北欧ならではの細かいモザイク木目細工で仕上げられ、それ自体が見事な芸術品になっていた。またその後ろに続くスモーキングルームもまた、樅材で仕上げられた木目の壁がこのうえなく上品で、周囲を囲むガラスには全て見事なエッチングが施されていたが、その内容はノルウェーを代表する悲劇、ペールギュントを主

スカンジナヴィア

題にした図柄になっていた。

上甲板と第二甲板には客室が並んでいるが、第二甲板の中央両舷に配置されたバス・トイレ付二間のスイートルームは、家具の布や絨毯などは北欧色と呼ばれる淡いブルーが基調となっており、磨き上げられた木目の壁と見事に調和し、どのような上流階級の船客に対しても不満の出ないような仕上がりになっていた。

修理点検の終わったステラ・ポラリスは、驚くことに戦争直後の一九四六年には早くもベルゲン・ラインの手でクルーズ運航が開始されているのである。

一九五〇年代に船舶の安全基準に対する規則の改定から、ノルウェーでは本船の運航が不可能になったため、ベルゲン・ラインはスウェーデンの船主に本船を売却した。

しかし本船を入手したスウェーデンの船主も本船を大切に扱い、船名も変えることなく同じ内容のサービスでステラ・ポラリスによるクルーズ事業を継続した。そしてスウェーデン船主によるクルーズ事業はその後二〇年間も続くことになった。

しかし船齢が四二年に達したステラ・ポラリスは、クルーズを続けること自体無理と判断され、スクラップとして売却することが検討された。

そこに本船を購入しようとする日本の観光業者が現われたのである。そして一九六九年にステラ・ポラリスは日本まで自力で最後の航海を行ない、伊豆半島西部の木負海岸に準備された専用の桟橋に係船されたのである。本船の使用目的はフローティングホテルと、本船の豪華なダイニングルームを使った一般観光客を相手にした本場の豪華バイキング料理（スモーガスボード）の提供であった。そして事業は見事に成功した。

ステラ・ポラリスの船名はスカンジナヴィアに変更されたが、外観も船内も全て既存の家具調度がそのまま利用されることになった。スカンジナヴィアは一躍西伊豆の観光名所として脚光を浴びることになり、人気は衰えず以来三〇年の時が流れた。

私事であるが、筆者も過去四回ほどこのスカンジナヴィアを訪れ、かつて王侯貴族たちが使った豪華なダイニングルームで本場のスモーガスボードを堪能したことがある。しかし行く度に船体や船内の老朽化は増すばかりで、磨き上げられたチーク材の甲板もいつしか傷が目立ち始めていた。また豪華なラウンジの家具や調度品も安物の日本の家具類と置き換わっていたり、カラオケ装置が置かれているのに心が痛んだ経験がある。

二〇〇五年に至り、スカンジナヴィアの老朽化が激しいためについに営業の中止が決まった。そして新しく本船を購入する外国企業が現われ、香港まで曳航されることになった。

二〇〇六年、香港まで曳航の途中、かつてのステラ・ポラリスは船底の破損箇所からの漏水が

ロングアイランド

激しくなり、紀伊半島沖で沈没してしまった。船齢七九年という老齢であったが、かつての絢爛豪華な時代を偲ばせる見事な海の文化遺産として価値の高かった本船の損失は、世界の海運界にとっても大きな損失であった。

（2）貨物船：モアマックメイル（MOREMAC MAIL）

本船についてはすでにアメリカの特設航空母艦の項でも説明したが、アメリカ最初の特設航空母艦（後の護衛空母）の母体となったムーア・マッコーマックラインの南米航路用の貨物船である。

本船は一九四〇年に商船として完成した直後にアメリカ海軍に買収され、一九四一年六月に試作特設航空母艦の第一号であるロングアイランドに改造された。

本艦についてはすでに説明したとおりであるが、特設航空母艦として完成後は様々な適正試験が繰り返され、より実用的な機能を持った航空母艦に改造されていったが、その最たる改造は飛行甲板の延長と飛行甲板前端への油圧式カタパルトの装備であった。

一九四二年八月、米軍はソロモン諸島のガダルカナル島を占領したが、その後米軍によって急遽完成された飛行場に、初めて艦上戦闘機と艦上爆撃機を運び込んだのはロングアイランドであった。

ロングアイランドは八月二十日に海兵隊航空隊の艦上戦闘機（グラマン

F4F）一九機と、同じく艦上爆撃機（ダグラスSBD）一二機をガダルカナル島の新しい飛行場に送り込んだ。そしてアメリカ軍はこのわずか三一機の航空戦力で、次の戦力増強まで当面のガダルカナル島の防衛を行なったのである。そしてロングアイランドが実際の戦場に出撃したのはこの時限りで、その後は様々な試験や艦載機搭乗員の離着艦訓練艦として使われ戦争を終えた。

本艦の母体である貨物船モアマックメイルは、アメリカ海事委員会が一九三七年に今後アメリカが建造すべき規格型貨物船として定めた三種類の規格のうち、最も大型のC3型に属するもので、総トン数七八〇〇トン、蒸気タービン機関推進で最高速力は一六・五ノット、貨物積載量九四〇〇トンという船であった。

ロングアイランドは戦争終結後しばらく予備艦（民間への売却可能）として係留されていたが、一九四八年三月にパナマに本社を置く海運会社が何と本艦を購入したのである。

同社はロングアイランドを購入するとほぼ母体のC3型貨物船に近い姿に復元し、船名もネリー（NELLY）としてアメリカとイタリアの間の不定期貨物船として運航させた。しかし運航成績は芳しくなく、同社は当時盛んであったイタリア人のアメリカ移民に対し、移民客を廉価で輸送することを当て込み、移民輸送専用船に改造し就航させたのであった。そして船名は同じネリーのままであった。

貨物船ネリーの移民船ネリーへの改造に際しては、外観上で際立った改造は行なわず、船内の二段式の中甲板（強度甲板）を移民客船室とするために、ここを新たに壁で区画し、そこに簡易式ベッドを配置しそれを船室とした。そして簡易構造と配置ではあるが一応の娯楽室や食堂、シ

セブンシーズ

ャワー室やトイレを増設し、移民客にとっては極めて安く利用しやすい船（一種の客船）として運航させたのであった。そして結果は移民客には好評で迎えられた。

しかし一九五〇年代半ばにイタリア人のアメリカへの移民が下火になると、船主は本船に多少の改造を加え、北大西洋航路のツーリスト客専用の客船に改造した。

この改造で本来七八八六総トンの本船は一万二五七五総トンに膨れ上がり、外観的にはいかにも貨物船改造の船に見えながら、船内設備は廉価で旅行ができることを望むツーリスト船客には上等といえる配置と仕上がりになっていた。

この改造によって船名はセブンシーズ（SEVEN SEAS）と変わり、ツーリスト船客専用船として北大西洋では好評をもって迎えられた。

その後本船はオランダ系の海運会社に売却され、ツーリスト旅客専用客船として運航されるかたわら、奇抜なアイディアでの運航が行なわれたのである。

北大西洋航路は毎年十月頃から翌年四月頃まで海上が荒れることで知られており、この間は大型客船であっても揺れが続き、船客に不快な思いをさせ、その対策には長年各船主は頭をひねっていた。まだ大西洋横断の空の旅の黎明の時代であった一九五〇年代は、欧米を結ぶ主要な交通手段は海路をおいて他になかったのである。

例え一万総トン級とはいえ、北大西洋航路用の客船としては小型客船の部類に入るセブンシーズの運航会社はこの弱点を逆に利用し、セブンシーズを使って世界にもその例がない洋上大学船を企画したのであった。

これは毎年九月から翌年の四月までの八ヵ月間を、四ヵ月を一学期とする大学として運営し、学校はセブンシーズそのものを利用するものであった。この一学期四ヵ月の間に学生である乗客を乗せ世界一周をし、洋上では様々なカリキュラムが組まれ、船上での授業の開催や多数の寄港地での実習教育など、学期が終了した時には各カリキュラムの単位がそのまま欧米の主要大学の授業単位として認められるという得点が加味されていたのである。

授業の内容は美術学、歴史学、経済学、建築学と多彩で、大学生でなくとも一般の乗客も乗船が可能で、何となく世界一周する一般のクルーズに比べると実に魅惑的な航海を経験することができたのであった。

例えば日本では神戸や横浜が寄港地となり、停泊の間に各地の見学や訪問が行なわれ、日本史や日本建築の姿、日本経済やインフラの実態などを文字の上でなく実態として学ぶことができたのである。そして船上や実地で教える者も多くの著名な大学教授や専門家が担当し、「セブンシーズ洋上大学」は毎年好評の中で開催されたが、船体の老朽化のために本船は一九六六年五月か

プレジデント・ポーク

ら九月までの北大西洋の定期航海をもって引退した。そしてその後はオランダのロッテルダムでロッテルダム大学の学生のために、フローティング寄宿舎となった。

（３）貨客船：プレジデント・ポーク（PRESIDENT POLK）

アメリカ合衆国の海運を統括する政府機関であるアメリカ海事委員会（USMC=UNITED STATEMARITIME COMMITTEE）は、アメリカがイギリスに次ぐ世界第二位の船腹を誇っていながら、その大部分が第一次大戦中に建造された量産型の老朽貨物船で占められていることを憂い、世界的に競争力のある商船隊の再建のために、一九三六年に今後新しく建造する商船についての標準規格を策定した。そして以後建造されるアメリカの商船は全てこの規格の中で建造されることを決定し、一九三七年からこの制度が施行されることになった。

規格の内容は客船（Ｐ型）、貨客船（ＰＣ型）、貨物船（Ｃ型）、油槽船（T型）に分類され、それぞれの船は総トン数、寸法、主機関、最高速力等によって三あるいは四種類に分類してあった。例えば貨物船であれば、最小規模はＣ１型で、最大規模はＣ４型という具合に区分されていた。そしてこれら規格型の商船は、一九三八年に起工される商船から適用を受けることになった。

その中でアメリカン・プレジデントラインはC3P型貨客船七隻の建造を申請し、その第一船であるプレジデント・ジャクソン（PRESIDENT JACSON）は一九三九年十月に起工され、早くも一九四〇年十月に完成した。そして七隻目のプレジデント・ポークが完成したのは太平洋戦争開戦直前の一九四一年十一月六日であった。

この七隻の貨客船は基本船体の線図がC3型貨物船になっており、その上に客船の機能を加味した船体になっているためにC3P型と呼ばれるのであった。

この七隻の旅客定員は九七名で、九二五五総トン、載貨重量九四〇〇トン、最大出力八五〇〇馬力の蒸気タービン機関で一軸推進であった。そして航海速力は一六・五ノットが確保されていた。

これら七隻はニューヨークを起点に、パナマ運河経由で日本、中国、シンガポール、地中海を経てニューヨークに戻る西回りの世界一周航路に配船する予定であった。航海所用日数は一一〇日間とし、月二航海の配船を行なう計画であった。そして旅客設備は一等ワンクラスで、旅客定員は二名または三名部屋の合計九七名であった。

この七隻は一番船のプレジデント・ジャクソンが竣工されて以来、順次予定航路に配船されていたが、プレジデント・ジャクソンが処女航海に出た時には第二次世界大戦が勃発していた。しかし当時はまだ中立国であったアメリカは、船体の両舷側に巨大な星条旗を描き、中立国船であることを誇示しながら運航を続けていた。しかし六番船のプレジデント・ヴァン・ビューレン（PRESIDENT VAN BUREN）の航海では、世界情勢は緊迫の度合いを増しており、同船は日本への寄港を取り止めて世界一周航海を行なった。そしてこれを最後にプレジデント・ラインの戦前における世界一周商用航海は中止された。つまり七番船のプレジデント・ポークは竣工しながら、一応予定の航海に旅立ったが、サンフランシスコ港を出港した直後に日米の戦争が勃発したために、航海は中断された。つまり七番船プレジデント・ポークの戦前における航海は未完に終わったのである。

そしてこれら七隻は一九四一年十月の時点で全船が海軍に徴用されたのである（プレジデント・ポークは完成直前に徴用されたが、完成後に一回の商業航海を行なう資格を得ていたのである）。

この七隻に与えられた任務は特設兵員輸送艦で後に攻撃上陸艦と用途変更された。全船が海軍に徴用されている形にはなっているが、運用は海軍の指揮命令系統の下で陸海軍そして海兵隊の全軍の将兵の輸送と上陸作戦に使われるものとなっていた。

七隻は攻撃上陸艦としての機能を持たせるために海軍工廠に送り込まれ必要な改装が行なわれた。改装の主体は船内の二段式強度甲板（中甲板）を兵員の居住設備にすること、従来の客室を部隊将校用の居室にすること、公室を上陸部隊の作戦司令室や通信室に改装すること、備砲やレーダー等の取り付けや、合計一二隻の上陸用舟艇（ＬＣＶＰ）を搭載する専用のボートダビッドの取り付けなどであった。

これらの改装を行なった七隻は強力な兵員上陸艦に生まれ変わった。まず上陸部隊の収容人数は、将校七六名、下士官兵一三一二名でこれは歩兵一個大隊の戦力に相当した。そして上甲板の

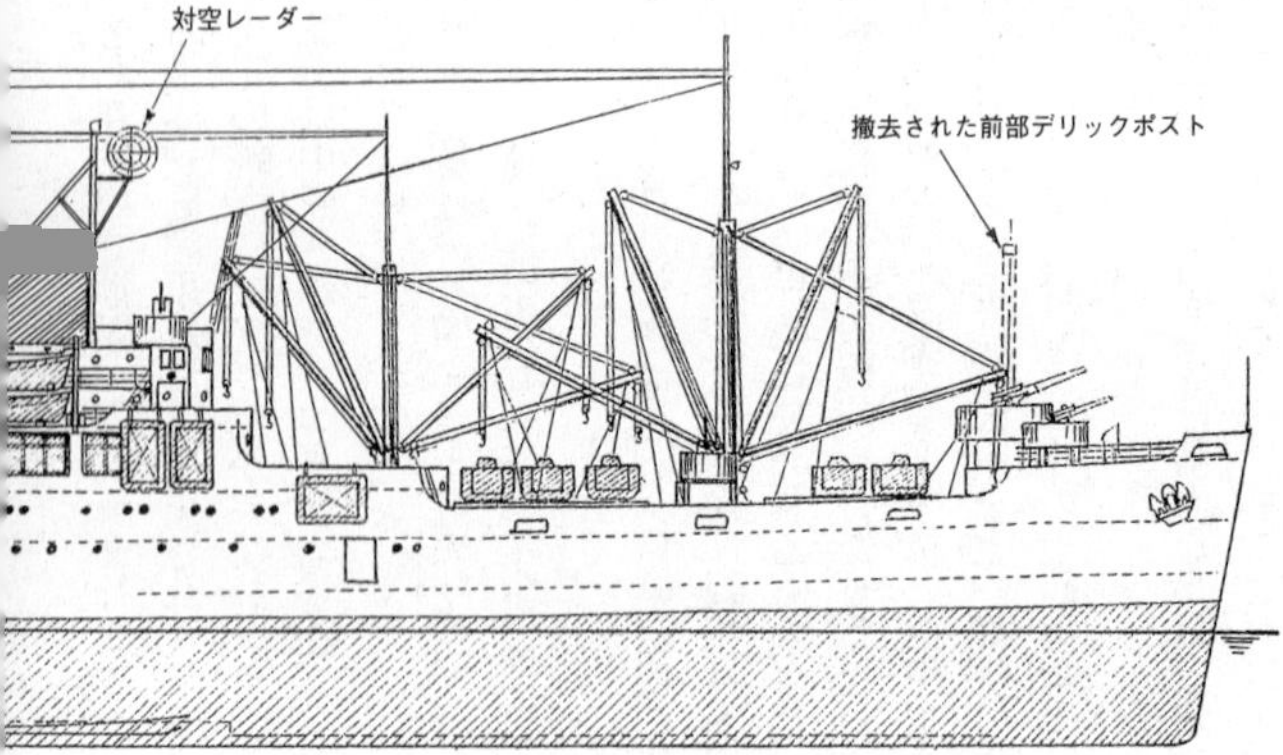
対空レーダー
撤去された前部デリックポスト

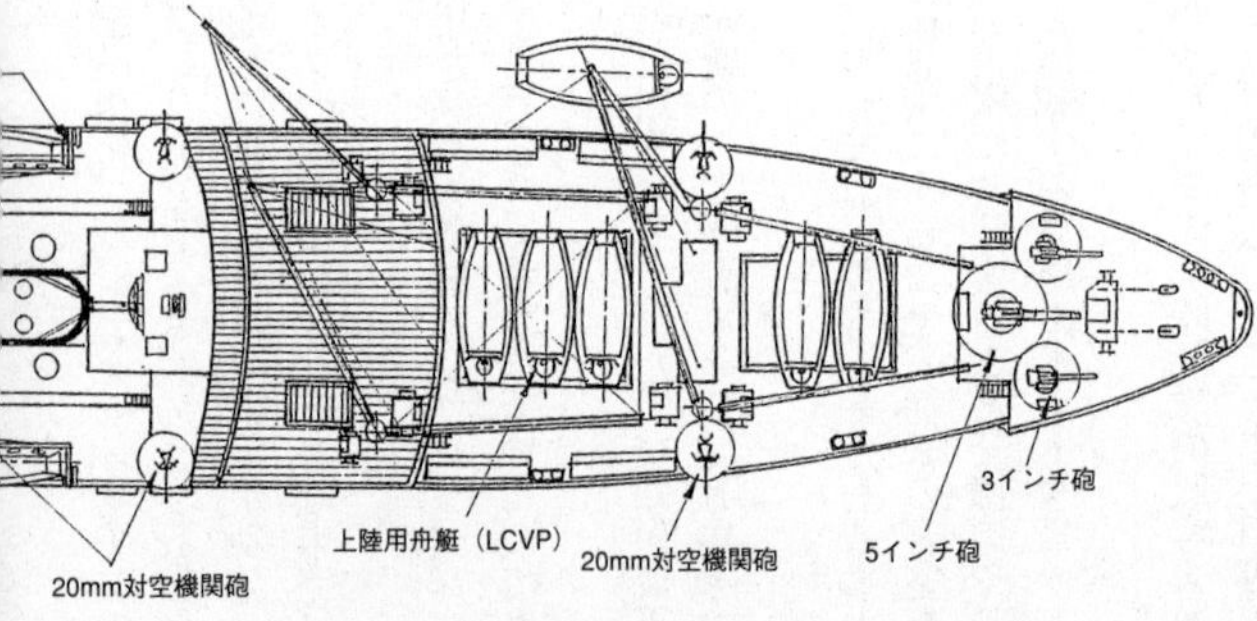
3インチ砲
上陸用舟艇（LCVP）
20mm対空機関砲
5インチ砲
20mm対空機関砲

第33図　攻撃上陸艦プレジデント・ポーク外形図

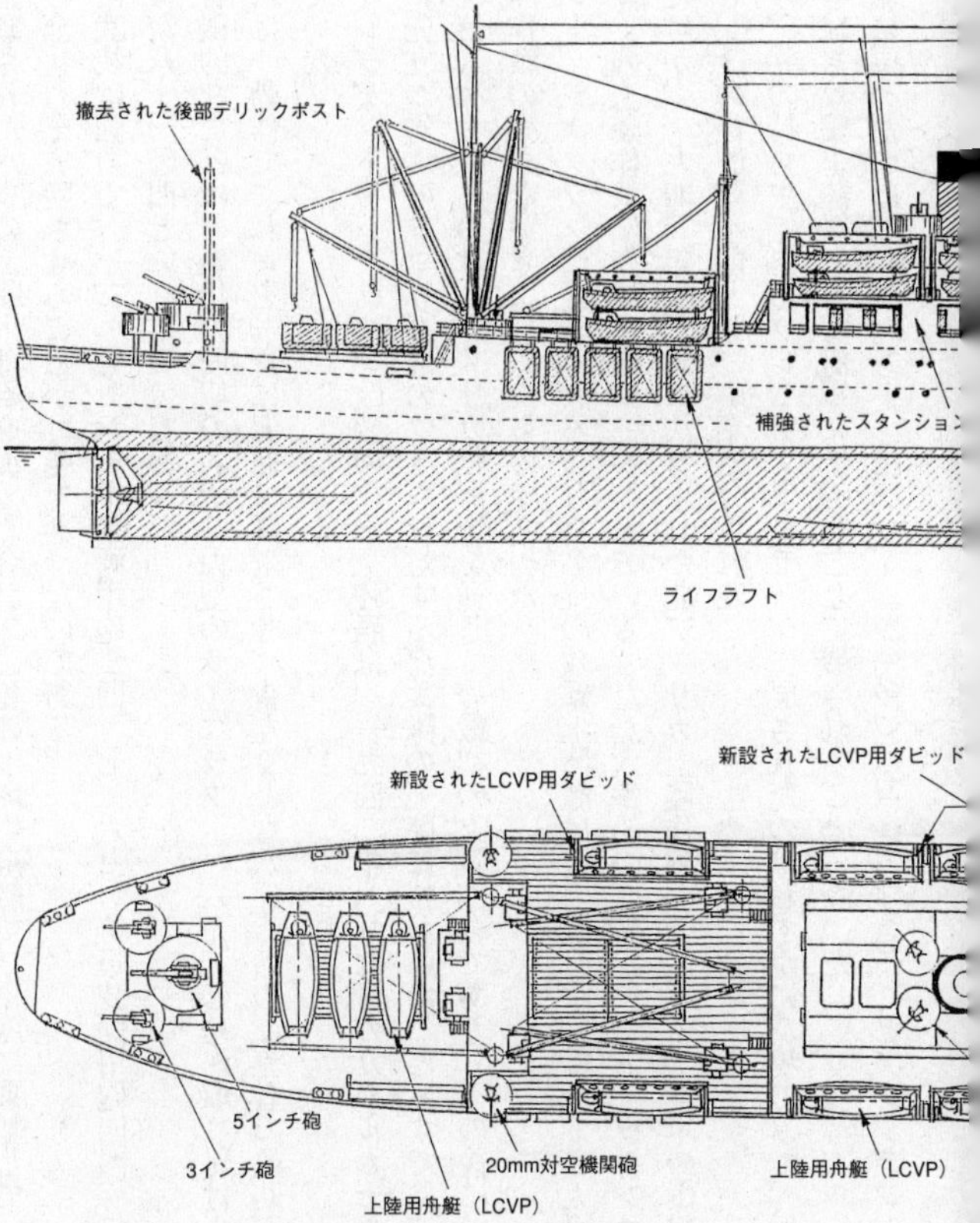

ハッチ上に搭載された八隻の上陸用舟艇を加えた合計二〇隻の上陸用舟艇で、一度に乗艦している一個大隊の全兵力を上陸させることが可能であったのである。

搭載された武装は強力で、一二・七センチ単装両用砲二門、七・六センチ単装両用砲四門、二〇ミリ単装機銃八～一〇門という重武装であった。

もう一つ特徴的なことは、船体の舷側の各所に大型のライフラフト一六～二〇基が取り付けられ、緊急時には一動作でこれらを一斉に海面に降下させ、少なくとも八〇〇名の漂流者の救助が可能になっていた。

一番船のプレジデント・ジャクソン改装の攻撃上陸艦は、一九四二年八月七日のガダルカナル島上陸作戦に先立つ対岸のフロリダ島のツラギに対する海兵隊の上陸に使われたことはすでに述べた。これは第二次大戦におけるアメリカ陸海軍を通じての最初の上陸作戦であり、その後に続く幾多の上陸作戦の大きな参考になったものであった。

プレジデント・ジャクソンに代表されるこれら七隻の攻撃上陸艦は、一隻を除いて全てが太平洋戦域の数多くの上陸作戦に先頭を切って参加している。ただ六番船のプレジデント・ヴァン・ビューレンだけが、一九四二年十一月に決行された北アフリカ上陸作戦の際にドイツ空軍の爆撃を受け大破し、その後改修不能として廃棄処分された。

戦争終結後、元の持ち主であるプレジデント・ラインに戻されたのはわずかに二隻のみで、他の四隻は引き続き攻撃上陸艦として海軍に予備艦として残されることになった。

元の貨客船に戻ったのはプレジデント・モンロー（PRESIDENT MONROE）とプレジデント

・ポークだけであった。そしてこの二隻は一九四六年に元の船主に戻されると早速、本来の貨客船に戻る改装工事が始まり、一九四七年には本来の就航予定であった西回り世界一周航路に復帰したのである。

両船はまだ戦後の混乱時代の一九四七年から定期的に横浜港と神戸港でそのシンプルでスマートな姿が見られた。

アメリカの社会も戦争時代から次第に安定した社会に戻ると、この二隻の世界一周航路の人気は高まる一方で、運賃も廉価で寄港地も多く乗客数も決して多くないこの二隻に対し、自適の生活を送るアメリカ人老夫婦の乗船希望者は後を絶たなかったという。

しかしこの二隻も老朽化のために一九七二年に航路を引退し解体されてしまった。一方、海軍に残った四隻の姉妹船たちも、老朽化のために一九七七年までに全て解体されている。

（4）客船：コーフー（CORFU）

客船コーフーはイギリスのアジア方面に主要航路を持つP&Oラインが一九三一年に建造した客船で、配船航路はロンドンを起点にスエズ運河経由で途中コロンボやシンガポールに寄港し、最終港は香港であった。姉妹船にはカーセージ（CARTHAGE）がある。

本船は総トン数一万四二九三トン、最大出力一万四〇〇〇馬力の蒸気タービン機関で最高一九・五ノットを出すという、その鈍重な見栄えのしないスタイルからは想像もできないほどの高速の持ち主であったが、この本船特有のスタイルの鈍重さは独特の乾舷の高さにあった。

コーフーは完成当初は二本煙突を持つ、いかにもP&Oラインの客船らしい姿をしていた。コ

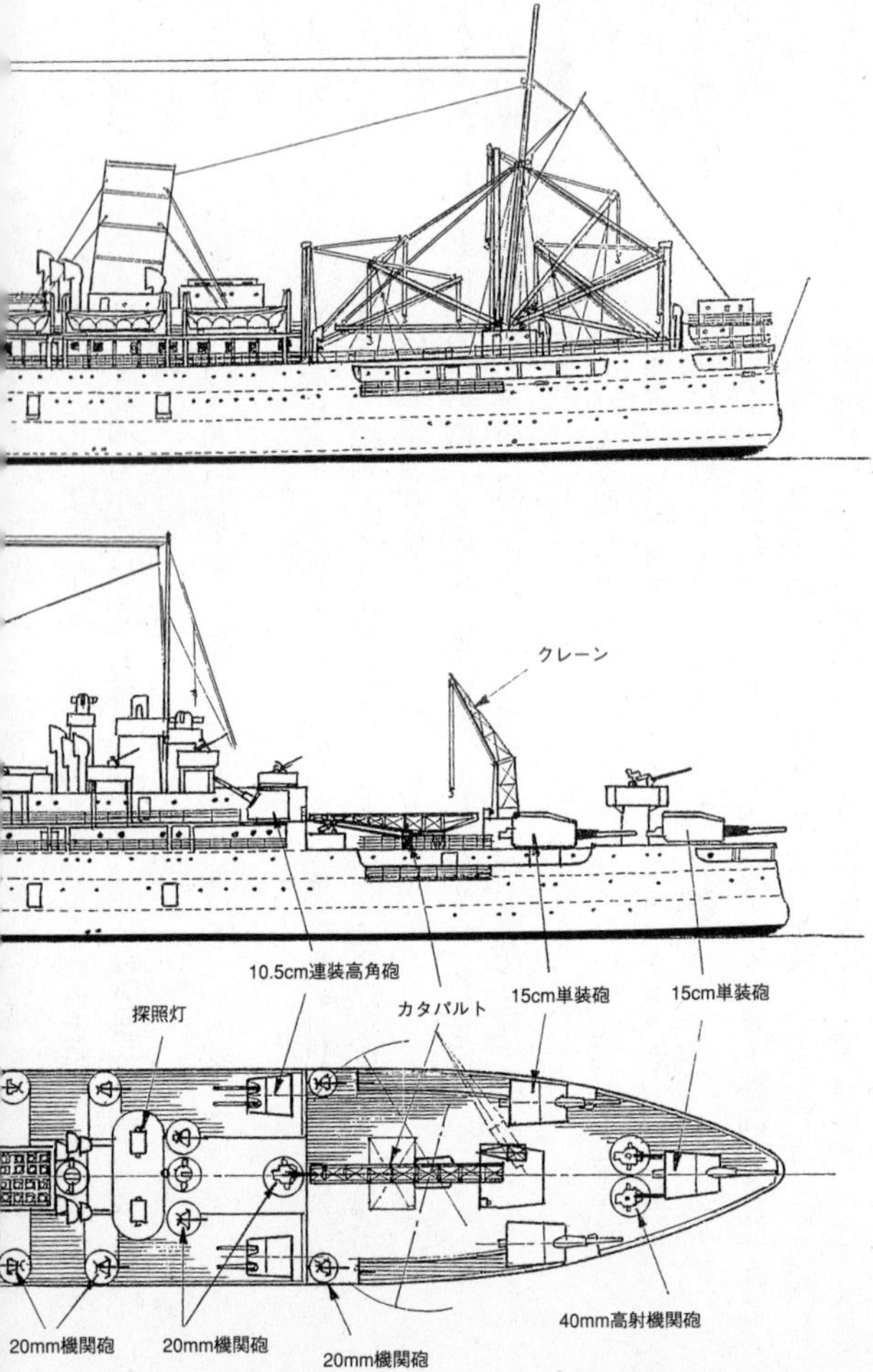
クレーン
10.5cm連装高角砲
カタパルト
15cm単装砲
15cm単装砲
探照灯
40mm高射機関砲
20mm機関砲
20mm機関砲
20mm機関砲

第34図　客船コーフー（CORFU）と特設巡洋艦コーフー

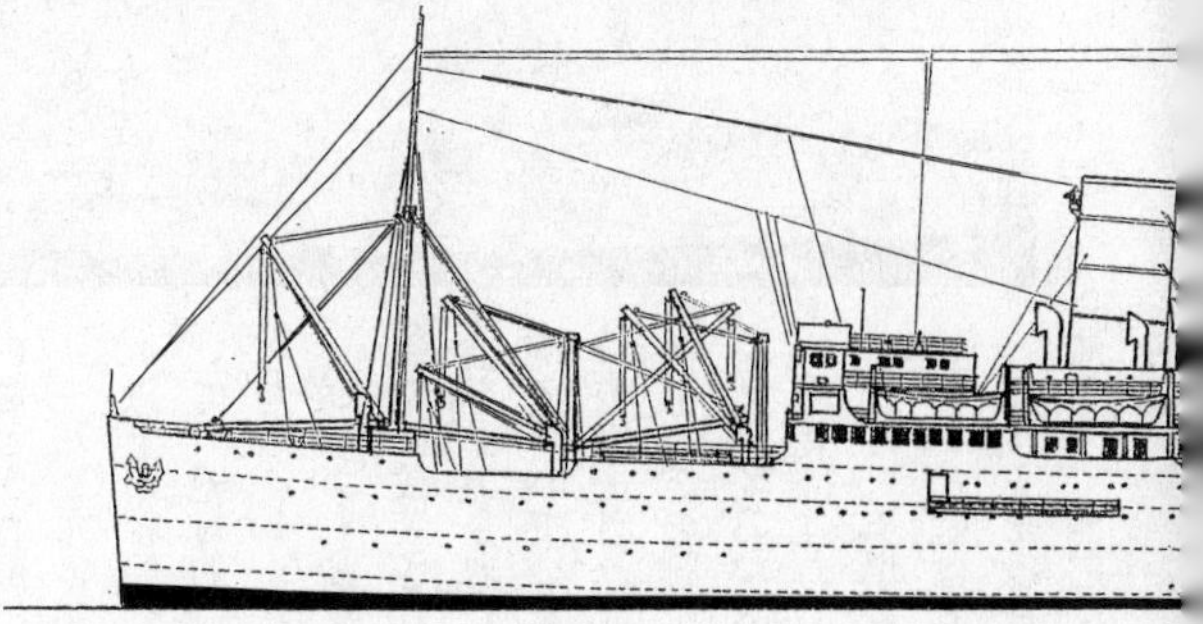

総トン数　14293t
全　　長　164.5m
全　　幅　21.7m
主 機 関　 蒸気タービン機関
最大出力　14000馬力
最高速力　19.5kn
旅客定員　1等・2等計378名

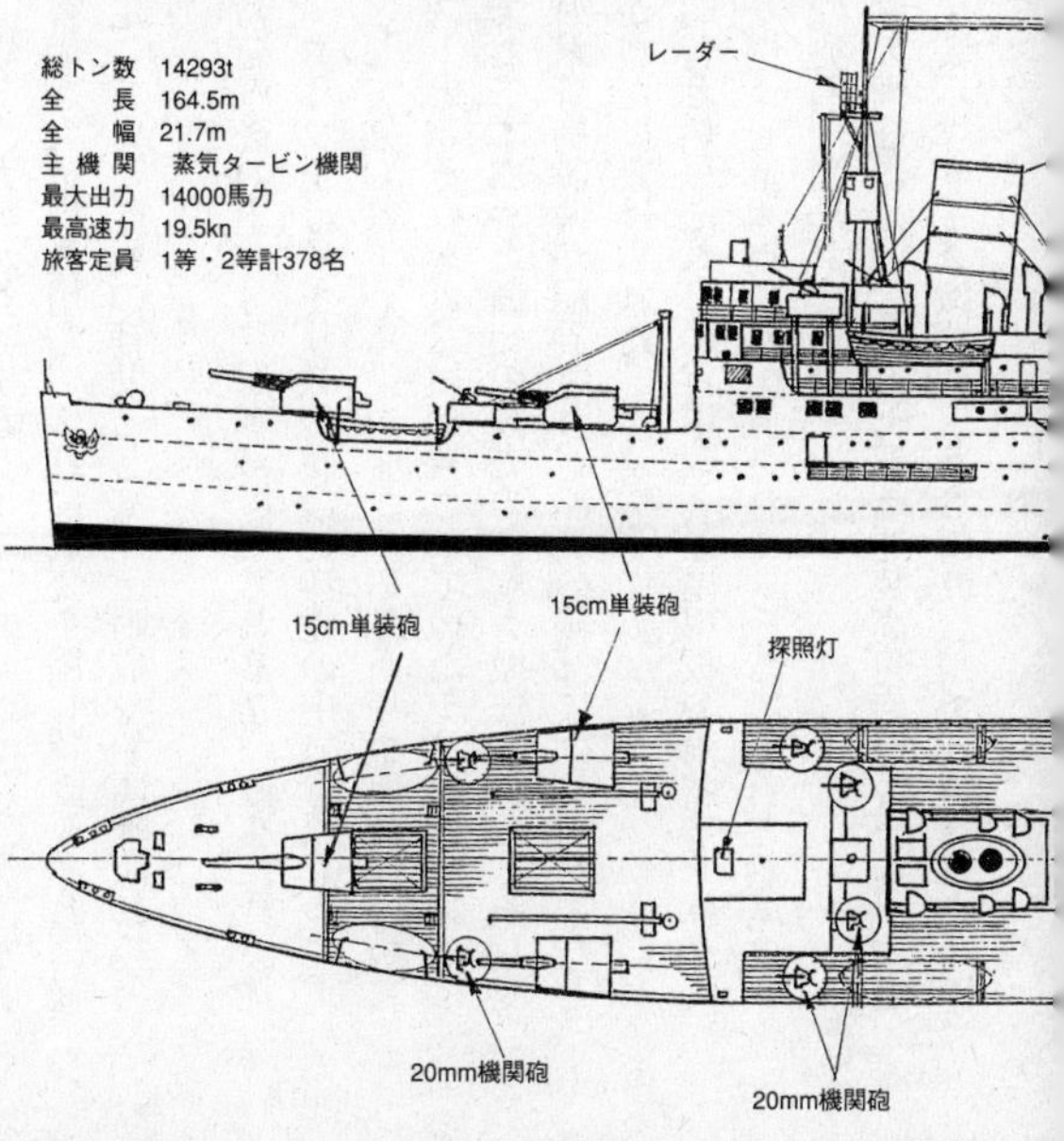

客船コーフー

ーフーの旅客定員は一等一七八名、二等二〇〇名となっており、三等がないことが特徴になっていた。

一九三九年九月、第二次大戦が勃発するとイギリス海軍は九〇〇〇総トン以上の客船や貨客船を大量に徴用し、これに武装を施し特設巡洋艦に仕立て、絶対的に不足している艦艇の補助として洋上哨戒や船団護衛に投入した。

コーフーも戦争勃発直後の十一月に海軍に徴用されると、直ちに特設巡洋艦に改装された。コーフーはイギリスの特設巡洋艦の中でも際立って重武装が施された艦として知られている。コーフーの船首甲板と船尾甲板に配置されていたマストと、それぞれ二組配置されていたデリックポストは全て撤去された。また二本あった煙突の後方の一本も撤去された。そして後部煙突の跡には射撃管制設備が配置され、船橋の後部にはレーダーなどを装備するマストが新たに設けられた。

武装は強力で、船首と船尾それに船首甲板と船尾甲板の両舷にそれぞれ一五センチ単装砲一門（合計六門）が配置された。そして船首と船尾の一五センチ砲は立派な砲盾で覆われていた。

ボートデッキ後端の両舷には一〇・五センチ連装高角砲が各一基ずつ配置され、四〇ミリ単装ボフォース機関砲二基も隣り合って配置された。そ

特設巡洋艦コーフー

の他に二〇ミリ単装機銃一九門が船体各所に配置されていた。
ボートデッキの両舷には救命艇がそれぞれ五隻ずつ配置されていたが、最前部の一隻を残し他の全てを撤去し、ボートデッキ後端に配置された高角砲や機銃の射角を十分に広げた。

その他に船尾甲板の四番ハッチ上にはカタパルト一基が装備され、水上偵察機一機が搭載された。そしてこの水上偵察機の上げ下ろし用の専用のクレーンが、四番ハッチ右舷後方の甲板上に新たに設置された。

コーフーはこの一連の改造で特設巡洋艦の域を超え、商船でありながら軽巡洋艦並みの強力な艦に生まれ変わってしまった。

コーフーは同じP&Oラインから徴用され特設巡洋艦に編入されたカントン（CANTON）、チトラル（CHITRAL）、マロージャ（MALOJA）と共に一個特設巡洋艦戦隊を編成し、イギリス本島の北端に位置するオークニー諸島とシェットランド諸島の周辺の哨戒に当たることになった。

特にオークニー諸島にはイギリス本国艦隊の基地であるスカパフローがあり、周辺海域の哨戒は極めて重要な任務となっていた。

しかしドイツ水上艦隊の脅威も去った一九四四年に入ると、コーフーは対空火器の一部を残し武装を全て撤去して兵員輸送船に改装された。そしてヨーロッパ大陸侵攻作戦に際しての連合軍部隊の輸送に従事することになった。

戦争が終結するとヨーロッパ派遣のアメリカ軍やイギリス連邦軍の将兵の本国への送還輸送に従事し、終了と同時の一九四六年に徴用が解除された。

コーフーは一九四七年から一九四八年にかけて約一年間の期間を要し、大改造された船体を元の客船へ戻す復元工事が開始された。

コーフーは一九四八年に再び客船の姿に改装されたが、旧来の姿とはかなり違った姿に復元されていた。最も目立つ特徴は二本あった煙突が、特設巡洋艦に改造したときに撤去されたままの一本煙突に変化したこと。今一つは船首甲板の特徴的なスタイルとなっていたウエルデッキ（甲板の一部が窪んでいる構造）がなくなり、一段甲板に改造されたことであった。このためにコーフーの船首甲板付近は深々とした乾舷となり、いささかスマートさに欠けた鈍重な姿に変わってしまった。

コーフーは一九四九年よりロンドンと香港間の定期航路に就航した。そして復元改造の際に従来の二等はツーリストクラスと名称を変え、船室や公室をグレードアップして集客率の向上に努めた。

一九六一年に船齢三〇年に達したコーフーは、同じ航路に投入された新鋭の同規模の客船チトラル二世（CHITRAL）やキャセイ（CATHAY）にバトンを渡し引退した。そして姉妹船カーセージと共に日本の三井物産に売却され、新居浜と大阪でそれぞれ解体された。

（5）客船：プレトリア（PRETORIA）

プレトリア

本船はドイツの東アフリカ・ラインがスエズ運河経由の東アフリカ航路用に建造した客船である。東アフリカの現在のタンザニアやルワンダあるいはブルンジ共和国は、第一次大戦まではドイツの領土であった。それだけに古くからのドイツ人移住者は、第一次大戦後も同地で大規模な農業や牧畜業を経営し、比較的裕福なドイツ人社会を築いていた。

それだけに第一次大戦後にこれらドイツ領がイギリスやベルギーなどに移管された後も、ドイツとこれらの地域の交流は盛んで、ドイツと東アフリカ間の航路は自然に開設されたのであった。

プレトリアは一九三六年十二月に竣工したが、姉妹船にヴィンドフック（WINDHUK）があるが、本船はプレトリアとは別の船主の下で東アフリカ航路に就航していた。

プレトリアは総トン数一万六六六二トン、最大出力一万四二〇〇馬力の蒸気タービン機関によって、最高速力一八・一ノットを出すという高速客船に部類する船であった。そして二本煙突を持つ見るからに厳《いか》つく見える外観はドイツ客船を彷彿させるものであった。

旅客定員は一等船客一五二名、ツーリスト船客三三八名となっており、スエズ運河を通過した後は、ケニアのモンバサ、タンザニアのザンジバルなどを経由し南アフリカのケープタウンを最終港としていた。

プレトリアのドイツ客船としての活躍期間は短く、就役以来二年九ヵ月後には第二次大戦が勃発している。

戦争が勃発したときプレトリアはドイツ国内の港に停泊していたが、直ちにドイツ海軍に接収され、戦争終結近くまで特設宿泊船として使われていた。しかし一九四五年一月末から展開されたバルト海における、東プロイセン方面からの二〇〇万人を超えるドイツ系住民のドイツ本国への避難や、ソ連軍によって包囲され脱出経路を失ったドイツ軍部隊の救出のために展開されたハンニバル撤退作戦では、他の多数のドイツ艦船と共に彼らのドイツ本国への海路のピストン輸送に加わっている。

戦争が終結したときプレトリアは可動する数少ない商船の一隻として、戦争賠償品としてイギリスに引き取られた。その後、一九四五年十月にはプレトリアはエンパイヤ・ドーム（EMPIRE DOOM）と改名され、イギリス政府所有の軍隊輸送専用船となった。

このとき同船の船内は軍隊の大量輸送が可能な構造に大改造が行なわれた。その後一九四九年に船名がエンパイア・オーウェル（EMPIRE ORWELL）と再度改名されている。イギリスでは第二次大戦当時から、国家使用の商船は全てその船名にエンパイア（EMPIRE）の文字が付けられることになっていた。

エンパイア・オーウェル

本船は一九五七年までに戦後のイギリスが関与した全ての戦場へのイギリス軍隊の輸送に出動しており、朝鮮戦争やスエズ動乱時にも主力軍隊輸送船として兵員の輸送に活躍していたのである。

その後一九五八年に徴用解除になり、同じイギリスのブルーファンネル・ラインに売却されたが、同社は本船を需要が絶えることのないイスラム教徒のメッカ巡礼船に改造し、船名もグヌン・ジャヤチ（GUNNUNG DJATI）に変えインドネシアに長期チャーターさせることになった。

その後一九六二年に本船はインドネシア政府に売却され、その後同国の海運会社にインドネシア政府から売却されている。

巡礼船に改造されるに際しては軍隊輸送船であったことが役立ち、二〇〇〇名という大量の兵員を収容した船室や設備のほとんどがそのまま転用され、一部富裕層の教徒のために定員一〇六名の一等客室と公室が設けられた。

グヌン・ジャヤチはインドネシア共和国の多数の島からイスラム教徒を乗せ、サウジアラビアのジッダ港へ巡礼客を運んだが、一九七三年に老朽化した蒸気タービン機関をディーゼル機関に換装する工事を香港の造船所で行なっている。

プレトリアとグヌン・ジャチでは外型が大きく変わっているところは少ないが、巡礼者輸送船になってからの姿で特徴的なことは、大量の巡礼客を運ぶために合計三〇隻という、この規模の客船にしては異状に多数の救命艇が搭載されていたことである。二段重ねにされた救命艇を操作するボートダビッドがズラリと並んだ外観は一種異様な姿に見えた。

本船は一九七八年に老朽化のため解体されたが、船齢四二年は商船としては長寿に属するものである。

あとがき

本書を一読いただくことによって、特設艦船とはいかなるものであるかを多少なりとも理解いただけたと思うが、同時に特設艦船の多岐にわたる運用と活躍の姿には、正規の艦艇とは一味も二味も違った姿があることに読者諸氏は興味をもたれたことと思う。

一方、太平洋戦争中の日本海軍の作戦や行動は決して正規の艦艇だけで行なわれたものではなく、それに倍する数の様々な特設艦船の存在がなければ何もできなかったであろう、ということも理解いただけたことと思うのである。また正規の艦艇に比べ、とかく影の薄い存在の特設艦船についても、それぞれの艦船の実際の活躍の姿が現実にどれほど厳しいものであったか、本書を一読いただくことによってお分かりいただけたと思う。そして改めて海軍の作戦には特設艦船は不可欠の存在であることが理解できるのである。

太平洋戦争中の日本の特設艦船の中でも、最も目覚ましい活躍をしたものとして特設水上機母艦が上げられよう。また陽の当たらない地味な存在でありながら、縁の下の働きに大きな功績を残したものに特設砲艦や特設監視艇が上げられよう。

特設水上機母艦の運用は、水上機王国日本の名に恥じぬほど作戦上で大きな効果を生み出した。その成功の理由は何よりも水上機母艦に適した商船を当初より選定したことである。太平洋戦争の緒戦では特設水上機母艦は常に侵攻作戦の先頭の戦隊に組み入れられ、上陸地点の橋頭堡を築く上で極めて重要な存在であったことは、日本以外の海軍ではついぞ思考の中になかったものである。

これは取りも直さず日本がそれぞれの作戦を実施するに見合うだけの、優秀な水上機を多数保持していたために実現できたことに尽きるのである。

しかし特設水上機母艦も戦争の情勢が守勢に立たされると、運用する水上機がいかに優秀であろうとも、より高速でより優れた運動性と火力を持った敵戦闘機が出現すると水上機は所詮は無力な存在となり、特設水上機母艦は戦争後半には姿を消していったのである。

つまり日本の特設水上機母艦の活躍の姿自体が、太平洋戦争における日本の海軍の作戦の推移を示していたようなものであったといえよう。

特設水上機母艦の成功とは裏腹に、日本海軍の特設艦船の中でも最も多くの問題を残したものは特設航空母艦であった。

日本海軍には確かに特設航空母艦の名称はあった。しかし実際に存在した特設航空母艦と呼ばれた艦は、アメリカやイギリスのように徴用商船に短期間で応急の改造を施し、それこそ特設の航空母艦として完成させたものではなく、そこに存在したのは母体が商船というだけの完全な姿の本格的な航空母艦であった。ただ果たしてこのような航空母艦を特設航空母艦と呼ぶべきかどうかは疑問の残るところである。つまり日本海軍が特設航空母艦として扱った航空母艦は、防弾甲板などの防御設備を除けばほとんど正規の航空母艦と何ら変わるところのない、完全な姿の航空母艦であった。

日本海軍が特設艦船の扱いの上で失敗と成功を完全に二分させたのが、これら特設航空母艦であったといえよう。本文の特設航空母艦の項でも述べたとおり、日本海軍は合計七隻の特設航空母艦を造ったが、その中の二万総トン級の客船を改造したいわゆる特設航空母艦は、正規の航空母艦に匹敵する完全な航空母艦として成功した。

しかし、それ以外の一万総トン級の客船を改造したいわゆる特設航空母艦の五隻は、格言の「帯に短し襷に長し」のたとえのとおり、せっかく完成させながらその運用に問題が多すぎた。つまりこれら特設航空母艦が検討されていた時点の艦載機のレベルと、特設航空母艦が完成した時点の艦載機のレベルに大きな格差が生じ、運用すべき航空機の性能と実際に完成した航空母艦の性能に完全なミスマッチングが生じてしまい、海軍が目論んでいたこれら特設航空母艦の運用が不可能になってしまったのである。

勿論このミスマッチングを解消する手段は、アメリカの小型の特設航空母艦が採用した航空母艦用のカタパルトを採用すれば見事に解消されるものであったが、日本にはこのカタパルトを完成させる技術も発想もついに生まれなかったのである。この問題は日本の特設艦船を論じる上で避けて通れない大きな禍根なのである。

結局、日本海軍はこれらの中途半端な特設航空空母艦を最終的には船団護衛に運用したが、これが最も成功した運用例となったのである。船団にどんなタイプでも対潜攻撃用の航空機を搭載した航空母艦が存在することは、敵潜水艦の攻撃を少なくとも昼間だけでも阻止することが可能である、ということを海軍首脳部も認めることになったが、この船団護衛システムが理解されだした頃には、すでに日本には大量の対潜特設護衛航空母艦を建造する余力はなくなっていたのである。

日本の特設艦船の中で最も多くの用途に運用されたのが特設砲艦であることは、本書の中の解説で理解いただけたと思うが、確かに特設砲艦の多様と機能はその母体となった商船の特質からも理解できるのである。

特設砲艦のほとんどは一〇〇〇総トンから二〇〇〇総トン級の近海航路用の貨客船や貨物船が主体で、それぞれの船が本来持っている大きな貨物収容能力や旅客収容能力、正規の巡洋艦並みの航続距離、そしてそこその速力は、多数の乗組員の収容や時には前進司令部の配置や各種装備の搭載に十分な余力を残し、周辺海域の洋上哨戒や対潜活動、偵察活動や船団護衛活動に極めて使いやすい重宝な船であったのである。それだけに乗組員ともども相当に酷使された艦であり損害も大きかった。しかし最終的にはこの重宝な特設砲艦も他の特設艦船と同じく、残存した全てが輸送船の絶対的な不足から特設輸送船に転用され、そして失われてしまう運命をたどったことは本文に記したとおりであるが、改めて日本海軍の艦艇の絶対的な不足を思い起こさせるものである。

特設水上機母艦、特設巡洋艦も、特設航空機運搬艦、特設砲艦も本来の姿が貨物船や貨客船であるだけに、戦争の後半にはこれらの艦船のほとんどが特設輸送船に用途が変更され、装備の一部や全てを撤去して物資の輸送任務についた。その数は一〇〇隻を超え海軍の作戦遂行上にそれなりの効果を発揮したが、それも束の間で、これら輸送船は優勢を極める敵潜水艦や航空機の攻撃によってほとんどがみすみす犠牲となった。主力の特設艦船に選定された商船の全てが戦前は、日本商船隊の中でも最高峰に君臨した高性能の商船であっただけに、これらの損失は戦後の日本商船隊の復興の大きな足かせとなったことが悔やまれるのである。

特設艦船の中で見逃すことができないものに特設監視艇がある。本文の中でもその任務と運用さらには戦闘記録のごく一部を紹介したが、読者の多くの方々はこの漁船を主体にした特設監視艇の存在を知らなかったのではなかろうかと思うのである。漁船を主体にした特設監視艇は日本ばかりでなく、第二次大戦勃発当初からイギリス海軍でも遠洋漁船を総動員して特設監視艇や特設掃海艇に仕立て、ドイツの水上艦艇の探索や潜水艦の行動監視に使われたが、日本海軍のように広大な海域に特設監視艇を定点観測的な配置で大量運用した例はイギリスでも極めて少ない。

日本の特設監視艇の主体は八〇トンから一五〇トン程度の様々な漁船で、徴用された総数は四〇〇隻を超えた。これら小型の特設監視艇が洋上の監視の目として、戦争の全期間中に広大な太平洋上に分散配置され、いつ現われるか分からない敵艦隊や航空機の監視に来る日も来る日も任務に当たっていたわけであるが、その任務をこなしたのは各徴用漁船の固有の乗組員であったことは多くを知られていない。

これら小型船舶の徴用で召集された多くの漁船乗組員の総数は四万人を超えたが、特設監視艇や特設掃海艇などの戦没によって彼らのおよそ三万人が誰に見取られることもなく、敵の攻撃で船体と共に散華していったのである。特に特設監視艇は三〇〇隻以上が戦没している厳しい事実を改めて認識しなければならないのである。

この事実はとかく正規の軍艦や特設艦船の犠牲に目が向きがちになる私たちに、改めて小型徴用船舶とその多くの乗組員の犠牲に思いを馳せなければならないことを悟らせるのである。特設監視艇こそ、太平洋戦争中の日本の特設艦船の中で最も賞賛を与えるべき活躍をした艦船として記憶にとどめるべきであると思うのである。

本書を一読いただくことによって、戦時における一般商船の輸送船以外の活躍の場を知ることができるであろうし、同時に商船が実に多くの用途や任務に使えるものであることを、改めて理解いただけたことと思う。

参考文献＊福井静夫「日本の特設艦船物語」光人社＊木俣滋郎「残存帝国艦艇」図書出版社＊木俣滋郎「日本空母戦史」図書出版社＊福井静夫「日本の軍艦」出版協同社＊資料調査委員会編「第二次大戦米国海軍作戦年誌」出版協同社＊松井邦夫「日本油槽船列伝」成山堂書店＊松井邦夫「日本商船・船名考」海文堂＊駒宮真七郎「戦時油槽船団史」出版協同社＊「戦史叢書（連合艦隊４、５、６）」朝雲出版＊「日本貨物船明細書（１９４０年度版）」（社）日本海運集会所出版部＊「戦前船舶（Vol. 15）」戦前船舶研究会会報編集部＊服部雅徳「日本郵船戦時戦史（上・下）」日本郵船株式会社＊「漁船の太平洋戦争」殉国漁船顕彰委員会＊新関昌利「知られざる漁船の戦い」創分印刷出版＊岡村信幸「日の丸ドイツ船」岩波ブックサービスセンター＊野間恒「商船が語る太平洋戦争」海人社＊「日本郵船船舶１００年史」日本郵船株式会社＊「大阪商船株式会社８０年史」大阪商船株式会社＊「世界商船要覧（１９４１年版）」海と空社＊高橋茂「氷川丸物語」かまくら春秋社＊「海軍 Vol. 11（小艦艇・特設船舶）」誠文図書＊三浦昭男「北太平洋定期客船史」出版協同社＊「丸　Graphic Quartery　英国の空母（１９７６）」潮書房＊「丸　Graphic Quartery　ドイツの巡洋艦（１９７７）」潮書房＊「丸　Graphic Quartery　日本の小艦艇（正・続　１９７４／１９７５）」潮書房＊"LLOYD'S REGISTER 1938～1940 Vol.1～5" LLOYD＊"The Forgotten War Vol.2, 3, 4" PICTORIAL HISTORIES PUBLISHING CO.＊L.PAINE "SHIPS of the WORLD an Historical Encyclopedia" CONWAY＊D.M.Williams "Glory Days：P&O" IAN ALAN＊W.H.MILLER "THE GREAT LIXIRY LINERS 1927～1954" DOVER＊W.H.MILLER "GERMAN OCEAN LINERS OF THE 20TH CENTURY" PSL＊A.KLUDAS "GREAT PASSENGER SHIPS OF THE WORLD（No.3, 4）" PSL＊"SEVEN AMERICAN PRESIDENT LINERS C3 PTYPE COMBILINERS" AMERICAN MERCHANT MARITIME MUSEUM＊"BRITISH VESSELS LOST AT SEA 1914～1918 AND 1939～1945" PSL＊W.H.MILLER "PICTURE HISTORY OF AMERICAN PASSENGER SHIPS" DOVER＊

ＮＦ文庫書き下ろし作品

NF文庫

特設艦船入門 新装版

二〇二三年三月十九日 第一刷発行

著 者 大内建二
発行者 皆川豪志

発行所 株式会社 潮書房光人新社
〒100-8077 東京都千代田区大手町一-七-二
電話/〇三-六二八一-九八九一㈹
印刷・製本 凸版印刷株式会社
定価はカバーに表示してあります
乱丁・落丁のものはお取りかえ致します。本文は中性紙を使用

ISBN978-4-7698-3304-8 C0195
http://www.kojinsha.co.jp

NF文庫

刊行のことば

第二次世界大戦の戦火が熄《や》んで五〇年——その間、小社は夥しい数の戦争の記録を渉猟し、発掘し、常に公正なる立場を貫いて書誌とし、大方の絶讃を博して今日に及ぶが、その源は、散華された世代への熱き思い入れであり、同時に、その記録を誌して平和の礎とし、後世に伝えんとするにある。

小社の出版物は、戦記、伝記、文学、エッセイ、写真集、その他、すでに一、〇〇〇点を越え、加えて戦後五〇年になんなんとするを契機として、「光人社NF（ノンフィクション）文庫」を創刊して、読者諸賢の熱烈要望におこたえする次第である。人生のバイブルとして、心弱きときの活性の糧《かて》として、散華の世代からの感動の肉声に、あなたもぜひ、耳を傾けて下さい。